Wissensspeicher Chemie

Sommer | Wünsch | Zettler

Cornelsen
Volk und Wissen Verlag

Autoren: Klaus Sommer †, Prof. Dr. Karl-Heinz Wünsch, Dr. Manfred Zettler

Herausgegeben von Prof. Dr. Karl-Heinz Wünsch
unter Mitarbeit der Verlagsredaktion Chemie: Edward Gutmacher, Volkmar Kolleck

Grafik: Marina Goldberg, Rita Schüler
Umschlaggestaltung und Layoutkonzept: Wolfgang Lorenz
Layout: Rainer Dassow
Technische Umsetzung: Druckhaus „Thomas Müntzer", Bad Langensalza

Bei der Bearbeitung einzelner Textstellen wurden die im Verlag erschienenen Schulbücher für das Fach Chemie und der „Wissensspeicher Chemie" zugrunde gelegt.

Das Einbandfoto zeigt die Oberfläche von Schwefelkristallen, aufgenommen mit polarisiertem Licht. Helga Lade Fotoagentur

Die Deutsche Bibliothek – CIP-Einheitsaufnahme

Wissensspeicher Chemie / Klaus Sommer; Karl-Heinz Wünsch; Manfred Zettler. - Berlin : Volk-und-Wissen-Verl., 1998
ISBN 3–06–031724–0

 http://www.cornelsen.de

 http://www.vwv.de

1. Auflage   Druck 8 7 6 5   Jahr 07 06 05 04

© 1998 Cornelsen Verlag, Berlin
        vwv Volk und Wissen Verlag GmbH & Co. OHG, Berlin

Druck: Westermann Druck, Zwickau

ISBN 3-06-031724-0

Bestellnummer 31724

 Gedruckt auf säurefreiem Papier, umweltschonend hergestellt aus chlorfrei gebleichten Faserstoffen.

Inhalt

Inhalt

In diesem Buch verwendete Symbole und Abkürzungen:

■	Beispiel
↗	Hinweis auf ein anderes Schlagwort
Wiss Ph	Wissensspeicher Physik
Wiss Bio	Wissensspeicher Biologie

Grundbegriffe der Chemie

Chemie und ihre Teilgebiete

Chemie

Wissenschaft von den Stoffen, ihrem Aufbau, ihren Eigenschaften und den chemischen Reaktionen, die zu anderen Stoffen führen. Die Chemie wird in Teilgebiete untergliedert, die sich in ihrem Aufgabenbereich und in ihren Arbeitsmethoden unterscheiden, zwischen denen es Übergänge und Grenzgebiete gibt.

Teilgebiete der Chemie

Teilgebiet	Untersuchungsgegenstand
Allgemeine Chemie	Grundlagen der Chemie, die allen Teilgebieten gemeinsam sind; dazu zählen Struktur der Stoffe, chemische Bindung, allgemeine Eigenschaften der Stoffe, chemische Reaktionen der Stoffe
Anorganische Chemie	Elemente und ihre Verbindungen (mit Ausnahme der in der organischen Chemie erfassten Kohlenstoffverbindungen) mit ihren Eigenschaften und chemischen Reaktionen
Organische Chemie	Kohlenstoffverbindungen (mit Ausnahme der Oxide des Kohlenstoffs, der Kohlensäure und der Carbonate, der Carbide und einiger anderer einfacher Kohlenstoffverbindungen) mit ihren Eigenschaften und chemischen Reaktionen
Physikalische Chemie	Physikalische Erscheinungen und Gesetzmäßigkeiten bei chemischen Reaktionen, Beeinflussung chemischer Reaktionen durch physikalische Einwirkungen. Teilgebiete: *Chemische Thermodynamik:* Energieumsatz bei chemischen Reaktionen *Chemische Kinetik:* Einflüsse auf den zeitlichen Ablauf chemischer Reaktionen *Elektrochemie:* gegenseitige Umwandlungen chemischer und elektrischer Energie
Technische Chemie und chemische Verfahrenstechnik	Überführung chemischer Erkenntnisse und Arbeitstechniken in technisch nutzbare Verfahren und die dazu notwendigen apparativen Ausrüstungen

Teilgebiet	Untersuchungsgegenstand
Analytische Chemie	Qualitativer Nachweis und quantitative Bestimmung der Bestandteile eines Stoffes oder Stoffgemisches sowie Aufklärung der Struktur der Stoffe
Präparative Chemie	Herstellung der Stoffe
Biochemie	Chemische Reaktionen im lebenden Organismus
Geochemie	Chemische Zusammensetzung und chemische Reaktionen (Veränderungen) der Erdrinde
Umweltchemie	Einflüsse von chemischen Stoffen auf die Umwelt, ihre Analytik und Methoden zu ihrer Beseitigung

Betrachtungsebenen der Chemie

Ebenen der exakten begrifflichen Einordnung von Stoffen und ihren Teilchen, deren Eigenschaften und ihren Reaktionen in den Mikrobereich und den Makrobereich.

Submikroskopische Betrachtungsweise (Teilchenebene)

- Begriffe: Elektron, Atom, Ion, Molekül
  Eigenschaften: Masse eines Atoms, Ions, Moleküls, Oxidationszahl, Elektronegativitätswert.

Makroskopische Betrachtungsweise (Stoffebene)

- Begriffe: Stoff, Substanz, Metall, Nichtmetall, Mineral
  Eigenschaften: Aggregatzustand, Farbe, Härte, Dichte, Schmelztemperatur, Siedetemperatur, Leitfähigkeit, molare Masse.

Chemische Elemente und chemische Verbindungen

Chemisches Element

Submikroskopische Betrachtungsweise: Atomart, die durch eine bestimmte konstante Kernladungszahl gekennzeichnet ist (Element als abstrakter Begriff).
Makroskopische Betrachtungsweise: Stoff, dessen sämtliche Atome die gleiche Kernladungszahl haben **(Elementsubstanz)**.

- Alle Atome des chemischen Elements Kohlenstoff haben die Kernladungszahl 6.
  Alle Atome des chemischen Elements Wasserstoff haben die Kernladungszahl 1.

Chemische Verbindung

Submikroskopische Betrachtungsweise: Verband aus mehreren Atomen, die durch chemische Bindungen zusammengehalten werden.

Makroskopische Betrachtungsweise: Stoff, in dem die Atome eines oder mehrerer Elemente miteinander verbunden sind und zwischen deren Massen ein bestimmtes (stöchiometrisches) Verhältnis besteht. Die Art der Atome kann gleich **(Einelementverbindungen)** oder unterschiedlich **(Mehrelementverbindungen)** sein.
↗ Chemische Bindung S. 42

■ Einelementverbindung: Wasserstoff H_2, weißer Phosphor P_4
Mehrelementverbindung: Aluminiumoxid Al_2O_3, Methanol CH_3OH

Verbindungen einfacher Ordnung: Verbindungen aus Atomen zweier oder mehrerer Elemente, in denen für die Bindungspartner die normalen Wertigkeiten gelten.

■ Chlor, Methan, Natriumchlorid

Verbindungen höherer Ordnung: Verbindungen, die durch Zusammenlagerung von Verbindungen einfacher Ordnung entstehen.

■ Komplexverbindungen, Hydrate, Doppelsalze

Komplexverbindungen
Verbindungen höherer Ordnung, in denen bestimmte Gruppierungen als Einheit betrachtet werden können.
↗ Komplexe Ionen und Moleküle S. 40; Namen S. 172

■ Komplexverbindung mit komplexem Kation: $[Cu(NH_3)_4](OH)_2$
Tetraamminkupfer(II)-hydroxid

■ Neutralkomplex: $[PtCl_2(NH_3)_2]$
Diammindichloroplatin(II)

Einteilung der Stoffe

Körper
Begrenzter makroskopischer Raumbereich, der von Masseteilchen ausgefüllt ist; Gegenstand physikalischer Untersuchungen. Körper bestehen aus Stoffen und haben Masse und Volumen.

■ **Festkörper:** Messingwürfel, Zuckerkristall
Flüssigkeit: Wasser in einem Becher
Gas: Luft in einem Ballon

Stoff (Substanz)
Anhäufung von Teilchen (Struktureinheiten wie Atome, Kationen und Anionen, Moleküle, Baueinheiten), die untereinander in Wechselwirkung stehen; befindet sich im festen, flüssigen oder gasförmigen Aggregatzustand.
Ein Stoff besitzt typische Eigenschaften, die den submikroskopischen Struktureinheiten, aus denen er aufgebaut ist, nicht zukommen (z. B. Dichte, Härte, Aggregatzustand, Schmelztemperatur) und die sich meist auch nicht additiv aus den Teilcheneigenschaften ergeben.
↗ Betrachtungsebenen der Chemie S. 10

1

Übersicht über die Stoffe

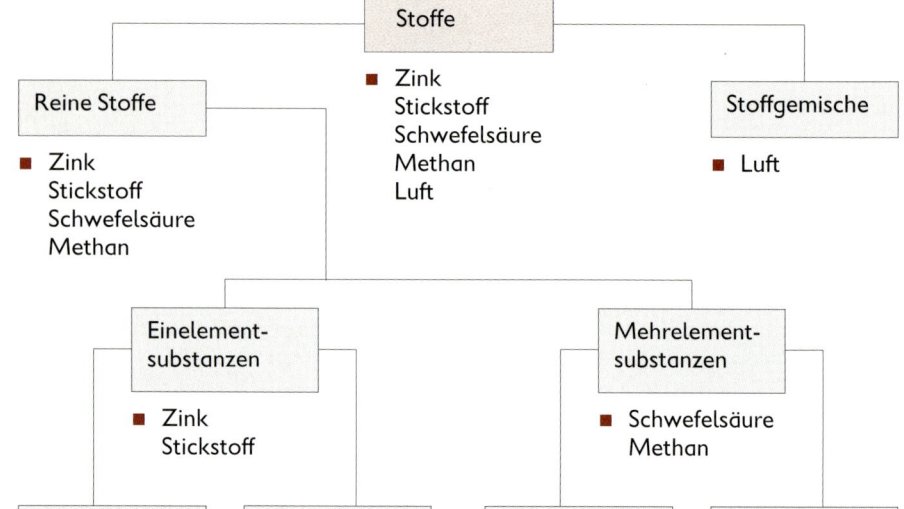

Reiner Stoff

Stoff, der aus gleichen Teilchen (Struktureinheiten) besteht.

Einelementsubstanzen bestehen aus Teilchen nur eines Elements.

■ Sauerstoff besteht aus Sauerstoffmolekülen.

Mehrelementsubstanzen bestehen aus gleichen Teilchen (Struktureinheiten), die aus Teilchen mehrerer Elemente zusammengesetzt sind.

■ Kohlenstoffdioxid besteht aus Kohlenstoffdioxidmolekülen.
Natriumchlorid besteht aus Struktureinheiten, die aus je einem Natrium- und einem Chlorid-Ion zusammengesetzt sind.

Stoffgemisch

Stoff, der aus Teilchen verschiedener Stoffe (Substanzen) besteht.

■ Wässrige Glucoselösung besteht aus Glucose- und Wassermolekülen.
Luft besteht aus Stickstoffmolekülen, Sauerstoffmolekülen und anderen Teilchen.

Stoffportion

Begrenzte Anzahl von Teilchen (Atome, Ionen, Moleküle) eines Stoffes; besitzt Masse und Volumen.

Metall

Stoff (Einelementsubstanz), der als charakteristische Eigenschaften hohe Wärmeleitfähigkeit, hohe elektrische Leitfähigkeit und metallischen Glanz besitzt und sich in der Regel durch Walzen, Pressen, Schmieden und Ziehen umformen lässt.

Einteilung der Metalle		
Einteilungsprinzip	Einteilung	
Dichte	**Leichtmetalle** ($\varrho < 5\,g \cdot cm^{-3}$) ■ Natrium ($\varrho = 0{,}97\,g \cdot cm^{-3}$)	**Schwermetalle** ($\varrho > 5\,g \cdot cm^{-3}$) ■ Eisen ($\varrho = 7{,}86\,g \cdot cm^{-3}$)
Schmelz-temperatur	**Niedrig schmelzende Metalle** ($\vartheta_S < 1000\,°C$) ■ Zinn ($\vartheta_S = 232\,°C$)	**Hoch schmelzende Metalle** ($\vartheta_S > 1000\,°C$) ■ Kupfer ($\vartheta_S = 1083\,°C$)
Chemische Beständigkeit	**Edle Metalle** (reagieren nicht mit Säurelösungen unter Wasserstoffentwicklung) ■ Silber, Gold	**Unedle Metalle** (reagieren mit Säurelösungen unter Wasserstoffentwicklung) ■ Natrium, Eisen
Technische Verwendung	**Eisenmetalle** (auch Schwarzmetalle) ■ Roheisen, Stahl	**Nichteisenmetalle** (auch Buntmetalle) ■ Kupfer, Zinn, Messing

Legierungen sind metallische Mehrelementsubstanzen (feste Lösungen) unterschiedlicher Metalle.

■ Roheisen, Bronze, Amalgame

Nichtmetall

Stoff (Einelementsubstanz), der nicht die charakteristischen Eigenschaften der Metalle aufweist.
Nichtmetalle haben meist schlechte Wärmeleitfähigkeit und schlechte elektrische Leitfähigkeit.

■ Chlor, Sauerstoff, Schwefel, Stickstoff, Phosphor, Wasserstoff

Halbmetall

Stoff (Einelementsubstanz), der in seinen Eigenschaften zwischen Metallen und Nichtmetallen steht; bildet oft metallische und nichtmetallische Modifikationen; elektrische Leitfähigkeit ist geringer als bei Metallen und nimmt mit steigender Temperatur zu.
↗ Modifikationen S. 60; Eigenschaften der Hauptgruppenelemente S. 70

■ Bor, Silicium, Germanium, Arsen, Selen

Klassen anorganischer Mehrelementsubstanzen

Klasse	■ Name	■ Formel
Oxide	Aluminiumoxid	Al_2O_3
Hydroxide	Calciumhydroxid	$Ca(OH)_2$
Sulfide	Eisen(II)-sulfid	FeS
Sulfate	Calciumsulfat	$CaSO_4$
Chloride	Natriumchlorid	$NaCl$
Hydride	Lithiumhydrid	LiH

Klassen organischer Mehrelementsubstanzen

Klasse	■ Name	■ Formel
Kohlenwasserstoffe	Methan	CH_4
Alkohole	Methanol	CH_3OH
Aldehyde	Acetaldehyd (Ethanal)	CH_3CHO
Carbonsäuren	Ameisensäure (Methansäure)	$HCOOH$
Amine	Methylamin	CH_3NH_2

Oxid

Chemische Mehrelementverbindung, die aus einem Element und dem Element *Sauerstoff* besteht.

Oxid mit sauren Eigenschaften: Nichtmetalloxid, das mit Wasser eine Säurelösung bildet.

■ Kohlenstoffdioxid: $CO_2 + 3\,H_2O \rightleftharpoons 2\,H_3O^+ + CO_3^{2-}$

Oxid mit alkalischen (basischen) Eigenschaften: Metalloxid, das mit Wasser eine Hydroxidlösung bildet.

■ Calciumoxid: $CaO + H_2O \longrightarrow Ca^{2+} + 2\,OH^-$

Oxid mit amphoteren Eigenschaften: Oxid, das mit einer Säurelösung wie eine Base und mit einer Hydroxidlösung wie eine Säure reagiert.

↗ Amphoterer Stoff S. 16

■ $Al_2O_3 \quad + 6\,H_3O^+ \longrightarrow 2\,Al^{3+} + 9\,H_2O$
$Al_2O_3 \quad + 2\,OH^- + 3\,H_2O \longrightarrow 2\,[Al(OH)_4]^-$
Aluminiumoxid

↗ Eigenschaften der Oxide S. 71; Namen S. 170; Herstellung S. 306

14

Säure

Definition nach ARRHENIUS: Chemische Verbindung, die in wässriger Lösung frei beweg-liche, positiv elektrisch geladene Wasserstoff-Ionen und negativ elektrisch geladene Säurerest-Ionen bildet.

■ $HNO_3 \longrightarrow H^+ + NO_3^-$
Salpetersäure

Definition nach BRÖNSTED: Chemisches Teilchen (Verbindung, Ion), das in Wech-selwirkung mit einer Base (oft ein Wassermolekül) Wasserstoff-Ionen (Protonen) abgibt **(Protonen-Donator)**.

■ $HNO_3 + H_2O \rightleftharpoons NO_3^- + H_3O^+$

$NH_4^+ + H_2O \rightleftharpoons NH_3 + H_3O^+$
Säure   Base

Definition nach LEWIS: Chemisches Teilchen, das über eine Elektronenlücke verfügt, in die sich ein freies Elektronenpaar einer Base einlagern kann **(Elektronenpaar-Akzeptor)**.

■ H^+, BF_3, $Al(OH)_3$

↗ Elektrophile S. 41; Säure-Base-Theorie S. 107; Namen der Säuren S. 171; Herstel-lung anorganischer Säuren S. 306

Base

Definition nach ARRHENIUS: Chemische Verbindung, die in wässriger Lösung oder in Schmelzen frei bewegliche, positiv elektrisch geladene Ionen und negativ elektrisch geladene Hydroxid-Ionen bildet.

■ $NaOH \longrightarrow Na^+ + OH^-$
Natriumhydroxid

Definition nach BRÖNSTED: Chemisches Teilchen (Verbindung, Ion), das in Wechsel-wirkung mit einer Säure (oft ein Wassermolekül) Wasserstoff-Ionen (Protonen) auf-nimmt **(Protonen-Akzeptor)**.

■ $NH_3 \qquad + H_2O \rightleftharpoons NH_4^+ + OH^-$

$CH_3COO^- + H_2O \rightleftharpoons CH_3COOH + OH^-$
Base   Säure

Definition nach LEWIS: Chemisches Teilchen, das über mindestens ein freies Elektronenpaar verfügt, das sich in die Elektronenlücke einer Säure einlagern kann **(Elektronenpaar-Donator)**.

■ $I\overline{O}H^-$, INH_3

↗ Nukleophile S. 41; Säure-Base-Theorie S. 107

Lauge
Wässrige Lösung von starken Basen, insbesondere von Alkalimetallhydroxiden.

1

Amphoterer Stoff

Verbindung, die sowohl als Säure (gegenüber einer stärkeren Base) als auch als Base (gegenüber einer stärkeren Säure) fungieren kann.

↗ Amphoterie S. 108; Aminosäuren als Ampholyte S. 224; Amphotenside S. 249

■ $Al(OH)_3 + OH^- \rightleftharpoons [Al(OH)_4]^-$
  Säure   Base

$Al(OH)_3 + 3 H_3O^+ \rightleftharpoons [Al(H_2O)_6]^{3+}$
  Base   Säure

Salz

Kristalline chemische Verbindung aus positiv elektrisch geladenen Metall- oder Ammonium-Ionen (Kationen) und aus negativ elektrisch geladenen Säurerest-Ionen (Anionen).

Salze liegen im festen Zustand als Ionengitter vor und bilden in wässriger Lösung oder in der Schmelze frei bewegliche Ionen.

↗ Namen S. 171; Herstellung S. 306

■ $Na^+NO_3^-$, $NH_4^+Cl^-$
  Natriumnitrat   Ammoniumchlorid

Polymere Stoffe

Stoffe aus Aggregaten zahlreicher Atome, zwischen denen Atombindungen bestehen; dazu gehören polymere Elementsubstanzen, Polysilicate, organische Kunststoffe und die so genannten Biopolymeren.

↗ Makromoleküle S. 40

Diamantartige Stoffe bilden Kristallgitter, in denen die Atome dreidimensional durch Atombindungen miteinander verbunden sind (Atomgitter).

↗ Struktur von Diamant S. 60

Makromolekulare Stoffe sind meist Gemische ähnlicher Makromoleküle unterschiedlicher Molekülmasse, die sich wie ein einheitliches Ganzes verhalten. Organische makromolekulare Stoffe entstehen durch Polymerisation, Polykondensation oder Polyaddition aus niedrigmolekularen Stoffen.

↗ Polykondensation S. 90; Polymerisation S. 91; Polyaddition S. 92; Kunststoffe S. 243; Herstellung von makromolekularen Stoffen S. 272

Natürliche polymere Stoffe		Synthetische polymere Stoffe	
Anorganische Stoffe	Organische Stoffe	Anorganische Stoffe	Organische Stoffe
Diamant Graphit Quarz Feldspat Tone	Stärke Cellulose Eiweißstoffe Naturkautschuk Nukleinsäuren	Porzellane Zemente Polyphosphate Technisches Glas Silicium Roter Phosphor	Thermoplaste Duromere Synthesekautschuk Chemiefaserstoffe

Mineralien

Chemisch und physikalisch homogene, natürliche Stoffe der Erdkruste; im festen, zum Teil kristallinen Zustand; werden von chemischen Elementen oder Elementsubstanzen gebildet.

■ Quarz, Steinsalz, Pyrit, Achat, Schwefel, Steinkohle

Gesteine

Mineralien oder Gemische von Mineralien mit annähernd gleich bleibender Zusammensetzung.

■ Kalkstein (besteht aus dem Mineral Calcit, vorwiegend durch Ton verunreinigt) Granit (besteht aus den Mineralien Feldspat, Quarz und Glimmer).

Erze

Mineralien oder Gesteine, die sich in technischer und ökonomischer Hinsicht zur Metallherstellung eignen.
↗ Mineralische Rohstoffe S. 253

■ Roteisenstein, Bauxit, Bleiglanz

Einteilung der Stoffe nach der Struktur

Stoffe	Bausteine	Chemische Bindung	Wechselwirkung zwischen den Bausteinen	Gitter
Salzartige Stoffe ■ Natrium- chlorid	Kationen und Anionen	Ionen- bindung	elektrostatische Anziehungs- kräfte	Ionen- gitter
Metallische Stoffe ■ Zink	Kationen und Elektronen	Metall- bindung	elektrostatische Anziehungs- kräfte	Metall- gitter
Molekül- substanzen ■ Iod	Moleküle	Atom- bindung	zwischen- molekulare Kräfte	Molekül- gitter
Polymere Stoffe – Diamant- artige ■ Diamant	Atome	Atom- bindung	Atom- bindungen	Atom- gitter
– Makromo- lekulare ■ Poly- ethylen	Makro- moleküle	Atom- bindung	zwischen- molekulare Kräfte	amorph, teilweise Molekül- gitter

Chemische Zeichensprache

Elementsymbol

Chemisches Zeichen für ein chemisches Element; schließt Aussagen aus dem Mikro- und dem Makrobereich ein.

Aussage eines Elementsymbols	■ Fe
– Ein chemisches Element – Ein Atom eines chemischen Elements – Ein Stoff	Das chemische Element Eisen 1 Atom Eisen Der Stoff Eisen

Schreibweisen von Elementsymbolen	■ Chlor-atom	■ Chlorid-Ion
Ohne Angabe der Valenzelektronen der Atome oder Ionen	Cl	Cl^-
Mit Angabe der Valenzelektronen der Atome oder Ionen (Elektronenschreibweise)	$:\overset{..}{\underset{.}{Cl}}\cdot$	$[:\overset{..}{\underset{.}{Cl}}:]^-$
Mit Angabe der gepaarten und der ungepaarten Valenzelektronen der Atome oder Ionen (Valenzstrichschreibweise)	$\mathrm{I}\overline{Cl}\mathrm{I}\cdot$	$[\mathrm{I}\overline{Cl}\mathrm{I}]^-$

Stöchiometriezahl

Teilchen-Stöchiometriezahl: Angabe der quantitativen Zusammensetzung einer chemischen Verbindung in einer chemischen Formel; erfolgt durch eine rechts neben dem Elementsymbol stehende tief gestellte Ziffer.
↗ Aufstellen von chemischen Formeln S. 23

■ C_2H_6; H_2SO_4

Reaktions-Stöchiometriezahl (stöchiometrischer Faktor): Angabe der Teilchenanzahl in einer Reaktionsgleichung (Reaktionsschema); erfolgt durch Faktoren vor Elementsymbolen oder chemischen Formeln in einer Reaktionsgleichung.
↗ Aufstellen von Reaktionsgleichungen S. 26

■ $N_2 + 3\,H_2 \rightleftharpoons 2\,NH_3$

Die Stöchiometriezahl „eins" wird gewöhnlich nicht geschrieben.

Angaben am Elementsymbol

An einem Elementsymbol können vier verschiedene Angaben vermerkt sein: Nukleonenzahl ($\hat{=}$ Massenzahl), Protonenzahl ($\hat{=}$ Kernladungs- oder Ordnungszahl), Ionenladung, Stöchiometriezahl.
↗ Nukleonenzahl S. 30; Protonenzahl S. 29; Ionenladung S. 64; Stöchiometriezahl S. 18

Nukleonenzahl		Ionenladung
	Element-symbol	
Protonenzahl		Stöchiometriezahl

1

■ Elementsymbol für Kohlenstoffatom   Chemisches Zeichen für Calcium-Ion   Chemische Formel für Sauerstoffmolekül

Nukleonenzahl $^{12}_{\ 6}C$ Ca^{2+} Ionenladung O_2 Stöchiometriezahl
Protonenzahl

Chemische Formel

Chemisches Zeichen für eine chemische Verbindung (Einelement- oder Mehrelementverbindung) oder Teile einer chemischen Verbindung; ist aus Elementsymbolen zusammengesetzt;
umfasst Aussagen aus dem Mikro- und dem Makrobereich.

Aussage einer chemischen Formel	■ CO_2
– Ein Stoff	Der Stoff Kohlenstoffdioxid
– Eine chemische Verbindung und ihre Zusammensetzung aus chemischen Elementen	Die Verbindung Kohlenstoffdioxid und ihre Zusammensetzung aus den Elementen Kohlenstoff und Sauerstoff
– Ein Molekül (oder eine Formeleinheit) einer Verbindung sowie das Zahlenverhältnis der Teilchen	1 Molekül Kohlenstoffdioxid und das Zahlenverhältnis 1 : 2 seiner Atome

Schreibweisen von chemischen Formeln	■ Wasser-stoff	■ Natrium-chlorid	■ Wasser
Ohne Angabe der Valenzelektronen der Atome oder Ionen	H_2	NaCl	H_2O
Mit Angabe der Valenzelektronen der Atome oder Ionen (Elektronenschreibweise)	H : H	$Na^+ \left[\vdots \ddot{C}l \vdots \right]^-$	H $\vdots$ $\ddot{O}$ $\vdots$ H

Mit Angabe der gepaarten und der ungepaarten Valenzelektronen der Atome oder Ionen (Valenzstrichschreibweise)	H–H	$Na^+ \left[\mathrm{l}\bar{C}\mathrm{l}\mathrm{l} \right]^-$	H–$\bar{O}$ l
			  I
			  H

19

Formeleinheit

Gesamtheit der in einer chemischen Formel angegebenen Atome oder Ionen; dient zur Charakterisierung der submikroskopischen Struktureinheiten bei salzartigen, metallischen und makromolekularen Stoffen. Die kleinste Formeleinheit dient als gedachte Struktureinheit (Baueinheit).

■ Die Formeleinheit $CaCl_2$ gibt an, dass in Calciumchloridkristallen oder in Lösungen von Calciumchlorid Calcium-Ionen und Chlorid-Ionen im Zahlenverhältnis 1 : 2 vorhanden sind.
Die Formeleinheit $\{CH_2 - CHCl\}_n$ gibt an, dass in dem Polymerisat Polyvinylchlorid Kohlenstoffatome, Wasserstoffatome und Chloratome im Zahlenverhältnis 2 : 3 : 1 vorhanden sind.

Angaben in chemischen Formeln

Für die Angaben von Stöchiometriezahlen und Ionenladungen in chemischen Formeln gelten folgende Regeln:

1. Wenn sich eine Stöchiometriezahl auf eine ganze Atomgruppe bezieht, werden die chemischen Zeichen für diese Gruppe in Klammern gesetzt.

■ $C_3H_5(OH)_3$ In einem Molekül Glycerin sind drei Hydroxylgruppen enthalten.
Glycerin

$Ca(NO_3)_2$ Im Calciumnitrat sind Calcium-Ionen und Nitrat-Ionen im Zahlen-
Calciumnitrat   verhältnis 1 : 2 enthalten.

2. Die Angabe der Ionenladung in der chemischen Formel für ein zusammengesetztes Ion bezieht sich auf das ganze Ion.

■ SO_4^{2-} Das Sulfat-Ion ist zweifach negativ elektrisch geladen.
Sulfat-Ion

NH_4^+ Das Ammonium-Ion ist einfach positiv elektrisch geladen.
Ammonium-Ion

3. Chemische Formeln für Komplex-Ionen werden in eckige Klammern gesetzt, hinter denen die Ionenladung angegeben wird. Sie sind zusammengesetzt aus
– dem Elementsymbol des Zentralatoms oder Zentral-Ions,
– der Formel des Liganden in runden Klammern,
– der Anzahl der Liganden (tief gestellt).

■ $[Fe(CN)_6]^{4-}$ Im vierfach negativ elektrisch geladenen Hexacyanoferrat(II)-
Hexacyanoferrat(II)-Ion   Ion sind 6 Cyanid-Ionen an ein Eisen(II)-Ion gebunden.

$[Cu(NH_3)_4]^{2+}$ Im zweifach positiv elektrisch geladenen Tetraamminkupfer(II)-
Tetraamminkupfer(II)-Ion   Ion sind 4 Ammoniakmoleküle an ein Kupfer(II)-Ion gebunden.

4. Komplex gebundenes Kristallwasser in salzartigen Stoffen wird mit einem Punkt an die Formel des Salzes angeschlossen.

■ $CuSO_4 \cdot 5\ H_2O$
Kupfer(II)-sulfat-5-Wasser oder Kupfer(II)-sulfat-pentahydrat

Arten chemischer Formeln

Verhältnisformel: Formel, die die Art der vorhandenen chemischen Elemente sowie das Zahlenverhältnis der Atome, Atomgruppen oder Ionen in einer chemischen Verbindung angibt, ohne eine Aussage über die Anzahl der Atome in einem Molekül zu machen.
Für salzartige Stoffe ist sie gleich der Formeleinheit und häufig die einzige Formelart.

- CH P_2O_5 $NaCl$
  Verhältnisformel   Verhältnisformel   Verhältnisformel
  für Benzol   für Phosphor(V)-oxid   für Natriumchlorid

Summenformel: Formel, die die Zusammensetzung einer chemischen Verbindung mit der Anzahl der Atome, die am Aufbau eines Moleküls (Molekülformel) oder Ions beteiligt sind, angibt.
Sie macht aber keine Aussage über die Struktur der Teilchen und die Bindungsart zwischen ihnen.

- C_6H_6 P_4O_{10} $C_2O_4^{2-}$ C_nH_{2n+2}
  Summenformel für das   Summenformel für das   Summenformel für   Allgemeine Summen-
  Benzolmolekül   Phosphor(V)-oxidmolekül   das Oxalat-Ion   formel für Alkane

Strukturformel (ausführliche Konstitutionsformel): Formel, die für chemische Verbindungen mit Atombindung verwendet wird; macht Aussagen über die Zusammensetzung aus den Elementen und über die chemischen Bindungen zwischen den Atomen eines Moleküls.
Sie gibt jedoch nicht die räumliche Anordnung der Atome wieder. Atombindungen werden durch Bindungsstriche gekennzeichnet.
↗ Konstitution S. 52

- H–H
  Strukturformel für das
  Wasserstoffmolekül

                H   H   H   H
                | | | |
            H–C–C–C–C–H
                | | | |
                H   H   H   H
  Strukturformel für
  das Butanmolekül

  N≡N
  Strukturformel für
  das Stickstoffmolekül

Valenzstrichformel (Elektronenformel): Strukturformel für eine chemische Verbindung, in der auch die nicht an chemischen Bindungen beteiligten Außenelektronen dargestellt sind.
Freie Elektronen werden durch Punkte, freie Elektronenpaare durch Striche an dem jeweiligen Atomsymbol gekennzeichnet.

-     H   H
      | |
  H–C–C–O–H
      | |
      H   H
  Valenzstrichformel für
  das Ethanolmolekül

  Valenzstrichformel für das
  Stickstoffdioxidmolekül

  Valenzstrichformel für
  das Nitrat-Ion

Vereinfachte Strukturformel (vereinfachte Konstitutionsformel): Strukturformel, bei der bestimmte Atomgruppen des Moleküls ohne Wiedergabe der in ihnen enthaltenen Bindungen zusammengefasst werden; wird vor allem bei organischen Stoffen verwendet.

- $CH_3-CH_2-CH_2-C\!\!\stackrel{\displaystyle O}{\diagdown_{OH}}$ oder $CH_3-(CH_2)_2-C\!\!\stackrel{\displaystyle O}{\diagdown_{OH}}$ oder $C_3H_7-C\!\!\stackrel{\displaystyle O}{\diagdown_{OH}}$ oder C_3H_7-COOH

Vereinfachte Konstitutionsformeln für das Buttersäuremolekül (Butansäuremolekül)

$C_6H_5-C\!\!\stackrel{\displaystyle O}{\diagdown_{H}}$ oder C_6H_5-CHO oder $Ph-CHO$

(Ph $\cong$ Phenyl)

Vereinfachte Konstitutionsformeln für das Benzaldehydmolekül

Skelettformel: Strukturformel von Molekülen organischer Stoffe, bei der die Symbole der Kohlenstoff- und Wasserstoffatome sowie die Bindungsstriche der Kohlenstoff-Wasserstoff-Bindungen weggelassen werden.

-

Skelettformel
für das Benzolmolekül

Skelettformel
für das Ölsäuremolekül

Sterische Strukturformel (Konfigurationsformel): Strukturformel einer chemischen Verbindung, die auch die räumliche Anordnung der Atome oder Atomgruppen im Molekül wiedergibt.
↗ Konfiguration S. 53

-

Konfigurationsformel
für das Wassermolekül

Konfigurationsformel
für das cis-2-Butenmolekül

Konfigurationsformel
für das α-D-Glucopyranosemolekül

Bei der Projektion räumlicher Moleküle in die Papierebene erhält man **Projektionsformeln**, wobei bestimmte Regeln beachtet werden müssen.
↗ FISCHER-Projektion S. 56

Bei **Keilstrichformeln** wird die räumliche Lage der Atome und Atomgruppen durch spezifische Symbole der Bindungen wiedergeben.

-

Projektionsformel nach FISCHER
für das L-Alaninmolekül

Keilstrichformel für das
L-Alaninmolekül

Aufstellen von chemischen Formeln (Schrittfolgen)

Aufstellen von chemischen Formeln für Verbindungen aus zwei chemischen Elementen, wenn jedes chemische Element in nur einer stöchiometrischen Wertigkeit vorkommt:

Teilschritte	■ Aufstellen der Formel für Aluminiumoxid	
1. Ermitteln der Symbole der chemischen Elemente, aus denen die Verbindung besteht	Al	O
2. Feststellen der Wertigkeit dieser Elemente	Al^{III}	O^{II}
3. Berechnen des kleinsten gemeinsamen Vielfachen der Wertigkeiten	6	
4. Feststellen, wie oft die Wertigkeiten im kleinsten gemeinsamen Vielfachen enthalten sind	2-mal	3-mal
Angeben des Zahlenverhältnisses, in dem die Teilchen beider Elemente in der Verbindung enthalten sind (Stöchiometriezahlen)	2 : 3 Al_2	O_3
5. Zusammenstellen der Formel	$\mathbf{Al_2O_3}$	

Aufstellen von chemischen Formeln für Verbindungen, die in wässriger Lösung als Ionen vorliegen:

Teilschritte	■ Aufstellen der Formel für Aluminiumsulfat	
1. Ermitteln der chemischen Zeichen der Ionen, in die die Verbindung dissoziiert	Al^{3+}	SO_4^{2-}
2. Feststellen der Anzahl der Ladungen der Ionen	III Al^{3+}	II SO_4^{2-}
3. Berechnen des kleinsten gemeinsamen Vielfachen der Ionenladungen	6	
4. Feststellen, wie oft die Ionenladungen im kleinsten gemeinsamen Vielfachen enthalten sind	2-mal	3-mal
Angeben des Zahlenverhältnisses, in dem die Ionen vorliegen (Stöchiometriezahlen)	2 : 3 Al_2	$(SO_4)_3$
5. Zusammenstellen der Formel	$\mathbf{Al_2(SO_4)_3}$	

Chemische Zeichen und Bau der Stoffe

Elementsymbole und chemische Formeln geben die qualitative und quantitative Zusammensetzung von Stoffen an, jedoch nicht deren Bau.

↗ Struktur der Stoffe S. 58

Name des Stoffes	Chemisches Zeichen		Bau unter Bedingungen des Normalzustandes
Helium Neon	He Ne	Elementsymbole	freie Atome
Eisen Magnesium	Fe Mg	Elementsymbole	Kristalle mit Metallgitter
Kohlenstoff Silicium	C Si	Elementsymbole	Kristalle mit Atomgitter
Wasserstoff Chlorwasserstoff	H_2 HCl	chemische Formeln	Moleküle
Natriumchlorid Magnesiumoxid	$NaCl$ MgO	chemische Formeln	Kristalle mit Ionengitter
Iod Glucose	I_2 $C_6H_{12}O_6$	chemische Formeln	Kristalle mit Molekülgitter
Siliciumdioxid	SiO_2	chemische Formel	Kristalle mit Atomgitter

Reaktionsgleichung (Chemische Gleichung)

System von chemischen Zeichen zur Veranschaulichung einer chemischen Reaktion; enthält Aussagen über qualitative Veränderungen und quantitative Verhältnisse zwischen den Reaktionsteilnehmern.

Aussagen einer Reaktionsgleichung	■ $CH_4 + 2\,O_2 \longrightarrow CO_2 + 2\,H_2O$
– Die Reaktion von Ausgangsstoffen zu Reaktionsprodukten	Methan reagiert mit Sauerstoff zu Kohlenstoffdioxid und Wasser.
– Die Anzahl der Moleküle (bzw. Formeleinheiten), die reagieren und nach der Reaktion vorliegen	Ein Molekül Methan reagiert mit zwei Molekülen Sauerstoff zu einem Molekül Kohlenstoffdioxid und zwei Molekülen Wasser.

Die Stöchiometriezahlen in den Reaktionsgleichungen sind den Stoffmengen und damit den Massen dieser Stoffmengen proportional. Aus den Stöchiometriezahlen lassen sich daher unter der Voraussetzung eines vollständigen Stoffumsatzes quantitative Aussagen über die an einer Reaktion beteiligten Stoffportionen der Ausgangsstoffe und der Reaktionsprodukte machen.

Abgeleitete Aussagen einer Reaktionsgleichung	■ $CH_4 + 2 O_2 \longrightarrow CO_2 + 2 H_2O$
– Die Stoffmengen der Stoffportionen, die reagieren und nach der Reaktion vorliegen	1 mol Methan reagiert mit 2 mol Sauerstoff zu 1 mol Kohlenstoffdioxid und 2 mol Wasser.
– Die Massen der Stoffportionen (z. B. bei 1 mol Formelumsatz), die reagieren und nach der Reaktion vorliegen	16 g Methan reagieren mit 64 g Sauerstoff zu 44 g Kohlenstoffdioxid und 36 g Wasser.

1

↗ Molare Masse S. 134; Berechnungen mit Massenanteilen S. 142
Im Allgemeinen werden als Reaktions-Stöchiometriezahlen die kleinstmöglichen natürlichen Zahlen verwendet. Es ist aber auch möglich, Reaktionsgleichungen mit gebrochenen Stöchiometriezahlen zu schreiben.

■ $2 SO_2 + O_2 \rightleftharpoons 2 SO_3$ oder $SO_2 + \frac{1}{2} O_2 \rightleftharpoons SO_3$

Schreibweisen von Reaktionsgleichungen	■
Mit Summenformeln	$CH_4 + Cl_2 \longrightarrow CH_3Cl + HCl$
Mit Strukturformeln	$H-\overset{\displaystyle H}{\underset{\displaystyle H}{\overset{\mid}{\underset{\mid}{C}}}}-H + Cl-Cl \longrightarrow$ $H-\overset{\displaystyle H}{\underset{\displaystyle H}{\overset{\mid}{\underset{\mid}{C}}}}-Cl + H-Cl$
Mit Angabe der Oxidationszahlen	$\overset{-4\ +1}{CH_4} + \overset{\pm 0}{2 O_2} \longrightarrow \overset{+4\ -2}{CO_2} + \overset{+1\ -2}{2 H_2O}$

Mit Angabe der Ionen (bei Reaktionen in wässriger Lösung)	Ausführliche Schreibweise	$Ba^{2+} + 2 Cl^- + 2 H_3O^+ + SO_4^{2-} \longrightarrow$ $BaSO_4\downarrow + 2 H_3O^+ + 2 Cl^-$
	Verkürzte Schreibweise	$Ba^{2+} + SO_4^{2-} \longrightarrow BaSO_4\downarrow$

Mit Angabe der Elektronenübergänge	$Cu^{2+} + 2 e^- \longrightarrow Cu$
Mit Angabe des Aggregatzustandes[1]	$Ba^{2+}(aq) + SO_4^{2-}(aq) \longrightarrow BaSO_4(s)$ $CaCO_3(s) + 2 H_3O^+(aq) \longrightarrow$ $CO_2(g) + 3 H_2O(l) + Ca^{2+}(aq)$

[1] s = fest (engl.: **s**olid);
l = flüssig (engl.: **l**iquid);
g = gasförmig (engl.: **g**aseous);
aq = in wässriger Lösung (engl.: in **aq**ueous solution)

Aufstellen von Reaktionsgleichungen (Schrittfolge)

Teilschritte	■ Oxidation von Methan
1. Ermitteln der chemischen Zeichen für die Ausgangsstoffe und die Reaktionsprodukte	$CH_4 + O_2 (\longrightarrow) CO_2 + H_2O$
2. Ausgleichen durch Auffinden der Stöchiometriezahlen	1 C in CH_4 1 C in CO_2 4 H in CH_4 2 H in H_2O **Schlussfolgerung:** 4 H in 2 H_2O $CH_4 + O_2 (\longrightarrow) CO_2 + 2\,H_2O$
Überprüfen, ob auf jeder Seite der Gleichung von den beteiligten Atomen der chemischen Elemente die gleiche Anzahl vermerkt ist	2 O in O_2 4 O in CO_2 und 2 H_2O **Schlussfolgerung:** 4 O in 2 O_2 $CH_4 + 2\,O_2 \longrightarrow CO_2 + 2\,H_2O$
3. Zusammenstellen der Reaktionsgleichung	$\mathbf{CH_4 + 2\,O_2 \longrightarrow CO_2 + 2\,H_2O}$

Aufstellen von Reaktionsgleichungen für Redoxreaktionen

Reaktionsgleichungen für Redoxreaktionen werden nach folgendem Schema aufgestellt:

Oxidation
1. korrespondierendes Redoxpaar $Red_1 \rightleftharpoons Ox_1 + z_1\,e^- \quad \cdot z_2$

Reduktion
2. korrespondierendes Redoxpaar $Ox_2 + z_2\,e^- \rightleftharpoons Red_2 \quad \cdot z_1$

Redoxreaktion $z_2\,Red_1 + z_1\,Ox_2 \rightleftharpoons z_2\,Ox_1 + z_1\,Red_2$

Teilschritte	■ Reaktion von Eisen(II)-chloridlösung mit Chlorwasser
1. Aufstellen der Reaktionsgleichungen für die beiden korrespondierenden Redoxpaare und Bestimmen der Faktoren zum Ausgleich der ausgetauschten Elektronen	$Fe^{2+} \rightleftharpoons Fe^{3+} + e^- \cdot 2$ $Cl_2 + 2\,e^- \rightleftharpoons 2\,Cl^- \cdot 1$
2. Multiplizieren der Reaktionsgleichungen mit den Faktoren	$2\,Fe^{2+} \rightleftharpoons 2\,Fe^{3+} + 2\,e^-$ $Cl_2 + 2\,e^- \rightleftharpoons 2\,Cl^-$
3. Kombinieren (Addieren) beider Reaktionsgleichungen	$\mathbf{2\,Fe^{2+} + Cl_2 \rightleftharpoons 2\,Fe^{3+} + 2\,Cl^-}$

Bau der Stoffe – Periodensystem der Elemente

Modelle als Mittel zur Erkenntnisgewinnung

Modell

Abbildung eines komplizierten Systems durch ein einfacheres und übersichtlicheres; gibt nur *einige*, für die Betrachtung wesentliche Seiten des Gegenstands oder Vorgangs richtig wieder; verschafft eine Ersatzvorstellung oder ein vereinfachtes Bild der Wirklichkeit. Die aus dem Modell gewonnenen Erkenntnisse lassen sich auf ähnliche Fälle übertragen. Für dasselbe System können zur Untersuchung verschiedener Eigenschaften unterschiedliche Modelle entwickelt werden. Modelle können bildliche und räumliche Darstellungen, Zeichen, mathematische Aussagen oder Kombinationen davon umfassen.

In der Chemie werden vor allem Modelle von Stoffstrukturen, Strukturen von Teilchen, der chemischen Bindung und des Verlaufs chemischer Reaktionen benutzt.

↗ Atommodelle S. 27; Molekülmodelle S. 28; Kristallmodelle S. 28; Modelle für Atombindungen S. 42; Modelle für Metallbindungen S. 49; Modelle für Bindungen in Komplexen S. 51; Mechanismus von Substitutionsreaktionen S. 88; Mechanismus von Additionsreaktionen S. 90

Atommodelle

Veranschaulichungen des Baus der Atome; geben das Atom in ausgewählten, wesentlichen Eigenschaften wieder. Atommodelle berücksichtigen die komplizierte Bewegung und den Aufenthaltsraum der Elektronen sowie die Energieverhältnisse. Die unterschiedlichen Atommodelle spiegeln den jeweiligen Erkenntnisstand der Forschung zum Aufbau der Atome wider.

DALTONsches Atommodell (1805): Atom eines Elements als gleichartige kugelförmige Teilchen; Hypothese ohne experimentelle Grundlage.

THOMSONsches Atommodell (1904): Atom als kugelförmiges Teilchen mit positiver elektrischer Ladung, in dem die negativ elektrisch geladenen Elektronen gleichmäßig verteilt sind; experimentelle Grundlage: elektrische Ladung der Teilchen (Elektronenstrahlen, Kanalstrahlen).

RUTHERFORDsches Atommodell (1911): Atom besteht aus dem positiv elektrisch geladenen Kern und den negativ elektrisch geladenen Elektronen, die den Kern in der Atomhülle umlaufen; experimentelle Grundlage: Streuversuche mit α-Teilchen an einer Goldfolie.

BOHRsches Atommodell (1913): Atom besteht aus dem positiv elektrisch geladenen Kern und den negativ elektrisch geladenen Elektronen, die eine bestimmte Energie haben und sich in der Atomhülle nur auf bestimmten Kreisbahnen bewegen können, ohne Energie zu verlieren; experimentelle Grundlage: Spektren des Wasserstoffatoms, Anwendung der Quantentheorie.

↗ Atomspektrum S. 33

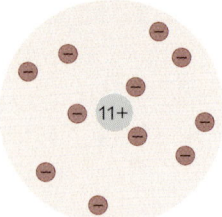

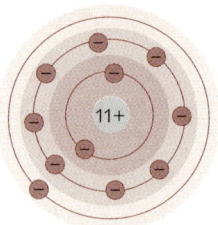

Modell für das Natriumatom
nach RUTHERFORD

Modell für das Natriumatom
nach BOHR

2

BOHR-SOMMERFELDsches Atommodell (1916): Vervollkommnung des BOHR-schen Atommodells: Für die Bewegung der Elektronen werden nicht nur Kreisbahnen, sondern auch Ellipsenbahnen angenommen; experimentelle Grundlage: Feinstruktur von Atomspektren.
↗ Quantenzahlen S. 34

Wellenmechanisches Atommodell (1926): Beschreibt den Atomzustand durch mathematische Funktionen; die Elektronen befinden sich in der Atomhülle entsprechend ihrem Energieniveau in Räumen größter Aufenthaltswahrscheinlichkeit, den Orbitalen; entstand nach Forschungsergebnissen von HEISENBERG, BORN, SCHRÖDINGER und anderen; experimentelle Grundlage: Wellennatur des Elektrons, Welle-Teilchen-Dualismus.
↗ Atomorbital S. 34

Molekülmodelle

Veranschaulichungen des Baus der Moleküle; geben die Zusammensetzung eines Moleküls aus Atomen, die räumliche Anordnung der Atome im Molekül oder auch die Raumerfüllung eines Moleküls wieder.

Kalottenmodell: Besteht aus einander berührenden Kugelkappen, die so bemessen sind, dass die äußeren Radien der Atome im Molekül und die Kernabstände im richtigen Verhältnis stehen; gibt ein annähernd richtiges Bild der Raumerfüllung der Moleküle.

Kugelstabmodell: Räumlich gestaltete Strukturformel; veranschaulicht die Zusammensetzung eines Moleküls aus Atomen und deren ungefähre Lage im Molekül.

Kalottenmodell eines Moleküls

Kugelstabmodell eines Moleküls

Kristallmodelle

Veranschaulichungen der Gitterstruktur von Kristallen; geben die räumliche Anordnung von Ionen, Atomen oder Molekülen im Kristall wieder.

Die Teilchen können durch unterschiedliche Kugeln dargestellt werden, die eine maßstabgerechte Größen- und Entfernungswiedergabe ermöglichen, oder durch mit Stäben verbundene Kugeln, die die geometrische Form des Gitters verdeutlichen.
↗ Modifikationen S. 60; Kristalle mit Molekülgitter, Ionengitter, Metallgitter S. 62

Elementarteilchen der Atome

Atom

Teilchen, das durch chemische Reaktionen nicht zerlegt werden kann.
Atome bestehen aus dem **Atomkern** und der **Atomhülle**. Im elektrisch neutralen Atom ist die Anzahl der Elektronen (negativ elektrisch geladen) in der Atomhülle gleich der Anzahl der Protonen (positiv elektrisch geladen) im Atomkern.
↗ Atommodelle S. 27

Elementarteilchen

Kleinste bekannte Bausteine der Materie; besitzen sowohl Eigenschaften von Teilchen als auch von Wellen. Unter geeigneten Bedingungen können aus einem oder mehreren Elementarteilchen andere entstehen. Bei den meisten Elementarteilchen erfolgen die Umwandlungen spontan.

2

■ Elementarteilchen

Gruppe	Name	Symbol	Ladung Q/e	Masse in u
Photonen	Photon	γ	0	0
Leptonen	**Elektron**	e^-	−1	1/1823
Nukleonen	**Proton**	p	+1	1
	Neutron	n	0	1

Proton

Positiv elektrisch geladenes Masseteilchen ($m_{rel} \approx 1$) im Atomkern. Die Protonenzahl ist für alle Atome eines Elements charakteristisch. Sie stellt die Kernladungszahl Z (Anzahl der positiven elektrischen Ladungen) dar. Durch die Protonenanzahl ist die Stellung des Elements im Periodensystem festgelegt.

Protonenanzahl $\hat{=}$ Kernladungszahl = Ordnungszahl
↗ Periodensystem der Elemente S. 66

Neutron

Elektrisch neutrales Masseteilchen ($m_{rel} \approx 1$) im Atomkern. Die Neutronenzahl N eines Atoms kann für die Atomkerne des gleichen Elements unterschiedlich sein.
↗ Isotop S. 30

Elektron

Negativ elektrisch geladenes Masseteilchen $\left(m_{rel} = \dfrac{1}{1823} \, ; m_e = \dfrac{1}{1823} \, m_p \right)$ in der Atomhülle. Die Elektronen der Atome befinden sich im Raum um den Atomkern und bewegen sich mit sehr großer Geschwindigkeit. Die Anzahl der Elektronen in der Atomhülle ist der Protonenanzahl des Atomkerns gleich. Für ein Atom gilt:

Protonenanzahl = Elektronenanzahl

Atomkern und Atomkern-Umwandlungen

Atomkern

Teil des Atoms, der sich im Zentrum des Atoms befindet und positiv elektrisch geladen ist; vereinigt in sich fast die gesamte Masse des Atoms; besteht aus **Nukleonen** (Protonen und Neutronen). Die Summe aus der Protonenzahl Z und der Neutronenzahl N heißt Nukleonenzahl. Sie entspricht der Massenzahl A des Atoms.

Protonenzahl + Neutronenzahl = Nukleonenzahl $\cong$ Masenzahl

■ Nukleonenzahl des Chlornuklids $^{35}_{17}$Cl

17	+	18	=	35
Protonenzahl		Neutronenzahl		Nukleonenzahl

Nuklid

Atomart eines chemischen Elements mit einer bestimmten Protonen- und Neutronenanzahl. Nuklide werden durch das Elementsymbol und die Massenzahl A (Nukleonenzahl) gekennzeichnet: ^{A}Elementsymbol. Zusätzlich kann die Ordnungszahl Z (Protonenzahl) angegeben werden: ^A_Z Elementsymbol.

↗ Proton S. 29; Neutron S. 29

■ Kohlenstoff $^{12}_{6}$C: 6 Protonen und 6 Neutronen

Phosphor $^{31}_{15}$P: 15 Protonen und 16 Neutronen

Isotop

Atomsorte eines chemischen Elements mit einer bestimmten Neutronenanzahl. Isotope sind Nuklide mit gleicher Protonenanzahl (Kernladungszahl, Ordnungszahl), aber unterschiedlicher Neutronenanzahl.
Isotope eines Elements haben daher unterschiedliche Nukleonenanzahlen (Massenzahlen). Sie verhalten sich chemisch gleich.

↗ Tabelle S. 352

■ Kohlenstoff $^{12}_{6}$C: 6 Protonen und 6 Neutronen

Kohlenstoff $^{13}_{6}$C: 6 Protonen und 7 Neutronen

Atomkern-Umwandlung

Spontan erfolgende oder durch äußere Einwirkungen hervorgerufene Veränderung in Atomkernen, die meist mit einer Element-Umwandlung verbunden ist.

Radioaktivität

Spontane Atomkern-Umwandlung von Radionukliden unter Aussendung unterschiedlicher Strahlung.
Radionuklid: Radioaktive Atomart

■ Natürliche Radionuklide: $^{40}_{19}$K, $^{238}_{92}$U

Künstliche Radionuklide: $^{57}_{27}$Co, $^{123}_{53}$I

α-Strahlung. Positiv elektrisch geladene Teilchenstrahlung (Korpuskularstrahlung); besteht aus Heliumatomkernen ($^4_2$He^{2+}, α-Teilchen). Die Kernladungszahl Z

eines Atomkerns, der ein α-Teilchen aussendet, verringert sich um 2, die Massenzahl A des Kerns verringert sich um 4.

■ $^{226}_{88}Ra \longrightarrow\ ^{222}_{86}Rn\ +\ ^{4}_{2}He$

β-Strahlung. Negativ elektrisch geladene Teilchenstrahlung (Korpuskularstrahlung), spontane Umwandlung von Neutronen im Atomkern von Radionukliden zu Protonen unter Freisetzung von Elektronen (e^-, β); die Ordnungszahl des Kerns erhöht sich um 1, die Massenzahl bleibt unverändert.

■ $^{40}_{19}K \longrightarrow\ ^{40}_{20}Ca\ +\ e^-$

γ-Strahlung. Energiereiche elektromagnetische Strahlung mit einer Wellenlänge $\lambda < 5 \cdot 10^{-11}$ m, die bei Atomkern-Umwandlungen freigesetzt wird.
Halbwertszeit. Zeit, in der sich bei Radionukliden die Hälfte der ursprünglich vorhandenen Atomkerne umgewandelt hat.

■ $^{238}_{92}U$: $4{,}51 \cdot 10^9$ a ; $^{226}_{88}Ra$: 1600 a ; $^{137}_{55}Cs$: 30,1 a

Zerfallsreihen. Folgen von Radionukliden, die durch Atomkern-Umwandlungen auseinander hervorgehen; natürliche Zerfallsreihen führen zu stabilen Blei-Isotopen.

■ $^{235}_{92}U \xrightarrow[-\alpha]{}\ ^{231}_{90}Th \xrightarrow[-\beta]{}\ ^{231}_{91}Pa \xrightarrow[-\alpha]{}\ ^{227}_{89}Ac \xrightarrow[-\beta]{}\ ^{227}_{90}Th \xrightarrow[-\alpha]{}\ ^{223}_{88}Ra \xrightarrow[-\alpha]{}\ ^{219}_{86}Rn \xrightarrow[-\alpha]{}$

$^{215}_{84}Po \xrightarrow[-\alpha]{}\ ^{211}_{82}Pb \xrightarrow[-\beta]{}\ ^{211}_{83}Bi \xrightarrow[-\alpha]{}\ ^{207}_{81}Tl \xrightarrow[-\beta]{}\ ^{207}_{82}Pb$

Kernreaktionen

Umwandlungen an so genannten **Target-Kernen** (target engl.: Ziel), die insbesondere durch Beschuss mit Elementarteilchen (Protonen, Neutronen) oder anderen energiereichen Partikeln (α-Teilchen, Schwer-Ionen) bewirkt werden.
Einfangreaktionen. Einbau von Protonen oder Neutronen in Target-Kerne; häufig Beginn einer dann spontan ablaufenden Zerfallsreihe.

■ $^{12}_{6}C\ +\ p \longrightarrow\ ^{13}_{7}N\ +\ \gamma$
$^{238}_{92}U\ +\ n \longrightarrow\ ^{239}_{93}Np\ +\ \beta^-$

Kernspaltung. Spaltung eines schweren Target-Kerns in zwei oder mehrere mittelschwere Kerne.

■ $^{235}_{92}U\ +\ n \longrightarrow\ ^{236}_{92}U \longrightarrow\ ^{138}_{56}Ba\ +\ ^{95}_{36}Kr\ +\ 3\,n\ +\ \gamma$

Kernkettenreaktion. Kernreaktion, bei der die benötigten energiereichen Teilchen (meist Neutronen) stets erneut gebildet werden; in kontrollierter Form Grundlage der Energiegewinnung in Kernreaktoren, in unkontrollierter Form Wirkprinzip der Atombombe.
Kernfusion. Verschmelzen zweier Atomkerne unter Bildung eines neuen Atomkerns; bei leichten Kernen mit hoher Energiefreisetzung verbunden.

■ $^{2}_{1}H\ +\ ^{3}_{1}H \longrightarrow\ ^{4}_{2}He\ +\ n\ +\ 17{,}6$ MeV
(trägt zum Energiehaushalt von Sternen bei; Wirkprinzip der Wasserstoffbombe)
$^{208}_{82}Pb\ +\ ^{54}_{24}Cr \longrightarrow\ ^{259}_{106}Sg\ +\ 3\,n$
(Herstellung neuer Elemente mit hoher Ordnungszahl)

Elektronenhülle der Atome

Atomhülle

Raum um den Atomkern, in dem sich die zu einem Atom gehörenden Elektronen befinden.

Elektronenschale (Energieniveau)

Elektronen in der Atomhülle mit annähernd gleicher Energie werden einem **Energieniveau** zugeordnet. Diese annähernd gleichen Energiezustände der Elektronen werden auch als **Elektronenschale** bezeichnet.

Die Elektronenschalen und Energieniveaus werden nach steigender Energie nummeriert, wobei die Nummer gleich der Hauptquantenzahl n ist. Die Elektronenschalen können auch mit den Buchstaben K, L, M usw. bezeichnet werden. Jedem Energieniveau kann nur eine bestimmte höchste Elektronenanzahl Z zugeordnet werden: $Z = 2 \cdot n^2$.

Energieniveaus (Elektronenschalen) lassen sich aufgrund feinerer Energieunterschiede der Elektronen in **Unterniveaus (Unterschalen)** aufteilen. Zu einem Energieniveau der Hauptquantenzahl n gehören n Unterniveaus. Jedes Unterniveau entspricht einer Nebenquantenzahl l. Die Unterniveaus werden mit den Buchstaben s ($l = 0$), p ($l = 1$), d ($l = 2$) und f ($l = 3$) bezeichnet (engl.: **s**harp; **p**rincipal; **d**iffus; **f**undamental). Jedem Unterniveau kann nur eine bestimmte höchste Elektronenanzahl Z zugeordnet werden: $Z = 4\,l + 2$.

↗ Quantenzahlen S. 34

Energieniveau		Unterniveau	
Bezeichnung	Höchste Elektronenanzahl $Z = 2 \cdot n^2$	Bezeichnung	Höchste Elektronenanzahl $Z = 4\,l + 2$
1	2	1s	2
2	8	2s 2p	2 6
3	18	3s 3p 3d	2 6 10
4	32	4s 4p 4d 4f	2 6 10 14

Energieniveaus können in **Energieniveauschemata** dargestellt werden. Energieniveauschemata gelten für die Atomhülle der Atome im **Grundzustand**. Das folgende Schema macht deutlich, dass sich die Energieniveaus überschneiden können.

■ 3d-Unterniveau ist energiereicher als das 4s-Unterniveau.

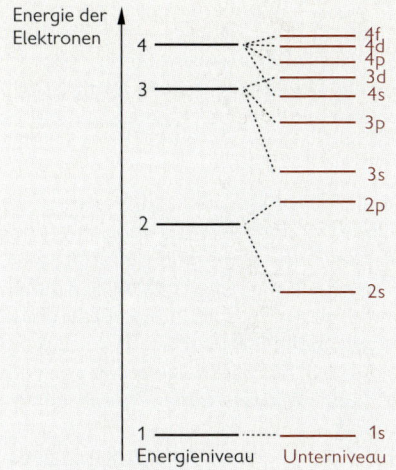

Energieniveauschema

Atomspektrum

Wird bei Energiezufuhr zu einem gasförmigen Stoff beobachtet. Atomspektren sind Linienspektren. Die Energiezufuhr hebt Elektronen auf ein höheres Energieniveau (n_2); bei Rückfall auf ein tieferes Energieniveau (n_1) wird elektromagnetische Strahlung einer bestimmten Wellenlänge emittiert. Das Auftreten diskreter Linien im Atomspektrum beweist die Quantelung der Energie der Elektronen.
↗ Quantenzahlen S. 34

■ Deutung des Atomspektrums des Wasserstoffatoms

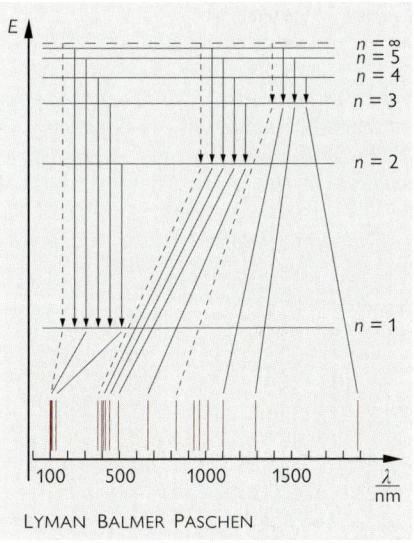

Es gilt die Beziehung:

$$\frac{1}{\lambda} = R_H \cdot \left(\frac{1}{n_1^2} - \frac{1}{n_2^2} \right).$$

λ Wellenlänge
R_H RYDBERG-Konstante
n Hauptquantenzahl
$n_1 = 1$ LYMAN-Serie (UV-Bereich)
$n_1 = 2$ BALMER-Serie (sichtbarer Wellenlängenbereich)
$n_1 = 3$ PASCHEN-Serie (IR-Bereich)

33

Quantenzahlen

Vier charakteristische Größen zur Beschreibung des Zustands eines Elektrons in einem Atom. In einem Atom kann es nicht zwei oder mehrere Elektronen geben, deren Zustände durch den gleichen Satz der vier Quantenzahlen charakterisiert sind. Die Quantenzahlen sind ein Hilfsmittel zur Beschreibung der Quantelung der Energie der Elektronen im Atom.

↗ PAULI-Prinzip S. 35

Hauptquantenzahl n: Quantenzahl, die die Zuordnung eines Elektrons zu einem Energieniveau (Elektronenschale) beschreibt. Die Hauptquantenzahl n kann ganzzahlige Werte $n \geq 1$ annehmen ($n \in \mathbb{N}$). Mit steigender Hauptquantenzahl nimmt die Energie der Elektronen zu und die Atomorbitale nehmen einen größeren Raum ein.

Nebenquantenzahl l: Quantenzahl, die die feinen Energieunterschiede der Elektronen eines Energieniveaus aufgrund der Bahndrehimpulse der Elektronen beschreibt. Zu jeder Hauptquantenzahl n gehören n Energiezustände mit den Nebenquantenzahlen $0 \leq l \leq n - 1$ ($l \in \mathbb{N}$). Die Nebenquantenzahlen beschreiben die Zuordnung der Elektronen zu einem Unterniveau.

Magnetquantenzahl m: Quantenzahl, die die Lage des Bahndrehimpulses des Elektrons im Magnetfeld und damit die räumliche Orientierung des Orbitals beschreibt; kann die ganzzahligen Werte von $-l$ bis $+l$ annehmen ($-l \leq m \leq l; m \in \mathbb{Z}$).

Spinquantenzahl s: Quantenzahl, die den konstanten Eigendrehimpuls des Elektrons (Elektronenspin) beschreibt. Sie kann die Werte $+^1/_2$ oder $-^1/_2$ annehmen.

 Zeichnerische Symbolisierung der Spinorientierung in einem doppelt besetzten Orbital

Orbital

Beschreibung des Raumes um den oder die Atomkerne, in dem die Aufenthaltswahrscheinlichkeit eines Elektrons eines bestimmten Energiegehalts 90% beträgt; jedem Orbital können maximal zwei Elektronen zugeordnet werden.

Atomorbital

Orbital eines Atoms; wird entsprechend dem zugehörigen Unterniveau bezeichnet. Zu jedem Unterniveau mit der Nebenquantenzahl l gehören $2l + 1$ Orbitale. Zu den höheren Energieniveaus können neben einem kugelsymmetrischen s-Orbital drei hantelförmige p-Orbitale, fünf komplizierter strukturierte d-Orbitale und sieben f-Orbitale gehören.

↗ Atomhülle S. 32; Elektronenkonfiguration von Atomen S. 36; Atombindung (Kovalente Bindung) S. 42

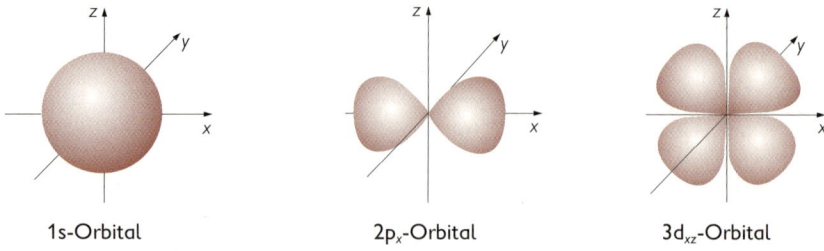

1s-Orbital   2p$_x$-Orbital   3d$_{xz}$-Orbital

Aufenthaltswahrscheinlichkeit der Elektronen

Wahrscheinlichkeit, mit der ein Elektron in einem bestimmten Volumensegment der Atomhülle anzutreffen ist. Die **radiale Aufenthaltswahrscheinlichkeit** kennzeichnet die Wahrscheinlichkeit, das Elektron in einem bestimmten Abstand vom Kern anzutreffen.

- Wasserstoffatom

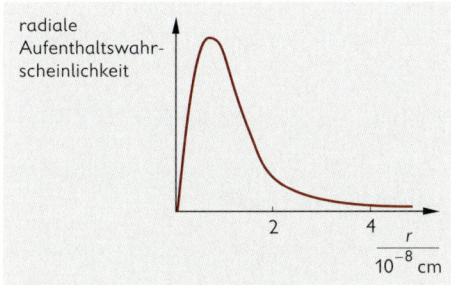

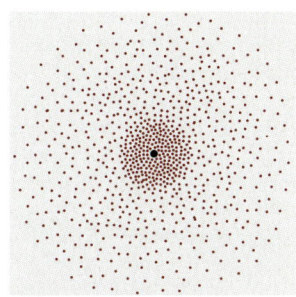

Radiale Aufenthaltswahrscheinlichkeit des Elektrons im Grundzustand 1s

Darstellung der Elektronenwolke im 1s-Orbital

Eine andere Form der Darstellung der Wahrscheinlichkeitsdichte bildet die **Elektronenwolke**, in der gedanklich unendlich viele Momentaufnahmen des Elektrons übereinander gelagert sind.

PAULI-Prinzip

In einem Atom kann es nicht zwei oder mehrere Elektronen geben, deren Zustand durch den gleichen Satz der vier Quantenzahlen beschrieben wird.
Daraus ergibt sich: Die höchste Elektronenanzahl Z, die einem Energieniveau zugeordnet werden kann, ist $Z = 2\,n^2$.

Quantenzahlen und maximale Besetzung der Energieniveaus					
Energie-niveau	Haupt-quanten-zahl n	Neben-quanten-zahl l	Magne-tische Quanten-zahl m	Spin-quanten-zahl s	Höchst-anzahl der Elektronen Z
1	1	0	0	$+^1/_2, -^1/_2$	2
2	2	0	0	$+^1/_2, -^1/_2$	8
		1	-1 0 $+1$	$+^1/_2, -^1/_2$ $+^1/_2, -^1/_2$ $+^1/_2, -^1/_2$	

Aufbauprinzip

Die Reihenfolge der Besetzung der Orbitale mit Elektronen entspricht der Reihenfolge der Energie der Elektronen in den Unterniveaus.

HUNDsche Regel

Bei der Besetzung der Orbitale mit Elektronen werden alle Orbitale, die einem Unterniveau entsprechen (Orbitale mit gleichen Haupt- und Nebenquantenzahlen n und l), zunächst mit je einem Elektron parallelen Spins besetzt, bevor die Orbitale jeweils mit einem zweiten Elektron mit antiparallelem Spin besetzt werden.

Elektronenkonfiguration von Atomen

Bezeichnung für die Elektronenverteilung auf die Orbitale eines Atoms.
Für die Verteilung der Elektronen auf die Atomorbitale gelten das PAULI-Prinzip, das Aufbauprinzip und die HUNDsche Regel.

■ Elektronenkonfiguration von Atomen der 1. und 2. Periode im Grundzustand

Atom (Symbol)	Orbitale			Elektronenkonfiguration
	1s	2s	2p	
H	↑	☐	☐ ☐ ☐	$1s^1$
He	↑↓	☐	☐ ☐ ☐	$1s^2$
Li	↑↓	↑	☐ ☐ ☐	$1s^2\,2s^1$
Be	↑↓	↑↓	☐ ☐ ☐	$1s^2\,2s^2$
B	↑↓	↑↓	↑ ☐ ☐	$1s^2\,2s^2\,2p^1$
C	↑↓	↑↓	↑ ↑ ☐	$1s^2\,2s^2\,2p^2$
N	↑↓	↑↓	↑ ↑ ↑	$1s^2\,2s^2\,2p^3$
O	↑↓	↑↓	↑↓ ↑ ↑	$1s^2\,2s^2\,2p^4$
F	↑↓	↑↓	↑↓ ↑↓ ↑	$1s^2\,2s^2\,2p^5$
Ne	↑↓	↑↓	↑↓ ↑↓ ↑↓	$1s^2\,2s^2\,2p^6$

Durch Energiezufuhr können Elektronen auf ein Niveau höherer Energie gehoben und die Atome dadurch in angeregte Zustände übergeführt werden.
↗ UV-VIS-Spektroskopie S. 318

Hybridisierung

Mathematische Modellvorstellung zur Erklärung des Bindungszustandes von Atomen in Molekülen; Umwandlung von Atomorbitalen unterschiedlicher Energieniveaus und unterschiedlicher Form in **Hybridorbitale**, das sind äquivalente Orbitale gleicher Energie (mittleres Energieniveau) und gleicher Form.
↗ Bindungsmodelle zur Atombindung in Molekülen S. 44

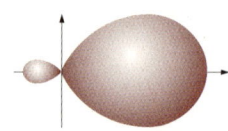

sp^3-Hypridorbital

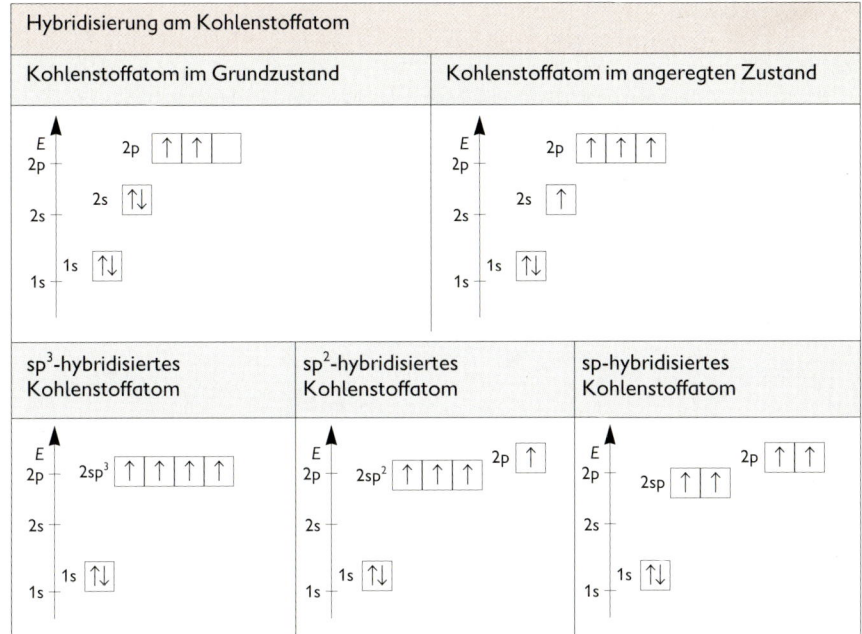

Hybridisierung am Kohlenstoffatom	
Kohlenstoffatom im Grundzustand	Kohlenstoffatom im angeregten Zustand

sp³-hybridisiertes Kohlenstoffatom	sp²-hybridisiertes Kohlenstoffatom	sp-hybridisiertes Kohlenstoffatom

Valenzelektronen

Elektronen, die an der Ausbildung chemischer Bindungen beteiligt sind, insbesondere Elektronen des höchsten Energieniveaus (der äußeren Elektronenschale); bestimmen maßgeblich die chemischen Eigenschaften der Elementsubstanzen.

Freie Elektronenpaare

Zwei Elektronen (mit entgegengesetztem Spin) der äußeren Elektronenschale, die gemeinsam ein Orbital besetzen.
↗ Basedefinition nach LEWIS S. 15; Nukleophile S. 41

- $|NH_3$, $\langle OH_2$, $|\underline{Cl}|^-$

Ungepaarte Elektronen

Elektronen in Atomen oder Molekülen, die ein Orbital nur einfach besetzen.
↗ Radikale S. 41

- $Cl\cdot$, $\cdot NO_2$

Elektronenlücken

Unbesetzte Orbitale, die durch Wechselwirkung mit Teilchen, die über freie Elektronenpaare verfügen, zur Ausbildung von Atombindungen genutzt werden können.
↗ Säuredefinition nach LEWIS S. 15; Edelgaskonfiguration S. 42; Elektrophile S. 41

- $AlCl_3$, BF_3

Ionen, Moleküle und Radikale

Ionen

Positiv oder negativ elektrisch geladene Teilchen; sind in wässrigen Lösungen oder in Schmelzen frei beweglich. Ionen entstehen aus Atomen durch Aufnahme oder Abgabe von Elektronen insbesondere des höchsten Energieniveaus (der äußeren Elektronenschale). Nach ihrer Ladung werden Anionen und Kationen unterschieden, nach ihrem Aufbau einfache Ionen und zusammengesetzte Ionen.

Energieniveauschema des Natriumatoms	Energieniveauschema des Natrium-Ions

Energieniveauschema des Chloratoms	Energieniveauschema des Chlorid-Ions

Anionen

Negativ elektrisch geladene Ionen.

■ Cl^- CH_3COO^- SO_4^{2-} OH^-
Chlorid-Ion   Acetat-Ion   Sulfat-Ion   Hydroxid-Ion

Einfaches Anion   **Zusammengesetzte Anionen**

Kationen

Positiv elektrisch geladene Ionen.

■ Na^+ Mg^{2+} NH_4^+
Natrium-Ion   Magnesium-Ion   Ammonium-Ion

Einfache Kationen   **Zusammengesetztes Kation**

Carbokationen und Carboanionen

Kationen von Kohlenwasserstoffen werden als Carbokationen oder Carbenium-Ionen, Anionen von Kohlenwasserstoffen als Carboanionen bezeichnet. Oft ist die positive oder negative elektrische Ladung nicht an einem bestimmten Kohlenstoffatom lokalisiert.

↗ Mesomere Systeme S. 46

- **Carbokationen:** CH_3^+ $\begin{array}{c} CH_3 \\ | \\ CH_3-C^+ \\ | \\ CH_3 \end{array}$

                         Methyl-Kation   tert.-Butyl-Kation   Tropylium-Ion

- **Carboanionen:** $^-|C\equiv C|^-$

                         Acetylid-Ion   Cyclopentadienid-Ion

Zwitter-Ionen

Moleküle mit räumlich getrennten positiven und negativen elektrischen Ladungen.

↗ 2-Aminosäuren S. 224; Phospholipide S. 230; Amphotenside S. 249

- $\begin{array}{l} COO^- \\ | \\ CH_2-NH_3^+ \end{array}$ Zwitter-Ion des Glycins

Moleküle

Kleinste stabile Teilchen, die aus einer begrenzten Anzahl von Atomen aufgebaut sind.

↗ Molekülsubstanzen S. 17; Atombindung S. 42; Kristalle mit Molekülgitter S. 62

- Kettenförmige Moleküle

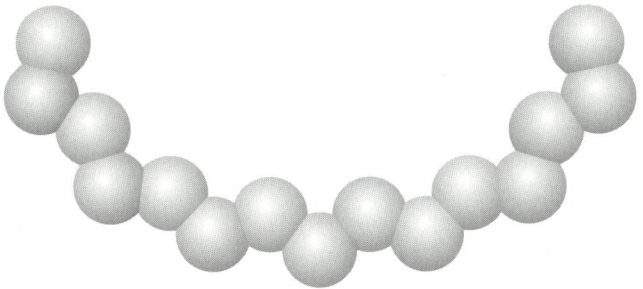

Modell eines Moleküls des plastischen Schwefels

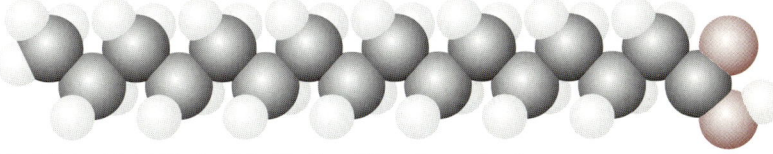

Modell des Moleküls der Palmitinsäure (Hexadecansäure)

■ Ringförmige Moleküle

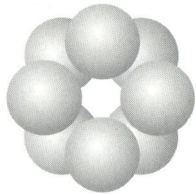

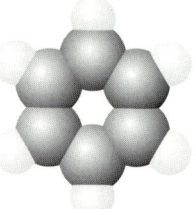

Modell des Schwefelmoleküls S_8

Modell des Benzolmoleküls C_6H_6

Makromoleküle

Moleküle, die viele (bis zu mehrere Tausend) gleiche oder unterschiedliche Baueinheiten enthalten; ihre relative Molekülmasse ist größer als 10 000.
↗ Kunststoffe S. 243

Dipolmolekül

Molekül, das einen positiven und einen negativen Ladungsschwerpunkt besitzt.

■

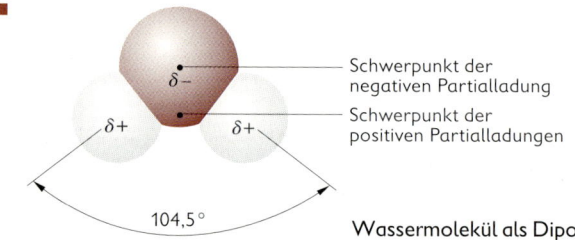

Schwerpunkt der
negativen Partialladung

Schwerpunkt der
positiven Partialladungen

Wassermolekül als Dipol

Komplexe Ionen und Moleküle

Ionen und Moleküle, die durch Anlagerung von Molekülen oder Ionen an andere Atome oder Ionen entstanden sind.
Zentral-Ion oder Zentralatom: Ion oder Atom in Komplexverbindungen, an das eine bestimmte Anzahl von Molekülen oder Ionen angelagert ist.
Ligand: Molekül oder Ion, das an ein Zentral-Ion oder Zentralatom einer Komplexverbindung angelagert ist.

■ **Komplexes Kation**

$[Cu(NH_3)_4]^{2+}$

Tetraamminkupfer(II)-Ion

Zentral-Ion: Kupfer(II)-Ion
Liganden: 4 Ammoniakmoleküle

Komplexes Anion

$[Zn(OH)_4]^{2-}$

Tetrahydroxozinkat(II)-Ion

Zentral-Ion: Zink(II)-Ion
Liganden: 4 Hydroxid-Ionen

Komplexes Molekül (Neutralkomplex)

$[PtCl_2(NH_3)_2]$

Diammindichloroplatin(II)

Zentral-Ion: Platin(II)-Ion
Liganden: 2 Ammoniakmoleküle
und 2 Chlorid-Ionen

↗ Namen S. 172

40

Chelat

Komplexverbindung aus Metall-Ionen und mehrzähnigen Liganden, d. h. Liganden mit mehreren Haftatomen (Elektronenpaardonatoren).

↗ Komplexometrie S. 316

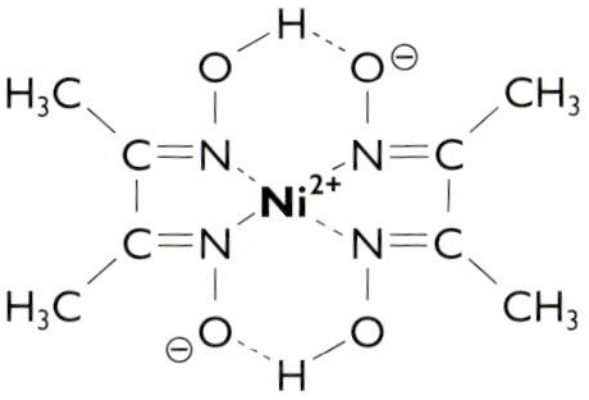

Bis(diacetyldioximato)nickel(II) 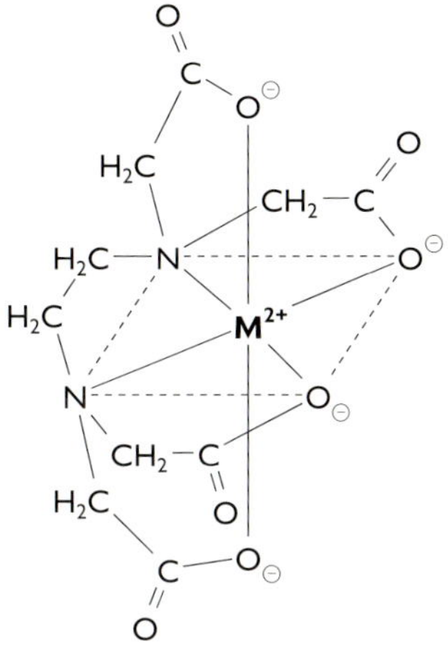   Metallkomplex der Ethylendiamintetraessigsäure

Elektrophile

Moleküle oder Ionen, die sich durch *Elektronenmangel* (insgesamt oder in einer für das Reaktionsverhalten wesentlichen Position) auszeichnen.

↗ Säuredefinition nach LEWIS S. 15; Elektronenlücken S. 37; elektrophile Substitution S. 89; elektrophile Addition S. 90

■ Kationen: H^+, Mg^{2+}

Moleküle mit Elektronenlücke: $AlCl_3$

Positiver Pol in polaren Atombindungen: $\overset{\delta+}{R}-\overset{\delta-}{Cl}$, $\overset{\delta+}{H_2C}=\overset{\delta-}{O}$

Nukleophile

Moleküle oder Ionen, die sich durch *Elektronenüberschuss* (insgesamt oder in einer für das Reaktionsverhalten wesentlichen Position) auszeichnen.

↗ Basedefinition nach LEWIS S. 15; freie Elektronenpaare S. 37; nukleophile Substitution S. 89

■ Anionen: OH^-, Cl^-

Moleküle mit freien Elektronenpaaren: $|NH_3$, $H_2O\rangle$

Moleküle mit unpolaren π-Bindungssystemen: $CH_2=CH_2$,

Radikale

Moleküle (oder Ionen), die mindestens ein ungepaartes Elektron enthalten; meist sehr reaktionsfähig.

↗ Ungepaarte Elektronen S.37; radikalische Substitution S. 88 und Addition S. 90

■ ·NO,   ·NO_2,   ·CH_3,   ·O_2·

2

41

Chemische Bindung

Chemische Bindung

Zusammenhalt der Teilchen innerhalb eines Stoffes durch anziehende (und abstoßende) Kräfte.

Es werden vier Grundtypen der Wechselwirkungskräfte zwischen den Teilchen eines Stoffes unterschieden: **Atombindung, Ionenbindung, Metallbindung** und **zwischenmolekulare Kräfte**. Meist sind die tatsächlich auftretenden Kräfte Übergänge oder Kombinationen dieser Grundtypen.

Edelgaskonfiguration und Oktettregel

Hilfsmittel zum Verständnis der chemischen Bindung. Die Elektronenkonfiguration der Edelgasatome (2 bzw. 8 Elektronen auf dem höchsten Energieniveau) stellt einen stabilen, energiearmen Zustand dar, der vielfach bei der Verbindungsbildung angestrebt und häufig erreicht wird. Dabei gilt die **Oktettregel** (8 Elektronen auf der äußeren Elektronenschale) streng nur für die Atome der 2. Periode des Periodensystems der Elemente.

↗ Chemische Bindung S. 42

Atombindung (Kovalente Bindung)

Chemische Bindung, die durch gemeinsame Elektronenpaare zwischen Atomen eines Moleküls gekennzeichnet ist; entsteht durch **Überlappung von Atomorbitalen** unter Bildung von Molekülorbitalen; kann sowohl zwischen gleichartigen als auch zwischen verschiedenartigen Atomen auftreten, hauptsächlich zwischen Atomen von Nichtmetallen. Atombindung liegt in Molekülen und in Kristallen mit Atomgitter vor.

↗ Molekülorbital-Methode S. 43; Valenzbindungs-Methode S. 44; Kristall mit Atomgitter S. 61; Kristall mit Molekülgitter S. 62

Unterschieden werden σ-Bindungen und π-Bindungen.

σ-Bindung: Die Aufenthaltswahrscheinlichkeit der Bindungselektronen ist rotationssymmetrisch um die Verbindungslinie zwischen zwei Atomkernen am größten.

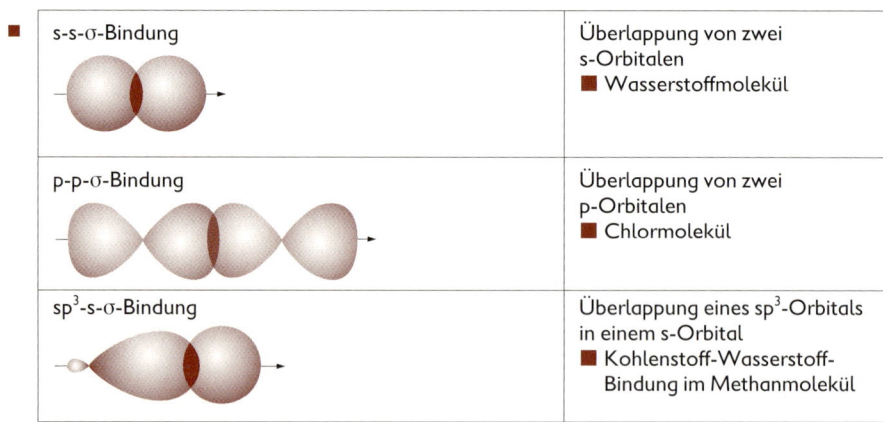

s-s-σ-Bindung	Überlappung von zwei s-Orbitalen ■ Wasserstoffmolekül
p-p-σ-Bindung	Überlappung von zwei p-Orbitalen ■ Chlormolekül
sp³-s-σ-Bindung	Überlappung eines sp³-Orbitals in einem s-Orbital ■ Kohlenstoff-Wasserstoff-Bindung im Methanmolekül

↗ Bindungsmodelle zur Atombindung in Molekülen S. 44

π-Bindung: Die Aufenthaltswahrscheinlichkeit der Elektronen ist symmetrisch zu einer Ebene durch die Verbindungslinie zwischen zwei Atomkernen am größten.

■ p_z-p_z-π-Bindung

Überlappung von zwei p_z-Orbitalen
■ Eine der Bindungen zwischen den beiden Kohlenstoffatomen im Ethenmolekül

Molekülorbital-Methode (MO-Methode)

Näherungsmethode zur quantenchemischen Beschreibung von Atombindungen; von MULLIKEN und HUND entwickelt, von HÜCKEL erweitert (1925 bis 1933); untersucht die Energiezustände, die ein Bindungselektron im Potenzialfeld aller Atomkerne eines Moleküls einnehmen kann. Bei der Kombination zweier Atomorbitale resultieren zwei energetisch unterschiedliche **Molekülorbitale**, ein (energieärmeres) *bindendes* und ein (energiereicheres) *antibindendes* Molekülorbital. In Analogie zu den Atomorbitalen haben die Molekülorbitale eine bestimmte Energie **(MO-Diagramme)** und eine bestimmte räumliche Gestalt (Aufenthaltswahrscheinlichkeitsbereiche für zwei Elektronen).

■ Molekülorbitale des Wasserstoffmoleküls

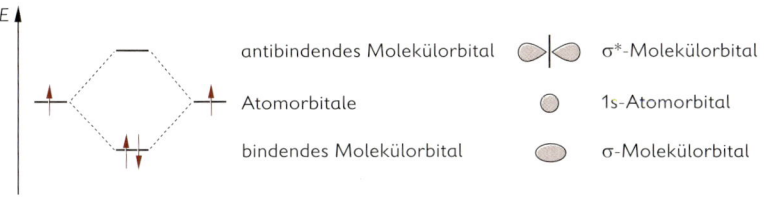

antibindendes Molekülorbital σ^*-Molekülorbital

Atomorbitale 1s-Atomorbital

bindendes Molekülorbital σ-Molekülorbital

MO-Diagramm Räumliche Gestalt der Orbitale

Die MO-Methode ermöglicht die getrennte Betrachtung von π-Bindungssystemen in Alkenen und Arenen und erklärt z. B. die **HÜCKEL-Regel**.

↗ Aromatische Systeme S. 46

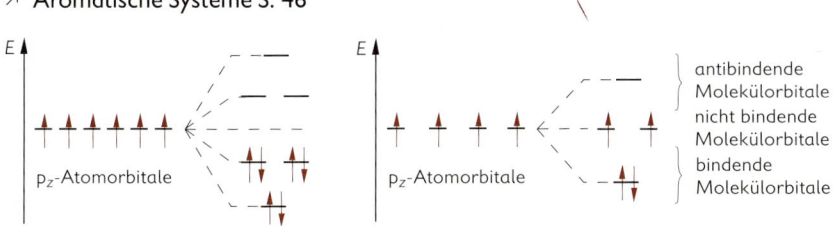

p_z-Atomorbitale p_z-Atomorbitale

antibindende Molekülorbitale
nicht bindende Molekülorbitale
bindende Molekülorbitale

MO-Diagramm des π-Bindungssystems des Benzolmoleküls

MO-Diagramm des π-Bindungssystems des Cyclobutadienmoleküls

43

Die MO-Methode liefert auch eine Modellvorstellung von den Bindungen im Sauerstoffmolekül, die dessen Diradikalcharakter (2 ungepaarte Elektronen) erklärt.

MO-Diagramm für die Valenzelektronen des Sauerstoffmoleküls

Valenzbindungs-Methode (VB-Methode)

Näherungsmethode zur quantenchemischen Beschreibung der Atombindung; von HEITLER und LONDON entwickelt, von PAULING und SLATER erweitert (1927 bis 1931); geht von der Vorstellung aus, dass die Elektronensysteme der Atome bei der Bindungsbildung weitgehend erhalten bleiben; die Wellenfunktion des Moleküls wird direkt aus den Atomorbitalen aufgebaut; für die Bindungselektronen werden paarweise zu besetzende Orbitale angenommen und kombiniert.

- sp^3-Hybridisierungs-Modell des Methanmoleküls
  ↗ Hybridisierung S. 36
  Kovalentes Bindungsmodell von Komplexen
  ↗ Chemische Bindung in Komplexen S. 51

Die Moleküle vieler Verbindungen lassen sich nicht durch eine einzige Strukturformel hinreichend genau beschreiben; die VB-Methode berücksichtigt in solchen Fällen Grenzstrukturen, die zur Wellenfunktion des Moleküls kombiniert werden.
↗ Mesomeres System S. 46

Bindungsmodelle zur Atombindung in Molekülen

- **Ethanmolekül:** Sechs sp^3-s-σ-Bindungen zwischen Kohlenstoff- und Wasserstoffatomen und eine sp^3-sp^3-σ-Bindung zwischen zwei Kohlenstoffatomen **(Einfachbindung)**.
  ↗ Hybridisierung S. 36

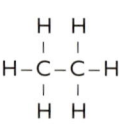

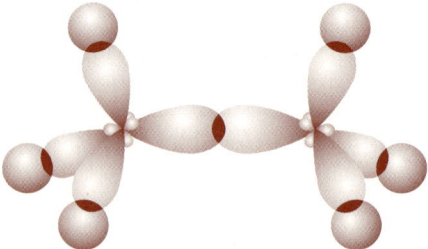

■ **Ethen-(Ethylen-)Molekül:** Vier sp^2-s-σ-Bindungen zwischen Kohlenstoff- und Wasserstoffatomen sowie eine sp^2-sp^2-σ-Bindung und eine p_z-p_z-π-Bindung zwischen zwei Kohlenstoffatomen **(Doppelbindung).**

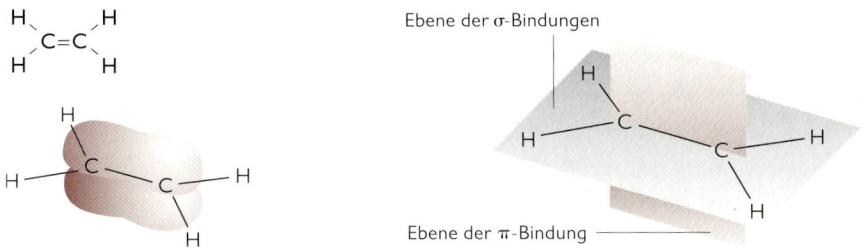

Die Ebene der π-Bindung ist senkrecht zur Ebene der σ-Bindungen ausgerichtet.

■ **Ethin-(Acetylen-)Molekül:** Zwei sp-s-σ-Bindungen zwischen Kohlenstoff- und Wasserstoffatomen sowie eine sp-sp-σ-Bindung, eine p_y-p_y-π-Bindung und eine p_z-p_z-π-Bindung zwischen zwei Kohlenstoffatomen **(Dreifachbindung).**

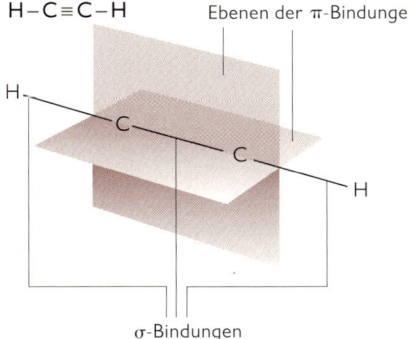

Die Ebenen der π-Bindungen sind senkrecht zueinander ausgerichtet, die Verteilung der Elektronen erfolgt jedoch rotationssymmetrisch.

■ **Benzolmolekül:** Sechs sp^2-s-σ-Bindungen zwischen Kohlenstoff- und Wasserstoffatomen, sechs sp^2-sp^2-σ-Bindungen zwischen jeweils zwei Kohlenstoffatomen sowie Überlappung von sechs *einfach besetzten* p_z-Orbitalen zum **π-Elektronensextett** zwischen den Kohlenstoffatomen (delokalisierte Atombindungen).

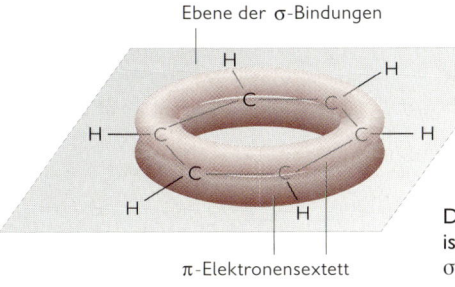

Das π-Elektronensextett im Benzolmolekül ist oberhalb und unterhalb der Ebene der σ-Bindungen angeordnet.

Delokalisierte Atombindungen

Konjugierte Bindungssysteme, in denen sich die π-Elektronen nicht bestimmten Bindungen zuordnen lassen, sondern über einen größeren Molekülbereich delokalisiert sind.

↗ Mesomeres System S. 46

- Benzol

Mesomeres System

System delokalisierter Elektronen, dessen Struktur sich nicht durch *eine* klassische Strukturformel wiedergeben lässt; wird durch Grenzstrukturen beschrieben, die keine eigene Realität besitzen, sondern den wahren Bindungszustand eingrenzen. Zwischen derartige Grenzstrukturen wird der Mesomeriepfeil ⟷ gesetzt, der nicht mit dem Pfeil bei chemischen Gleichgewichten ⇌ verwechselt werden darf.
Mesomere Systeme sind energieärmer und damit stabiler als die entsprechenden hypothetischen Grenzstrukturen; Prototyp: Benzol.

Aromatische Systeme

Wichtigste Gruppe mesomerer Systeme; enthalten ein cyclisch-vollkonjugiertes System mit $(4n + 2)$ π-Elektronen (**HÜCKEL-Regel**); zeichnen sich durch besondere energetische Stabilität aus.
Für $n = 1$ resultiert das aromatische π-**Elektronensextett**, das durch ein besonderes Bindungssymbol wiedergegeben wird.

Benzol	Pyridin	Thiophen	Tropylium-Ion

Koordinative Atombindung

Atombindung, deren Bindungselektronen sämtlich von *einem* Bindungspartner stammen; ist ansonsten mit der normalen Atombindung identisch.

- $|NH_3 + H^+ \longrightarrow H{-}NH_3^+$
  Ammonium-Ion

  $6\,|C{\equiv}N|^- + Fe^{2+} \longrightarrow [Fe(CN)_6]^{4-}$
  Hexacyanoferrat(II)-Ion

Polare Atombindung

Atombindung, bei der gemeinsame Elektronenpaare von miteinander verbundenen Atomen verschieden stark angezogen werden; an den Atomen treten Partialladungen (δ^+, δ^-) auf. Moleküle mit polaren Bindungen sind häufig Dipole.

↗ Dipolmolekül S. 40

$$\overset{\delta^+}{H}{-}\overset{\delta^-}{Cl}$$

Modell und Formel
des Chlorwasserstoffmoleküls

Modell und Formel
des Wassermoleküls

Ionenbindung

Chemische Bindung, die durch Anziehungskräfte entgegengesetzt elektrisch geladener Ionen und Abstoßungskräfte gleichartig elektrisch geladener Ionen bewirkt wird. Die Kräfte wirken nach allen Richtungen des Raumes. Ionenbindung liegt in Kristallen mit Ionengitter sowie in der Schmelze solcher Verbindungen vor.

↗ Kristalle mit Ionengitter S. 62

Übergang von der Atombindung zur Ionenbindung

Chemische Bindung	Beispiel	Merkmale	
Atombindung	$I\overline{Cl} - \overline{Cl}I$	Elektronenpaar wird in gleicher Weise von beiden Atomen beansprucht.	
Polare Atombindung	$\delta+H - \overline{Cl}I\delta-$	Elektronenpaar wird von einem Atom stärker beansprucht als vom anderen.	Verschiebung des Elektronenpaars, Zunahme der Polarität der chemischen Bindung
Ionenbindung	$Na^+ \; I\overline{Cl}I^-$	Elektronenpaar gehört vollständig zu einem Atom.	

Elektronegativitätswert X_E

Vergleichswert für die Anziehungskräfte von Atomen unterschiedlicher Elemente auf gemeinsame Elektronenpaare; erlaubt (bis auf wenige Ausnahmen) die Einschätzung, ob in einer chemischen Verbindung zwischen zwei Hauptgruppenelementen Atombindung oder Ionenbindung überwiegt.

Differenz < 1,7 bedeutet überwiegend Atombindung,
Differenz > 1,7 bedeutet überwiegend Ionenbindung.

↗ Periodizität der Elektronegativitätswerte S. 69; Periodensystem der Elemente am Schluss des Buches

Name der chemischen Verbindung	Formel, Elektronegativitätswerte, Differenz		Vorherrschende Art der chemischen Bindung
Chlorwasserstoff	H 2,1	Cl 3,0	Atombindung
	0,9		
Natriumchlorid	Na 0,9	Cl 3,0	Ionenbindung
	2,1		

Induktiver Effekt (I-Effekt)

Wirkung einer funktionellen Gruppe auf die Elektronenverteilung im organischen Rest eines Moleküls als Folge von Differenzen zwischen Elektronegativitätswerten.
↗ Polare Atombindung S. 46

–I-Effekt: verringert Elektronendichte im organischen Rest.

- $\overset{\delta\delta^+}{CH_3} - \overset{\delta^+}{CH_2} - \overset{\delta^-}{CH_2} - Cl$

+I-Effekt: erhöht Elektronendichte im organischen Rest.

Mesomerer Effekt (M-Effekt)

Wirkung einer funktionellen Gruppe auf die Elektronendichteverteilung im organischen Rest eines Moleküls als Folge mesomerer Wechselwirkungen.
↗ Mesomeres System S. 46

–M-Effekt: verringert Elektronendichte im organischen Rest.

Benzaldehyd (mesomere Grenzstrukturen)

+M-Effekt: erhöht Elektronendichte im organischen Rest.

Anilin (mesomere Grenzstrukturen)

π-elektronenreiche und π-elektronenarme Aromaten

Aromatische Systeme, in denen die π-Elektronendichte an den Kohlenstoffatomen des Rings aufgrund der Wirkung von Substituenten oder Heteroatomen größer als im Benzol ist, werden als π-elektronenreich, solche mit einer gegenüber dem Benzol verringerten π-Elektronendichte an den Kohlenstoffatomen des Rings als π-elektronenarm bezeichnet.

- **π-elektronenarme Aromaten**

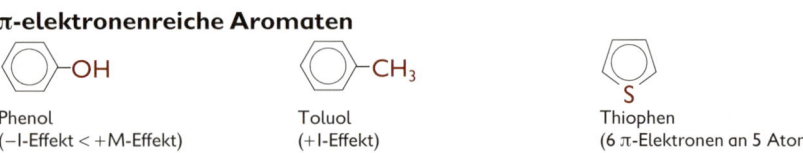

Nitrobenzol
(–I-Effekt, –M-Effekt)

Chlorbenzol
(–I-Effekt > +M-Effekt)

Pyridin
$[X_E(N) > X_E(C)]$

- **π-elektronenreiche Aromaten**

Phenol
(–I-Effekt < +M-Effekt)

Toluol
(+I-Effekt)

Thiophen
(6 π-Elektronen an 5 Atomen)

↗ Reaktionen der Phenole S. 214; aromatische Heterocyclen S. 227

Metallbindung

Elektronengasmodell. Chemische Bindung in Kristallen mit Metallgitter; wird durch elektrostatische Anziehung zwischen positiv geladenen Atomrümpfen und frei beweglichen Elektronen bewirkt, die aus den Elektronen der äußersten Elektronenschale kommen. Letztere erklären die gute elektrische Leitfähigkeit und Wärmeleitfähigkeit der Metalle sowie deren Abnahme bei steigender Temperatur sowie die plastische Verformbarkeit und den Glanz der Metalle.

↗ Kristalle mit Metallgitter S. 63

■ Modell der Metallbindung (ebene Darstellung)

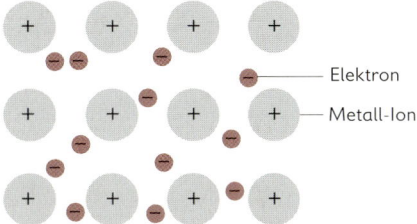

Elektron

Metall-Ion

Energiebändermodell. Mithilfe des Energiebändermodells lassen sich die Bindungsverhältnisse in Metallen qualitativ unter Nutzung der MO-Theorie beschreiben. Aus den äquivalenten Atomorbitalen aller Atome eines Kristalls (z. B. x äquivalente 2s-AO; $3x$ äquivalente 2p-AO u. s. w.) werden Molekülorbitale ($\frac{x}{2}$ bindende 2s-MO; $\frac{x}{2}$ antibindende 2s-MO; $\frac{3x}{2}$ bindende 2p-MO; $\frac{3x}{2}$ antibindende 2p-MO) gebildet, die sich jeweils energetisch nur wenig unterscheiden. Jede dieser Vielzahl energetisch dicht aufeinander folgender Energieniveaus wird als Energieband bezeichnet. Sie werden nach dem Aufbauprinzip und dem PAULI-Prinzip mit Elektronen besetzt. Das höchste besetzte Energieband wird als **Valenzband V**, das nächsthöhere (unbesetzte) als **Leitungsband L** bezeichnet.

↗ Atomorbitale S. 34; Aufbauprinzip S. 35; PAULI-Prinzip S. 35

Mit dem Energiebändermodell lässt sich das elektrische Verhalten von Metallen, Halbleitern und Isolatoren erklären.

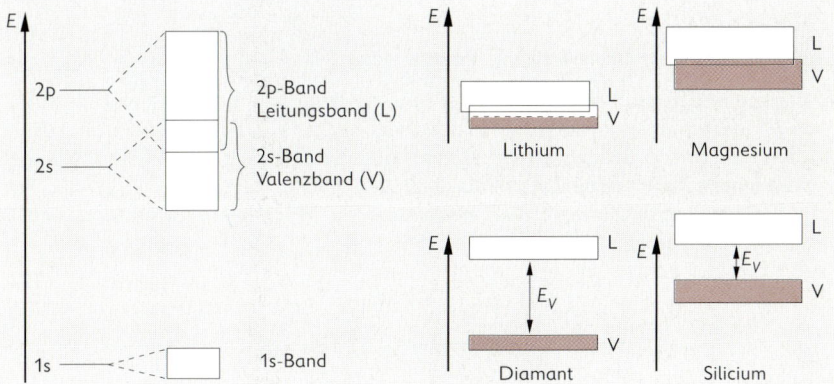

Metalle: Valenz- und Leitungsband überlappen. Bei vollbesetztem Valenzband (z. B. bei den Erdalkalimetallen) stehen den Elektronen im Valenzband energiegleiche MO im Leitungsband zur Verfügung. Bei halbbesetztem Valenzband (z. B. bei den Alkalimetallen) ist ein Elektronenübergang vom Valenz- in das Leitungsband leicht möglich. Metalle besitzen eine gute elektrische Leitfähigkeit.

■ Kupfer, Silber, Aluminium

Halbleiter: Energetischer Abstand zwischen Valenz- und Leitungsband (E_V, verbotene Zone) ist gering. Energiezufuhr (elektrische, thermische, elektromagnetische Energie) ermöglicht Elektronenübergänge vom Valenz- in das Leitungsband und damit elektrische Leitfähigkeit.

■ Silicium, Germanium, Selen

Isolatoren: Energetischer Bandabstand (E_V, verbotene Zone) ist groß; Elektronenübergänge vom Valenz- in das Leitungsband durch Energiezufuhr nicht ohne weiteres möglich; keine Elektronenleitung.

■ Diamant, Iod, Quarz

Zwischenmolekulare Kräfte

Schwache Wechselwirkungskräfte zwischen Molekülen (und Edelgasatomen), die die Ausbildung von Molekülgittern, den Zusammenhalt der Moleküle in Flüssigkeiten und die Eigenschaften realer Gase bewirken.

↗ Kristall mit Molekülgitter S. 62

VAN-DER-WAALS-Kräfte: Dipolwechselwirkungen; bewirken u. a., dass sich Gase bei tiefen Temperaturen und/oder hohem Druck verflüssigen und verfestigen. Es sind zu unterscheiden:

Dipol-Dipol-Kräfte: Wechselwirkungen zwischen Molekülen mit permanenten Dipolen.

↗ Dipolmolekül S. 40

■ Chlorwasserstoff, Polyacrylnitril

Dispersionskräfte (LONDON-Kräfte): Wechselwirkungen zwischen unpolaren Molekülen oder Atomen über induzierte Dipole; nehmen mit der Größe der molaren Masse zu.

■ Helium, Wasserstoff, Iod, Butan, Polyethylen

Wasserstoffbrückenbindung: Wechselwirkung, bei der Wasserstoffatome, die an Atome von Elementen hoher Elektronegativität (z. B. Fluor, Sauerstoff, Stickstoff) gebunden sind, Brücken zu anderen stark negativen Atomen von Nachbarmolekülen oder innerhalb desselben Moleküls ausbilden.

↗ Elektronegativitätswert S. 47; Hydratation S. 105; Sekundärstruktur der Proteine S. 238; Struktur der Nukleinsäuren S. 242

■

Fluorwasserstoff

Essigsäure

Chemische Bindung in Komplexen

Der Zusammenhalt der Teilchen in Komplexen kann durch Atombindungen oder Wechselwirkungen zwischen verschiedenen Ionen oder zwischen Ionen und Dipolmolekülen bewirkt werden. Die Beschreibung der chemischen Bindung in Komplexen ist daher nach unterschiedlichen Modellen möglich.

Kovalentes Bindungsmodell: Bindung der Liganden an das Zentralatom oder Zentral-Ion erfolgt durch koordinative Atombindungen; durch die Komplexbildung wird eine energetisch günstige Elektronenkonfiguration erreicht, z. B. die Elektronenanzahl des nächsthöheren Edelgases.

↗ Koordinative Atombindung S. 46

Bei den Nebengruppenelementen werden die Verhältnisse dadurch kompliziert, dass auch innere d-Orbitale an der Bindungsbildung beteiligt sein können. Man unterscheidet:

Inner-Orbital-Komplexe, in denen Elektronenpaare der Liganden freie innere d-Orbitale (3d) des Zentral-Ions besetzen.

Outer-Orbital-Komplexe, in denen freie äußere d-Orbitale (4d) des Zentral-Ions zur Bindung des Liganden herangezogen werden.

↗ d-Orbitale S. 34; Hybridisierung S. 36

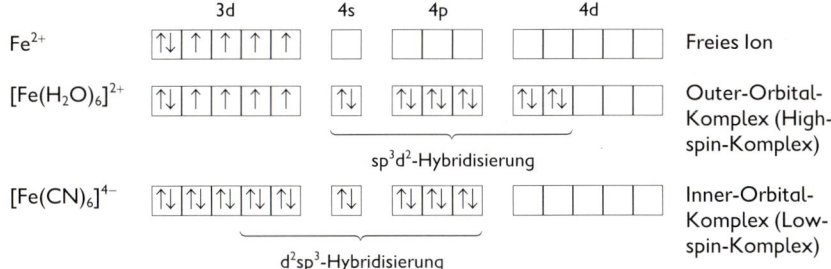

Die Zuordnung erfolgt durch das magnetische Verhalten der Komplexverbindungen, das die Ermittlung der Anzahl der ungepaarten Elektronen gestattet.

Elektrostatisches Bindungsmodell: Zentral-Ionen und entgegengesetzt geladene Liganden (Ionen, Dipolmoleküle) ziehen einander an; Anziehungs- und Abstoßungskräfte lassen sich berechnen.

Durch das elektrostatische Feld der Liganden werden die d-Orbitale am Zentralatom energetisch verändert **(Ligandenfeld-Theorie)**.

↗ d-Orbitale S. 34

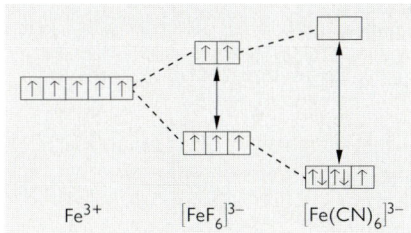

Man unterscheidet
High-spin-Komplexe mit der maximalen Anzahl *ungepaarter* Elektronen im Zentralatom,
Low-spin-Komplexe mit der maximalen Anzahl *gepaarter* Elektronen im Zentralatom.

Elektronenbesetzung der d-Orbitale

Struktur von Molekülen und Ionen

Struktur

Aufbau eines Moleküls oder Ions aus Atomen, die durch Atombindungen miteinander verbunden sind; lässt sich in verschiedenen Genauigkeitsebenen angeben: **Konstitution**, **Konfiguration** und **Konformation**.

↗ Konstitution S. 52; Konfiguration S. 53; Konformation S. 57

Stereochemie

Teilgebiet der Chemie, das sich mit dem dreidimensionalen Aufbau (Bindungswinkel, Atomabstände) von Molekülen befasst. Soweit erforderlich, wird die räumliche Struktur von Molekülen durch eine spezielle chemische Zeichensprache (Projektionsformeln) wiedergegeben.

↗ FISCHER-Projektion S. 56; Ringstruktur von Monosacchariden S. 232

Isomerie

Erscheinung, dass chemische Verbindungen gleicher Zusammensetzung in unterschiedlichen Strukturen vorkommen; wird vor allem bei organischen Verbindungen beobachtet. Solche Verbindungen heißen **Isomere**; unterschieden werden **Konstitutionsisomerie** und **Stereoisomerie**.

↗ Konstitutionsisomerie S. 52; Stereoisomerie S. 55

Konstitution

Angabe der Reihenfolge von Atomen in einem Molekül oder Ion ohne Berücksichtigung der räumlichen Anordnung; entspricht den meist verwendeten Strukturformeln.

- $CH_3-CH=CH-CH_3$

  2-Buten

- $CH_3-CH-COOH$
  $\quad\quad\;\; |$
  $\quad\quad\; NH_2$

  Alanin

  Cyclohexan

Konstitutionsisomerie

Auftreten isomerer Verbindungen, in deren Molekülen die Atome in unterschiedlicher Reihenfolge miteinander verbunden sind. **Konstitutionsisomere** unterscheiden sich deutlich in ihren physikalischen und chemischen Eigenschaften.

Isomere Alkane mit unterschiedlicher Anordnung der Kohlenstoffatome im Molekül

- C_5H_{12}: $\quad CH_3-CH_2-CH_2-CH_2-CH_3 \quad\quad CH_3-CH-CH_2-CH_3 \quad\quad CH_3-C-CH_3$

  Pentan

  $CH_3-CH-CH_2-CH_3$
  $\quad\quad |$
  $\quad\;\; CH_3$

  2-Methyl-butan

  $\quad\quad\;\; CH_3$
  $\quad\quad\;\; |$
  CH_3-C-CH_3
  $\quad\quad\;\; |$
  $\quad\quad\;\; CH_3$

  2,2-Dimethyl-propan

Isomere Alkene mit unterschiedlicher Lage der Doppelbindungen im Molekül

- C_5H_8: $CH_2=C=CH-CH_2-CH_3 \quad CH_2=CH-CH=CH-CH_3 \quad CH_2=CH-CH_2-CH=CH_2$

  1,2-Pentadien

  Kumulierte
  Doppelbindungen

  1,3-Pentadien

  Konjugierte
  Doppelbindungen

  1,4-Pentadien

  Isolierte
  Doppelbindungen

Isomere Verbindungen mit unterschiedlichen Positionen von Substituenten im Molekül

■ $C_2H_4Br_2$: $BrCH_2-CH_2Br$ Br_2CH-CH_3
    1,2-Dibrom-ethan   1,1-Dibrom-ethan

$C_6H_4(CH_3)_2$:

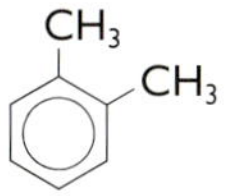

1,2-Dimethyl-benzol   1,3-Dimethyl-benzol   1,4-Dimethyl-benzol
(o-Xylol)   (m-Xylol)   (p-Xylol)

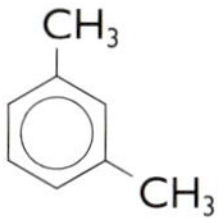

Isomere Verbindungen mit unterschiedlichen funktionellen Gruppen im Molekül

■ C_3H_6O: CH_3-CH_2-CHO $CH_3-CO-CH_3$
    Propanal   Propanon
    (Propionaldehyd)   (Aceton)

C_2H_6O: CH_3-CH_2-OH CH_3-O-CH_3
    Ethanol   Dimethylether

Isomerie zwischen salzartigen Stoffen und Molekülsubstanzen

■ CH_4N_2O: NH_4^+ $^-O-C\equiv N$ $O=C\begin{smallmatrix}NH_2\\NH_2\end{smallmatrix}$

    Ammoniumcyanat   Harnstoff

Konfiguration

Begriff aus der Stereochemie; beschreibt die dreidimensionale Struktur eines Moleküls ohne Berücksichtigung der Konformation.
↗ Stereoisomerie S. 55; Konformation S. 57

Räumliche Struktur von Molekülen und Ionen

Wird wesentlich bestimmt durch die Abstoßungskräfte zwischen den Elektronenpaaren der Valenzelektronenschale, d. h. der Bindungselektronenpaare und freien Elektronenpaare. Dabei bilden Mehrfachbindungen eine Einheit (Valenzelektronenpaarabstoßungs-Modell). Realisiert ist die Anordnung, in der die Elektronenpaare auf einer angenommenen Kugeloberfläche am weitesten voneinander entfernt sind.

Anzahl der Bindungen und freien Elektronenpaare	Räumliche Anordnung der Elektronenpaare
2	linear
3	trigonal-eben
4	tetraedrisch
6	oktaedrisch

53

Molekül oder Ion	Art und Anzahl der wirksamen Elektronenpaare	Raumstruktur und Formel des Moleküls oder Ions	
CO_2	2 Doppelbindungen	linear	$O=C=O$
HCN	1 Dreifach- und 1 Einfachbindung	linear	$H-C\equiv N$
SO_2	2 Doppelbindungen und 1 freies Elektronenpaar	gewinkelt	
H_2O	2 Einfachbindungen und 2 freie Elektronenpaare	gewinkelt	
SO_3	3 Doppelbindungen	trigonal-eben	
CO_3^{2-}	1 Doppel- und 2 Einfachbindungen	trigonal-eben	
$HCHO$	1 Doppel- und 2 Einfachbindungen	trigonal-eben	
NH_3	3 Einfachbindungen und 1 freies Elektronenpaar	pyramidal	
CH_4	4 Einfachbindungen	tetraedrisch	
SO_4^{2-}	2 Doppel- und 2 Einfachbindungen	tetraedrisch	
NH_4^+	4 Einfachbindungen	tetraedrisch	
$[Fe(CN)_6]^{4-}$	6 Einfachbindungen	oktaedrisch	

Ein freies Elektronenpaar beansprucht mehr Raum als ein Bindungselektronenpaar, eine Mehrfachbindung mehr Raum als eine Einfachbindung, durch Mesomerie kommt es jedoch zum Ausgleich.

- Bindungswinkel in CH_4: 109,5° ; NH_3: 107° ; H_2O: 105°
  Bindungswinkel in CO_3^{2-}: 120° ; SO_4^{2-}: 109,5°

Stereoisomerie
Auftreten isomerer Verbindungen, in deren Molekülen die Atome bei gleicher Reihenfolge (Konstitution) unterschiedlich räumlich angeordnet sind. **Stereoisomere** unterscheiden sich nur wenig in ihren physikalischen und chemischen Eigenschaften.

cis-trans-Isomerie
Art der Stereoisomerie; tritt bei Molekülen mit Doppelbindungen $R-CH=CH-R$ und bei Komplex-Ionen $[MA_4B_2]^{n+}$ auf; folgt aus der ebenen Struktur des Ethenmoleküls bzw. der Oktaederstruktur der Komplexe; die beiden Isomeren werden als cis- und trans-Form unterschieden.

cis- oder Z-
2-Buten

trans- oder E-
2-Buten

cis-
Tetraammin-
dichlorocobalt(III)-Ion

trans-
Tetraammin-
dichlorocobalt(III)-Ion

Spiegelbild- oder optische Isomerie
Art der Stereoisometrie; tritt bei chiralen Molekülen auf, folgt vor allem aus der Tetraederstruktur des Methanmoleküls für alle Verbindungen des Typs CHXYZ. Die beiden Konfigurationen verhalten sich wie Bild und Spiegelbild; sie werden als **Enantiomere** bezeichnet, unterscheiden sich in ihren Eigenschaften nur in der optischen Drehung sowie in ihrem physiologischen Verhalten. In ihren Namen werden sie durch die vorangesetzten Buchstaben D- und L- charakterisiert.
↗ Chiralität S. 56; optische Drehung S. 56; D- und L-Konfiguration S. 56; L-Aminosäuren als Bausteine der Proteine S. 237

- Alanin

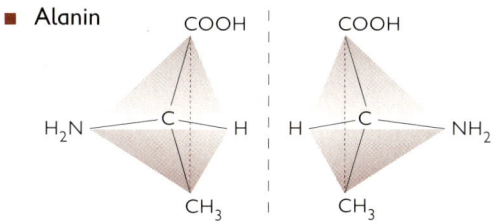

55

Chiralität

Eigenschaft von Molekülen, sich von ihrem Spiegelbild strukturell zu unterscheiden (von griech: cheir = Hand).
Die Moleküle vieler chiraler Verbindungen enthalten ein oder mehrere „chirale" oder „asymmetrische" Kohlenstoffatome. Diese Kohlenstoffatome tragen jeweils vier unterschiedliche Substituenten.

Optische Drehung

Eigenschaft chiraler Verbindungen, die Ebene linear polarisierten Lichtes zu drehen; die beiden Enantiomeren drehen die Ebene um den gleichen Betrag, aber in entgegengesetzter Richtung. Rechtsdrehung wird durch ein (+) vor dem Namen der Verbindung, Linksdrehung durch ein (−) angegeben.
↗ Wiss Ph, Polarisation von Lichtwellen

- D(+)-Glucose, D(−)-Fructose

FISCHER-Projektion

Festlegungen zur eindeutigen Projektion chiraler Moleküle in die Ebene:
Die Kohlenstoffatome der Hauptkette werden senkrecht so angeordnet, dass das Kohlenstoffatom mit der höchsten Oxidationszahl möglichst weit oben steht; die anderen Atome oder Atomgruppen an chiralen Kohlenstoffatomen werden mit waagerechten Bindungen links oder rechts angeordnet.
Dann gilt: Senkrecht angeordnete Kohlenstoffatome liegen hinter der Projektionsebene, waagerecht angeordnete Atome oder Atomgruppen davor. Nach hinten gerichtete Bindungen können durch gestrichelte Linien, nach vorn gerichtete durch Keile symbolisiert werden.

D- und L-Konfiguration

Relatives System zur Charakterisierung von chiralen Molekülen; beruht auf dem Glycerinaldehydmolekül als Bezugsmolekül; (+)-Glycerinaldehyd wird als D-Glycerinaldehyd, (−)-Glycerinaldehyd als L-Glycerinaldehyd bezeichnet; in ihren FISCHER-Projektionen befindet sich die Hydroxylgruppe am chiralen Kohlenstoffatom auf der rechten (lat.: dextro) bzw. linken Seite (lat.: laevo).
Alle chiralen Verbindungen, die sich chemisch ohne Veränderung der Konfiguration am Chiralitätszentrum auf D-Glycerinaldehyd zurückführen lassen, werden zur D-Reihe gerechnet, solche, die sich auf L-Glycerinaldehyd zurückführen lassen, zur L-Reihe.

D(+)-Glycerinaldehyd   L(−)-Glycerinaldehyd   D(−)-Milchsäure   L(+)-Alanin

Bei Kohlenhydraten erfolgt die Zuordnung nach der Konfiguration an dem Chiralitätszentrum, das am weitesten von der Carbonylgruppe entfernt ist.
↗ Milchsäure S. 223; D- und L-Konfiguration von Monosacchariden S. 231; Aminosäuren als Bausteine der Proteine S. 237

Taktizität
Stereoisomerie bei Polymeren mit einem Chiralitätszentrum in der Repetiereinheit; bei gleicher Konfiguration an allen Chiralitätszentren liegt **isotaktische**, bei alternierender Konfiguration **syndiotaktische**, bei willkürlicher Verteilung der Konfiguration **ataktische** Anordnung vor.

- Isotaktisches Polypropen

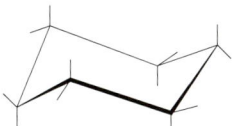

Konformation
Begriff aus der Stereochemie; Angabe der exakten räumlichen Anordnung der Atome eines Moleküls. **Konformationen** (Konformere) oder **Rotationsisomere** entstehen durch Rotation einzelner Molekülteile um Einfachbindungen und lassen sich nicht zur Deckung bringen. Konformationen unterscheiden sich nur in ihrem Energiegehalt; begünstigt ist die energieärmste Konformation.
Von Bedeutung ist der Begriff der Konformation bei Molekülen der Alkane und ihrer Derivate sowie von cycloaliphatischen Verbindungen, aber auch bei linearen Makromolekülen.
↗ α- und β-D-Glucose S. 232

- Ethan

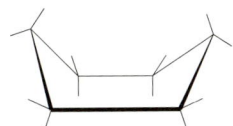

Gestaffelte Konformation
(stabilste Form)

Ekliptische Konformation
(instabile Form)

- Cyclohexan

Sessel-Konformation
(stabilste Form)

Wannen-Konformation
(instabile Form)

Struktur der Stoffe

Struktur eines Stoffes

Aufbau eines Stoffes; gibt räumliche Anordnung der Teilchen, aus denen der Stoff besteht, wider; wird durch Art, Anzahl und Größe der Teilchen sowie durch die Art der chemischen Bindung zwischen den Atomen, Molekülen, Ionen und Elektronen bedingt.

Die Struktur von Stoffen ist in den verschiedenen Aggregatzuständen unterschiedlich.

Aggregatzustände von Stoffen werden durch Buchstabensymbole gekennzeichnet:

fest: s	flüssig: l	gasförmig: g
(engl.: solid)	(engl.: liquid)	(engl.: gaseous)

- H_2O (s) $\longrightarrow$ H_2O (l) $\longrightarrow$ H_2O (g)

  Eis   Wasser   Wasserdampf

Einteilung fester Stoffe

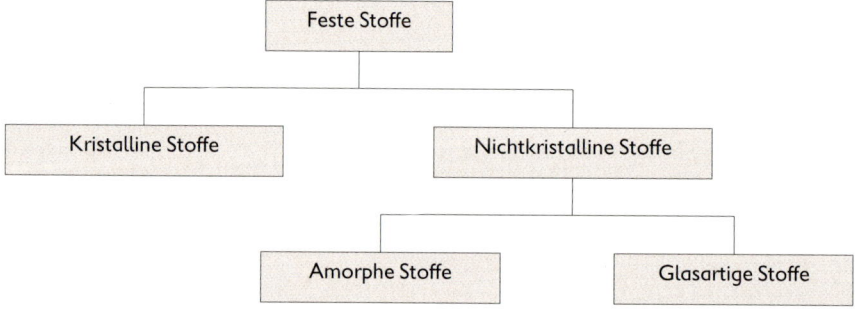

Kristalline Stoffe

Festkörper mit geometrisch regelmäßig angeordneten Bausteinen (z. B. Atomen, Ionen oder Molekülen).

Die räumliche Anordnung der Bausteine im Kristall wird durch das **Kristallgitter** veranschaulicht. Physikalische Eigenschaften fester Stoffe, wie elektrische Leitfähigkeit, Härte, Schmelztemperatur, Verformbarkeit, sind in erster Linie von der Art des Kristallgitters abhängig.

↗ Kristalle mit Atom-, Molekül-, Ionen-, Metallgitter S. 61

Folge des regelmäßigen Aufbaus der Kristalle im Mikrobereich ist ihre äußere Gestalt im Makrobereich; ungestört gewachsene Kristalle sind von ebenen Flächen begrenzte Körper. Eine streng regelmäßige Anordnung der Teilchen (Idealkristall) wird jedoch nie erreicht. Ecken und Kanten sind häufig abgestuft, sodass die äußere sichtbare Form der Kristalle kein Abbild der Anordnung der Teilchen im Gitter ist; so kann Natriumchlorid in Form von Würfeln oder Oktaedern kristallisieren, die beide dem kubischen System angehören.

In der Natur vorkommende kristalline Stoffe sind meist polykristallin; sie bestehen aus einer Anhäufung winziger Kristalle (Kristallite).

↗ Röntgenstrahlbeugung zur Gitterbestimmung S. 324

Kristallsysteme

Kristallsystem mit Angabe der Achsen	Ausgeprägte makroskopische Kristallformen	■
Kubisches System 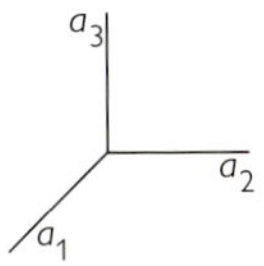 drei gleich lange, senkrecht aufeinander stehende Achsen	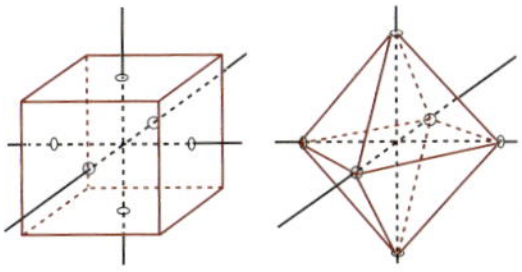	NaCl, CaO, Cu, Ag, Al
Tetragonales System 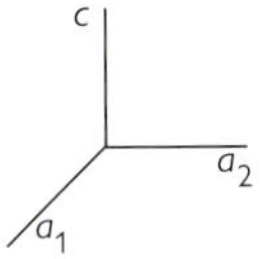 drei senkrecht aufeinander stehende Achsen; zwei von ihnen sind gleich lang	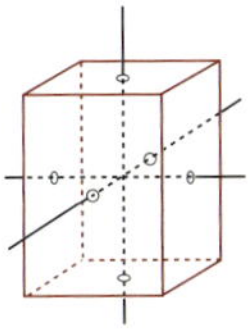	SnO_2, MnO_2, Sn (metallisch), $CO(NH_2)_2$ (Harnstoff)
Rhombisches System 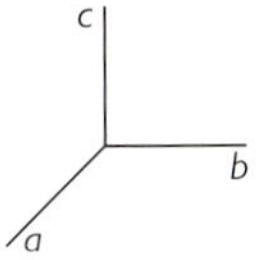 drei ungleich lange, senkrecht aufeinander stehende Achsen	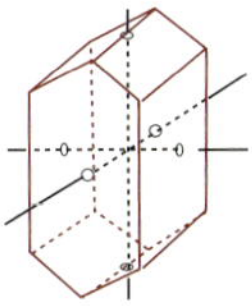	$CaCO_3$, $BaSO_4$, I_2, S_8 (α-Schwefel)
Hexagonales System 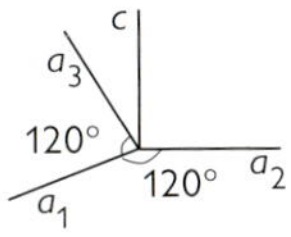 eine längere Achse; senkrecht dazu drei gleich lange Achsen, die Winkel von 120° bilden	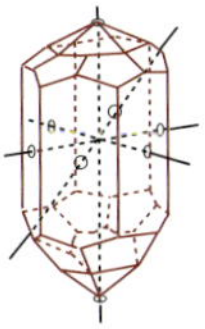	AgI, SiO_2 (Quarz), C (Graphit), H_2O (Eis)
Monoklines System 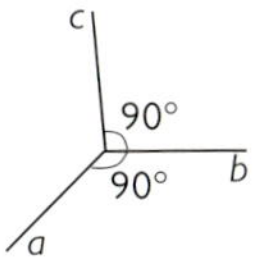 zwei senkrecht aufeinander stehende Achsen; die dritte steht schräg zu ihnen	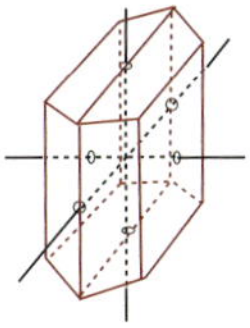	$CaSO_4 \cdot 2\,H_2O$ (Gips), S_8 (β-Schwefel), $C_{12}H_{22}O_{11}$ (Saccharose)
Triklines System 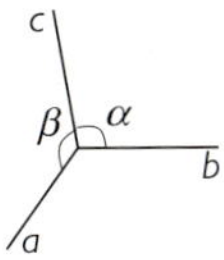 drei schräg zueinander stehende Achsen	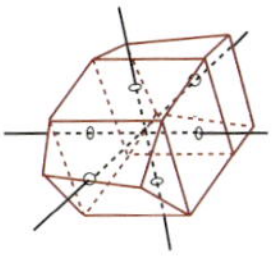	$CuSO_4 \cdot 5\,H_2O$, CuO

2

59

2

Einkristall

Körper, der aus einem einzigen, (fast) fehlerfreien Kristall besteht; lässt sich technisch durch Kristallzüchtung erhalten.
↗ Kristallsysteme S. 59

■ Einkristalle aus Silicium oder Germanium für die Halbleitertechnik

Amorpher Stoff

Fester Stoff, in dem die Bausteine geometrisch nicht regelmäßig angeordnet sind; Abstände zwischen den Teilchen schwanken um einen Mittelwert.
Folge des nicht regelmäßigen Aufbaus amorpher Stoffe im Mikrobereich ist ihre äußere Gestalt im Makrobereich: Amorphe Stoffe sind von gekrümmten Flächen begrenzt.

■ Rotes Selen, ataktisches Polypropylen

Teilkristalliner Stoff

Fester Stoff, in dem kristalline und amorphe Bereiche nebeneinander vorliegen; charakteristisch für viele organische Polymere.
↗ Struktur der Kunststoffe S. 243

■ Cellulose

Glasartiger Stoff

(Scheinbar) fester Stoff ohne Fernordnung, aber mit ausgeprägter Nahordnung seiner Teilchen; eigentlich Flüssigkeit mit sehr großer innerer Reibung; geht bei der *Glasübergangstemperatur* vom Glaszustand in den elastischen oder flüssigen Zustand über.

■ Silicatglas, Polystyrol

Modifikationen

Verschiedene Erscheinungsformen von Stoffen gleicher chemischer Zusammensetzung, die durch unterschiedliche Struktur bedingt sind.

■ Diamant stellt einen Kristall aus tetraederförmig angeordneten Kohlenstoffatomen dar, die durch Atombindungen verbunden sind.
↗ Atombindung S. 42; Eigenschaften S. 180

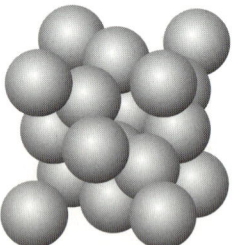

Räumliche Anordnung der Kohlenstoffatome im Kristall des Diamants

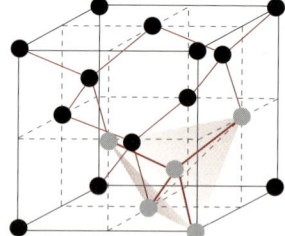

Vereinfachtes Modell des Atomgitters beim Diamant

- Graphit bildet einen Kristall aus ebenen Schichten von Kohlenstoffatomen, die wabenförmig in Sechsecken angeordnet und durch Atombindungen miteinander verbunden sind; die Schichten werden durch VAN-DER-WAALS-Kräfte aneinander gebunden.
  ↗ VAN-DER-WAALS-Kräfte S. 50; Eigenschaften S. 179

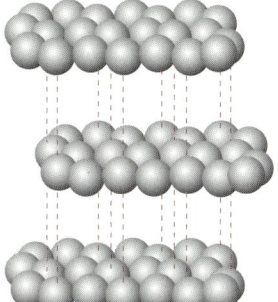

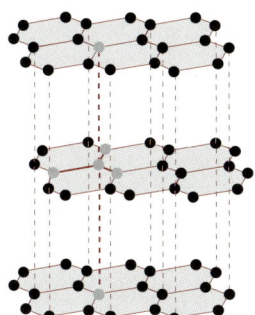

Räumliche Anordnung der Kohlenstoff-atome im Kristall des Graphits

Vereinfachtes Modell des Atomgitters beim Graphit

- **Fullerene** bilden käfigförmige Moleküle, in denen eine größere Anzahl von Kohlenstoffatomen durch Atombindungen miteinander verbunden sind; so ist das C_{60}-Fulleren kugelförmig aus 20 Sechsring- und 12 Fünfringsystemen aufgebaut (ähnlich einem Fußball), das Innere des Moleküls ist leer.
  ↗ Eigenschaften S. 180

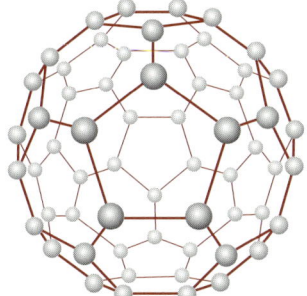

Räumliche Anordnung der Kohlenstoffatome im Fullerenmolekül mit 60 Kohlenstoffatomen

Das Auftreten von Modifikationen wird bei zahlreichen Elementsubstanzen und Verbindungen beobachtet.

- Phosphor: weiß (P_4-Moleküle), rot (polymer), schwarz (polymer)
  Eis: 7 Modifikationen (hexagonal, kubisch, rhombisch, tetragonal, monoklin)
  Siliciumdioxid: Quarz (trigonal), Cristobalit (kubisch), Tridymit (hexagonal)

Kristall mit Atomgitter (Atomkristall)
Kristall, in dem zwischen den Atomen ausschließlich Atombindungen bestehen.

- Diamant, Silicium, Silicate

Kristall mit Molekülgitter (Molekülkristall)

Kristall, in dem Moleküle durch schwache zwischenmolekulare Kräfte zusammengehalten werden; in den Molekülen sind die Atome durch Atombindungen miteinander verbunden.

■ Iod im festen Aggregatzustand

Räumliche Anordnung der
Iodmoleküle im Kristall

Vereinfachtes Modell des
Molekülgitters beim Iod

↗ Eigenschaften S.190

Kristall mit Ionengitter (Ionenkristall)

Kristall, in dem Kationen und Anionen durch elektrostatische Kräfte zusammengehalten werden.
↗ Ionenbindung S. 47

■ Ionenkristall des Natriumchlorids

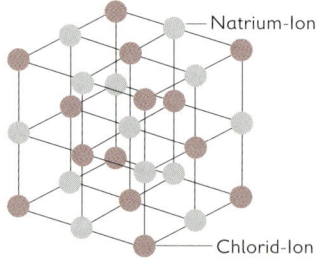

Natrium-Ion

Chlorid-Ion

Räumliche Anordnung der Ionen im
Kristall des Natriumchlorids

Vereinfachtes Modell des Ionengitters
beim Natriumchlorid

Die Ionen ordnen sich nach dem *Prinzip der höchsten Symmetrie* zum Kristall; bestimmend sind die Verhältnisformel der Substanz und die Relation der Ionenradien.
Die geometrische Form der Kristalle wird wesentlich durch die Koordinationszahl der Teilchen bestimmt.
↗ Koordinationszahl S. 65

Kristallstrukturen für Ionensubstanzen der Zusammensetzung AB			
Gittertyp	Caesiumchlorid-Gitter	Natriumchlorid-Gitter	Zinkblende-Gitter
Koordinationszahl	8	6	4
Wert für $\dfrac{r(\text{Anion})}{r(\text{Kation})}$	zunehmend $\longrightarrow$		
Geometrische Form	Würfel	Oktaeder	Tetraeder
■	CsCl, NH$_4$Cl	NaCl, MgO	ZnS, BeO

Kristall mit Metallgitter (Metallkristall)

Kristall, in dem Metall-Kationen und frei bewegliche Elektronen durch elektrostatische Kräfte zusammengehalten werden.

↗ Metallbindung S. 49

■ Metallkristall des Kupfers

 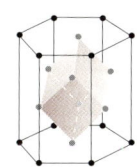

Im Metallgitter haben alle Atome die gleiche Größe; sie ordnen sich nach dem Modell der *Kugelpackung*.

Gittertyp	Hexagonal dichteste Kugelpackung	Kubisch dichteste Kugelpackung	Lockere Kugelpackung
Geometrische Form			
Koordinationszahl	12	12	8
■	Mg	Cu, Ag, Au	W, Fe, Na

Wertigkeit

Stöchiometrische Wertigkeit

Zahl, die angibt, wie viel Wasserstoffatome ein Atom eines Elements binden oder in einem Molekül (bzw. einer Formeleinheit) einer Verbindung ersetzen kann.

↗ Hauptgruppennummer und stöchiometrische Wertigkeit S. 68

Die stöchiometrische Wertigkeit kann am Symbol durch eine hochgestellte römische Ziffer angegeben werden.

- Na^I Natriumatom mit der stöchiometrischen Wertigkeit I
- Fe^{III} Eisenatom mit der stöchiometrischen Wertigkeit III

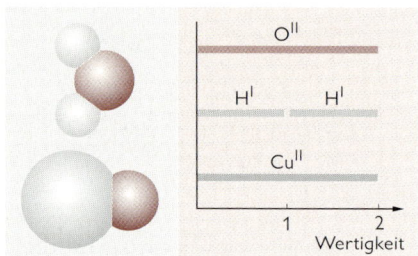

In der Verbindung Wasser ist Sauerstoff zweiwertig, denn ein Sauerstoffatom bindet zwei Wasserstoffatome.

In der Verbindung Kupfer(II)-oxid ist Kupfer zweiwertig, denn ein Kupferatom ersetzt zwei Wasserstoffatome.

Ionenladung (Ionenwertigkeit)

Angabe, wie viel positive oder negative elektrische Ladungen ein Ion besitzt.

Die Ionenladung wird an den chemischen Zeichen durch eine hochgestellte arabische Ziffer mit nachgestelltem Plus- oder Minuszeichen angegeben.

- Das Hydronium-Ion H_3O^+ hat die Ionenladung 1+.

Das Sulfat-Ion SO_4^{2-} hat die Ionenladung 2−.

Oxidationszahl (Oxidationsstufe)

Angabe, welche Ionenladung ein Atom in einer Verbindung hätte, wenn die Verbindung aus einfachen Ionen aufgebaut wäre. Die Oxidationszahlen können als arabische Ziffern mit positiven oder negativem Vorzeichen über dem Symbol angegeben werden.

Die Bestimmung der Oxidationszahlen der einzelnen Atome in einer Verbindung erfolgt mithilfe ihrer Elektronegativitätswerte. In polaren Bindungen werden die Bindungselektronen sämtlich dem Bindungspartner mit dem größeren Elektronegativitätswert, in unpolaren Bindungen (insbesondere solche zwischen gleichen Atomen) zu gleichen Teilen beiden Bindungspartnern zugeordnet. Der Vergleich der so erhaltenen Elektronenzahlen mit denen der neutralen Atome ergibt die Oxidationszahlen.

↗ Elektronegativitätswert S. 47

-

$$\langle O = \rangle \bar{S} \langle = O \rangle \qquad\qquad H \langle \bar{O} \rangle\vert \langle \bar{O} \rangle H$$

Anzahl der Elektronen:	an S: 2, an O: 8	an O: 7, an H: 0
Oxidationszahl:	an S: +4, an O: −2	an O: −1, an H: +1

Für einfache Verbindungen ergeben sich daraus folgende Regeln:		
Es gilt für	die Festlegung	■
Atome in Einelement-verbindungen	Oxidationszahl = ±0	± 0 ± 0 Cu; Cl_2
Atome in Mehrelement-verbindungen – Metallatome – Wasserstoffatome – Sauerstoffatome	Oxidationszahl $\hat{=}$ stöchio-metrische Wertigkeit Oxidationszahl meist = +1 Oxidationszahl meist = –2	$+2$ -2 Cu O $+1$ -2 H_2 O
Einfache Ionen	Oxidationszahl $\hat{=}$ elektrische Ladung	$+1$ -1 Na^+; Br^-
Zusammengesetzte Ionen	Summe aller Oxidations-zahlen $\hat{=}$ elektrische Ladung	$-3 \; 4 \cdot (+1)$ $N \; H_4^+$
Moleküle	Summe aller Oxidations-zahlen = ±0	$+4 \; 2 \cdot (-2)$ $C \; O_2$
Elektrisch neutrale Atomgruppen in Molekülen organischer Verbindungen	Summe aller Oxidations-zahlen = ±0	$-3 \; 3 \cdot (+1)$ $C \; H_3$

↗ Aufstellen von Reaktionsgleichungen S. 26

Koordinationszahl

Anzahl der direkten Nachbarn eines Atoms oder Ions in einem Gitter oder einer Komplexverbindung; hängt vom Größenverhältnis der Teilchen und den zwischen ihnen wirkenden Anziehungs- und Abstoßungskräften ab. Häufig auftretende Koordinationszahlen sind 4 und 6, aber auch 2 und 8.

↗ Chemische Bindung in Komplexen S. 51; Kristalle mit Ionengitter S. 62; Kristalle mit Metallgitter S. 63

Koordinationszahl 4	Koordinationszahl 6	Koordinationszahl 8
$[Cu(NH_3)_4]^{2+}$ Tetraamminkupfer(II)-Ion	$[Fe(CN)_6]^{4-}$ Hexacyanoferrat(II)-Ion	$[Mo(CN)_8]^{4-}$ Octacyanomolybdat(IV)-Ion
Ionengitter von Caesiumchlorid	Ionengitter von Natriumchlorid	Metallgitter von Eisen

Bindigkeit

Anzahl der Atombindungen, die von einem Atom in einer Verbindung ausgehen; in der 2. Periode maximal = 4, in den höheren Perioden auch größer.

■ zweibindig: O in H_2O; vierbindig: C in CH_4, $O=C=O$, $H-C\equiv C-H$; N in NH_4^+;
dreibindig: N in NH_3; sechsbindig: S in SF_6

Periodensystem der Elemente

Periodensystem der Elemente (PSE)

Übersicht, in der die chemischen Elemente auf der Grundlage ihres Atombaus geordnet sind; beruht auf dem *Gesetz der Periodizität* (MENDELEJEW 1869, MEYER 1870).

- Angaben für jedes Element im Periodensystem der Elemente dieses Buches.
  ↗ Tabelle am Schluss dieses Buches

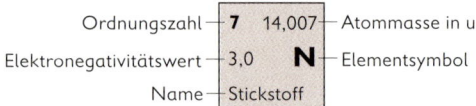

Ordnungszahl — **7** 14,007 — Atommasse in u
Elektronegativitätswert — 3,0 **N** — Elementsymbol
Name — Stickstoff

Für das Periodensystem der Elemente gibt es verschiedene Darstellungsformen; häufig ist das Langperiodensystem.
Langperiodensystem

H																	He
Li	Be											B	C	N	O	F	Ne
Na	Mg											Al	Si	P	S	Cl	Ar
K	Ca	Sc	Ti	V	Cr	Mn	Fe	Co	Ni	Cu	Zn	Ga	Ge	As	Se	Br	Kr
Rb	Sr	Y	Zr	Nb	Mo	Tc	Ru	Rh	Pd	Ag	Cd	In	Sn	Sb	Te	I	Xe
Cs	Ba	La-Lu	Hf	Ta	W	Re	Os	Ir	Pt	Au	Hg	Tl	Pb	Bi	Po	At	Rn
Fr	Ra	Ac-Lr	Rf	Db	Sg	Bh	Hs	Mt	Ds	Uuu	Uub						

Ordnungszahl

Zahl, die die Reihenfolge der Elemente im Periodensystem kennzeichnet. Dabei gilt:

Ordnungszahl = Kernladungszahl $\cong$ Protonenanzahl = Elektronenanzahl

Perioden

Waagerechte Reihen im Periodensystem.
Elemente, deren Atome dieselbe Anzahl besetzter Elektronenschalen haben, stehen in derselben Periode.
↗ Elektronenschale S. 32

Anzahl der besetzten Elektronenschalen	=	**Nummer der äußeren Elektronenschale**	$\cong$	**Nummer der Periode**

Gruppen

Senkrechte Reihen im Periodensystem. Man unterscheidet **Hauptgruppen** und **Nebengruppen**; Nebengruppen beginnen erst mit der 4. Periode. Eine Sonderstellung nehmen die **Lanthanoide** und **Actinoide** ein.

Elemente einer Hauptgruppe enthalten in ihren Atomen die gleiche Anzahl Außenelektronen. Die Gruppennummer entspricht in den Hauptgruppen des Periodensystems der Summe der s- und p-Elektronen in der Außenschale der Atome.

Anzahl der Außenelektronen $\cong$ Hauptgruppennummer

Die Stellung eines jeden Elements im Periodensystem ist im Atombau begründet.

Zusammenhang zwischen		■ Schwefel	
Atombau	Stellung des Elements im Periodensystem	Atombau	Stellung des Elements im Periodensystem
Protonenanzahl = Elektronenanzahl $\cong$	**Ordnungszahl**	16 Protonen 16 Elektronen	Ordnungszahl 16
Anzahl besetzter Elektronenschalen = Nummer der äußeren Elektronenschale $\cong$	**Nummer der Periode**	3 besetzte Elektronenschalen 3. Elektronenschale	3. Periode
Anzahl der Außenelektronen $\cong$	**Nummer der Hauptgruppe**	6 Außenelektronen	VI. Hauptgruppe

Periodische Änderung des Baus der Atomhülle der Elemente

In der Periode ändert sich in den Atomen der **Hauptgruppenelemente** die Anzahl der Außenelektronen mit steigender Kernladungszahl stetig. Beim Übergang von einer Periode zur nächstfolgenden ändert sich die Anzahl der Außenelektronen sprunghaft.

Bei den Atomen der **Nebengruppenelemente** wird schrittweise ein d-Unterniveau aufgefüllt (maximal 10 Elektronen), bei den Atomen der Lanthanoide und Actinoide ein f-Unterniveau (maximal 14 Elektronen).

↗ Aufbauprinzip S. 35; Elektronenkonfiguration von Atomen S. 36; Tabelle S. 354

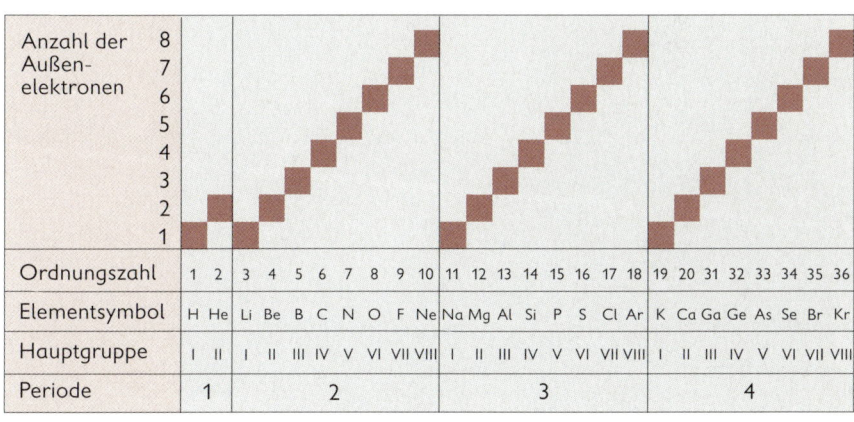

67

Hauptgruppennummer und stöchiometrische Wertigkeit

Die höchste Wertigkeit von Atomen der Hauptgruppenelemente gegenüber *Sauerstoff* entspricht im Allgemeinen der Gruppennummer; wichtige Ausnahmen sind Sauerstoff, Fluor und die meisten Edelgase.

Die Wertigkeit der Atome von Hauptgruppenelementen gegenüber *Wasserstoff* entspricht in den Hauptgruppen I bis IV der Gruppennummer, in den Hauptgruppen V bis VIII der Differenz zwischen der Zahl 8 und der Gruppennummer.

↗ Stöchiometrische Wertigkeit S. 64

Hauptgruppennummer	I	II	III	IV	V	VI	VII	VIII
■ Sauerstoff- verbindung	Na_2O	CaO	Al_2O_3	SiO_2	N_2O_5	SO_3	Cl_2O_7	XeO_4
Höchste Wertigkeit gegenüber Sauerstoff	I	II	III	IV	V	VI	VII	VIII
■ Wasserstoff- verbindung	NaH	CaH_2	AlH_3	CH_4	NH_3	SH_2 (H_2S)	ClH (HCl)	–
Wertigkeit gegenüber Wasserstoff	I	II	III	IV	III	II	I	0

Oxidationszahlen von Atomen der Hauptgruppenelemente

Die Atome der Hauptgruppenelemente treten bevorzugt in solchen Oxidationszahlen auf, in denen besonders energiearme Elektronenkonfigurationen vorliegen.

↗ Edelgaskonfiguration und Oktettregel S. 42

■ Oxidationszahlen von Atomen der Hauptgruppenelemente der 3. Periode

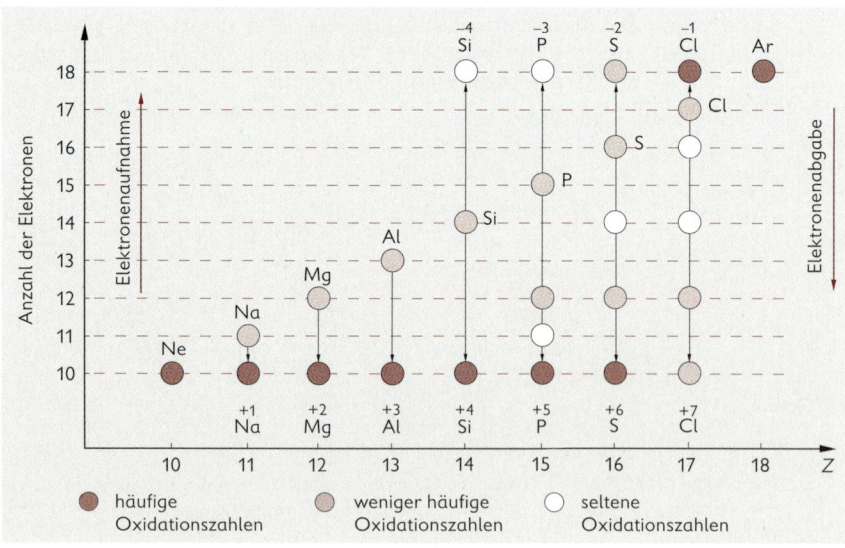

Periodizität der Atomradien und Atomvolumen

Bei den Hauptgruppenelementen nehmen mit steigender Ordnungszahl die Radien der Atome innerhalb einer Periode ab, in einer Gruppe zu.

Mit den Atomradien weisen auch die Atomvolumen eine Periodizität auf; das molare Atomvolumen eines Elements ist definiert als Quotient aus der mittleren molaren Masse und der auf 0 K extrapolierten Dichte; es weist bei den Alkalimetallen die höchsten Werte, bei den Nebengruppenelementen generell niedrige Werte auf.

■ Atomvolumen der Elemente

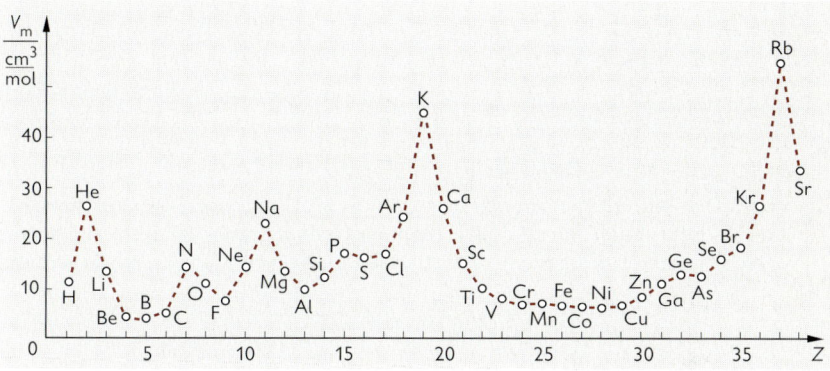

Periodizität der Elektronegativitätswerte

Bei den Hauptgruppenelementen nehmen mit steigender Ordnungszahl die Elektronegativitätswerte der Atome innerhalb einer Periode zu, in einer Gruppe ab; bei den Atomen der Nebengruppenelemente zeigen sich nur geringe Unterschiede.

↗ Elektronegativitätswert S. 47

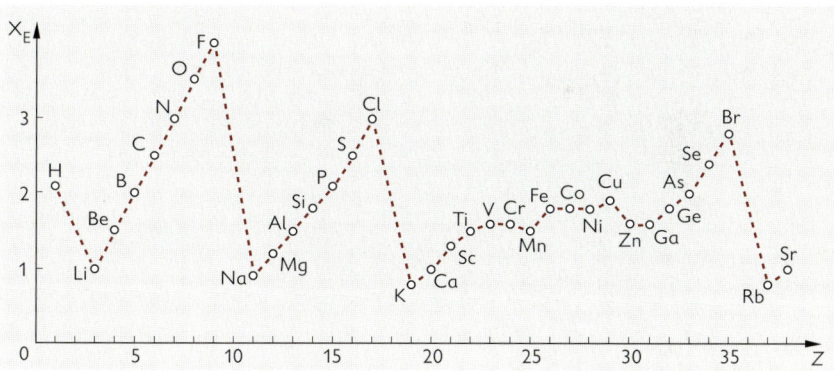

Periodizität der Ionisierungsenergien

Bei den Hauptgruppenelementen nimmt mit steigender Ordnungszahl die Ionisierungsenergie der Atome, die zur Abspaltung eines Elektrons oder mehrerer Elektronen erforderlich ist, innerhalb einer Periode zu, in einer Gruppe ab.

1. Ionisierungsenergien der Atome von Hauptgruppenelementen

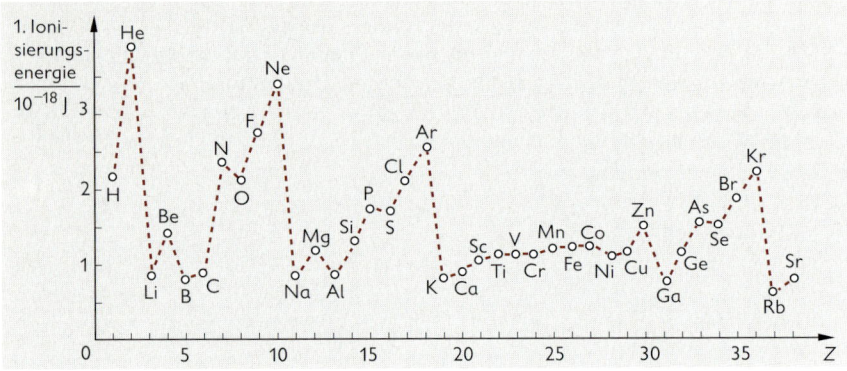

Eigenschaften der Elementsubstanzen von Hauptgruppenelementen

In den Hauptgruppen nehmen mit steigender Ordnungszahl der Elemente die metallischen Eigenschaften der Elementsubstanzen zu, die nichtmetallischen Eigenschaften

Periode	I	II	III	IV	V	VI	VII	VIII
1	1 H							2 He
2	3 Li	4 Be	5 B	6 C	7 N	8 O	9 F	10 Ne
3	11 Na	12 Mg	13 Al	14 Si	15 P	16 S	17 Cl	18 Ar
4	19 K	20 Ca	31 Ga	32 Ge	33 As	34 Se	35 Br	36 Kr
5	37 Rb	38 Sr	49 In	50 Sn	51 Sb	52 Te	53 I	54 Xe
6	55 Cs	56 Ba	81 Tl	82 Pb	83 Bi	84 Po	85 At	86 Rn
7	87 Fr	88 Ra						

Hauptgruppe

metallische Eigenschaften zunehmend

nichtmetallische Eigenschaften zunehmend

■ Metalle   ▦ Stoffe mit metallischen und nichtmetallischen Eigenschaften   □ Nichtmetalle

metallische Eigenschaften zunehmend

nichtmetallische Eigenschaften zunehmend

der Elementsubstanzen ab. In den Perioden nehmen mit steigender Ordnungszahl der Elemente die metallischen Eigenschaften der Elementsubstanzen ab, die nichtmetallischen Eigenschaften der Elementsubstanzen zu.

Im Übergangsgebiet zwischen Metallen und Nichtmetallen treten Elementsubstanzen auf, die sowohl metallische als auch nichtmetallische Eigenschaften aufweisen.

- Arsen mit einer metallischen und einer nichtmetallischen Modifikation
  Silicium mit seinen Halbleitereigenschaften

Eigenschaften der Oxide von Hauptgruppenelementen und ihrer wässrigen Lösungen

Viele Oxide von Hauptgruppenelementen bilden mit Wasser Lösungen mit alkalischen oder sauren Eigenschaften. Innerhalb der Periode nehmen mit steigender Ordnungszahl der Hauptgruppenelemente die alkalischen Eigenschaften der wässrigen Lösungen ihrer Oxide ab, die sauren Eigenschaften dagegen zu.

In jeder Hauptgruppe nehmen mit steigender Ordnungszahl der Elemente die alkalischen Eigenschaften der wässrigen Lösungen der Oxide zu, die sauren dagegen ab. Insbesondere bei Elementen der III. bis V. Hauptgruppe treten Oxide auf, deren wässrige Lösungen sowohl alkalische als auch saure Eigenschaften aufweisen können.

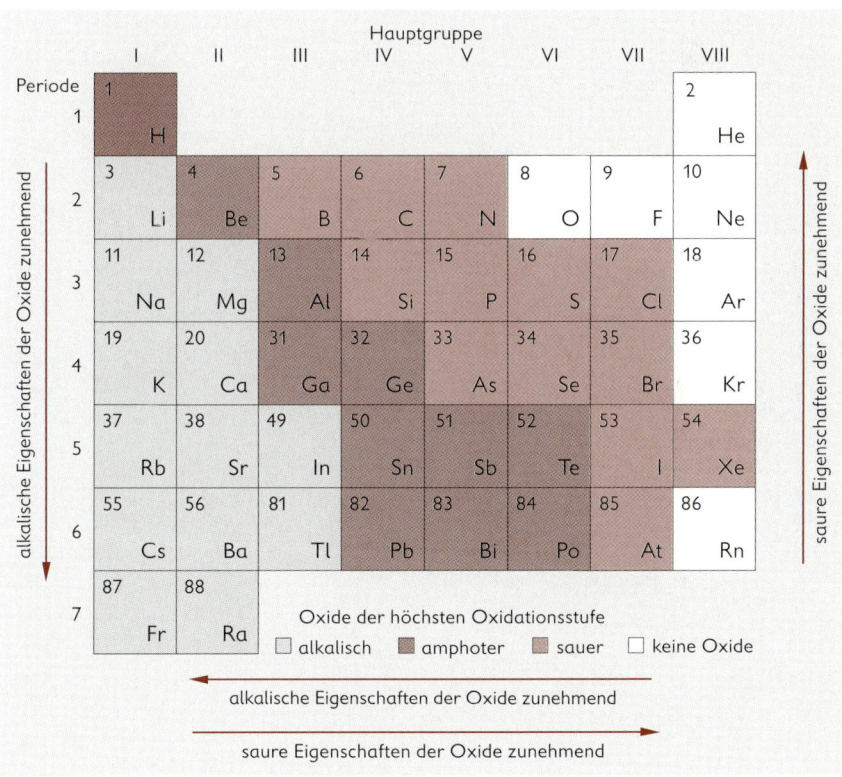

Periodizität von Eigenschaften der Atome von Hauptgruppenelementen

Eigenschaften von Atomen der Elemente	Änderungen in den Hauptgruppen	Änderungen in den Perioden
Kernladungszahl	↓ zunehmend	→ zunehmend
Elektronegativitätswert	↑ im Allgemeinen zunehmend	→ zunehmend
Höchste stöchiometrische Wertigkeit gegenüber dem Element Sauerstoff	gleich bleibend	→ zunehmend
Stöchiometrische Wertigkeit gegenüber dem Element Wasserstoff	gleich bleibend	I IV VII → ← zunehmend

2

Periodizität von Eigenschaften der Elementsubstanzen von Hauptgruppenelementen

Eigenschaften von Elementsubstanzen	Änderungen in den Hauptgruppen	Änderungen in den Perioden
Metallische Eigenschaften	↓ zunehmend	← zunehmend
Nichtmetallische Eigenschaften	↑ zunehmend	→ zunehmend
Dichte	↓ im Allgemeinen zunehmend	
Schmelz- und Siedetemperatur der Metalle	↑ im Allgemeinen zunehmend	
Schmelz- und Siedetemperatur der Nichtmetalle	↓ im Allgemeinen zunehmend	

Chemische Reaktionen

Grundgesetze

Gesetz von der Erhaltung der Masse

> Bei jeder chemischen Reaktion ist die Gesamtmasse der Ausgangsstoffe gleich der Gesamtmasse der Reaktionsprodukte (LOMONOSSOW 1748, LAVOISIER 1789).

■ $CH_4 + Cl_2 \longrightarrow CH_3Cl + HCl$
  16 g   71 g   50,5 g   36,5 g

  87 g   87 g

Satz von der Erhaltung der Energie (1. Hauptsatz der Thermodynamik)

> Energie kann nicht erzeugt oder vernichtet, sondern nur auf andere Systeme in Form von Wärme oder Arbeit übertragen und in andere Energieformen umgewandelt werden.
> $\Sigma E = const.$

Gesetz der konstanten Proportionen

> In jeder chemischen Verbindung haben die Elemente ein bestimmtes, konstantes Massenverhältnis (PROUST 1799).

Gesetz der multiplen Proportionen

> Bilden zwei oder mehr Elemente verschiedene Verbindungen miteinander, so stehen die Massen des einen Elements, bezogen auf eine konstante Masse des anderen Elements, im Verhältnis kleiner ganzer Zahlen (DALTON 1808).

■

Verbindung	N_2O	NO	N_2O_3	NO_2	N_2O_5
Masse Sauerstoff, bezogen auf 14 g Stickstoff	8 g	16 g	24 g	32 g	40 g
Verhältnis der Massen Sauerstoff zueinander	1 :	2 :	3 :	4 :	5

Gesetz von AVOGADRO

Gleiche Volumen aller Gase enthalten bei gleicher Temperatur und gleichem Druck die gleiche Anzahl von Teilchen (AVOGADRO 1811).

- Unter Normbedingungen ($T = 273$ K und $p = 101,325$ kPa) enthalten
  22,4 l Sauerstoff $6 \cdot 10^{23}$ Sauerstoffmoleküle,
  22,4 l Kohlenstoffdioxid $6 \cdot 10^{23}$ Kohlenstoffdioxidmoleküle,
  22,4 l Helium $6 \cdot 10^{23}$ Heliumatome.

Volumengesetz von GAY-LUSSAC

3

Die Volumen miteinander reagierender und bei einer Reaktion entstehender Gase stehen im Verhältnis kleiner ganzer Zahlen (GAY-LUSSAC 1808).

- $3 H_2 + N_2 \longrightarrow 2 NH_3$
  3 Vol.   1 Vol.   2 Vol.

  $H_2 + Cl_2 \longrightarrow 2 HCl$
  1 Vol.   1 Vol.   2 Vol.

BOYLE-MARIOTTEsches Gesetz

Bei konstanter Temperatur ist das Produkt aus Druck und Volumen einer bestimmten Gasmenge konstant (BOYLE 1662, MARIOTTE 1679).
$p \cdot V = $ const.   für $T = $ const.

- 1 m³ Luft wird bei Verdopplung des Druckes und konstanter Temperatur auf die Hälfte seines Volumens komprimiert.

GAY-LUSSACsches Gesetz

Bei konstantem Druck ist das Volumen einer bestimmten Gasmenge der thermodynamischen (absoluten) Temperatur direkt proportional (GAY-LUSSAC 1802).

$V \sim T$; $\dfrac{V}{T} = $ const.   für $p = $ const.

Zustandsgleichung idealer Gase
Auch als allgemeines Gasgesetz bezeichnet.

Aus den Beziehungen $V \sim \dfrac{1}{p}$; $V \sim T$ und $V \sim n$ folgt für ideale Gase:

$p \cdot V = n \cdot R \cdot T$ (extensive Form) R Universelle Gaskonstante
$p \cdot V_m = R \cdot T$ (intensive Form) $R = 8,3145$ J $\cdot$ mol$^{-1} \cdot$ K^{-1}

Grundlagen chemischer Reaktionen

Chemische Reaktion

Vorgang der Stoffumwandlung, der mit Energieumwandlungen verbunden ist; dabei entstehen neue Stoffe mit anderen Eigenschaften. Die Stoffe, die vor der Reaktion vorliegen, heißen **Ausgangsstoffe**. Die Stoffe, die als Ergebnis der Reaktion vorliegen, heißen **Reaktionsprodukte**. Alle an der Reaktion beteiligten Stoffe werden als **Reaktionsteilnehmer** (Reaktionspartner) bezeichnet.

Merkmale chemischer Reaktionen

- Umwandlung von Stoffen in andere Stoffe mit neuen Eigenschaften;
- Umwandlung von Teilchen (Atome, Ionen, Moleküle) in Teilchen anderer Art und Struktur;
- Umbau chemischer Bindungen (Lösen, Ausbilden und Verändern chemischer Bindungen);
- Energieumwandlungen (Änderung des energetischen Zustands eines Reaktionssystems durch das Lösen vorhandener und das Ausbilden neuer chemischer Bindungen); diese treten als Wärmeübergang und/oder Verrichtung oder Aufnahme von Arbeit in Erscheinung.

3

Chemische Reaktion	$2\,Mg$	$+$ CO_2 $\longrightarrow$	$2\,MgO$	$+$ C
Stoffe	Magnesium	Kohlenstoffdioxid	Magnesiumoxid	Kohlenstoff
Zustand und Aussehen der Stoffe (unter den Bedingungen des Normzustandes)	fest, metallisch glänzend	gasförmig, farblos	fest, weiß	fest, schwarz
Chemische Bindung	Metallbindung	Atombindung (polar)	Ionenbindung	Atombindung (unpolar)
Teilchen, aus denen die Stoffe aufgebaut sind	Metall-Ionen und frei bewegliche Elektronen	Moleküle	Ionen	Atome
Struktur	Kristalle mit Metallgitter	Gas aus Molekülen	Kristalle mit Ionengitter	Kristalle mit Atomgitter
Energieumwandlung	Chemische Energie der Ausgangsstoffe $\longrightarrow$	Chemische Energie der Reaktionsprodukte $+$	Thermische Energie	

Exotherme Reaktion: $Q_m = -809\ kJ \cdot mol^{-1}$

```
Chemische Reaktion
```

Makroskopisch:
Stoffumwandlung, begleitet von Änderungen der Enthalpie und des Volumens des stofflichen Systems (unter isotherm-isobaren Bedingungen).

Submikroskopisch:
Teilchenumwandlung, begleitet von Änderungen der chemischen Energie infolge des Umbaus chemischer Bindungen in und zwischen den Teilchen der beteiligten Stoffe.

Endotherme und exotherme Reaktion

3

Endotherme Reaktion: Chemische Reaktion, die unter Wärmeaufnahme verläuft. Die chemische Energie der Ausgangsstoffe ist kleiner als die chemische Energie der Reaktionsprodukte.

Exotherme Reaktion: Chemische Reaktion, die unter Wärmeabgabe verläuft. Die chemische Energie der Ausgangsstoffe ist größer als die chemische Energie der Reaktionsprodukte.

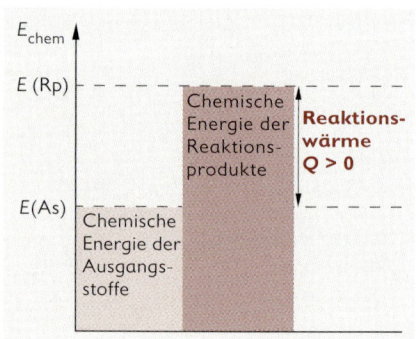 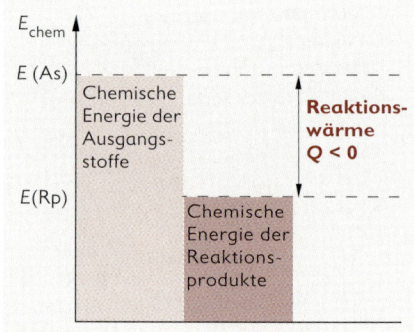

- Endotherme Reaktion: $2\,H_2O \longrightarrow 2\,H_2 + O_2$ $Q_m = +570\ kJ \cdot mol^{-1}$
  Exotherme Reaktion: $2\,H_2 + O_2 \longrightarrow 2\,H_2O$ $Q_m = -570\ kJ \cdot mol^{-1}$

Stoffliches System

Teilchenmenge, deren makroskopische Eigenschaften durch die Zustandsgrößen Temperatur, Druck, Volumen, Dichte sowie durch die Zusammensetzungsgrößen (Konzentration, Stoffmengenanteil) beschrieben werden.

Teilchenmenge, die durch Wände oder gedachte Grenzen von der Umgebung oder anderen Systemen getrennt ist.

Eine chemische Reaktion läuft in einem System aus reaktionsfähigen Stoffen (Ausgangsstoffe und Reaktionsprodukte) und gegebenenfalls aus Stoffen, die nicht an der chemischen Reaktion teilnehmen, ab. Nicht an der chemischen Reaktion teilnehmende Stoffe können Lösemittel oder inerte Gase sein.

Nach der *Art der Abgrenzung* werden verschiedene Arten stofflicher Systeme unterschieden:

Art des stofflichen Systems	Beziehungen zur Umgebung	■
Abgeschlossenes System	Es finden kein Stoffübergang und kein Energieübergang über die Systemgrenzen statt.	
Geschlossenes System	Es findet kein Stoffübergang über die Systemgrenzen statt, ein Energieübergang über die Systemgrenzen findet aber statt.	Energie
Offenes System	Stoff- und Energieübergang über die Systemgrenzen finden statt.	Energie Stoffe

3

Phase
In sich homogener Bereich eines Stoffes, der räumlich eine konstante Beschaffenheit aufweist und von anderen Bereichen durch Grenzflächen getrennt ist.
Nach dem Aggregatzustand werden unterschieden:
feste, flüssige und gasförmige Phasen.
Nach der Zusammensetzung werden unterschieden:
Reine Phasen bestehen nur aus einer einzigen chemischen Substanz.

■ Reines Wasser, reines Natriumchlorid

Mischphasen sind aus mehreren chemischen Substanzen zusammengesetzt.

Homogenes System
Stoffliches System, das nur aus einer Phase besteht, bei dem der enthaltene Stoff oder die enthaltenen Stoffe nicht durch Grenzflächen getrennt sind, sondern ein einheitliches Ganzes bilden.

Homogene Stoffgemische		
Aggregatzustände der Komponenten eines Stoffgemisches	Bezeichnung des Stoffgemisches	■
Fest und fest	**Legierung**	Gold-Silber-Legierung
Flüssig und fest	**Lösung**	Salzwasser
Flüssig und flüssig	**Mischung**	Methanol-Aceton-Gemisch
Gasförmig und gasförmig	**Gasgemisch**	Luft

Heterogenes System

Stoffliches System, das aus mehreren Phasen besteht und bei dem die Phasen durch Grenzflächen getrennt sind.
Kolloidale Lösungen gelten als mikroheterogene Systeme.

Aggregatzustände der Phasen	Bezeichnung des stofflichen Systems	■
Fest und fest	**Gemenge**	Granit
Fest und flüssig	**Paste**	Zahncreme
Fest und gasförmig	**Hartschaum**	Verschäumtes Polystyrol
Flüssig und fest	**Suspension** **Kolloidale Lösung**	Schlämme Metallsole
Flüssig und flüssig	**Emulsion**	Milch
Flüssig und gasförmig	**Schaum**	Seifenschaum
Gasförmig und fest	**Rauch**	Ofenrauch
Gasförmig und flüssig	**Nebel**	Wolken

Zustand eines stofflichen Systems

Augenblickliche Beschaffenheit eines stofflichen Systems; wird mit Zustandsgrößen und Angaben zum Aggregatzustand beschrieben. Die Zustandsgrößen sind Temperatur, Druck und Zusammensetzungsgrößen.
↗ Zusammensetzungsgröße S. 136

Isochore Prozessführung

Ablauf von chemischen Reaktionen oder physikalischen Vorgängen, bei denen das Volumen konstant gehalten, also keine Volumenarbeit verrichtet oder aufgenommen wird.

Isobare Prozessführung

Ablauf von chemischen Reaktionen oder physikalischen Vorgängen, bei denen der Druck konstant gehalten wird und die meist mit Volumenarbeit verbunden sind.

Isotherme Prozessführung

Ablauf von chemischen Reaktionen oder physikalischen Vorgängen, bei denen die Temperatur konstant gehalten wird.

Reaktionsverlauf

Geschehen zwischen den Teilchen während einer chemischen Reaktion; Stoffmenge (Konzentration, Partialdruck) der Ausgangsstoffe nimmt ab, Stoffmenge (Konzentration, Partialdruck) der Reaktionsprodukte nimmt zu.

Voraussetzungen für den Verlauf chemischer Reaktionen sind:
– das Vorhandensein von Teilchen der Ausgangsstoffe,
– die Bewegung der Teilchen und Zusammenstöße zwischen den Teilchen,
– eine günstige räumliche Lage der Teilchen zueinander beim Zusammenstoß,

wirksamer Zusammenstoß

3

– die kinetische Energie der zusammenstoßenden Teilchen muss über einer bestimmten Mindestenergie liegen.
↗ Stoßtheorie S. 103

Reaktionsgeschwindigkeit *v*

Durchschnittliche Reaktionsgeschwindigkeit: Negativer Quotient aus der Änderung der Stoffmengenkonzentration (des Partialdrucks) eines Ausgangsstoffes und dem Produkt aus der Stöchiometriezahl des Ausgangsstoffes in der Reaktionsgleichung und dem zugehörigen Zeitintervall.

$$\bar{v} = -\frac{\Delta c(A)}{\nu(A) \cdot \Delta t} \quad \text{bzw.} \quad \bar{v} = -\frac{\Delta p(A)}{\nu(A) \cdot \Delta t}$$

Momentane Reaktionsgeschwindigkeit: Definition als Differentialquotient.

$$v = -\frac{1}{\nu(A)} \cdot \frac{dc(A)}{dt} \quad \text{bzw.} \quad v = -\frac{1}{\nu(A)} \cdot \frac{dp(A)}{dt}$$

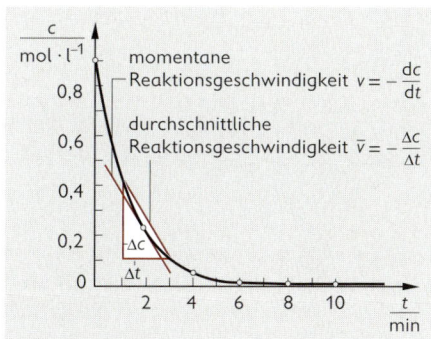

Die Reaktionsgeschwindigkeit ist von den Konzentrationen (Partialdrücken) der reagierenden Stoffe, der Temperatur, der Art der Reaktion und vom Reaktionsmechanismus abhängig.
↗ Geschwindigkeitsgleichung (Zeitgesetz) S. 100; Einfluss der Temperatur auf die Reaktionsgeschwindigkeit S. 102

Umkehrbare chemische Reaktion

Reaktion, die in beiden Reaktionsrichtungen ablaufen kann; zwischen den Reaktionsteilnehmern kann sich unter bestimmten Reaktionsbedingungen ein chemisches Gleichgewicht einstellen.

- $2 H_2 + O_2 \longrightarrow 2 H_2O$; $\quad 2 H_2O \longrightarrow 2 H_2 + O_2$

$$CH_3-C{\overset{O}{\underset{OH}{}}} + H-O-C_2H_5 \underset{\text{Rückreaktion}}{\overset{\text{Hinreaktion}}{\rightleftharpoons}} CH_3-C{\overset{O}{\underset{O-C_2H_5}{}}} + H_2O$$

Chemisches Gleichgewicht

Stabiler und zeitunabhängiger Zustand eines Reaktionssystems; bleibt bei konstanten äußeren Bedingungen (Temperatur, Druck) beliebig lange bestehen; stabiles dynamisches Gleichgewicht.

Voraussetzungen für die Ausbildung eines chemischen Gleichgewichts sind die Umkehrbarkeit der chemischen Reaktion, deren Hin- und Rückreaktion in einem abgeschlossenen oder geschlossenen System ungehemmt ablaufen können.

Einstellzeit: Zeit, die vom Beginn einer umkehrbaren Reaktion bis zum Erreichen des chemischen Gleichgewichts notwendig ist. Sie wird durch Katalysatoren verkürzt.

Merkmale des chemischen Gleichgewichts:

- Ausgangsstoffe und Reaktionsprodukte liegen nebeneinander vor. Ihre Konzentrationen bleiben unverändert: $\Delta c = 0$.
- Hin- und Rückreaktion laufen gleichzeitig und mit gleicher Geschwindigkeit ab: $v_H = v_R \neq 0$.
- Die Gesamtreaktionsgeschwindigkeit für die umkehrbare Reaktion ist null: $v_G = v_H - v_R = 0$.
- Die freie Reaktionsenthalpie ist null: $\Delta_R G = 0$.

Das chemische Gleichgewicht ist von der Seite der Ausgangsstoffe und von der Seite der Reaktionsprodukte aus einstellbar.

↗ Freie Enthalpie S. 96; Gibbs-Helmholtz-Gleichung S. 96

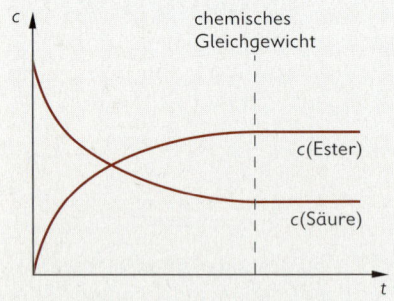

Konzentration-Zeit-Diagramm für die Einstellung eines chemischen Gleichgewichts

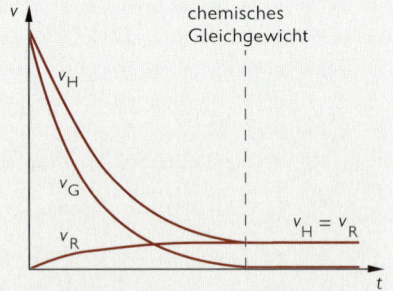

Reaktionsgeschwindigkeit-Zeit-Diagramm für die Einstellung eines chemischen Gleichgewichts

Massenwirkungsgesetz (MWG)

> Im chemischen Gleichgewicht ist der Quotient aus dem Produkt der Konzentrationen (Partialdrücke) der Reaktionsprodukte und dem Produkt der Konzentrationen (Partialdrücke) der Ausgangsstoffe bei einer bestimmten Temperatur eine Konstante (GULDBERG und WAAGE 1867).

Die Stöchiometriezahlen ν in den Reaktionsgleichungen gehen in die Gleichung des Massenwirkungsgesetzes (MWG) als Exponenten der Konzentration ein.
↗ Stöchiometriezahl S. 18
Für die allgemeine chemische Reaktion

$$\nu(A)\,A + \nu(B)\,B \rightleftharpoons \nu(C)\,C + \nu(D)\,D \quad \text{gilt:}$$

$$\frac{c(C)^{\nu(C)} \cdot c(D)^{\nu(D)}}{c(A)^{\nu(A)} \cdot c(B)^{\nu(B)}} = K_c \quad [K_c] = (\text{mol} \cdot l^{-1})^{\Delta\nu}$$

bzw.

$$\frac{p(C)^{\nu(C)} \cdot p(D)^{\nu(D)}}{p(A)^{\nu(A)} \cdot p(B)^{\nu(B)}} = K_p \quad [K_p] = \text{kPa}^{\Delta\nu}$$

mit $\quad \Delta\nu = [\nu(C) + \nu(D)] - [\nu(A) + \nu(B)]$.

Die Konstante K wird als **Gleichgewichtskonstante** bezeichnet. Mit der Gleichgewichtskonstante K_c werden bevorzugt chemische Gleichgewichte zwischen Stoffen in Lösung beschrieben, mit der Gleichgewichtskonstante K_p bevorzugt chemische Gleichgewichte zwischen gasförmigen Reaktionsteilnehmern. Die Gleichgewichtskonstante einer chemischen Reaktion ist von der Temperatur abhängig.
Bei chemischen Gleichgewichten, bei denen $\Delta\nu = 0$ ist, können in die jeweilige Gleichung des Massenwirkungsgesetzes anstelle der Stoffmengenkonzentrationen (Partialdrücke) auch die Stoffmengen aller Reaktionsteilnehmer eingesetzt werden. Die Gleichung des Massenwirkungsgesetzes kann auf kinetischem und thermodynamischem Weg hergeleitet werden.
↗ Löslichkeitsprodukt S. 105; Säurekonstante und Basekonstante S. 109; Berechnungen zum Massenwirkungsgesetz S. 156

■ $CH_3-COOH + CH_3OH \rightleftharpoons CH_3-COOCH_3 + H_2O$

$$K_c = \frac{c(CH_3-COOCH_3) \cdot c(H_2O)}{c(CH_3-COOH) \cdot c(CH_3OH)} \quad [K_c] = (\text{mol} \cdot l^{-1})^0 = 1$$

$$K_c = \frac{n(CH_3-COOCH_3) \cdot n(H_2O)}{n(CH_3-COOH) \cdot n(CH_3OH)} \quad [K_c] = \text{mol}^0 = 1$$

■ $N_2 + 3\,H_2 \rightleftharpoons 2\,NH_3$

$$K_p = \frac{p^2(NH_3)}{p(N_2) \cdot p^3(H_2)} \quad [K_p] = \text{kPa}^{-2}$$

3

Prinzip von LE CHATELIER und BRAUN (Prinzip des kleinsten Zwangs)

> Wird auf ein sich im chemischen Gleichgewicht befindendes stoffliches System ein Zwang ausgeübt, dann weicht dieses System dem Zwang so aus, dass die Wirkungen des Zwanges verringert werden (LE CHATELIER 1884, BRAUN 1887).
> Der Zwang kann als Temperatur- und/oder Druckänderung herbeigeführt werden.

Veränderung der äußeren Bedingung (äußerer Zwang)		Wirkung auf das chemische Gleichgewicht	
Temperatur	**Erhöhung**	fördert die **endotherme Reaktion**	bis sich ein neues chemisches Gleich- gewicht ein- gestellt hat
	Erniedrigung	fördert die **exotherme Reaktion**	
Druck	**Erhöhung**	fördert die Reaktion, die unter **Abnahme des Volumens** verläuft	
	Erniedrigung	fördert die Reaktion, die unter **Zunahme des Volumens** verläuft	

- $2\,NO_2 \rightleftharpoons N_2O_4 \qquad \Delta_R H_m = -59\ kJ \cdot mol^{-1}$

Temperaturerhöhung führt zu einer Erhöhung des Stickstoffdioxidanteils im Reaktionsgemisch; Druckerhöhung führt zu einer Erhöhung des Distickstofftetraoxidanteils.

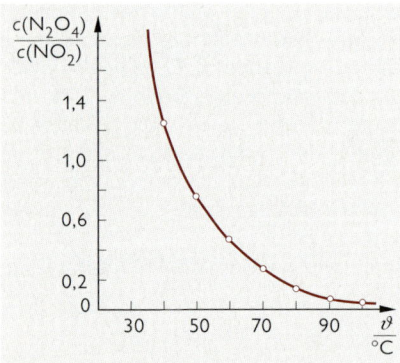

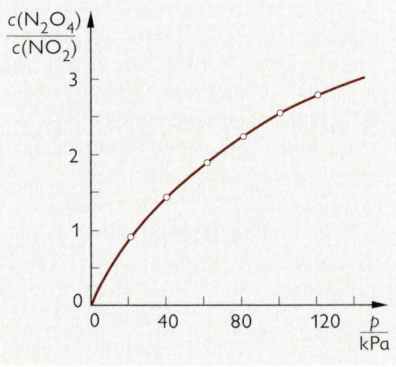

Gleichgewichtszusammensetzung zwischen Distickstofftetraoxid und Stickstoffdioxid bei $p = 101{,}3\ kPa$ in Abhängigkeit von der Temperatur

Gleichgewichtszusammensetzung zwischen Distickstofftetraoxid und Stickstoffdioxid bei $T = 298\ K$ in Abhängigkeit vom Druck

Ausbeute eines Reaktionsproduktes

Quotient aus der tatsächlich entstandenen Stoffmenge eines Reaktionsproduktes und der für den vollständigen Umsatz eines Ausgangsstoffes berechneten Stoffmenge dieses Reaktionsproduktes bei einer chemischen Reaktion; Kenngröße für die Effektivität der Herstellung von Stoffen in der Industrie und im Labor.

Erhöhung der Ausbeute eines Stoffes ist möglich durch:

Maßnahme	Bedingung	
Temperaturerhöhung	$\Delta_R H > 0$	(endotherme Reaktion)
Temperaturerniedrigung	$\Delta_R H < 0$	(exotherme Reaktion)
Druckerhöhung	$\Delta\nu(g) < 0$	(Die Summe der Stöchiometriezahlen gasförmiger Reaktionsprodukte ist kleiner als die der Ausgangsstoffe.)
Druckerniedrigung	$\Delta\nu(g) > 0$	(Die Summe der Stöchiometriezahlen gasförmiger Reaktionsprodukte ist größer als die der Ausgangsstoffe.)

3

Die Anwendung eines Ausgangsstoffes im Überschuss und/oder der Entzug eines Reaktionsproduktes führen ebenfalls zu einer Erhöhung der Ausbeute eines Stoffes.

Katalysator
Stoff, der die Geschwindigkeit chemischer Reaktionen erhöht oder verringert. Katalysatoren, die die Reaktionsgeschwindigkeit verringern, werden als **Inhibitoren** bezeichnet. Katalysatoren sind an der chemischen Reaktion beteiligte Reaktionspartner, die nach der Reaktion in unveränderter Form wieder vorliegen. Katalysatoren ermöglichen chemische Reaktionen mit hoher Reaktionsgeschwindigkeit bei niedrigeren Temperaturen als ohne Verwendung eines Katalysators.
Katalysatoren wirken selektiv.

Selektive Wirkung von Katalysatoren auf Synthesegas (CO/H_2-Gemisch)	
Katalysator	Bevorzugte Reaktionsprodukte
Zinkoxid-Chrom(III)-oxid-Katalysator	Methanol
Zinkoxid-Chrom(III)-oxid-Katalysator mit Alkalimetalloxid	Höhermolekulare Alkohole
Cobalt- oder Eisen-Katalysator	Alkane (Benzin)

↗ Wirkung des Katalysators im Reaktionsverlauf S. 103

Katalyse
Chemische Reaktion, die unter der Einwirkung eines Katalysators abläuft. **Positive Katalyse** ist eine durch die Einwirkung eines Katalysators mit höherer Reaktionsgeschwindigkeit ablaufende Reaktion; **negative Katalyse** ist eine durch die Einwirkung eines Inhibitors mit niedrigerer Reaktionsgeschwindigkeit ablaufende Reaktion. Bei der **Autokatalyse** wirkt eines der im Reaktionsverlauf gebildeten Reaktionsprodukte als Katalysator auf die chemische Reaktion.

$$2\,MnO_4^- + 5\,C_2O_4^{2-} + 16\,H_3O^+ \xrightarrow{\text{(Kat.: } Mn^{2+})} 2\,Mn^{2+} + 10\,CO_2 + 24\,H_2O$$

83

Arten chemischer Reaktionen

Einteilungsprinzipien für chemische Reaktionen

Einteilungskriterium	■
Visuelle Erscheinungen	Fällungsreaktion, Gasentwicklungsreaktion, Farbreaktion
Mechanismus und Bruttoumsatz: – Elementarreaktionen – Zusammengesetzte Reaktionen	Dissoziation, Assoziation Eliminierung, Addition, Substitution
Stofflicher Aspekt	Oxidation und Reduktion, Protonen-austauschreaktion, Hydrierung, Chlorierung, Nitrierung
Energetischer Aspekt	Exotherme, endotherme, exergonische, endergonische Reaktion
Kinetischer Aspekt	Reaktion 1. oder 2. Ordnung, Kettenreaktion

Redoxreaktion

Chemische Reaktion, bei der eine Oxidation und eine Reduktion miteinander gekoppelt sind.

Redoxreaktion als	■
Reaktion mit *Sauerstoffübergang* Chemische Reaktion, bei der Bindung von Sauerstoff (Oxidation) und Entzug von Sauerstoff (Reduktion) gleichzeitig ablaufen.	Oxidation $Fe_2O_3 + 2\,Al \longrightarrow 2\,Fe + Al_2O_3$ Reduktion
Reaktion mit *Elektronenübergang* Chemische Reaktion, bei der Abgabe von Elektronen (Oxidation) und Aufnahme von Elektronen (Reduktion) gleichzeitig ablaufen.	Elektronenabgabe Oxidation $Zn + 2\,H_3O^+ \longrightarrow Zn^{2+} + H_2 + 2\,H_2O$ Elektronenaufnahme Reduktion
Reaktion mit *Änderung von Oxidations-zahlen* Chemische Reaktion, bei der die Oxidationszahl eines Atoms mindestens eines Elementes größer wird (Oxidation) und gleichzeitig die Oxidationszahl eines Atoms mindestens eines anderen Elementes kleiner wird (Reduktion).	Oxidationszahl wird größer Oxidation $\overset{\pm 0}{H_2} + \overset{+2\ -2}{CuO} \longrightarrow \overset{2\,\cdot\,(+1)\ -2}{H_2O} + \overset{\pm 0}{Cu}$ Oxidationszahl wird kleiner Reduktion

Teilreaktionen der Redoxreaktionen sind:

Oxidation: Teilreaktion, bei der die Oxidationszahl von Atomen eines Elements durch Elektronenabgabe größer wird.

Reduktion: Teilreaktion, bei der die Oxidationszahl von Atomen eines Elements durch Elektronenaufnahme kleiner wird.

Die Teilchen, zwischen denen die Redoxreaktion abläuft, werden bezeichnet als:

Oxidationsmittel: Teilchen eines Reaktionsteilnehmers, dessen Oxidationszahl durch Elektronenaufnahme kleiner wird. Oxidationsmittel sind Elektronenakzeptoren. Das Oxidationsmittel wird bei der Redoxreaktion reduziert.

Reduktionsmittel: Teilchen eines Reaktionsteilnehmers, dessen Oxidationszahl durch Elektronenabgabe größer wird. Reduktionsmittel sind Elektronendonatoren. Das Reduktionsmittel wird bei der Redoxreaktion oxidiert.

Bei Redoxreaktionen gehen Reduktionsmittel und Oxidationsmittel ineinander über. Sie bilden ein **korrespondierendes Redoxpaar**.

3

$$\text{Redm} \xrightleftharpoons[\text{Reduktion}]{\text{Oxidation}} \text{Oxm} + z\ e^-$$

Bedingung für den Ablauf einer Redoxreaktion ist das Vorhandensein zweier korrespondierender Redoxpaare und die Differenz ihrer Redoxpotentiale. Häufig stellt sich ein **Redoxgleichgewicht** ein.

↗ Aufstellen von Reaktionsgleichungen S. 26; Oxidationszahl S. 64; Reduktions-Oxidations-Gleichgewicht S. 113

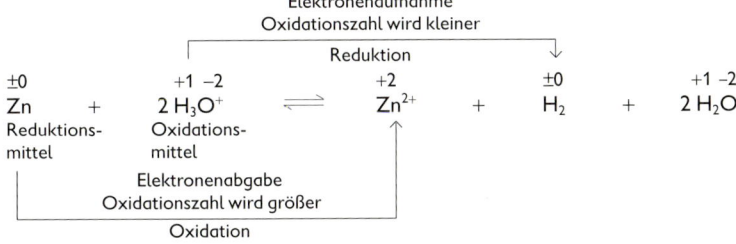

Korrespondierende Redoxpaare:

$$\text{Zn} \xrightleftharpoons[\text{Reduktion}]{\text{Oxidation}} \text{Zn}^{2+} + 2\ e^- \qquad 2\,\text{H}_3\text{O}^+ + 2\ e^- \xrightleftharpoons[\text{Oxidation}]{\text{Reduktion}} \text{H}_2 + 2\,\text{H}_2\text{O}$$

Säure-Base-Reaktion (nach BRÖNSTED)

Reaktion mit Protonenübergang, bei der Protonenabgabe und Protonenaufnahme miteinander gekoppelt sind (Protolyse). Durch Protonenabgabe entsteht aus einer Säure deren korrespondierende Base, durch Protonenaufnahme aus einer Base deren korrespondierende Säure. Säuren sind Protonendonatoren. Basen sind Protonenakzeptoren. Sie bilden jeweils ein **korrespondierendes Säure-Base-Paar**.

Bedingung für den Ablauf einer Säure-Base-Reaktion ist das Vorhandensein zweier korrespondierender Säure-Base-Paare. Meist stellt sich ein **Säure-Base-Gleichgewicht** (Protolysegleichgewicht) ein.

■ $HCl \xrightarrow{\text{Protonenabgabe}} Cl^- + H^+$ 1. korrespondierendes Säure-Base-Paar
  S_1 B_1

  $H_2O + H^+ \xrightarrow{\text{Protonenaufnahme}} H_3O^+$ 2. korrespondierendes Säure-Base-Paar
  B_2 S_2

$\overbrace{\hspace{3cm}}^{\text{Protonenübergang}}$

$HCl \quad + \quad H_2O \rightleftharpoons H_3O^+ + Cl^-$ Säure-Base-Reaktion
$S_1 \qquad\qquad B_2 \qquad\quad S_2 \quad\; B_1$ (Säure-Base-Gleichgewicht)

Zu den Säure-Base-Reaktionen gehören unterschiedliche Arten von Reaktionen mit Protonenübergang:

Neutralisation: Reaktion von Hydronium-Ionen mit Hydroxid-Ionen zu Wassermolekülen.

↗ Neutralisationstitration S. 314

■ $Na^+ + OH^- + H_3O^+ + Cl^- \rightleftharpoons Na^+ + Cl^- + 2\,H_2O$

        $OH^- + H_3O^+ \rightleftharpoons 2\,H_2O$

Verdrängungsreaktion: Freisetzen leichter flüchtiger Basen durch schwer flüchtige Basen oder leichter flüchtiger Säuren durch schwer flüchtige Säuren.

■ $NH_4^+ + Cl^- + Na^+ + OH^- \rightleftharpoons NH_3\uparrow + Na^+ + Cl^- + H_2O$

       $NH_4^+ + OH^- \rightleftharpoons NH_3\uparrow + H_2O$

Autoprotolyse des Wassers:

↗ Säure-Base-Theorie von BRÖNSTED S. 107; Autoprotolyse S. 108

■ $H_2O + H_2O \rightleftharpoons H_3O^+ + OH^-$

Vergleich von Säure-Base-Reaktionen mit Redoxreaktionen

Säure-Base-Reaktion	Redoxreaktion
Gleichzeitige Protonenabgabe und Protonenaufnahme beim Protonenübergang	Gleichzeitige Elektronenabgabe und Elektronenaufnahme beim Elektronenübergang
Säure (z. B. HCl) ist Protonendonator. **Base** (z. B. H_2O) ist Protonenakzeptor.	**Reduktionsmittel** (Redm, z. B. Mg) ist Elektronendonator. **Oxidationsmittel** (Oxm, z. B. H_3O^+) ist Elektronenakzeptor.
Korrespondierendes Säure-Base-Paar Säure $\rightleftharpoons$ Base + H^+	**Korrespondierendes Redoxpaar** Redm $\rightleftharpoons$ Oxm + $z\ e^-$
Säure-Base-Reaktion Säure 1 + Base 2 $\rightleftharpoons$ Säure 2 + Base 1 $\overbrace{\quad}^{\text{Protonenübergang}}$ $HCl \quad + \quad H_2O \rightleftharpoons H_3O^+ + Cl^-$	**Redoxreaktion** Redm 1 + Oxm 2 $\rightleftharpoons$ Redm 2 + Oxm 1 $\overbrace{\quad}^{\text{Elektronenübergang}}$ $Mg \quad + \ 2\,H_3O^+ \rightleftharpoons Mg^{2+} + H_2 + 2\,H_2O$

Abbau und Aufbau von Ionenkristallen

Vorgang in wässriger Lösung, bei dem Ionenkristalle aufgelöst oder gebildet werden.
Lösevorgang: Abbau von Ionenkristallen unter Einwirkung des polaren Lösemittels Wasser, wobei frei bewegliche Ionen entstehen, die von einer Hülle aus Wassermolekülen (Hydrathülle) umgeben sind.
↗ Hydratation S. 105

■ Auflösen eines Natriumchloridkristalls $NaCl(s) \longrightarrow Na^+(aq) + Cl^-(aq)$

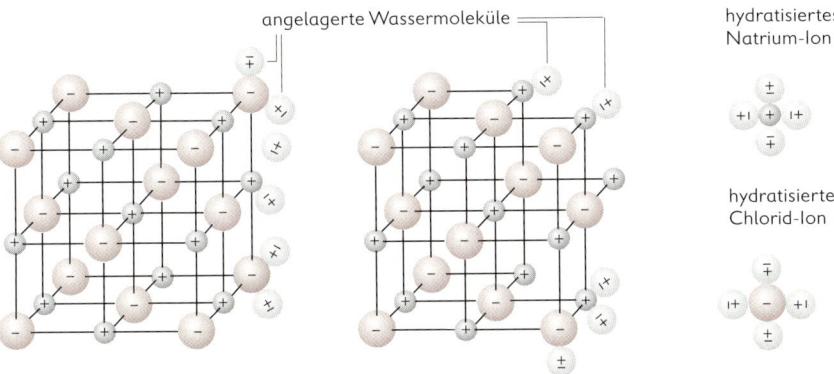

angelagerte Wassermoleküle

hydratisiertes Natrium-Ion

hydratisiertes Chlorid-Ion

3

Fällungsreaktion: Ordnen der frei beweglichen Ionen eines schwer löslichen Salzes zu Kristallen, die als Niederschlag ausfallen (das Produkt der Konzentrationen der Ionen in der Lösung ist größer als das Löslichkeitsprodukt des Salzes).
↗ Löslichkeitsprodukt S. 105; analytische Fällungsreaktionen S. 308

■ $Ag^+ + NO_3^- + K^+ + Cl^- \longrightarrow AgCl\downarrow + K^+ + NO_3^-$
    $Ag^+ + Cl^- \longrightarrow AgCl\downarrow$

Aufbau, Abbau und Umbau von Komplexen

Chemische Reaktionen, an denen komplexe Ionen oder Moleküle beteiligt sind. Reaktionen, an denen außer hydratisierten Ionen oder Molekülen keine anderen Komplexe teilnehmen, werden im Allgemeinen nicht als Komplexreaktionen aufgefasst.
↗ Komplexbildungsgleichgewichte S. 113

Komplexaufbau

■ $AgCl(s) \quad + 2 S_2O_3^{2-}(aq) \longrightarrow [Ag(S_2O_3)_2]^{3-}(aq) \quad + Cl^-(aq)$
   Silberchlorid   Di(thiosulfato)argentat-Ion

Komplexabbau

■ $2 [Ag(NH_3)_2]^+(aq) + H_2S(aq) \longrightarrow Ag_2S\downarrow \quad + 2 NH_4^+(aq) + 2 NH_3(aq)$
   Diamminsilber-Ion   Silbersulfid

Ligandenaustauschreaktion (Komplexumbau): Substitutionsreaktion an Komplexen, bei der ein oder mehrere Liganden durch andere Liganden ersetzt werden.

■ $[Cu(H_2O)_6]^{2+} \quad + 4 NH_3 \longrightarrow [Cu(NH_3)_4(H_2O)_2]^{2+} \quad + 4 H_2O$
   Hexaaquakupfer(II)-Ion   Tetraammindiaquakupfer(II)-Ion

Reaktionen an organischen Molekülen

Reaktionstyp: Beschreibt die Art der Veränderungen in den Molekülen der Ausgangsstoffe bei der Bildung der Reaktionsprodukte.

Reaktionstyp	Charakteristik
Substitution $AB + CD \longrightarrow AC + BD$	Austausch von Atomen und Atomgruppen zwischen den Molekülen der Ausgangsstoffe ■ $CH_4 + Cl_2 \longrightarrow CH_3Cl + HCl$
Addition $A + B \longrightarrow C$	Vereinigung von (mindestens) zwei Molekülen der Ausgangsstoffe zu einem Molekül des Reaktionsproduktes ■ $CH_2{=}CH_2 + Br_2 \longrightarrow CH_2Br{-}CH_2Br$
Eliminierung $A \longrightarrow B + C$	Abspaltung von zwei Atomen oder Atomgruppen aus je einem Molekül des Ausgangsstoffes ■ $CH_3{-}CH_3 \longrightarrow CH_2{=}CH_2 + H_2$
Umlagerung $A \longrightarrow B$	Veränderung der Struktur der Moleküle des Ausgangsstoffes ■ $CH_3{-}CH_2{-}CH_2{-}CH_3 \longrightarrow CH_3{-}CH(CH_3){-}CH_3$

Reaktionsmechanismus: Beschreibt die Art und Weise der Veränderung der Teilchen der Ausgangsstoffe im Verlauf einer chemischen Reaktion.

Mechanismus nach Art der reagierenden Teilchen	■
Radikalisch verlaufende Reaktion	Radikalische Substitution (S_R), Radikalische Addition (A_R)
Ionisch verlaufende Reaktion *Nukleophile* Reaktion *Elektrophile* Reaktion	Eliminierung (E) Nukleophile Substitution (S_N) Elektrophile Substitution (S_E), Elektrophile Addition (A_E)

Substitution

Chemische Reaktion, bei der Atome oder Atomgruppen in Molekülen durch andere Atome oder Atomgruppen ausgetauscht werden; führt zu mehreren Reaktionsprodukten.

Radikalische Substitution (S_R-Reaktion): Substitution, die über Radikale verläuft; die Radikale werden in einer **Kettenreaktion** ständig neu gebildet.
↗ Radikale S. 41

■ Halogenierung von Methan

$\underset{\text{Methan}}{CH_4} + Cl_2 \xrightarrow{h \cdot \nu} \underset{\text{Chlormethan}}{CH_3Cl} + HCl$

Reaktionsmechanismus:

Kettenstart: $Cl_2 \xrightarrow{h \cdot \nu} 2\,Cl\cdot$

Kettenfortpflanzung: $Cl\cdot + CH_4 \longrightarrow HCl + \cdot CH_3$
$\cdot CH_3 + Cl_2 \longrightarrow CH_3Cl + Cl\cdot$

Kettenabbruch: $\cdot CH_3 + Cl\cdot \longrightarrow CH_3Cl$

Elektrophile Substitution (S_E-Reaktion): Substitution, die durch den Angriff eines Elektrophils auf eine nukleophile Verbindung eingeleitet wird.
↗ Elektrophile S. 41

■ Bromierung von Benzol

Benzol   Brombenzol

Bildung des elektrophilen Agens: $Br_2 + AlBr_3 \longrightarrow Br^+ + [AlBr_4]^-$
Eigentliche Substitution:

(π-Komplex)   (σ-Komplex)

Elektrophile Zweitsubstitution: Die elektrophile Substitution an Aromaten wird durch bereits im Molekül vorhandene Substituenten oder Heteroatome im Ring wesentlich beeinflusst.
Die *Reaktivität* gegenüber dem elektrophilen Agens ist bei π-elektronenreichen Aromaten größer, bei π-elektronenarmen Aromaten geringer als beim Benzol.
↗ π-Elektronenreiche und π-elektronenarme Aromaten S. 48

■ Nitrierung: $Ar-H + HNO_3 \longrightarrow Ar-NO_2 + H_2O$
  Reaktivität: $Ar-CH_3 > Ar-H > Ar-Cl > Ar-NO_2$ Ar = Arylgruppe

Die *Position* der Zweitsubstitution wird wesentlich vom Erstsubstituenten bestimmt. Substituenten 1. Ordnung dirigieren den Zweitsubstituenten bevorzugt in ortho- und para-Position, Substituenten 2. Ordnung bevorzugt in meta-Position.
↗ Konstitutionsisomerie S. 52; Namen der Derivate von Benzol S. 205

■ Substituenten 1. Ordnung: $-CH_3, -NH_2, -OH, -Cl$
  Substituenten 2. Ordnung: $-NO_2, -CHO, -COOH, -SO_3H$

Nukleophile Substitution (S_N-Reaktion): Substitution, die durch den Angriff eines Nukleophils auf ein elektrophiles Zentrum einer Verbindung eingeleitet wird.
↗ Nukleophile S. 41

■ Herstellung von Alkoholen aus Halogenalkanen
  $R-Cl + NaOH \longrightarrow R-OH + NaCl$

Bimolekularer Reaktionsmechanismus (S_N2-Reaktion, Synchronreaktion):
$\overset{\delta^+}{R}-\overset{\delta^-}{Cl} + OH^- \longrightarrow [HO \cdots R \cdots Cl]^- \longrightarrow R-OH + Cl^-$
                    Übergangszustand

Monomolekularer Reaktionsmechanismus (S_N1-Reaktion, Stufenreaktion):
$\overset{\delta^+}{R}-\overset{\delta^-}{Cl} \longrightarrow R^+ \quad + \quad Cl^-$
              Carbenium-Ion

$R^+ + OH^- \longrightarrow R-OH$

↗ Molekularität von Reaktionen S. 102

Als Substitutionen können aufgefasst werden:

Kondensation: Substitutionsreaktion, bei der meist Wasser entsteht.

■ Esterbildung aus Ameisensäure (Methansäure) und Ethanol

$$H-C\underset{OH}{\overset{O}{<}} \quad + \quad H-O-C_2H_5 \quad \overset{(H^+)}{\rightleftharpoons} \quad H-C\underset{O-C_2H_5}{\overset{O}{<}} \quad + \quad H_2O$$

Ameisensäure   Ethanol   Ameisensäureethylester

Die Umkehrung der Reaktion kann ebenfalls als Substitution aufgefasst werden.

Polykondensation: Substitutionsreaktion, die zu Makromolekülen führt; komplexes System von Folge- und Parallelreaktionen, in dem nach und nach makromolekulare Verbindungen entstehen.

■ Phenoplastbildung aus Phenol und Formaldehyd (Methanal)

$$n \overset{OH}{\underset{}{\bigcirc}} \quad + \quad n \ HCHO \quad \overset{Kat.}{\rightleftharpoons} \quad \left[\overset{OH}{\underset{}{\bigcirc}} CH_2 \right]_n \quad + \quad n \ H_2O$$

Phenol   Formaldehyd   Phenoplast

Addition

Chemische Reaktion, bei der jeweils zwei oder mehr Moleküle zu einem neuen Molekül zusammentreten; Voraussetzung sind Mehrfachbindungen in den Molekülen mindestens eines Ausgangsstoffes.

Radikalische Addition (A_R-Reaktion): Addition, die als Kettenreaktion über Radikale verläuft.

■ Addition von Brom an Alkene

$$CH_2=CH_2 \quad + \ Br_2 \overset{h \cdot \nu}{\longrightarrow} CH_2Br-CH_2Br$$

Ethen (Ethylen)   1,2-Dibromethan

Reaktionsmechanismus:

Kettenstart: $Br_2 \overset{h \cdot \nu}{\longrightarrow} 2 \ Br\cdot$

Kettenfortpflanzung: $Br\cdot + CH_2=CH_2 \longrightarrow CH_2Br-CH_2\cdot$

                      $CH_2Br-CH_2\cdot + Br_2 \longrightarrow CH_2Br-CH_2Br + Br\cdot$

Elektrophile Addition (A_E-Reaktion): Addition, die durch den Angriff eines Elektrophils auf ein nukleophiles Molekül eingeleitet wird.

■ Addition von Halogenwasserstoffen an Alkene

$$CH_2=CH_2 \quad + \ HCl \longrightarrow CH_3-CH_2-Cl$$

Ethen (Ethylen)   Chlorethan

Reaktionsmechanismus:

$$CH_2=CH_2 + H^+ \longrightarrow \left[CH_2\underset{H}{\overset{}{=}}CH_2 \right]^+ \longrightarrow CH_3-CH_2^+ \overset{+ \ Cl^-}{\longrightarrow} CH_3-CH_2-Cl$$

                π-Komplex   Carbenium-Ion

MARKOWNIKOW-Regel: Bei der elektrophilen Addition von Verbindungen des Typs HX an unsymmetrische Alkene tritt das Proton an das wasserstoffreichere Kohlenstoffatom der $C=C$-Doppelbindung.

■ Addition von Bromwasserstoff an Propen

$$CH_3-CH=CH_2 + HBr \longrightarrow CH_3-CH-CH_3$$
$$\vert$$
$$Br$$

Propen   2-Brom-propan

1,2- und 1,4-Addition an konjugierten Dienen: Bei der elektrophilen Addition an Verbindungen vom Typ des 1,3-Butadiens werden zwei Reaktionsprodukte erhalten, das 1,2- und das 1,4-Additionsprodukt (Addukt).

■ Addition von Bromwasserstoff an 1,3-Butadien

$$\overset{1}{C}H_2=\overset{2}{C}H-\overset{3}{C}H=\overset{4}{C}H_2 + HBr \longrightarrow CH_3-CH-CH=CH_2 \quad und \quad CH_3-CH=CH-CH_2$$
$$\vert \qquad\qquad\qquad\qquad\qquad\qquad\qquad \vert$$
$$Br \qquad\qquad\qquad\qquad\qquad\qquad\qquad Br$$

1,2-Addukt   1,4-Addukt

Wichtige Additionen sind:

Hydrierung: Durch Metalle katalysierte Addition von Wasserstoffmolekülen an Mehrfachbindungssysteme.

■ $$CH_3-C\overset{\displaystyle O}{\underset{\displaystyle H}{\diagup}} + H_2 \xrightarrow{Kat.} CH_3-CH_2-OH$$

Acetaldehyd   Ethanol

Hydratisierung: Durch Elektrophile katalysierte Addition von Wassermolekülen an Mehrfachbindungssysteme.

■ $$CH\equiv CH + H_2O \xrightarrow{Kat.} CH_2=CH-OH \xrightarrow{Umlagerung} CH_3-C\overset{\displaystyle O}{\underset{\displaystyle H}{\diagup}}$$

Ethin   Vinylalkohol   Acetaldehyd
(Acetylen)   (instabil)

Polymerisation: Additionsreaktion, bei der jeweils viele gleiche Moleküle mit Mehrfachbindung unter Bildung eines Makromoleküls zusammentreten; läuft als Kettenreaktion nach radikalischem, elektrophilem, nukleophilem oder koordinativem Mechanismus ab; wird durch **Initiatoren** eingeleitet. Der Kettenabbruch kann auch durch **Inhibitoren** (Radikalfänger) bewirkt werden.
↗ Herstellung von makromolekularen Stoffen S. 272

■ $$n\,CH_2=CH_2 \xrightarrow{Init.} \{CH_2-CH_2\}_n$$

Ethen (Ethylen)   Polyethylen

Kettenstart: $R\cdot + CH_2=CH_2 \longrightarrow R-CH_2-CH_2\cdot$

Kettenfortpflanzung: $R-CH_2-CH_2\cdot + n\,CH_2=CH_2 \longrightarrow$
(Kettenwachstum) $ R-CH_2-CH_2\{CH_2-CH_2\}_{n-1}CH_2-CH_2\cdot$

Kettenabbruch: $R-CH_2-CH_2\{CH_2-CH_2\}_{n-1}CH_2-CH_2\cdot \xrightarrow{+\,Inhib.}$
$ R-CH_2-CH_2\{CH_2-CH_2\}_{n-1}CH=CH_2 + H-Inhib.$

3

91

- *Radikalische* Initiatoren: Peroxide, aliphatische Azoverbindungen
  Elektrophile Initiatoren: Protonensäuren, Lewis-Säuren (z. B. BF_3)
  Nukleophile Initiatoren: starke Basen, Alkalimetalle
  Koordinative Initiatoren: Ziegler-Natta-Katalysatoren (z. B. $AlR_3/TiCl_4$)
  Inhibitoren: Phenolderivate

Polyaddition: Additionsreaktion, bei der viele Moleküle von zwei unterschiedlichen niedrigmolekularen Verbindungen mit jeweils zwei oder mehreren funktionellen Gruppen zusammentreten; eine funktionelle Gruppe muss eine Mehrfachbindung enthalten; Stufenreaktion.

- $n\ O=C=N-R-N=C=O\ +\ n\ HO-R'-OH\ \longrightarrow$
  Diisocyanat   Dihydroxylverbindung

  $O=C=N-R-NH-CO\{O-R'-O-CO-NH-R-NH-CO\}_{n-1}O-R'-OH$
  Polyurethan

3

Eliminierung

Chemische Reaktion, bei der jeweils aus einem Molekül des Ausgangsstoffes zwei Atome oder Atomgruppen ohne Ersatz durch andere austreten; führt in der Regel zur Ausbildung von Mehrfachbindungen.

Wichtige Eliminierungen sind:

Dehydrierung: Intramolekulare Abspaltung von Wasserstoffmolekülen.

- $CH_3-CH-CH_2 \xrightarrow{\text{(hohe Temp.)}} CH_3-CH=CH_2 + H_2$
      | |
     H   H   (Alken)

Crackverfahren: Eliminierungsreaktionen an Alkanen unter Spaltung von $C-C$-Bindungen.

- $CH_2-CH_2 \xrightarrow{\text{(hohe Temp.)}} CH_2=CH_2 + CH_4$
   | |
   H CH_3 (Alken)   (Alkan)

Dehydratisierung: Säurekatalysierte intramolekulare Abspaltung von Wassermolekülen.

- $CH_3-CH_2-OH \xrightarrow{(H^+)} CH_2=CH_2 + H_2O$
  Ethanol   Ethen (Ethylen)

Hofmann- und Saizew-Eliminierung: Alkohole mit Wasserstoffatomen in unterschiedlichen β-Stellungen zur Hydroxylgruppe können zwei Eliminierungsprodukte bilden: das Saizew-Produkt mit der größeren Anzahl von Alkylgruppen an der $C=C$-Doppelbindung und das Hofmann-Produkt mit der geringeren Anzahl von Alkylgruppen an der Doppelbindung.

- $\underset{\text{2-Methyl-2-butanol}}{CH_3-\overset{\beta}{C}H_2-\overset{\overset{\displaystyle OH}{|}\,\alpha}{C}-\overset{\beta}{C}H_3}$ $\xrightarrow[-H_2O]{}$ $\underset{\substack{\text{2-Methyl-2-buten}\\\text{(Saizew-Produkt)}}}{CH_3-CH=\underset{|}{\underset{CH_3}{C}}-CH_3}$ und $\underset{\substack{\text{2-Methyl-1-buten}\\\text{(Hofmann-Produkt)}}}{CH_3-CH_2-\underset{|}{\underset{CH_3}{C}}=CH_2}$

  with $\underset{CH_3}{\underset{|}{\beta}}$ on the central carbon

Chemische Thermodynamik

Energieumwandlung

Umwandlung einer Energieart in eine andere; Energiearten: thermische Energie, mechanische Energie, chemische Energie, elektrische Energie, Energie der elektromagnetischen Strahlung.

↗ Wiss Ph

Thermische Energie

Teil der Energie eines Systems, der auf der kinetischen Energie der Bewegungsvorgänge der Teilchen (Translation, Rotation, Oszillation) beruht.

Chemische Energie

Teil der Energie eines Systems, der als potentielle Energie intramolekular als Bindungsenergie in den Teilchen und intermolekular als Wechselwirkungsenergie zwischen den Teilchen gespeichert ist.

Im Verlauf chemischer Reaktionen wird durch Umbau von Bindungen ein Teil dieser chemischen Energie in andere Energiearten umgewandelt. Mit gegebenen Mitteln kann dabei nutzbare Energie gewonnen werden.

↗ Reaktionswärme S. 94; galvanische Zelle (galvanisches Element) S. 122

3

Thermodynamische Größen

Größen zur energetischen Beschreibung von stofflichen Zuständen, Zustandsänderungen und Stoffwandlungen.

Innere Energie	U;	molare innere Energie	$U_m = U/n$
Enthalpie	H;	molare Enthalpie	$H_m = H/n$
Entropie	S;	molare Entropie	$S_m = S/n$
Freie Enthalpie	G;	molare freie Enthalpie	$G_m = G/n$

Innere Energie U

Gesamtenergie eines stofflichen Systems aufgrund der Temperatur, des Volumens, des Drucks, der Stoffmenge und der Zusammensetzung; Summe aller Energiearten der Teilchen eines Systems:

$U = U_{Kern} + U_{chem} + U_{therm}$.

Enthalpie H

Summe aus innerer Energie und dem oft als Volumenenergie eines Systems bezeichneten Produkt aus Druck und Volumen.

$H = U + p \cdot V$

$p \cdot V$ ist der Energieteil, der das Volumen V gegenüber dem Außendruck p konstant hält.

Änderung der inneren Energie und der Enthalpie

Differenz der inneren Energie oder der Enthalpie eines stofflichen Systems beim Übergang von einem Zustand 1 in einen Zustand 2.

Innere Energie und Enthalpie eines stofflichen Sytems können nicht angegeben werden. Dagegen kann die Änderung dieser Größen bestimmt werden.

Änderung der inneren Energie ΔU:

$\Delta U = U_2 - U_1$

Ursache der Änderung der inneren Energie in einem geschlossenen System ist die Aufnahme oder Abgabe von Wärme Q und/oder von Arbeit W:

$\Delta U = Q + W$.

Die Abgabe oder Aufnahme von Arbeit erfolgt bei chemischen Reaktionen in Form von Volumenarbeit:

$W = - p \cdot \Delta V$; dann gilt $\Delta U = Q - p \cdot \Delta V$.

Änderung der Enthalpie ΔH:

$\Delta H = H_2 - H_1$

Für die Änderung der Enthalpie ΔH gilt bei konstantem Druck:

$\Delta H = U_2 + p \cdot V_2 - (U_1 + p \cdot V_1) = U_2 - U_1 + p \cdot (V_2 - V_1)$
$\Delta H = \Delta U + p \cdot \Delta V$.

Reaktionswärme Q

Vom stofflichen System (geschlossenes System) bei einer chemischen Reaktion aufgenommene oder abgegebene Wärme.

Die Reaktionswärme ist bei *isochorer* Prozessführung ($\Delta V = 0$; Index V) gleich der Änderung der inneren Energie des stofflichen Systems bei der chemischen Reaktion, die als **Reaktionsenergie $\Delta_R U$** bezeichnet wird:

$\Delta_R U = Q_V - p \cdot \Delta V$; $\Delta V = 0$
$\Delta_R U = Q_V$.

Die Reaktionswärme ist bei *isobarer* Prozessführung ($\Delta p = 0$; Index p) gleich der Änderung der Enthalpie des stofflichen Systems bei der chemischen Reaktion, die als **Reaktionsenthalpie $\Delta_R H$** bezeichnet wird:

$\Delta_R H = \Delta_R U + p \cdot \Delta V = Q_p - p \cdot \Delta V + p \cdot \Delta V$
$\Delta_R H = Q_p$.

Reaktionsenthalpien können durch **Kalorimetrie** bestimmt werden; die von der Kalorimeterflüssigkeit aufgenommene oder abgegebene Wärmemenge Q ist der mit der Reaktion verbundenen Reaktionswärme entgegengesetzt gleich.

↗ Endotherme und exotherme Reaktion S. 76; molare Reaktionsgröße S. 97; Berechnung der molaren Reaktionsenthalpie aus Messdaten S. 150

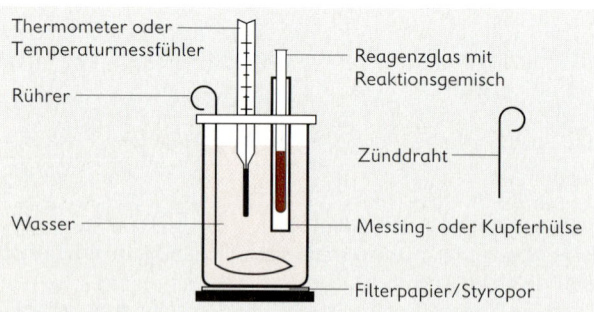

Einfaches Kalorimeter zur Bestimmung von Reaktionsenthalpien

Irreversible Prozesse

Vorgänge, die von selbst nur in einer ganz bestimmten Richtung ablaufen. Es werden zwei Arten irreversibler Prozesse unterschieden.

Ausgleichsprozesse: Können auftreten, wenn in einem stofflichen System eine physikalische Größe an verschiedenen Orten unterschiedliche Werte hat, sie laufen ab, bis die physikalische Größe an allen Orten des Systems gleich ist.

■ Ausgleich der Temperatur durch Wärmeübergang von einem System höherer Temperatur auf ein System niedrigerer Temperatur; Ausgleich der Konzentration durch Vermischung von Gasen oder miteinander mischbaren Flüssigkeiten.

Dissipative Vorgänge: Umwandlung von Energie und/oder Arbeit aufgrund von Reibung in Wärme.

■ Reibung von Rädern beim Rollen; plastische Verformung von Knete mit den Händen oder von Stahlhalbzeugen im Walzwerk

Nur bei den Ausgleichsprozessen ist eine Rückführung des Systems in den Ausgangszustand möglich, wozu aber Arbeit aufgewendet werden muss.

■ Destillation eines Gemisches zweier Flüssigkeiten

Reversible Prozesse

Vorgänge, die sich vollständig rückgängig machen lassen, wobei die übertragene Wärme und die verrichtete Arbeit des rückwärts gerichteten Vorgangs lediglich das entgegengesetzte Vorzeichen der Wärme und der Arbeit des vorwärts gerichteten Vorganges haben. Die Beträge von Wärme und Arbeit beider Vorgänge sind gleich.
Reversible Prozesse sind real nicht durchführbar, sie sind vom Standpunkt der Thermodynamik idealisierte Grenzfälle realer Prozesse.

■ Die Zellreaktion eines Akkumulators verläuft fast reversibel, wenn beim Entladen eine elektrische Gegenspannung anliegt, die nur wenig kleiner als die Zellspannung des Akkumulators ist.

Entropie S

Thermodynamische Zustandsgröße, die ein Maß für die Unordnung eines Systems ist.
Nach der statistischen Thermodynamik ist die Entropie eines stofflichen Systems dem natürlichen Logarithmus der thermodynamischen Wahrscheinlichkeit W proportional:

$$S = \frac{R}{N_A} \cdot \ln W$$

R Universelle Gaskonstante
N_A AVOGADRO-Konstante

Die thermodynamische Wahrscheinlichkeit W ist die Anzahl der Möglichkeiten, eine gegebene Anzahl Teilchen auf den Plätzen im Raum (z. B. eines Kristallgitters) unterschiedlich anzuordnen.
Bei $T = 0$ existiert für alle Stoffe praktisch nur eine Anordnungsmöglichkeit der Teilchen, sodass $W(T = 0) = 1$ und damit $S(T = 0) = 0$ gesetzt werden kann. Deshalb können absolute Werte für die Entropie der Stoffe angegeben werden.

2. Hauptsatz der Thermodynamik

In **abgeschlossenen** Systemen kann die Entropie nur zunehmen (irreversible Prozesse) oder konstant bleiben (reversible Prozesse).

Änderung der Entropie

Differenz der Entropien des Endzustandes und des Anfangszustandes eines Systems:
$$\Delta S = S_2 - S_1$$
Mit der thermodynamischen Wahrscheinlichkeit gilt für ein *abgeschlossenes* System:

$$\Delta S = \frac{R}{N_A} \cdot \ln \frac{W_2}{W_1} \geq 0, \quad \text{weil} \quad W_2 \geq W_1.$$

Bei Prozessen im *geschlossenen* System kann die Entropieänderung aufgrund des möglichen Wärmeübergangs zwischen dem System und der Umgebung sowohl größer als auch kleiner als null sein. Die Aussage des 2. Hauptsatzes der Thermodynamik $\Delta S \geq 0$ gilt nur dann, wenn das geschlossene System und die Umgebung als abgeschlossenes Gesamtsystem betrachtet werden.

Freie Enthalpie (GIBBSsche Energie) G

Thermodynamische Zustandsgröße, definiert als Differenz aus der Enthalpie und dem Produkt aus Temperatur und Entropie eines Systems:
$$G = H - T \cdot S.$$
Die freie Enthalpie eines Systems ist der Energieanteil des Systems, der maximal in Arbeit umgewandelt werden kann.

Änderung der freien Enthalpie

Differenz der freien Enthalpien des End- und des Anfangszustandes eines Systems:
$$\Delta G = G_2 - G_1 = (H_2 - T_2 \cdot S_2) - (H_1 - T_1 \cdot S_1).$$

GIBBS-HELMHOLTZ-Gleichung

Bei Prozessen mit isotherm-isobarer Prozessführung ist die Änderung der freien Enthalpie eines geschlossenen Systems gleich der Differenz aus der Änderung der Enthalpie und dem Produkt aus Temperatur und Entropieänderung des Systems:
$$\Delta G = \Delta H - T \cdot \Delta S.$$
Für chemische Reaktionen gilt:
$$\Delta_R G = \Delta_R H - T \cdot \Delta_R S, \quad \Delta_R G_m = \Delta_R H_m - T \cdot \Delta_R S_m, \quad \Delta_R G_m^\ominus = \Delta_R H_m^\ominus - T \cdot \Delta_R S_m^\ominus.$$
Die Änderung der freien Enthalpie ΔG ist gleich der maximal möglichen Arbeit, die das stoffliche System im Verlauf des Prozesses verrichten kann. Die vollständige Nutzung dieser Änderung der freien Enthalpie des Systems als Arbeit setzt eine reversible Prozessführung voraus. In galvanischen Zellen kann bei (annähernd) reversibel geführter Zellreaktion die maximale elektrische Arbeit verrichtet werden.
Das Produkt $T \cdot \Delta S$ ist der Teil der Enthalpieänderung des Systems, der auf jeden Fall als thermische und chemische Energie in den Teilchen des stofflichen Systems gespeichert bleibt.

Endergonische und exergonische Reaktion

Endergonische Reaktion: Chemische Reaktion, deren freie Reaktionsenthalpie größer als null ist ($\Delta_R G > 0$) und die nur unter Aufnahme von Arbeit ablaufen kann.

Exergonische Reaktion: Chemische Reaktion, deren freie Reaktionsenthalpie kleiner als null ist ($\Delta_R G < 0$) und die freiwillig unter Abgabe von Arbeit ablaufen kann.

Freie Reaktionsenthalpie als Funktion von Reaktionsenthalpie, Temperatur und Reaktionsentropie				
$\Delta_R H$	$\Delta_R S$	$\Delta_R G = \Delta_R H - T \cdot \Delta_R S$	Reaktion	Diagramm
< 0	> 0	$\Delta_R G < 0$	exotherm, stets exergonisch	
< 0	< 0	bei niedrigen Temperaturen: $\Delta_R G < 0$ bei hohen Temperaturen: $\Delta_R G > 0$	exotherm, exergonisch exotherm, endergonisch	
> 0	> 0	bei niedrigen Temperaturen: $\Delta_R G > 0$ bei hohen Temperaturen: $\Delta_R G < 0$	endotherm, endergonisch endotherm, exergonisch	
> 0	< 0	$\Delta_R G > 0$	endotherm, stets endergonisch	

Thermodynamische Reaktionsgröße

Änderung einer thermodynamischen Zustandsgröße beim Ablauf einer chemischen Reaktion unter isotherm-isobaren Bedingungen.

■ Reaktionsenthalpie $\Delta_R H$, Reaktionsentropie $\Delta_R S$, freie Reaktionsenthalpie $\Delta_R G$

Molare Reaktionsgröße

Quotient aus einer thermodynamischen Reaktionsgröße und der Stoffmenge der Formelumsätze n_F; thermodynamische Reaktionsgröße bei 1 mol Formelumsatz.

■ Molare Reaktionsenthalpie $\Delta_R H_m = \dfrac{\Delta_R H}{n_F}$

97

Molare Bildungsenthalpie $\Delta_B H_m$ eines Stoffes: Reaktionsenthalpie der (hypothetischen) Bildung von 1 mol dieses Stoffes aus den Elementsubstanzen in der unter den Reaktionsbedingungen stabilen Form, aus denen die gebildete chemische Verbindung besteht.

- $6\,C + 6\,H_2 + 3\,O_2 \longrightarrow C_6H_{12}O_6 \qquad \Delta_B H_m^{\ominus} = -1260\ kJ \cdot mol^{-1}$
  Glucose

Molare Verbrennungsenthalpie $\Delta_V H_m$ eines Stoffes: Reaktionsenthalpie der Verbrennung von 1 mol dieses Stoffes mit einem Überschuss an Sauerstoff.

- $C_3H_8 + 5\,O_2 \longrightarrow 3\,CO_2 + 4\,H_2O \qquad \Delta_V H_m^{\ominus} = -2217\ kJ \cdot mol^{-1}$
  Propan

3 Satz von HESS

> Die (molare) Reaktionsenthalpie einer chemischen Reaktion hängt nur vom Anfangs- und Endzustand des stofflichen Systems ab, nicht aber vom Weg oder von der Art der Überführung der Ausgangsstoffe in die Reaktionsprodukte (HESS 1840).

Der Satz von HESS folgt aus dem 1. Hauptsatz der Thermodynamik.
Die molare Standardreaktionsenthalpie $\Delta_R H_m^{\ominus}$ ist gleich der Summe der molaren Standardbildungsenthalpien der Reaktionsprodukte $\Delta_B H_m^{\ominus}(Rp)$ vermindert um die Summe der molaren Standardbildungsenthalpien der Ausgangsstoffe $\Delta_B H_m^{\ominus}(As)$ unter Berücksichtigung der jeweiligen Stöchiometriezahlen ν:

$$\Delta_R H_m^{\ominus} = \Sigma\,[\nu(Rp) \cdot \Delta_B H_m^{\ominus}(Rp)] - \Sigma\,[\nu(As) \cdot \Delta_B H_m^{\ominus}(As)]$$

Analoge Aussagen gelten auch für die (molare) Reaktionsentropie und die (molare) freie Reaktionsenthalpie:

$$\Delta_R S_m^{\ominus} = \Sigma\,[\nu(Rp) \cdot S_m^{\ominus}(Rp)] - \Sigma\,[\nu(As) \cdot S_m^{\ominus}(As)]$$
$$\Delta_R G_m^{\ominus} = \Sigma\,[\nu(Rp) \cdot \Delta_B G_m^{\ominus}(Rp)] - \Sigma\,[\nu(As) \cdot \Delta_B G_m^{\ominus}(As)]$$

↗ Berechnung molarer Standardreaktionsgrößen aus tabellierten Werten S. 150

Standardgrößen

Größen, die sich auf die Stoffe im Standardzustand beziehen; werden mit dem oberen Index $\ominus$ gekennzeichnet; Standardzustände sind der reine feste oder flüssige Stoff, das Gas mit den Eigenschaften eines idealen Gases bei $p = 101{,}325\ kPa$.
Standardreaktionsgrößen beziehen sich auf eine chemische Reaktion, bei der die Ausgangsstoffe in einem Standardzustand vorliegen und zu Reaktionsprodukten in einem Standardzustand reagieren.
Stoffmengenbezogene Standardgrößen sind molare Standardgrößen.
Standardgrößen und Standardreaktionsgrößen werden bevorzugt für die Temperatur $T = 298\ K$ und den Druck $p = 101{,}325\ kPa$ tabelliert.

- Molare Standardentropie $S_m^{\ominus}$, molare Standardbildungsenthalpie $\Delta_B H_m^{\ominus}$, molare freie Standardreaktionsenthalpie $\Delta_R G_m^{\ominus}$, Standard-Elektrodenpotential $E^{\ominus}$

Name, Formel, Zustand	$\Delta_B H_m^{\ominus}$ in kJ $\cdot$ mol^{-1}	$S_m^{\ominus}$ in J $\cdot$ K^{-1} $\cdot$ mol^{-1}	$\Delta_B G_m^{\ominus}$ in kJ $\cdot$ mol^{-1}
Aluminium Al (s)	0	28	0
Aluminiumoxid Al_2O_3 (s)	−1676	51	−1582
Ammoniak NH_3 (g)	−46	192	−16
Benzol C_6H_6 (l)	49	173	124
Brom Br_2 (l)	0	152	0
Brom Br_2 (g)	31	245	3
Bromwasserstoff HBr (g)	−36	199	−53
Calciumcarbonat $CaCO_3$ (s)	−1207	93	−1129
Calciumoxid CaO (s)	−635	40	−604
Chlor Cl_2 (g)	0	223	0
Chloratome Cl (g)	121	165	105
Chlorid-Ionen Cl^- (aq)	−167	57	−131
Chlorwasserstoff HCl (g)	−92	187	−95
Distickstofftetraoxid N_2O_4 (g)	9	304	98
Eisen (s)	0	27	0
Eisen(III)-oxid Fe_2O_3 (s)	−824	87	−742
Eisen(II)-sulfid FeS (s)	−100	60	−100
Essigsäure CH_3-COOH (l)	−485	160	−392
Ethan CH_3-CH_3 (g)	−85	230	−33
Ethanol CH_3-CH_2OH (l)	−278	161	−174
Ethen (Ethylen) $CH_2=CH_2$ (g)	52	220	68
Glucose $C_6H_{12}O_6$ (s)	−1260	289	
Hydroxid-Ionen OH^- (aq)	−230	11	−157
Iod I_2 (s)	0	116	0
Iod I_2 (g)	62	261	19
Iodwasserstoff HI (g)	26	206	2
Kohlenstoff (Diamant) C (s)	2	2	3
Kohlenstoff (Graphit) C (s)	0	6	0
Kohlenstoffdioxid CO_2 (g)	−393	214	−394
Kohlenstoffmonooxid CO (g)	−111	198	−137
Methan CH_4 (g)	−75	186	−51
Methanol CH_3OH (l)	−239	127	−166
Methanol CH_3OH (g)	−201	240	−163
Nitrat-Ionen NO_3^- (aq)	−207	146	−111
Ozon O_3 (g)	143	239	163
Sauerstoff O_2 (g)	0	205	0
Schwefel (rhombisch) S (s)	0	32	0
Schwefeldioxid SO_2 (g)	−297	248	−300
Schwefeltrioxid SO_3 (g)	−396	257	−371
Silber Ag (s)	0	43	0
Silberchlorid AgCl (s)	−127	96	−110
Silber-Ionen Ag^+ (aq)	106	73	77
Stickstoff N_2 (g)	0	192	0
Stickstoffdioxid NO_2 (g)	33	240	51
Stickstoffmonooxid NO (g)	90	211	87
Wasser H_2O (l)	−285	70	−237
Wasser H_2O (g)	−242	189	−229
Wasserstoff H_2 (g)	0	131	0

3

Reaktionskinetik

Homogenkinetik
Untersuchung chemischer Reaktionen in homogener Phase (Gasphase, Lösung).

- Oxidation von Schwefeldioxid zu Schwefeltrioxid; Hydrolyse von Estern

Heterogenkinetik
Untersuchung chemischer Reaktionen in heterogenen Systemen.

- $Zn(s) + 2\,H_3O^+(aq) + 2\,Cl^-(aq) \longrightarrow Zn^{2+}(aq) + 2\,Cl^-(aq) + H_2(g) + 2\,H_2O(l)$
  $Si(s) + O_2(g) \longrightarrow SiO_2(s)$

Geschwindigkeitsgleichung (Zeitgesetz)
Größengleichung der Reaktionsgeschwindigkeit; beschreibt deren Abhängigkeit von den (momentanen) Konzentrationen der Reaktionspartner:

$$v = -\frac{dc(A)}{\nu(A) \cdot dt} = k \cdot c^a(A) \cdot c^b(B) \cdot c^c(C) \cdots$$

Der Proportionalitätsfaktor k heißt Geschwindigkeitskonstante.
↗ Reaktionsgeschwindigkeit S. 79

Reaktionsordnung
Summe der Exponenten der Konzentrationen im Zeitgesetz einer chemischen Reaktion:
Reaktionsordnung $= a + b + c + \ldots$
Die Reaktionsordnung gibt an, in welcher Potenz die Konzentrationen der Ausgangsstoffe der Reaktionsgeschwindigkeit proportional sind.
Die Exponenten der Konzentrationen im Zeitgesetz einer chemischen Reaktion a, b, c usw. werden als Ordnung der chemischen Reaktion in Bezug auf den Ausgangsstoff A, B, C usw. bezeichnet.
↗ Berechnung der Reaktionsordnung S. 153

Zeitgesetz einer Reaktion 1. Ordnung
Die Reaktionsgeschwindigkeit einer **Reaktion 1. Ordnung** ist nur von der Konzentration eines Ausgangsstoffes abhängig:
A $\longrightarrow$ Produkte

$$v = -\frac{dc(A)}{dt} = k \cdot c(A).$$

Durch Integration wird erhalten:

$$k \cdot t = \ln \frac{c_0(A)}{c(A)}.$$

- $N_2O \longrightarrow N_2 + \frac{1}{2}O_2$

$$k \cdot t = \ln \frac{c_0(N_2O)}{c(N_2O)}.$$

Zeitgesetz einer Reaktion 2. Ordnung

Die Reaktionsgeschwindigkeit einer **Reaktion 2. Ordnung** ist dem Quadrat der Konzentration eines Ausgangsstoffes: $2\,A \longrightarrow$ Produkte

$$v = -\frac{1}{2}\,\frac{dc(A)}{dt} = k \cdot c^2(A); \quad \text{integriert:} \quad k \cdot t = \frac{1}{2} \cdot \left[\frac{1}{c(A)} - \frac{1}{c_0(A)}\right]$$

oder dem Produkt der Konzentrationen zweier Ausgangsstoffe proportional:
$A + B \longrightarrow$ Produkte

$$v = -\frac{dc(A)}{dt} = k \cdot c(A) \cdot c(B); \quad k \cdot t = \frac{1}{c_0(B) - c_0(A)} \cdot \ln\frac{c(B) \cdot c_0(A)}{c(A) \cdot c_0(B)}.$$

Kinetische Reaktionstypen

Werden durch die Art und die Abfolge der zu den Reaktionsprodukten führenden Teilreaktionen (Elementarreaktionen) bestimmt.

3

Kinetischer Reaktionstyp	Charakteristik	Konzentration-Zeit-Diagramm	■
Einfache Reaktion ohne chemisches Gleichgewicht	Chemische Reaktion, die direkt von den Ausgangsstoffen zu den Reaktionsprodukten (Rp) führt	$A \longrightarrow Rp$ (1) $A + B \longrightarrow Rp$ (2)	Thermische Dissoziationsreaktionen
Einfache Reaktion mit chemischem Gleichgewicht	Chemische Reaktion, die zu einem chemischen Gleichgewicht führt; Hin- und Rückreaktion sind einfache Reaktionen	$A \rightleftharpoons B$	Veresterung
Parallelreaktion (Simultanreaktion)	Chemische Reaktion, die von einem Ausgangsstoff direkt zu mindestens zwei Reaktionsprodukten führt; die Teilreaktionen laufen dann als Konkurrenzreaktionen ab	$A \overset{(1)}{\underset{(2)}{\diagdown}} \begin{matrix} B \\ C \end{matrix}$ mit $k_2 > k_1$	Crackprozesse
Folgereaktion	Chemische Reaktion, die von den Ausgangsstoffen über Zwischenprodukte zu den Reaktionsprodukten verläuft	$A \overset{(1)}{\longrightarrow} B \overset{(2)}{\longrightarrow} C$ mit $k_1 \approx k_2$	Elektrophile Additionen und Substitutionen

101

Molekularität von Reaktionen

Wird bestimmt durch die **Anzahl** der Ausgangsteilchen einer Elementarreaktion, die **gleichzeitig** in energetische und räumliche Wechselwirkung treten und so den Reaktionsablauf ermöglichen.

↗ Stoßtheorie S. 103

Monomolekulare Reaktion: A ⟶ Produkte

■ Radioaktive Zerfallsprozesse

Bimolekulare Reaktion: A + B ⟶ Produkte

■ Alkalische Hydrolyse (Verseifung) von Estern

Mit der Anzahl der an einer Wechselwirkung beteiligten Teilchen nimmt die Wahrscheinlichkeit des Reaktionsverlaufs ab; das gleichzeitige Zusammentreffen von vier und mehr Teilchen ist unwahrscheinlich. Es ist unzulässig, aus einer Bruttoreaktionsgleichung Rückschlüsse auf die Molekularität der Reaktion zu ziehen.

Einfluss der Temperatur auf die Reaktionsgeschwindigkeit

RGT-Regel: Die Geschwindigkeit einer chemischen Reaktion nimmt mit steigender Temperatur zu; Temperaturerhöhung um 10 K bewirkt eine Erhöhung der Reaktionsgeschwindigkeit auf das Zwei- bis Vierfache (VAN'T-HOFFsche Regel).

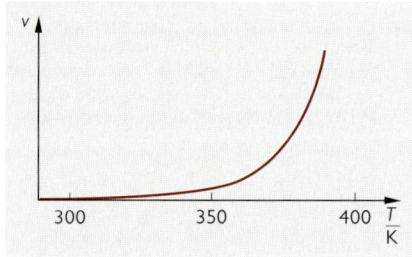

ARRHENIUS-Gleichung: Bestimmt den quantitativen Zusammenhang zwischen Temperatur und Reaktionsgeschwindigkeit durch die Temperaturabhängigkeit der Geschwindigkeitskonstante:

$$k = A \cdot e^{-\frac{E_A}{R \cdot T}};$$

in logarithmierter Form:

$$\ln\{k\} = \ln\{A\} - \frac{E_A}{R \cdot T}.$$

E_A ARRHENIUSsche Aktivierungsenergie (molare Aktivierungsenergie)
A Frequenzfaktor (Aktionskonstante)
R Universelle Gaskonstante

Die ARRHENIUSsche **Aktivierungsenergie E_A** ist die zu einer chemischen Reaktion mindestens erforderliche kinetische Energie der Teilchen. Der Term $e^{-\frac{E_A}{R \cdot T}}$ entspricht dem Bruchteil aller der Zusammenstöße der Teilchen je Raum- und Zeiteinheit, bei denen die Teilchen das für einen wirksamen Zusammenstoß erforderliche Minimum an kinetischer Energie erreicht oder überschritten haben.

Der Frequenzfaktor A ist ein Maß für den Bruchteil der Zusammenstöße der Teilchen je Raum- und Zeiteinheit, die aufgrund der räumlichen Lage der Teilchen zueinander beim Zusammenstoß zur chemischen Reaktion führen können.

↗ Reaktionsverlauf S. 78

Stoßtheorie

Begründet Temperatur- und Konzentrationsabhängigkeit der Reaktionsgeschwindigkeit aus der ungeordneten Bewegung der Teilchen und der zwischen ihnen stattfindenden Stoßwechselwirkung.

Die Gesamtzahl der Zusammenstöße der Teilchen steigt mit der Temperatur (Teilchen bewegen sich schneller) und der Konzentration (Teilchendichte steigt); nur Zusammenstöße zwischen Teilchen mit einer bestimmten Mindestenergie führen zu einer chemischen Reaktion. Der Anteil der Teilchen mit dieser Mindestenergie steigt entsprechend der Energieverteilung der Teilchen des idealen Gases (nach BOLTZMANN) mit der Temperatur.

↗ Wiss Ph, BROWNsche Bewegung, Energieverteilung der Teilchen des idealen Gases

Wirkung des Katalysators im Reaktionsverlauf

Mit einem Katalysator verläuft eine chemische Reaktion auf einem anderen Reaktionsweg als die unkatalysierte Reaktion. Im Reaktionsverlauf bilden die miteinander reagierenden Teilchen einen aktivierten Komplex. Dieser ist ein Übergangszustand, dessen freie Enthalpie einen Maximalwert gegenüber allen anderen Zuständen im Reaktionsverlauf erreicht. Die allgemeine chemische Reaktion

$$A + B \longrightarrow C$$

verläuft ohne Katalysator über den aktivierten Komplex $[A{\cdots}B]^{\ddagger}$ zu C:

$$A + B \longrightarrow [A{\cdots}B]^{\ddagger} \longrightarrow C.$$

Bei Anwesenheit eines Katalysators K verläuft die chemische Reaktion nach einem anderen Reaktionsweg:

$$A + B + K \longrightarrow [A{\cdots}K]^{\ddagger} + B \longrightarrow AK + B \longrightarrow \left[\begin{array}{c} B \\ \therefore \\ A{\cdots}K \end{array}\right]^{\ddagger} \longrightarrow C + K.$$

Bei der katalysierten Reaktion sind die freien Aktivierungsenthalpien $\Delta G^{\ddagger}$ jeder Teilreaktion kleiner als die freie Aktivierungsenthalpie der unkatalysierten Reaktion. Die freien Reaktionsenthalpien der chemischen Reaktion mit und ohne Katalysator sind gleich.

↗ Reaktionsverlauf S. 78; Katalysator S. 83

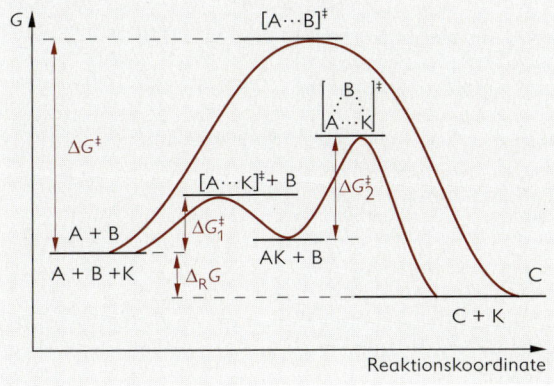

Lösungs- und Fällungsgleichgewichte

Lösung

Homogenes System, das aus mindestens zwei Stoffen besteht, von denen ein Stoff im Überschuss vorliegt.

Im engeren Sinne ist eine Lösung das stoffliche System eines flüssigen Stoffes (Lösemittel), in dem ein oder mehrere feste, flüssige und/oder gasförmige Stoffe aufgelöst und fein verteilt sind.

↗ Phase S. 77; Mischphase S. 77

Flüssige Lösungen können nach der Teilchengröße des gelösten Stoffes unterschieden werden:

Bezeichnung	Teilchen	Teilchengröße in cm
Echte Lösung	Moleküle, Ionen	$< 10^{-7}$
Kolloidale Lösung	Makromoleküle oder Aggregationen von Molekülen, Ionenpaaren oder Metallatomen	10^{-7} bis 10^{-5}

Nach der Konzentration des gelösten Stoffes im Lösemittel unterscheidet man:

Bezeichnung	Charakteristik
Ungesättigte Lösung	Konzentration des gelösten Stoffes ist kleiner als die Sättigungskonzentration des Stoffes
Gesättigte Lösung	Konzentration des gelösten Stoffes ist gleich der Sättigungskonzentration des Stoffes

Lösemittel (Lösungsmittel, Solvens)

Stoff, in dem mindestens ein anderer Stoff aufgelöst ist oder wird. Das wichtigste anorganische Lösemittel ist Wasser; häufig werden auch organische Lösemittel verwendet.

Man unterscheidet polare und unpolare Lösemittel:

Lösemittel	Charakteristik	geeignet für
Wasser Ethanol	polar	viele Salze, polare Moleküle polare organische Moleküle
Heptan Kohlenstoffdisulfid	unpolar	unpolare organische Moleküle Elementsubstanzen von Nichtmetallen

Gelöster Stoff

Stoff, der in einem Lösemittel gelöst ist; liegt meist in Form solvatisierter (hydratisierter) Ionen oder Moleküle vor.

104

Hydratation

Teilvorgang beim Lösen eines salzartigen Stoffes in Wasser; die polaren Wassermoleküle treten zwischen die Kationen und Anionen des Ionenkristalls und lösen die Ionenbeziehung. Zwischen Ionen und Dipolmolekülen wirken zwischenmolekulare Kräfte.

↗ Lösevorgang S. 87

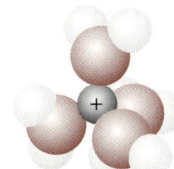 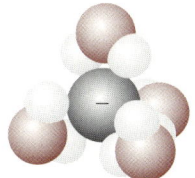

Hydratisiertes Kation (links) und hydratisiertes Anion (rechts)

Löslichkeits- und Fällungsgleichgewicht

Löslichkeitsgleichgewicht: Gleichgewicht zwischen der gesättigten Lösung eines schwer löslichen Stoffes und dem Bodenkörper dieses Stoffes.

Bodenkörper (fest) $\rightleftharpoons$ gesättigte Lösung

- $BaSO_4(s) \rightleftharpoons Ba^{2+}(aq) + SO_4^{2-}(aq)$

Fällungsgleichgewicht: Gleichgewicht zwischen dem Bodenkörper eines schwer löslichen Stoffes und der gesättigten Lösung dieses Stoffes; Umkehrung des Löslichkeitsgleichgewichts.

- $Ba^{2+}(aq) + SO_4^{2-}(aq) \rightleftharpoons BaSO_4(s)$

Löslichkeitsprodukt K_L

Gleichgewichtskonstante von Löslichkeitsgleichgewichten; Produkt der Konzentrationen der Ionen eines gelösten Stoffes in der gesättigten Lösung.

Für das allgemeine Löslichkeitsgleichgewicht

$A_mB_n(s) \rightleftharpoons m\,A^{n+}(aq) + n\,B^{m-}(aq)$

gilt

$K_L(A_mB_n) = c^m(A^{n+}) \cdot c^n(B^{m-}).$ $[K_L(A_mB_n)] = mol^{m+n} \cdot l^{-(m+n)}$

↗ Berechnungen zu Löslichkeitsgleichgewichten S. 160

Löslichkeitsprodukte einiger Salze bei 20 °C		
Salz	Formel	Löslichkeitsprodukt K_L in $mol^2 \cdot l^{-2}$
Kaliumperchlorat	$KClO_4$	$1{,}1 \cdot 10^{-2}$
Bariumsulfat	$BaSO_4$	$1{,}1 \cdot 10^{-10}$
Silberchlorid	$AgCl$	$1{,}6 \cdot 10^{-10}$
Silberbromid	$AgBr$	$6{,}3 \cdot 10^{-13}$
Silberiodid	AgI	$1{,}5 \cdot 10^{-16}$
Eisen(II)-sulfid	FeS	$3{,}7 \cdot 10^{-19}$
Blei(II)-sulfid	PbS	$3{,}4 \cdot 10^{-29}$

3

Löslichkeitsexponent pK_L

Negativer dekadischer Logarithmus des Zahlenwertes des Löslichkeitsproduktes; Einheit des Löslichkeitsproduktes ist $mol^{m+n} \cdot l^{-(m+n)}$:

$$pK_L(A_mB_n) = -\lg\{K_L(A_mB_n)\}. \qquad [K_L(A_mB_n)] = mol^{m+n} \cdot l^{-(m+n)}$$

Löslichkeit l

Konzentration eines gelösten Stoffes in seiner gesättigten Lösung; ist gleich der Sättigungskonzentration c_s des Stoffes:

$$l = c_s.$$

Die Löslichkeit von festen Stoffen steigt in den meisten Fällen bei Temperaturerhöhung; dagegen nimmt die Löslichkeit von Gasen bei Temperaturerhöhung ab.

Stoffe mit kleiner Löslichkeit werden als schwer lösliche Stoffe bezeichnet, Stoffe mit großer Löslichkeit als leicht lösliche Stoffe.

Die Löslichkeit eines schwer löslichen Salzes lässt sich aus seinem Löslichkeitsprodukt

$$l(A_mB_n) = \sqrt[m+n]{\frac{K_L(A_mB_n)}{m^m \cdot n^n}}$$

und umgekehrt sein Löslichkeitsprodukt aus der Löslichkeit berechnen:

$$K_L(A_mB_n) = m^m \cdot n^n \cdot l(A_mB_n)^{(m+n)}.$$

↗ Berechnungen zu Löslichkeitsgleichgewichten S. 160

Veränderung der Löslichkeit

Gleichionige Zusätze verringern die Löslichkeit schwer löslicher Salze.

- Die Löslichkeit von Kaliumperchlorat ist in Kaliumchloridlösung kleiner als in reinem Wasser.

Fremdionige Zusätze erhöhen die Löslichkeit eines schwer löslichen Salzes häufig geringfügig.

Komplexbildung erhöht die Löslichkeit schwer löslicher Salze.

- Die Löslichkeit von Silberchlorid in einer wässrigen Lösung steigt bei Zusatz von Ammoniaklösung infolge Bildung von Diamminsilber-Ionen:

$$AgCl(s) \rightleftharpoons Ag^+(aq) + Cl^-(aq)$$

$$Ag^+(aq) + 2\,NH_3(aq) \rightleftharpoons [Ag(NH_3)_2]^+(aq)$$

↗ Berechnungen der Löslichkeit mit Stabilitätskonstanten von Komplexen S. 161

Fällung eines schwer löslichen Salzes

Niederschlagsbildung erfolgt, wenn beim Mischen zweier Lösungen mit den Ionen eines schwer löslichen Salzes das Produkt der Konzentrationen dieser Ionen größer ist als das Löslichkeitsprodukt des Salzes.

Fraktionierte Fällungen von Verbindungen des gleichen Formeltyps sind möglich, wenn sich die Löslichkeitskonstanten der schwer löslichen Salze genügend unterscheiden; zuerst fällt die Verbindung mit dem kleinsten Löslichkeitsprodukt aus.

- Fraktionierte Fällung von Silberiodid und Silberchlorid mit Silbernitratlösung aus einer Natriumchlorid-Natriumiodid-Lösung

Gleichgewichte in wässriger Lösung

Säure-Base-Theorie von ARRHENIUS

Theorie über die Vorgänge bei der Dissoziation in wässrigen Lösungen; danach sind Säuren Stoffe, die in wässriger Lösung positiv geladene Wasserstoff-Ionen abspalten; Basen sind Stoffe, die in wässriger Lösung negativ geladene Hydroxid-Ionen abspalten (ARRHENIUS 1887).

Säure $\longrightarrow$ Säurerest-Ionen + H^+

Base $\longrightarrow$ Metall-Ionen + OH^-

Nach ARRHENIUS existiert zwischen Säure und Base kein funktioneller Zusammenhang. Nur die Reaktion von Wasserstoff-Ionen mit Hydroxid-Ionen zu Wasser ist nach ARRHENIUS eine Säure-Base-Reaktion:

$H^+ + OH^- \longrightarrow H_2O$

↗ Säure S. 15; Base S. 15; Säure-Base-Reaktion S. 85

3

Säure-Base-Theorie von BRÖNSTED

Theorie über die Vorgänge in wässrigen und nichtwässrigen Lösungen; Säuren sind Teilchen, die Protonen abgeben können: **Protonendonatoren**; Basen sind Teilchen, die Protonen aufnehmen können: **Protonenakzeptoren** (BRÖNSTED 1923).

Säure $\rightleftharpoons$ Base + H^+

Zu jeder Säure existiert eine Base, die ein Proton weniger besitzt (und umgekehrt). Eine Säure und eine Base, die in dieser Weise miteinander in funktionellem Zusammenhang stehen, sind ein **korrespondierendes Säure-Base-Paar**.
Die Säure- bzw. Basefunktion von Teilchen ist unabhängig von ihrer Ladung.

■ Säuren: HCl, H_2SO_4, NH_4^+, H_3O^+, HSO_4^-
Basen: NH_3, OH^-, CO_3^{2-}, CH_3COO^-, $[Zn(OH)(H_2O)_5]^+$

Eine Säure-Base-Reaktion besteht nach BRÖNSTED in einem Protonenübergang zwischen zwei korrespondierenden Säure-Base-Paaren.

■ $HCl \quad\rightleftharpoons\quad H^+ + Cl^-$
$H_2O + H^+ \rightleftharpoons H_3O^+$
$\overline{H_2O + HCl \rightleftharpoons H_3O^+ + Cl^-}$

Ampholyte sind Teilchen, die je nach Reaktionspartner entweder als Säure oder als Base reagieren.

■ H_2O, HCO_3^-, $H_2PO_4^-$, HPO_4^{2-}

Säuren, Basen und Ampholyte werden als **Protolyte** bezeichnet.
↗ Säure S. 15; Base S. 15; Säure-Base-Reaktion S. 85; Amphoterie S. 108

Säure-Base-Theorie von LEWIS

Theorie mit einer Erweiterung des Säure-Base-Begriffes auf der Grundlage der Elektronenkonfiguration (LEWIS 1923); danach sind Säuren Elektronenpaar-Akzeptoren (elektrophile Teilchen, Teilchen mit einer Elektronenlücke in ihrer äußeren Elektronenschale), Basen sind Elektronenpaar-Donatoren (nukleophile Teilchen, Teilchen mit mindestens einem freien Elektronenpaar).
↗ Elektrophile S. 41; Nukleophile S. 41

- Säuren: BF_3, $AlCl_3$, H^+, Cu^{2+} Basen: NH_3, H_2O, OH^-

Eine Säure-Base-Reaktion ist die Reaktion einer Lewis-Säure mit einer Lewis-Base zu einem Lewis-Addukt.

- BF_3 + $|NH_3$ $\rightleftharpoons$ $F_3\overset{\ominus}{B}-\overset{\oplus}{N}H_3$

  Lewis-Säure   Lewis-Base   Lewis-Addukt

Nach Lewis lassen sich auch Komplexbildungsreaktionen als Säure-Base-Reaktionen beschreiben.

- $Cu^{2+} + 4\,NH_3 \rightleftharpoons [Cu(NH_3)_4]^{2+}$

Amphoterie

Eigenschaft von Verbindungen, mit einer Säure wie eine Base, mit einer Base dagegen wie eine Säure zu reagieren.

- Amphoterie von Wasser (nach Brönsted)

$$\text{Protonenübergang}$$

basische Eigenschaft: H_2O + $HCl \rightleftharpoons H_3O^+ + Cl^-$

$$\text{Protonenübergang}$$

saure Eigenschaft: H_2O + $NH_3 \rightleftharpoons OH^- + NH_4^+$

↗ Elemente mit amphoteren Oxiden S. 71; Ampholyte S. 107

Autoprotolyse des Wassers

Chemische Reaktion mit Protonenübergang zwischen Wassermolekülen unter Bildung von Hydronium-Ionen und Hydroxid-Ionen. Es stellt sich ein chemisches Gleichgewicht ein, das **Autoprotolysegleichgewicht des Wassers**.

$H_2O + H_2O \rightleftharpoons H_3O^+ + OH^-$ $\Delta_R H_m = 55\ kJ \cdot mol^{-1}$

↗ Ionenprodukt des Wassers S. 108

Autoprotolyse anderer Stoffe

Flüssiges Ammoniak oder reine (wasserfreie) Salpetersäure unterliegen ebenfalls der Autoprotolyse, die nach Brönstedt eine Säure-Base-Reaktion ist.

- $2\,NH_3 \rightleftharpoons NH_4^+ + NH_2^-$

       Säure   Base

Ionenprodukt des Wassers

Gleichgewichtskonstante für das Autoprotolysegleichgewicht des Wassers; Produkt aus den Konzentrationen der Hydronium- und Hydroxid-Ionen; ist bei allen Reaktionen in wässrigen Lösungen bei gleicher Temperatur konstant; steigt mit Temperaturerhöhung. Bei 22 °C gilt:

$K_W = c(H_3O^+) \cdot c(OH^-) = 1 \cdot 10^{-14}\ mol^2 \cdot l^{-2}$.

Der negative dekadische Logarithmus des Zahlenwertes von K_W wird als **Ionenexponent des Wassers** bezeichnet:

$$pK_W = -\lg\{K_W\} = -\lg\frac{K_W}{mol^2 \cdot l^{-2}}.$$

Protolysegleichgewicht

Chemisches Gleichgewicht, das sich bei einer Säure-Base-Reaktion (Reaktion mit Protonenübergang, Protolyse) einstellt.

Säurekonstante K_S und Basekonstante K_B

Gleichgewichtskonstanten des Protolysegleichgewichtes bei der Reaktion einer Säure oder einer Base mit Wasser; ermöglichen quantitative Aussagen über die Stärke von Säuren und Basen im Bezugssystem Wasser.

Für die Reaktionen

$HA + H_2O \rightleftharpoons A^- + H_3O^+$ (Reaktion einer Säure mit Wasser)

$B + H_2O \rightleftharpoons BH^+ + OH^-$ (Reaktion einer Base mit Wasser)

gilt

$$K_S = \frac{c(H_3O^+) \cdot c(A^-)}{c(AH)}; \qquad K_B = \frac{c(HB^+) \cdot c(OH^-)}{c(B)}.$$

Säurekonstante und Basekonstante sind für jede Säure bzw. Base eine charakteristische Größe; sie steigen bei Temperaturerhöhung. Säurekonstante und Basekonstante werden auch als Protolysekonstanten bezeichnet.

↗ Säurekonstanten S. 110; Basekonstanten S. 110

Für ein korrespondierendes Säure-Base-Paar gilt:
$K_S \cdot K_B = K_W$.

■ Bei 22 °C gilt:

$K_S(HSO_4^-) \cdot K_B(SO_4^{2-}) = 1,2 \cdot 10^{-2} \, mol \cdot l^{-1} \cdot 8,3 \cdot 10^{-13} \, mol \cdot l^{-1}$
$= 1,0 \cdot 10^{-14} \, mol^2 \cdot l^{-2} = K_W$.

Säureexponent pK_S und Baseexponent pK_B

Negativer dekadischer Logarithmus des Zahlenwertes der Säurekonstante bzw. der Basekonstante.

$pK_S = -lg\{K_S\} \qquad [K_S] = mol \cdot l^{-1}$
$pK_B = -lg\{K_B\} \qquad [K_B] = mol \cdot l^{-1}$
$pK_S + pK_B = pK_W$

↗ Säureexponenten und Baseexponenten S. 110

Stärke von Säuren und Basen

Säurekonstante oder Säureexponent und Basekonstante oder Baseexponent sind ein Maß für die Stärke einer Säure oder Base.

Stärke der Säure oder Base	K_S bzw. K_B in $mol \cdot l^{-1}$	pK_S bzw. pK_B	■ für Säuren (pK_S)
sehr stark	> 1	< 0	Iodwasserstoffsäure (-7)
stark	$1 \cdots 1 \cdot 10^{-4,5}$	$0 \cdots 4,5$	Fluorwasserstoffsäure (3,14)
mittelstark	$1 \cdot 10^{-4,5} \cdots 1 \cdot 10^{-9,5}$	$4,5 \cdots 9,5$	Essigsäure (4,75)
schwach	$1 \cdot 10^{-9,5} \cdots 1 \cdot 10^{-14}$	$9,5 \cdots 14$	Phenol (9,98)
sehr schwach	$< 1 \cdot 10^{-14}$	> 14	Ammoniak (23)

3

Säurekonstanten K_S und Säureexponenten pK_S einiger Säuren und Basekonstanten K_B und Baseexponenten pK_B ihrer korrespondierenden Basen ($T = 295$ K)

K_S in mol · l^{-1}	pK_S	Formel der Säure	Formel der korrespondierenden Base	pK_B	K_B in mol · l^{-1}
$1{,}0 \cdot 10^{11}$	-11	HI	I^-	25	$1{,}0 \cdot 10^{-25}$
$1{,}0 \cdot 10^{10}$	-10	$HClO_4$	ClO_4^-	24	$1{,}0 \cdot 10^{-24}$
$1{,}0 \cdot 10^{9}$	-9	HBr	Br^-	23	$1{,}0 \cdot 10^{-23}$
$1{,}0 \cdot 10^{7}$	-7	HCl	Cl^-	21	$1{,}0 \cdot 10^{-21}$
$1{,}0 \cdot 10^{3}$	-3	H_2SO_4	HSO_4^-	17	$1{,}0 \cdot 10^{-17}$
$2{,}1 \cdot 10^{1}$	$-1{,}32$	HNO_3	NO_3^-	$15{,}32$	$4{,}8 \cdot 10^{-16}$
$1{,}0 \cdot 10^{0}$	0	H_3O^+	H_2O	14	$1{,}0 \cdot 10^{-14}$
$6{,}6 \cdot 10^{-1}$	$0{,}18$	$[(NH_2)CO(NH_3)]^+$	$CO(NH_2)_2$	$13{,}82$	$1{,}5 \cdot 10^{-14}$
$1{,}5 \cdot 10^{-2}$	$1{,}81$	H_2SO_3	HSO_3^-	$12{,}19$	$6{,}5 \cdot 10^{-13}$
$1{,}2 \cdot 10^{-2}$	$1{,}92$	HSO_4^-	SO_4^{2-}	$12{,}08$	$8{,}3 \cdot 10^{-13}$
$7{,}5 \cdot 10^{-3}$	$2{,}12$	H_3PO_4	$H_2PO_4^-$	$11{,}88$	$1{,}3 \cdot 10^{-12}$
$6{,}0 \cdot 10^{-3}$	$2{,}22$	$[Fe(H_2O)_6]^{3+}$	$[Fe(OH)(H_2O)_5]^{2+}$	$11{,}78$	$1{,}7 \cdot 10^{-12}$
$7{,}2 \cdot 10^{-4}$	$3{,}14$	HF	F^-	$10{,}86$	$1{,}4 \cdot 10^{-11}$
$4{,}5 \cdot 10^{-4}$	$3{,}35$	HNO_2	NO_2^-	$10{,}65$	$2{,}2 \cdot 10^{-11}$
$1{,}8 \cdot 10^{-4}$	$3{,}75$	$HCOOH$	$HCOO^-$	$10{,}25$	$5{,}6 \cdot 10^{-11}$
$2{,}6 \cdot 10^{-5}$	$4{,}58$	$C_6H_5NH_3^+$	$C_6H_5NH_2$	$9{,}42$	$3{,}8 \cdot 10^{-10}$
$1{,}8 \cdot 10^{-5}$	$4{,}75$	CH_3COOH	CH_3COO^-	$9{,}25$	$5{,}6 \cdot 10^{-10}$
$1{,}4 \cdot 10^{-5}$	$4{,}85$	$[Al(H_2O)_6]^{3+}$	$[Al(OH)(H_2O)_5]^{2+}$	$9{,}15$	$7{,}1 \cdot 10^{-10}$
$3{,}0 \cdot 10^{-7}$	$6{,}52$	H_2CO_3	HCO_3^-	$7{,}48$	$3{,}3 \cdot 10^{-8}$
$1{,}2 \cdot 10^{-7}$	$6{,}92$	H_2S	HS^-	$7{,}08$	$8{,}3 \cdot 10^{-8}$
$9{,}1 \cdot 10^{-8}$	$7{,}04$	HSO_3^-	SO_3^{2-}	$6{,}96$	$1{,}1 \cdot 10^{-7}$
$6{,}2 \cdot 10^{-8}$	$7{,}20$	$H_2PO_4^-$	HPO_4^{2-}	$6{,}80$	$1{,}6 \cdot 10^{-7}$
$5{,}6 \cdot 10^{-10}$	$9{,}25$	NH_4^+	NH_3	$4{,}75$	$1{,}8 \cdot 10^{-5}$
$4{,}0 \cdot 10^{-10}$	$9{,}40$	HCN	CN^-	$4{,}60$	$2{,}5 \cdot 10^{-5}$
$2{,}5 \cdot 10^{-10}$	$9{,}60$	$[Zn(H_2O)_6]^{2+}$	$[Zn(OH)(H_2O)_5]^+$	$4{,}40$	$4{,}0 \cdot 10^{-5}$
$1{,}3 \cdot 10^{-10}$	$9{,}89$	C_6H_5OH	$C_6H_5O^-$	$4{,}11$	$7{,}8 \cdot 10^{-5}$
$4{,}0 \cdot 10^{-11}$	$10{,}40$	HCO_3^-	CO_3^{2-}	$3{,}60$	$2{,}5 \cdot 10^{-4}$
$4{,}4 \cdot 10^{-13}$	$12{,}36$	HPO_4^{2-}	PO_4^{3-}	$1{,}64$	$2{,}3 \cdot 10^{-2}$
$1{,}0 \cdot 10^{-13}$	$13{,}00$	HS^-	S^{2-}	$1{,}00$	$1{,}0 \cdot 10^{-1}$
$1{,}0 \cdot 10^{-14}$	14	H_2O	OH^-	0	$1{,}0 \cdot 10^{0}$
$1{,}0 \cdot 10^{-23}$	23	NH_3	NH_2^-	-9	$1{,}0 \cdot 10^{9}$
$1{,}0 \cdot 10^{-24}$	24	OH^-	O^{2-}	-10	$1{,}0 \cdot 10^{10}$

3

Nivellierung der Stärke sehr starker Protolyte durch Wasser

Die Stärke sehr starker Säuren (Basen) wird in wässriger Lösung auf die Stärke der Hydronium-Ionen (Hydroxid-Ionen) herabgesetzt. Sehr starke Säuren haben daher in wässriger Lösung den Säureexponenten der Hydronium-Ionen p$K_S = 0$, sehr starke Basen den Baseexponenten der Hydroxid-Ionen p$K_B = 0$.

Protolyse von Ionen in wässriger Lösung (Hydrolyse)

Reaktion von Anionen bzw. Kationen mit Wassermolekülen; bestimmt den pH-Wert wässriger Salzlösungen.

- $CH_3COO^- + H_2O \rightleftharpoons CH_3-COOH + OH^-$
  $NH_4^+ \quad\quad + H_2O \rightleftharpoons NH_3 + H_3O^+$

Hydratisierte Metall-Kationen reagieren mit Wassermolekülen wie eine Säure.

- $[Fe(H_2O)_6]^{3+} + H_2O \rightleftharpoons [Fe(OH)(H_2O)_5]^{2+} + H_3O^+$

Protolysegrad α

Anteil einer Säure oder Base, der nach der Reaktion der Säure oder Base mit Wasser protolysiert vorliegt; charakterisiert das Ausmaß einer Protolyse.

Für Säuren HA gilt: Für Basen B gilt:

$$\alpha_S = \frac{c(A^-)}{c_0(HA)} = \frac{c(H_3O^+)}{c_0(HA)}. \qquad\qquad \alpha_B = \frac{c(HB^+)}{c_0(B)} = \frac{c(OH^-)}{c_0(B)}.$$

c_0 bedeutet die Ausgangskonzentration von HA bzw. B.
↗ Berechnungen S. 159

Ostwaldsches Verdünnungsgesetz

Protolysegrad und Säure- bzw. Basekonstante sind im OSTWALDschen Verdünnungsgesetz miteinander verknüpft:

$$K_S = \frac{\alpha_S^2}{1 - \alpha_S} \cdot c_0(HA); \qquad\qquad K_B = \frac{\alpha_B^2}{1 - \alpha_B} \cdot c_0(B)$$

pH-Wert wässriger Lösungen

Negativer dekadischer Logarithmus des Zahlenwertes der Konzentration der Hydronium-Ionen in $mol \cdot l^{-1}$ (pH von lat. pondus hydrogenii = Wasserstoffexponent).

$$pH = -lg\{c(H_3O^+)\} \quad [c] = mol \cdot l^{-1}$$

$$pH = -lg\frac{c(H_3O^+)}{mol \cdot l^{-1}}$$

Lösungen mit pH < 7 werden als sauer, solche mit pH = 7 als neutral und solche mit pH > 7 als alkalisch (basisch) bezeichnet. Die gebräuchliche pH-Skala umfasst den Bereich von pH = 0 bis pH = 14.
↗ Berechnungen mit dem pH-Wert S. 158; Säure-Base-Indikatoren S. 314

Sehr starke Säuren und Basen protolysieren in wässriger Lösung praktisch vollständig; damit gilt:
$c(H_3O^+) = c_0(HA) \quad$ und $\quad c(OH^-) = c_0(B)$.

Bei mittelstarken bis schwachen Säuren und Basen ergibt sich der pH-Wert wässriger Lösungen aus den Säure- bzw. Basekonstanten:

$$K_S = \frac{c(H_3O^+) \cdot c(A^-)}{c(HA)}; \qquad\qquad K_B = \frac{c(OH^-) \cdot c(HB^+)}{c(B)}.$$

Bei Protolysegleichgewichten gilt:

$c(H_3O^+) = c(A^-)$ bzw. $c(OH^-) = c(HB^+)$ und damit

$$K_S = \frac{c^2(H_3O^+)}{c(HA)}; \qquad K_B = \frac{c^2(OH^-)}{c(B)}.$$

Bei geringem Protolysegrad ist

$c(HA) \approx c_0(HA)$ bzw. $c(B) \approx c_0(B)$ und damit

$$c(H_3O^+) \approx \sqrt{K_S \cdot c_0(HA)}; \qquad pH = \tfrac{1}{2}\left(pK_S - \lg\{c_0(HA)\}\right)$$

Mehrwertige Säuren unterliegen einer stufenweisen Protolyse:

(1) $H_2A + H_2O \rightleftharpoons H_3O^+ + HA^-$

(2) $HA^- + H_2O \rightleftharpoons H_3O^+ + A^{2-}$

$$K_S(1) = \frac{c(H_3O^+) \cdot c(HA^-)}{c(H_2A)}; \qquad K_S(2) = \frac{c(H_3O^+) \cdot c(A^{2-})}{c(HA^-)}.$$

Bei genügendem Unterschied zwischen den K_S-Werten werden die Eigenschaften der Säurelösungen im Wesentlichen durch die 1. Protolysestufe bestimmt.
↗ Berechnungen S. 158; Säure-Base-Indikatoren S. 314

- H_2SO_4: $K_S(1) = 1,0 \cdot 10^3$ mol · l^{-1}; $K_S(2) = 1,2 \cdot 10^{-2}$ mol · l^{-1}

Pufferlösung

Lösung, deren pH-Wert sich bei Zusatz beliebiger Säuren oder Basen sowie bei Verdünnen mit Wasser nur unwesentlich verändert. Pufferlösungen sind meist wässrige Lösungen einer schwachen oder mittelstarken Säure oder Base und ihres korrespondierenden Protolyten etwa gleicher Konzentrationen.

Pufferlösung	Lösung von Ammoniak und Ammoniumchlorid in Wasser
Säure	NH_4^+
Gleichgewicht	$NH_4^+ + H_2O \rightleftharpoons NH_3 + H_3O^+$
Korrespondierende Base	NH_3
Gleichgewicht	$NH_3 + H_2O \rightleftharpoons NH_4^+ + OH^-$
Pufferwirkung bei Zusatz einer Säure	Hydronium-Ionen reagieren mit der Pufferbase: $H_3O^+ + NH_3 \rightleftharpoons NH_4^+ + H_2O$.
Pufferwirkung bei Zusatz einer Base	Hydroxid-Ionen reagieren mit der Puffersäure: $OH^- + NH_4^+ \rightleftharpoons NH_3 + H_2O$.

Puffergleichung (HENDERSON-HASSELBALCH-Gleichung)

Grundlegende Größengleichung für Berechnungen an Pufferlösungen.

$$pH = pK_S + \lg \frac{c(A^-)}{c(HA)} \qquad \text{bzw.} \qquad pH = pK_W - pK_B + \lg \frac{c(HB^+)}{c(B)}$$

Für Säure/Salz (pH < 7)   Für Base/Salz (pH > 7)

- Essigsäure/Natriumacetat   - Ammoniak/Ammoniumchlorid

Reduktions-Oxidations-Gleichgewicht

Chemisches Gleichgewicht, das sich bei einer Elektronenaustauschreaktion zwischen zwei korrespondierenden Redoxpaaren einstellt.

↗ Redoxrektion S. 84

Für die Reaktion

$$z_2 \cdot \nu(Red_1) \; Red_1 + z_1 \cdot \nu(Ox_2) \; Ox_2 \rightleftharpoons z_2 \cdot \nu(Ox_1) \; Ox_1 + z_1 \cdot \nu(Red_2) \; Red_2$$

ergibt sich die Gleichgewichtskonstante:

$$K_c = \frac{c(Ox_1)^{z_2 \cdot \nu(Ox_1)} \cdot c(Red_2)^{z_1 \cdot \nu(Red_2)}}{c(Red_1)^{z_2 \cdot \nu(Red_1)} \cdot c(Ox_2)^{z_1 \cdot \nu(Ox_2)}}.$$

Das chemische Gleichgewicht einer Redoxreaktion wird durch die Standard-Redoxpotentiale der korrespondierenden Redoxpaare bestimmt.

Redoxpotential E

Größe, die die Eigenschaften korrespondierender Redoxpaare beschreibt; ist konzentrationsabhängig; kann nicht direkt gemessen werden; Bestimmung erfolgt daher durch Vergleich (unter Normbedingungen) mit der Reaktion

$$H_2 + 2\,H_2O \rightleftharpoons 2\,H_3O^+ + 2\,e^-,$$

deren **Standard-Redoxpotential $E^{\ominus}$** mit 0,00 V definiert wurde.

In Redoxreaktionen hat das jeweilige Oxidationsmittel das größere (positivere), das jeweilige Reduktionsmittel das kleinere (weniger positive) Redoxpotential.

Die Differenz der Redoxpotentiale bestimmt den Ablauf von Redoxreaktionen:

Für freiwillig ablaufende Reaktionen gilt: $E_2 > E_1$; $\quad \Delta E > 0$

Für den Gleichgewichtszustand gilt: $\quad E_1 = E_2$; $\quad \Delta E = 0$

Unter Benutzung der NERNSTschen Gleichung für beide Redoxpaare erhält man die Gleichgewichtskonstante zu:

$$\ln\{K_c\} = \frac{z \cdot F}{R \cdot T} \cdot (E_2^{\ominus} - E_1^{\ominus}). \qquad [K_c] = (mol \cdot l^{-1})^{\Delta\nu}$$

Die Gleichgewichtskonstanten lassen sich aus den tabellierten Standard-Redoxpotentialen berechnen.

↗ Elektrochemische Spannungsreihen S. 121

Komplexbildungsgleichgewichte

Lösungsgleichgewichte, die sich bei der Reaktion von (hydratisierten) Metall-Ionen mit Komplexbildnern (Liganden) einstellen; bei der Reaktion mit einzähnigen Liganden erfolgt stufenweise Verdrängung von Wassermolekülen.

↗ Aufbau, Abbau und Umbau von Komplexen S. 87

■ $[Ag(H_2O)_2]^+ + NH_3 \rightleftharpoons [Ag(NH_3)(H_2O)]^+ + H_2O$

$[Ag(NH_3)(H_2O)]^+ + NH_3 \rightleftharpoons [Ag(NH_3)_2]^+ + H_2O$

Die Lage des Gleichgewichts und damit die Stabilität der Komplexe wird durch die **Stabilitätskonstante** beschrieben.

$$K_1 = \frac{c([Ag(NH_3)]^+)}{c(Ag^+) \cdot c(NH_3)} \qquad K_2 = \frac{c([Ag(NH_3)_2]^+)}{c([Ag(NH_3)]^+) \cdot c(NH_3)}$$

3

Das Produkt der individuellen (konsekutiven) Stabilitätskonstanten heißt **Brutto-stabilitätskonstante**.

$$K = K_1 \cdot K_2 = \frac{c([Ag(NH_3)_2]^+)}{c(Ag^+) \cdot c^2(NH_3)}$$

Mit mehrzähnigen Liganden werden unter Ausbildung von Ringstrukturen (Chelate) besonders stabile Komplexe in einem Reaktionsschritt erhalten.

■ Komplexometrie mit dem Dinatriumsalz der Ethylendiamintetraessigsäure.
  ↗ Komplexometrie S. 316

Analogien zwischen Säure-Base- und Redoxgleichgewichten

Chemische Reaktion	Säure-Base-Reaktion	Redoxreaktion
Wesen	Protonenaustausch	Elektronenaustausch
Donator	Säure S	Reduktionsmittel Red
Akzeptor	Base B	Oxidationsmittel Ox
Korrespondierendes Paar	$S_1 \rightleftharpoons B_1 + H^+$ oder $HA \rightleftharpoons A^- + H^+$	$Red_1 \rightleftharpoons Ox_1 + e^-$
Wechselndes Verhalten	Ampholyte	Atome mit mittlerer Oxidationsstufe
Anzahl der übertragenen Teilchen	Anzahl der übertragenen Protonen	Anzahl der übertragenen Elektronen
Charakteristische Reaktion	Säure-Base-Gleichgewicht $HA_1 + B_2 \rightleftharpoons B_1 + HA_2$	Redoxgleichgewicht $Red_1 + Ox_2 \rightleftharpoons Ox_1 + Red_2$
Gleichgewichts-konstante	$pK = pK_S(1) - pK_S(2)$	$pK = \dfrac{z}{0.059\ V} \cdot (E_1^\ominus - E_2^\ominus)$
Indikator für Donatortendenz	$\Delta_R G^\ominus$	$E^\ominus$
Quantifizierung der Donatortendenz	pK_S-Reihe	elektrochemische Spannungsreihe
Quantifizierung in wässrigen Lösungen	pH-Wert	Redoxpotential E
Pufferung	Säure-Base-Pufferung $pH = pK_S + \lg \dfrac{c(A^-)}{c(HA)}$	Redoxpufferung $E = E^\ominus + \dfrac{z}{0.059\ V} \cdot \lg \dfrac{c(Ox)}{c(Red)}$

Phasengleichgewichte und Grenzflächenerscheinungen

Phasengleichgewicht

Gleichgewicht, das sich in heterogenen Systemen zwischen reinen Phasen, zwischen reinen Phasen und Mischphasen sowie zwischen Mischphasen ohne chemische Reaktion einstellt. Beispiele sind:

Verdampfungs- und Schmelzgleichgewichte reiner Stoffe,

- $H_2O(l) \rightleftharpoons H_2O(g)$

Lösemittelgleichgewichte als Verdampfungs- und Erstarrungsgleichgewichte von Lösungen,

- $H_2O(aq) \rightleftharpoons H_2O(g)$

Löslichkeitsgleichgewichte von Gasen oder festen Stoffen in einem flüssigen Lösemittel,

- $O_2(g) \rightleftharpoons O_2(aq)$

Verteilungsgleichgewichte zwischen flüssigen Phasen.

- $I_2(H_2O) \rightleftharpoons I_2(CCl_4)$

Gasabsorptionsgleichgewicht

Gleichgewicht, das sich bei der homogenen Verteilung eines Gases in einer flüssigen Phase (Lösemittel) einstellt; die Löslichkeit ist dem Druck (Partialdruck) in der Gasphase proportional.

$c(B) = k \cdot p(B)$ HENRYsches Gesetz
                 k HENRY-Koeffizient, Absorptionskonstante

- Ethin (Acetylen) in Aceton (handelsübliche Druckgefäße)

Die Gaslöslichkeit steigt bei chemischer Reaktion mit dem Absorptionsmittel (Kohlenstoffdioxid, Chlorwasserstoff, Schwefeldioxid in Wasser).

Verteilungsgleichgewicht

Phasengleichgewicht für den Übergang eines löslichen Stoffes (B) zwischen zwei nicht mischbaren flüssigen Phasen (I, II); abhängig von den Löslichkeiten in beiden Phasen.

$\dfrac{c(B)^{II}}{c(B)^{I}} = k$ NERNSTsches Verteilungsgesetz
               k Verteilungskoeffizient, temperaturabhängig

- Verteilungsgleichgewicht von Iod zwischen Wasser und Tetrachlormethan
  $I_2(H_2O) \rightleftharpoons I_2(CCl_4)$

Extraktion

Verfahren zur Gewinnung von Inhaltsstoffen aus Naturprodukten durch das Herauslösen mithilfe eines geeigneten Lösemittels; Aufkonzentrierung von Lösungsbestandteilen durch mehrfache Flüssig/flüssig-Verteilung.

- Extraktion von Fetten und Ölen aus tierischen und pflanzlichen Produkten mit Benzin; Extraktion von Schwermetall-Ionen aus wässrigen Lösungen durch Komplexbildner

3

115

Grenzflächenerscheinungen

Eigenschaften stofflicher Systeme, die durch die Energie der Teilchen und ihre Konzentration in der Grenzschicht zwischen koexistierenden Phasen bestimmt werden; die Teilchen unterliegen gerichteten Wechselwirkungskräften; die freie Enthalpie der Teilchen in der Grenzschicht ist gegenüber denen im Inneren der Phasen erhöht.

- Oberflächenspannung von Flüssigkeiten und ihre Beeinflussung; bedeutsam für das Benetzungsverhalten (Waschvorgang)
  Adsorption von Gasen oder gelösten Stoffen an Oberflächen fester Stoffe; führt zur Konzentrationsanreicherung (heterogene Katalyse, Reinigungsvorgänge in der Lebensmittelindustrie)

  Vergrößerung der Grenzfläche zwischen den Phasen bedeutet eine Zunahme des Anteils der energetisch bevorzugten Teilchen in der Grenzschicht; der Einfluss der Grenzschicht auf die Eigenschaften des Gesamtsystems wächst.

- Versprühen oder Emulgieren von Flüssigkeiten; Vermahlen von Feststoffen

Oberflächenspannung σ

Grenzflächenspannung von Flüssigkeiten (und festen Stoffen), die an eine Gasphase grenzen; charakterisiert die Arbeit, die zur Vergrößerung der Grenzfläche aufgewendet werden muss. Sie ist umso größer, je stärker die Kohäsionskräfte in der kondensierten Phase sind.

- $\sigma(Hg) \gg \sigma(Wasser) > \sigma(Ethanol)$

  Die Oberflächenspannung wird durch Temperaturerhöhung oder durch Tenside (oberflächenaktive Stoffe) herabgesetzt.
  Tenside. Stoffe mit einem polaren (hydrophilen) und einem unpolaren (hydrophoben oder lipophilen) Molekülteil; sie ordnen sich an der Phasengrenze (Wasser/Luft oder Wasser/Öltröpfchen) zu einer monomolekularen Schicht an; ihre Wirksamkeit steigt mit der Konzentration daher nur bis zu einem Sättigungswert an.
  ↗ Tenside S. 249

- Waschwirkung, Flotation

Adsorption

Anreicherung von Teilchen **(Adsorbat)** aus Gasphase oder Lösung an der Oberfläche eines porösen festen Stoffes **(Adsorbens)** durch Adhäsionskräfte oder auch chemische Bindung.

- Gasmasken-, Zigarettenfilter; Abgas-, Abwasserreinigung; Entfärben von Lösungen; chromatografische Verfahren

  Adsorptionsgleichgewichte stellen sich zwischen den Molekülen eines Stoffes in der Adsorptionsschicht und denen in der Gasphase oder Lösung ein; werden durch Adsorptionsisothermen beschrieben. Mit steigender Temperatur nimmt die Adsorption ab, mit steigender Konzentration (Partialdruck) bis zu einem Sättigungswert zu. Adsorptionsvorgänge verlaufen exotherm. Nach Art der Wechselwirkung zwischen Adsorbens und Adsorbat wird zwischen physikalischer und chemischer Adsorption (Chemisorption) unterschieden.

116

Elektrochemie

Elektrochemische Reaktionen

Redoxreaktionen an Phasengrenzflächen, bei denen geladene Teilchen (Elektronen) von der einen Phase durch die Phasengrenze in die andere Phase übertreten (Durchtrittsreaktion, Elektronenübergang); verlaufen als Zellreaktionen in galvanischen Zellen; die Teilreaktionen der Redoxreaktion laufen an räumlich getrennten Stellen (Halbzellen) ab; der Elektronenübergang ist als Stromfluss in einem äußeren Leiterkreis der galvanischen Zelle nachweisbar.

↗ Redoxreaktion S. 84; galvanische Zelle (galvanisches Element) S. 122

Elektrochemische Fällung von Metallen: Durch Metalle mit kleinem Standard-Redoxpotential (unedle Metalle) können Metalle mit größerem Standard-Redoxpotential (edle Metalle) aus ihren Salzlösungen ausgefällt werden.

- $\mathrm{Zn} \longrightarrow \mathrm{Zn}^{2+} + 2\,e^-$ Oxidation

$$\mathrm{Cu}^{2+} + 2\,e^- \longrightarrow \mathrm{Cu} \qquad \text{Reduktion}$$

$$\mathrm{Zn} + \mathrm{Cu}^{2+} \longrightarrow \mathrm{Zn}^{2+} + \mathrm{Cu}\!\downarrow \qquad \text{Redoxreaktion}$$

Wasserstoffentwicklung aus verdünnten Säuren durch unedle Metalle: Wasserstoff kann durch unedle Metalle mit kleinerem Standard-Redoxpotential aus verdünnten Säurelösungen dargestellt werden.

- $\mathrm{Zn} \longrightarrow \mathrm{Zn}^{2+} + 2\,e^-$ Oxidation

$$2\,\mathrm{H_3O^+} + 2\,e^- \longrightarrow \mathrm{H_2} + 2\,\mathrm{H_2O} \qquad \text{Reduktion}$$

$$2\,\mathrm{H_3O^+} + \mathrm{Zn} \longrightarrow \mathrm{Zn}^{2+} + \mathrm{H_2}\!\uparrow + 2\,\mathrm{H_2O} \qquad \text{Redoxreaktion}$$

Elektrolyt

Stoff, dessen wässrige Lösung oder Schmelze einen Transport elektrischer Ladung durch frei bewegliche Ionen ermöglicht.

Elektrolytlösung

Lösung, die frei bewegliche Ionen (Kationen und Anionen) enthält und den elektrischen Strom leitet. Die elektrische Leitfähigkeit ist durch die Wanderung der Ionen im elektrischen Feld bedingt.

Echte Elektrolyte

Stoffe, die als Ionenverbindungen (salzartige Stoffe) im festen Aggregatzustand Ionenkristalle bilden; beim Schmelzen und beim Lösen in einem Lösemittel wird der Ionenkristall zerstört, es entstehen frei bewegliche Ionen.

↗ Löslichkeitsgleichgewicht S. 105; Hydratation S. 105

- $\mathrm{NaCl\,(s)} + n\,\mathrm{H_2O} \rightleftharpoons \mathrm{Na^+\,(aq)} + \mathrm{Cl^-\,(aq)}$

Potentielle Elektrolyte

Molekülsubstanzen mit polaren Atombindungen; bilden durch chemische Reaktion mit Wassermolekülen hydratisierte Ionen.

- $\mathrm{HCl\,(g)} + n\,\mathrm{H_2O} \rightleftharpoons \mathrm{H_3O^+\,(aq)} + \mathrm{Cl^-\,(aq)}$

3

Starke und schwache Elektrolyte

Elektrolyte mit unterschiedlichem Grad der Dissoziation; starke Elektrolyte liegen in wässriger Lösung praktisch vollständig dissoziiert vor; schwache Elektrolyte liegen in wässriger Lösung nur zum Teil in Ionen dissoziiert vor.

- Starke Elektrolyte: $NaCl$, H_2SO_4

  Schwache Elektrolyte: CH_3-COOH, Phenol

Festelektrolyt

Kristalliner Stoff, in dem der Ladungstransport mit Ionen durch Fehlordnungen im Kristallgitter erfolgt. Fehlordnungen: Ionenleerstellen, Ionen auf Zwischengitterplätzen, Fremd-Ionen mit abweichender Ladung auf normalen Gitterplätzen.

- Zirconiumoxid, dotiert mit Calciumoxid oder Ytterbiumoxid

  Festelektrolyte finden Verwendung in Sensoren (Lambda-Sonde beim geregelten Pkw-Katalysator) und Brennstoffzellen
  ↗ Brennstoffzelle S. 125; Dreiwegkatalysator S. 330

Nichtelektrolyt

Stoff, der im festen Aggregatzustand Molekülgitter bildet und dessen wässrige Lösung keine Ionen enthält; weder der Stoff noch seine wässrige Lösung leiten den elektrischen Strom.

- Alkohole, Kohlenhydrate, Ester

Lösungsdruck (Lösungstension)

Eigenschaft der Metalle, positiv elektrisch geladene Metall-Ionen in ein Lösemittel abzugeben, das das Metall umgibt; ist für jedes Metall unterschiedlich ausgeprägt. Wenn ein Metall mit einer Lösung in Berührung steht, gehen so lange Metallatome als positiv elektrisch geladene Ionen in Lösung, bis die dadurch entstandene elektrische Potentialdifferenz zwischen Metall und Lösung einen weiteren Übertritt von Metall-Ionen verhindert.

Elektrochemische Elektrode (Halbzelle)

Kombination einer Metallphase (Elektronenleiter) mit einer Elektrolytphase (Ionenleiter) in einer galvanischen Halbzelle; Übergang von Ladungsträgern (Ionen, Elektronen) zwischen beiden Phasen führt zum **elektrochemischen Gleichgewicht**; Ausbildung der **elektrochemischen Doppelschicht**.

- $Cu \rightleftharpoons Cu^{2+} + 2\,e^-$

  $Cu^{2+} + 6\,H_2O \rightleftharpoons [Cu(H_2O)_6]^{2+}$

Elektrodenpotential

Elektrische Potentialdifferenz zwischen der metallischen Phase und der Lösungsphase einer elektrochemischen Elektrode, gemessen als relative Elektrodenspannung gegen eine festgelegte Bezugselektrode; hängt vom Aufbau der Halbzelle und von der Konzentration (dem Partialdruck) der Teilchen des Redoxpaares ab.
↗ NERNSTsche Gleichung S. 120; Standard-Elektrodenpotential S. 121

Elektrochemische Doppelschicht

Ladungsdoppelschicht an der Phasengrenze zwischen Metall und Elektrolytlösung; Folge der Ausbildung einer elektrischen Potentialdifferenz zwischen beiden Phasen; durch elektrostatische Anziehung werden hydratisierte Kationen an der negativ elektrisch geladenen Metalloberfläche festgehalten.

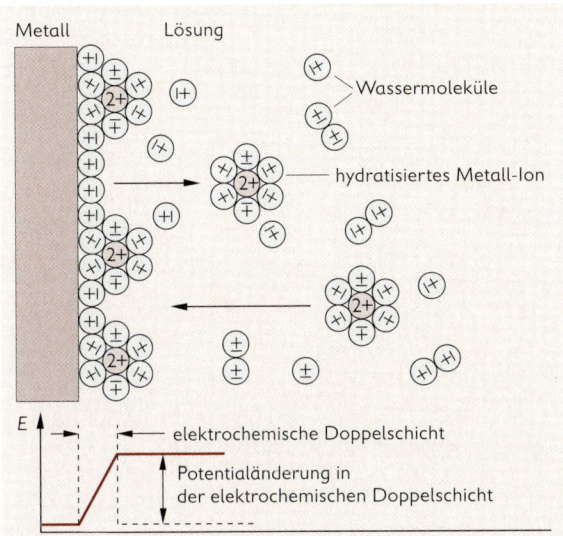

Elektrodenarten

Elektroden (Halbzellen) können sich sowohl in der Art ihrer metallischen Phase als auch ihrer Lösungsphase unterscheiden; beide bestimmen die zur Ausbildung des Elektrodenpotentials führende Elektrodenreaktion (Halbzellenreaktion).

Metall/Metall-Ionen-Elektrode 1. Art: Metall, das in eine Lösung seiner Ionen eintaucht.

- Symbol: Cu/Cu^{2+}
  Elektrodenreaktion: $Cu \rightleftharpoons Cu^{2+} + 2\,e^-$ (Gl. 1)

Metall/Metall-Ionen-Elektrode 2. Art: Metall, das in die gesättigte Lösung seines schwer löslichen Salzes und dessen Anions eintaucht.

- Symbol: $Ag/AgCl(s), Cl^-$
  Elektrodenreaktion:
  $$
  \begin{aligned}
  Ag & \rightleftharpoons Ag^+ + e^- \\
  Ag^+ + Cl^- & \rightleftharpoons AgCl \\
  \hline
  Ag + Cl^- & \rightleftharpoons AgCl + e^-
  \end{aligned}
  $$
  (Gl. 2)

Wegen ihres konstanten und gut reproduzierbaren Elektrodenpotentials sind diese Elektroden von Bedeutung als Bezugselektroden in der Potentiometrie, insbesondere die Kalomelelektrode mit Quecksilber(I)-chlorid Hg_2Cl_2.

↗ Potentiometrie S. 123 und 316

119

Redoxelektrode: Chemisch inertes Metall, das in die Lösung der Redoxkomponenten (Redoxpaar) eintaucht.

- Symbol: $Pt/Fe^{2+}, Fe^{3+}$
  Elektrodenreaktion: $Fe^{2+} \rightleftharpoons Fe^{3+} + e^-$ (Gl. 3)

Zu den Redoxelektroden gehören auch die **Gaselektroden**.

- *Wasserstoffelektrode:* Symbol: $Pt/H_2, H_3O^+$
  Elektrodenreaktion: $H_2 + 2 H_2O \rightleftharpoons 2 H_3O^+ + 2 e^-$ (Gl. 4)

NERNSTsche Gleichung

Ermöglicht die Berechnung von Elektrodenpotentialen aus den Konzentrationen der an der Elektrodenreaktion beteiligten Stoffe.
Für die allgemeine Elektrodenreaktion

$$Red \rightleftharpoons Ox + z\,e^- \quad \text{gilt}$$

$$E = E^{\ominus} + \frac{R \cdot T}{z \cdot F} \cdot \ln\left\{\frac{c(Ox)}{c(Red)}\right\} \qquad F = \text{FARADAY-Konstante}$$

$E^{\ominus}$ ist das Standard-Elektrodenpotential; es gilt $E = E^{\ominus}$, wenn die Ionen in ihren Einheitskonzentrationen und Gase beim Normdruck (101,325 kPa) vorliegen.

- Anwendung auf die obigen Elektrodenbeispiele (bei 298 K)
  (Gl. 1)

$$E = E^{\ominus} + \frac{0,059\ V}{2} \cdot \lg\left\{\frac{c(Cu^{2+})}{x(Cu)}\right\} \qquad \text{Stoffmengenanteil } x(Cu) = 1 \text{ bei reinem Metall}$$

(Gl. 2)

$$E = E^{\ominus} + 0,059\ V \cdot \lg\left\{\frac{x(AgCl)}{x(Ag) \cdot c(Cl^-)}\right\} \qquad \text{Stoffmengenanteile } x(Ag) = x(AgCl) = 1 \text{ für reines Metall und reinen Bodenkörper}$$

(Gl. 3)

$$E = E^{\ominus} + 0,059\ V \cdot \lg\left\{\frac{c(Fe^{3+})}{c(Fe^{2+})}\right\}$$

(Gl. 4)

$$E = E^{\ominus} + \frac{0,059\ V}{2} \cdot \lg\left\{\frac{c^2(H_3O^+)}{p(H_2)}\right\}$$

↗ Berechnungen mit der NERNSTschen Gleichung S. 162

Standard-Wasserstoffelektrode

Bezugselektrode: Platinblech, das von Wasserstoff bei 101,325 kPa und 298 K umspült wird und das in eine Säurelösung eintaucht, in der die Konzentration der Hydronium-Ionen $1\ mol \cdot l^{-1}$ beträgt. Das Standard-Elektrodenpotential ist festgelegt:

$$E^{\ominus}(H_2(Pt)/2\,H_3O^+) = \pm\,0,000\ V.$$

Standard-Elektrodenpotential $E^{\ominus}$

Relative Elektrodenspannung zwischen einer Elektrode im Standardzustand (Einheitskonzentrationen, Normdruck) und der Standard-Wasserstoffelektrode; sind in Spannungsreihen tabelliert.

■ $Cu/Cu^{2+}//H_3O^+, H_2/Pt \qquad E^{\ominus}(Cu/Cu^{2+}) = +0,34$ V

Standard-Elektrodenpotentiale beschreiben als Standard-Redoxpotentiale auch die Eigenschaften von Redoxpaaren, die an Redoxreaktionen außerhalb galvanischer Zellen beteiligt sind.
↗ Reduktions-Oxidations-Gleichgewicht S. 113

Elektrochemische Spannungsreihen von Metallen und Redoxsystemen

Anordnung der Metall/Metall-Ionen-Elektroden 1. Art in der Reihenfolge der Standard-Elektrodenpotentiale.

3

◀ Reduzierende Wirkung der Metalle wird größer.

Unedle Metalle   Edle Metalle

Li	K	Ca	Na	Mg	Al	Zn	Cr	Fe	Ni	Pb	Cu	Ag
Li^+	K^+	Ca^{2+}	Na^+	Mg^{2+}	Al^{3+}	Zn^{2+}	Cr^{3+}	Fe^{2+}	Ni^{2+}	Pb^{2+}	Cu^{2+}	Ag^+

Oxidierende Wirkung der Metall-Ionen wird größer.

Standard-Elektrodenpotential der Metall/Metall-Ionen-Elektroden wird größer. ▶

Elektrochemische Spannungsreihe von Metall/Metall-Ionen-Elektroden 1. Art bei $T = 298$ K		
Elektrodenreaktion	**Symbol**	**$E^{\ominus}$ in V**
Li ⇌ $Li^+ + e^-$	Li/Li^+	−3,04
K ⇌ $K^+ + e^-$	K/K^+	−2,92
Ba ⇌ $Ba^{2+} + 2\,e^-$	Ba/Ba^{2+}	−2,90
Ca ⇌ $Ca^{2+} + 2\,e^-$	Ca/Ca^{2+}	−2,87
Na ⇌ $Na^+ + e^-$	Na/Na^+	−2,71
Mg ⇌ $Mg^{2+} + 2\,e^-$	Mg/Mg^{2+}	−2,36
Al ⇌ $Al^{3+} + 3\,e^-$	Al/Al^{3+}	−1,66
Zn ⇌ $Zn^{2+} + 2\,e^-$	Zn/Zn^{2+}	−0,76
Cr ⇌ $Cr^{3+} + 3\,e^-$	Cr/Cr^{3+}	−0,74
Fe ⇌ $Fe^{2+} + 2\,e^-$	Fe/Fe^{2+}	−0,41
Cd ⇌ $Cd^{2+} + 2\,e^-$	Cd/Cd^{2+}	−0,40
Ni ⇌ $Ni^{2+} + 2\,e^-$	Ni/Ni^{2+}	−0,23
Sn ⇌ $Sn^{2+} + 2\,e^-$	Sn/Sn^{2+}	−0,14
Pb ⇌ $Pb^{2+} + 2\,e^-$	Pb/Pb^{2+}	−0,13
$H_2 + 2\,H_2O$ ⇌ $2\,H_3O^+ + 2\,e^-$	$H_2/2\,H_3O^+$	±0,00
Cu ⇌ $Cu^{2+} + 2\,e^-$	Cu/Cu^{2+}	+0,35
Cu ⇌ $Cu^+ + e^-$	Cu/Cu^+	+0,52
Ag ⇌ $Ag^+ + e^-$	Ag/Ag^+	+0,80
Hg ⇌ $Hg^{2+} + 2\,e^-$	Hg/Hg^{2+}	+0,85
Pt ⇌ $Pt^{2+} + 2\,e^-$	Pt/Pt^{2+}	+1,20
Au ⇌ $Au^{3+} + 3\,e^-$	Au/Au^{3+}	+1,41

121

3

■ Elektrochemische Spannungsreihe von Metall/Metall-Ionen-Elektroden 2. Art bei $T = 298$ K

Elektrodenreaktion	Symbol	$E^{\ominus}$ in V
$Ag + I^- \rightleftharpoons AgI + e^-$	$Ag/AgI, I^-$	$-0,15$
$Ag + Cl^- \rightleftharpoons AgCl + e^-$	$Ag/AgCl, Cl^-$	$+0,22$
$2\,Hg + 2\,Cl^- \rightleftharpoons Hg_2Cl_2 + 2\,e^-$	$Hg/Hg_2Cl_2, Cl^-$	$+0,27$
$2\,Hg + SO_4^{2-} \rightleftharpoons Hg_2SO_4 + 2\,e^-$	$Hg/Hg_2SO_4, SO_4^{2-}$	$+0,61$

■ Elektrochemische Spannungsreihe von Redox-Elektroden bei $T = 298$ K

Elektrodenreaktion	Symbol	$E^{\ominus}$ in V
$Cu^+ \rightleftharpoons Cu^{2+} + e^-$	$Pt/Cu^+, Cu^{2+}$	$+0,17$
$[Fe(CN)_6]^{4-} \rightleftharpoons [Fe(CN)_6]^{3-} + e^-$	$Pt/[Fe(CN)_6]^{4-}, [Fe(CN)_6]^{3-}$	$+0,36$
$4\,OH^- \rightleftharpoons O_2 + 2\,H_2O + 4\,e^-$	$Pt/4\,OH^-, O_2$	$+0,40$
$H_2O_2 + 2\,H_2O \rightleftharpoons O_2 + 2\,H_3O^+ + 2\,e^-$	$Pt/H_2O_2, O_2, H_3O^+$	$+0,68$
$Fe^{2+} \rightleftharpoons Fe^{3+} + e^-$	$Pt/Fe^{2+}, Fe^{3+}$	$+0,77$
$2\,Cl^- \rightleftharpoons Cl_2 + 2\,e^-$	$Pt/2\,Cl^-, Cl_2$	$+1,36$
$2\,Cr^{3+} + 21\,H_2O \rightleftharpoons Cr_2O_7^{2-} + 14\,H_3O^+ + 6\,e^-$	$Pt/2\,Cr^{3+}, Cr_2O_7^{2-}, H_3O^+$	$+1,33$
$Mn^{2+} + 12\,H_2O \rightleftharpoons MnO_4^- + 8\,H_3O^+ + 5\,e^-$	$Pt/Mn^{2+}, MnO_4^-, H_3O^+$	$+1,51$
$4\,H_2O \rightleftharpoons H_2O_2 + 2\,H_3O^+ + 2\,e^-$	$Pt/4\,H_2O, H_2O_2, H_3O^+$	$+1,77$

Galvanische Zelle (Galvanisches Element)

Kombination zweier elektrochemischer Elektroden (Halbzellen); ermöglicht durch Ablauf einer Zellreaktion die Umwandlung chemischer in elektrische Energie.

Zellreaktion: Summenreaktion der an den Elektroden der galvanischen Zelle ablaufenden reduktiven und oxidativen Teilvorgänge (Elektrodenreaktionen).

■ DANIELL-Zelle (DANIELL-Element): $Cu/Cu^{2+}//Zn^{2+}/Zn$

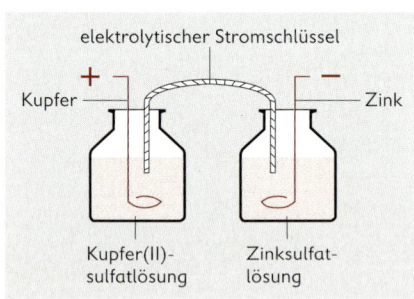
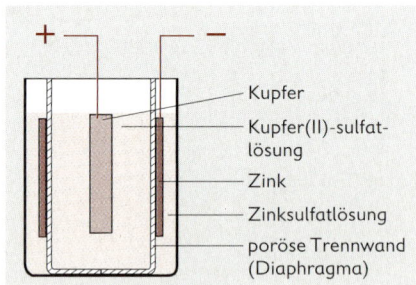

elektrolytischer Stromschlüssel

Kupfer — Zink

Kupfer(II)-sulfatlösung — Zinksulfatlösung

Kupfer — Kupfer(II)-sulfatlösung — Zink — Zinksulfatlösung — poröse Trennwand (Diaphragma)

Reaktionen:

Kupferelektrode (Katode):	$Cu^{2+} + 2\,e^- \longrightarrow Cu$		Reduktion
Zinkelektrode (Anode):	$Zn \longrightarrow Zn^{2+} + 2\,e^-$		Oxidation
Zellreaktion:	$Cu^{2+} + Zn \longrightarrow Cu + Zn^{2+}$		Redoxreaktion

Zellspannung

Differenz zwischen den elektrischen Potentialen ΔE der metallischen Phasen einer galvanischen Zelle; (gleichermaßen) auch Differenz zwischen den Elektrodenpotentialen beider Halbzellen:

$\Delta E = E(\text{Katode}) - E(\text{Anode})$

Ohne Stromfluss stellen sich an den Phasengrenzen Metall/Elektrolyt elektrochemische Gleichgewichte ein; an galvanischen Zellen im elektrochemischen Gleichgewicht wird die **Gleichgewichtszellspannung** ΔE_{eq} gemessen; sie ist ein Maß für die maximale elektrische Arbeit, die eine galvanische Zelle beim Ablauf der Zellreaktion je Formelumsatz ($n_F = 1$) leisten kann.

Standard-Zellspannung

Differenz der Standard-Elektrodenpotentiale zwischen den Elektroden einer galvanischen Zelle.

$\Delta E^{\ominus} = E^{\ominus}(\text{Katode}) - E^{\ominus}(\text{Anode})$

3

Potentiometrie

Methode zur quantitativen Analyse unter Nutzung der Konzentrationsabhängigkeit von Elektrodenpotentialen, z. B. zur pH-Messung. Messung der Gleichgewichtszellspannung zwischen einer Messelektrode, die auf die zu bestimmende Teilchenart ansprechen muss, und einer Bezugselektrode (meist eine Metall/Metall-Ionen-Elektrode 2. Art).

$\Delta E_{eq} = E(\text{Messelektrode}) - E(\text{Bezugselektrode})$

Bei **pH-Messelektroden** muss das Elektrodenpotential der Messelektrode eine eindeutige Funktion des pH-Wertes sein. Dies ist bei der Glaselektrodenmesskette gegeben, die aus zwei Elektrolytphasen beiderseits einer Glasmembran und aus zwei Bezugs-(Ableit-)Elektroden besteht (galvanische Doppelkette).

- Glaselektrodenmesskette
  Bezugselektrode (Außenableitung)/
  Messlösung/Glasmembran/Pufferlösung/
  Ableitelektrode (Innenableitung)

  Bei gegebener Pufferlösung ist die an der Zelle messbare Zellspannung eine Funktion des pH-Wertes der Messlösung.

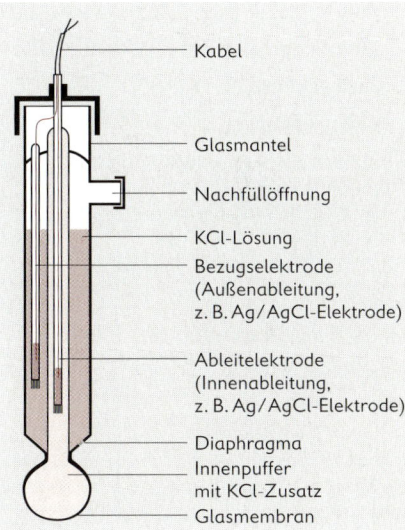

Kabel

Glasmantel

Nachfüllöffnung

KCl-Lösung
Bezugselektrode
(Außenableitung,
z. B. Ag/AgCl-Elektrode)

Ableitelektrode
(Innenableitung,
z. B. Ag/AgCl-Elektrode)

Diaphragma
Innenpuffer
mit KCl-Zusatz
Glasmembran

123

Elektrochemische Energiequellen

Galvanische Zellen, die der Versorgung ortsveränderlicher Geräte (auch Kraftfahrzeuge) mit elektrischer Energie dienen.

Nach dem Wirkprinzip werden unterschieden:

Primärzellen: Zellreaktion ist nicht umkehrbar; Wiederverwendung nach der Entladung nicht möglich.

Sekundärzellen: Zellreaktion ist umkehrbar; Entlade- und Ladevorgänge können wiederholt werden.

Brennstoffzellen: Energieträger werden kontinuierlich in die Zellreaktion eingebracht und an Katalysatorelektroden elektrochemisch umgesetzt.

Primärzelle

■ LECLANCHÉ-Element (Monozelle)

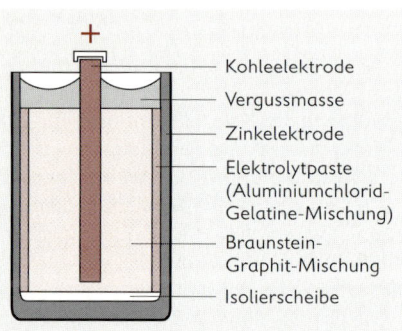

Kohleelektrode
Vergussmasse
Zinkelektrode
Elektrolytpaste
(Aluminiumchlorid-Gelatine-Mischung)
Braunstein-Graphit-Mischung
Isolierscheibe

Zinkhülse (Anode)
Elektrodenreaktion:

$$Zn \longrightarrow Zn^{2+} + 2\,e^-$$

Folgereaktion:

$$Zn^{2+} + 4\,NH_3 \longrightarrow [Zn(NH_3)_4]^{2+}$$

Kohlestab (Katode)
Elektrodenreaktion:

$$2\,NH_4^+ + 2\,e^- \longrightarrow 2\,NH_3 + H_2$$

Folgereaktion:

$$H_2 + 2\,MnO_2 \longrightarrow Mn_2O_3 + H_2O$$

Zink-Luftsauerstoff-Zelle (für Weidezaunbatterien)

Zellreaktion: $2\,Zn + O_2 \xrightarrow{KOH} 2\,ZnO$

Zink-Silberoxid-Zelle (Miniaturzelle für Taschenrechner)

Zellreaktion: $Zn + Ag_2O \xrightarrow{KOH} ZnO + 2\,Ag$

Sekundärzelle

■ Bleisammler (Bleiakkumulator)

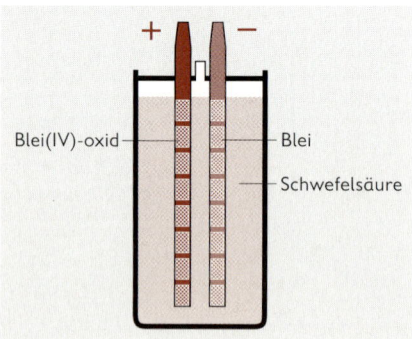

Blei(IV)-oxid
Blei
Schwefelsäure

Plusplatte:

$$PbO_2 + 4\,H_3O^+ + 2\,e^- \underset{\substack{\text{Laden} \\ \text{(Anode)}}}{\overset{\substack{\text{Entladen} \\ \text{(Katode)}}}{\rightleftharpoons}} Pb^{2+} + 6\,H_2O$$

Minusplatte:

$$Pb \underset{\substack{\text{Laden} \\ \text{(Katode)}}}{\overset{\substack{\text{Entladen} \\ \text{(Anode)}}}{\rightleftharpoons}} Pb^{2+} + 2\,e^-$$

Beide Platten:

$$Pb^{2+} + SO_4^{2-} \underset{\text{Laden}}{\overset{\text{Entladen}}{\rightleftharpoons}} PbSO_4$$

3

Brennstoffzelle

■ Wasserstoff-Sauerstoff-Zelle

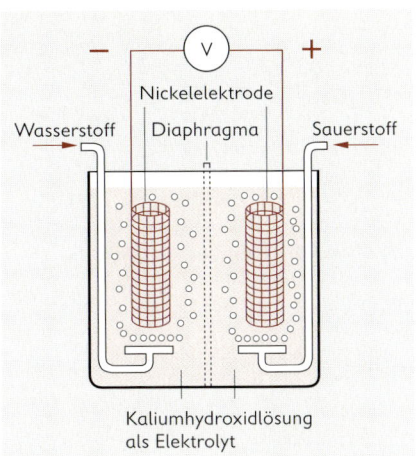

Anode (Minuspol):
$$2 H_2 (g) + 4 OH^- (aq) \longrightarrow 4 H_2O (l) + 4 e^-$$

Katode (Pluspol):
$$O_2 (g) + 2 H_2O (l) + 4 e^- \longrightarrow 4 OH^-(aq)$$

3

Elektrochemische Korrosion

Von der Oberfläche ausgehende Zerstörung von Metallen und Legierungen durch elektrochemische Reaktion mit Stoffen der Nachbarphasen, insbesondere der Atmosphäre; Hauptursache ist die Bildung von Lokalelementen. Das Metall bzw. die metallische Phase wird dabei oxidiert.

Lokalelement

Galvanische Zelle mit kurzgeschlossenen Elektroden; wirkt nur innerhalb eines geringen Umkreises; entsteht z. B. durch Spuren anderer Metalle auf metallischen Werkstücken und die Benetzung der Metalloberfläche mit Wassertröpfchen (Elektrolytlösung).

Korrosionsarten

Säurekorrosion: Korrosion an Metallen (z. B. an Eisen, Aluminium) durch Hydronium-Ionen der Elektrolytlösung unter Wasserstoffentwicklung; wird durch abnehmende Reinheit der Metalle beschleunigt.

Sauerstoffkorrosion: Korrosion an Metallen, bei der in der Elektrolytlösung gelöster Sauerstoff katodisch zu Hydroxid-Ionen reduziert wird.

Korrosionsschutz

Schutz von Metallwerkstoffen vor Korrosion durch:
Aufbringen von Schutzschichten und
Anwenden von Opferanoden (elektrochemischer Schutz).
↗ Korrosionsschutz von Metallen S. 263

■ Aufbringen von Anstrichen oder Metallüberzügen, Eloxieren, Phosphatieren, Emaillieren

125

Rosten von Eisenwerkstoffen

Korrosion durch Einwirkung des Sauerstoffs der Luft und Bildung von Lokalelementen.

Anodische Elektrodenreaktion:	$2\,Fe$	$\rightleftharpoons 2\,Fe^{2+} + 4\,e^-$
Katodische Elektrodenreaktion:	$O_2 + 2\,H_2O + 4\,e^-$	$\rightleftharpoons 4\,OH^-$

Gesamtreaktion:	$2\,Fe + 2\,H_2O + O_2$	$\rightleftharpoons 2\,Fe^{2+} + 4\,OH^-$
Folgereaktionen:	$Fe^{2+} + 2\,OH^-$	$\rightleftharpoons Fe(OH)_2$
	$Fe(OH)_2$	$\rightleftharpoons FeO + H_2O$
	$4\,Fe(OH)_2 + O_2$	$\rightleftharpoons 4\,FeO(OH) + 2\,H_2O$

Bei der Säurekorrosion erfolgt eine andere katodische Elektrodenreaktion:

Katodische Elektrodenreaktion:	$2\,H_3O^+ + 2\,e^-$	$\rightleftharpoons H_2 + 2\,H_2O$
Gesamtreaktion:	$Fe + 2\,H_3O^+$	$\rightleftharpoons Fe^{2+} + H_2 + 2\,H_2O$

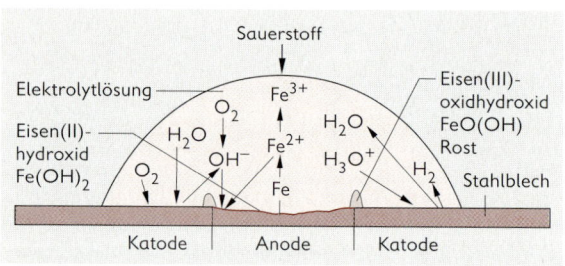

Korrosion an Stahlblech
(schematische Darstellung)

Korrosion an Schutzschichten

Das Metall mit dem kleineren Standard-Elektrodenpotential geht in Lösung; am anderen Metall werden Ionen entladen.

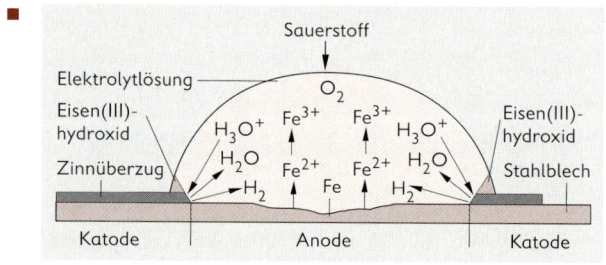

Korrosion an verzinntem
Stahlblech
(schematische Darstellung)

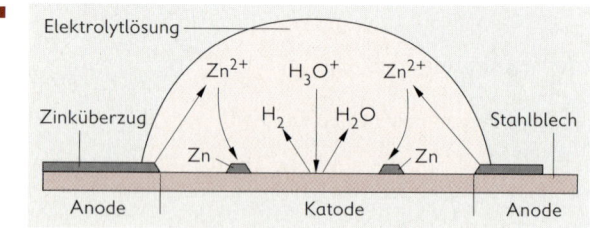

Korrosion an verzinktem
Stahlblech
(schematische Darstellung)

Elektrolytische Prozesse

Redoxvorgänge, die in Elektrolysezellen unter dem Einfluss einer Elektrolysespannung als erzwungene Prozesse ablaufen; liefern an der Katode Reduktionsprodukte und an der Anode Oxidationsprodukte.

Die zugeführte elektrische Arbeit ist als chemische Energie in den Elektrolyseprodukten gespeichert.

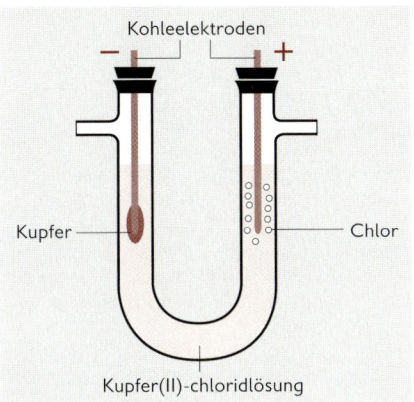

Elektrolyse von
Kupfer(II)-chloridlösung

Katode:
$$Cu^{2+} (aq) + 2\,e^- \rightleftharpoons Cu\,(s)$$

Anode:
$$2\,Cl^- (aq) \rightleftharpoons Cl_2\,(g) + 2\,e^-$$

3

Reaktionen an der Anode

■ Oxidation von Anionen
der Elektrolytlösung: $\quad 4\,OH^- (aq) \rightleftharpoons 2\,H_2O\,(l) + O_2 + 4\,e^-$

Oxidation des Anodenmetalls: $\quad Cu\,(s) \quad \rightleftharpoons Cu^{2+} + 2\,e^-$

Oxidation von Molekülen: $\quad 6\,H_2O\,(l) \rightleftharpoons O_2\,(g) + 4\,H_3O^+ (aq) + 4\,e^-$

Reaktionen an der Katode

■ Reduktion von Kationen
der Elektrolytlösung: $\quad 2\,H_3O^+ (aq) + 2\,e^- \rightleftharpoons H_2\,(g) + 2\,H_2O\,(l)$

oder der Elektrolytschmelze: $\quad Al^{3+} + 3\,e^- \quad \rightleftharpoons Al\,(l)$

Reduktion von Molekülen: $\quad 2\,H_2O\,(l) + 2\,e^- \rightleftharpoons 2\,OH^- (aq) + H_2\,(g)$

Elektrolysespannung

Summe aus der Zersetzungsspannung des Elektrolyten und dem in der Elektrolysezelle aufgrund des OHMschen Widerstandes vorhandenen Spannungsabfall.

Elektrolysespannung: $\quad U_{Elektrolyse} = U_{Zers.} + R \cdot I$

Zersetzungsspannung: Konzentrationsabhängige Mindestspannung für die elektrochemischen Reaktionen an beiden Elektroden; ergibt sich als Differenz zwischen den anodischen und katodischen Abscheidungspotentialen (Elektrodenpotentialen). Die theoretischen Abscheidungspotentiale können mit der NERNSTschen Gleichung berechnet werden. Die praktische Zersetzungsspannung ist gegenüber der theoretischen Zersetzungsspannung um die Überspannung erhöht.

Zersetzungsspannung: $\quad U_{Zers.} = E_{Anode} - E_{Katode} + \text{Überspannung}$

Überspannung

Veränderung des Abscheidungspotentials (Erhöhung des Anoden- und/oder Erniedrigung des Katodenpotentials) durch kinetische Hemmung der Elektrodenprozesse.
↗ Chloralkali-Elektrolyse S. 266

Vergleich von galvanischer Zelle und Elektrolysezelle

Redoxreaktion	Galvanische Zelle	Elektrolysezelle
Ablauf der Zellreaktion	Freiwillig	Erzwungen
Energieumwandlung	Umwandlung chemischer Energie in elektrische Energie	Umwandlung elektrischer Energie in chemische Energie der Elektrolyseprodukte
Zellspannung	Gleichgewichtszellspannung als Differenz der Elektrodenpotentiale von Katode und Anode	Theoretische Zersetzungsspannung als Differenz zwischen anodischem und katodischem Abscheidungspotential
Wirkung der Überspannung	Zellspannung bei Stromfluss durch Überspannung herabgesetzt	Zersetzungs- und Elektrolysespannung durch Überspannung erhöht

Elektrolysestrom I

Maß für den zeitlichen Umsatz an Anode und Katode. Stoffumsatz, Elektrolysestrom und Elektrolysezeit werden durch die FARADAYschen Gesetze miteinander verknüpft.

FARADAYsche Gesetze

Gesetze, die den quantitativen Zusammenhang zwischen der elektrischen Ladung, die an einer Elektrode durch die Phasengrenzfläche tritt, und der umgesetzten Stoffmenge wiedergeben (FARADAY 1834).

Erstes FARADAYsches Gesetz: Beim Stromdurchgang durch die Lösung oder Schmelze eines Elektrolyten sind die an den Elektroden umgesetzten Stoffmengen n dem Produkt aus Stromstärke I und Zeit t proportional.

$$n \sim I \cdot t \qquad [I \cdot t] = A \cdot s$$

Zweites FARADAYsches Gesetz: Die von der gleichen Ladung $I \cdot t$ an den Elektroden umgesetzten Stoffmengen unterschiedlicher Stoffe verhalten sich umgekehrt proportional zu der jeweils erforderlichen Anzahl der Elementarladungen z.
$n_1 : n_2 = z_2 : z_1$ Daraus folgt:
Die Massen der von der gleichen Ladung $I \cdot t$ an den Elektroden umgesetzten Stoffe verhalten sich wie die Quotienten aus molarer Masse M und der je Formelumsatz erforderlichen Anzahl der Elementarladungen z.

$$m_1 : m_2 = \frac{M_1}{z_1} : \frac{M_2}{z_2}$$

↗ FARADAY-Konstante S. 138; Berechnungen S. 164

Chemisches Rechnen

Rechnen mit Größen und Einheiten

Physikalische Größen

Kennzeichnung qualitativer Merkmale (Eigenschaften) physikalischer Gegenstände, Zustände oder Vorgänge, die sich quantitativ bestimmen lassen; physikalische Größen X werden durch das Produkt aus Zahlenwert $\{X\}$ und Einheit $[X]$ beschrieben.

- Ein Körper aus Blei hat die Masse 228 g und das Volumen 20 cm^3. Seine Eigenschaft „Dichte" kann als Quotient aus Masse und Volumen bestimmt werden.

$$\varrho = \frac{m}{V} = \frac{228\ \text{g}}{20\ \text{cm}^3} = 11{,}4\ \text{g} \cdot \text{cm}^{-3} = \{\varrho\} \cdot [\varrho]$$

4

Basisgrößen: Physikalische Größen, die sich nicht auf andere Größen zurückführen lassen; sind international durch Vereinbarungen festgelegt.

- Masse, Zeit, Temperatur, Stoffmenge

  Abgeleitete Größen: Physikalische Größen, die mithilfe von Definitionsgleichungen auf Basisgrößen oder andere abgeleitete Größen zurückgeführt werden.
  ↗ Übersicht über wichtige Größen und Einheiten S. 132

- Molare Masse (Quotient aus Masse und Stoffmenge)
  Druck (Quotient aus Kraft und Fläche)

Extensive Größen

Physikalische Größen, die ihren Wert verdoppeln, wenn man zwei gleiche Systeme zu einem neuen System vereinigt.

- Masse, Volumen, Stoffmenge, Energie, Enthalpie, Entropie

Intensive Größen

Physikalische Größen, die ihren Wert behalten, wenn man gleiche Systeme zu einem neuen System vereinigt.

- Temperatur, Druck, Konzentration

  Spezifische Größen: Auf die Masse bezogene Größen; Quotienten mit der Masse als Divisor.

- Dichte (Quotient aus Masse und Volumen)

  Molare Größen: Auf die Stoffmenge bezogene Größen; Quotienten mit der Stoffmenge als Divisor.

- Molares Volumen (Quotient aus Volumen und Stoffmenge)

Formelzeichen für Größen

Symbole für die Darstellung definierter Größen; lateinische oder griechische Buchstaben, die kursiv (schräg) gedruckt sind; können durch einen Index oder mehrere Indizes ergänzt werden, wenn besondere Arten der Größen unterschieden werden sollen. Molare Größen erhalten den Index „m" (Ausnahme: molare Masse M).

- V_m für das molare Volumen, S_m für die molare Entropie,
  c_p für die spezifische Wärmekapazität

Reaktionsgrößen werden nach dem Operator „Δ" (Delta) mit dem Index „R" oder einem für die Reaktion typischen Index versehen.

- $\Delta_R G$ für die freie Reaktionsenthalpie
  $\Delta_B H_m$ für die molare Bildungsenthalpie

Standardgrößen erhalten das Zeichen „$\ominus$" (Standard) nach der betreffenden Funktion.

- $\Delta_R H_m^{\ominus}$ für die molare Standardreaktionsenthalpie
  $E^{\ominus}$ für das Standard-Elektrodenpotential

Einheiten

Größenwerte mit für die betreffende Größe durch Konvention festgelegten Werten.

Internationales Einheitensystem (SI)

International gültiges, einheitliches Maßsystem; 1954 von der 10. Generalkonferenz für Maß und Gewicht beschlossen; 1960 von der 11. Generalkonferenz als Système International d'Unités (SI) bezeichnet.

Basiseinheiten des SI			
Größe	Formelzeichen	Basiseinheit	Einheitenzeichen
Länge	l	Meter	m
Masse	m	Kilogramm	kg
Zeit	t	Sekunde	s
Elektrische Stromstärke	I	Ampere	A
Thermodynamische Temperatur	T	Kelvin	K
Stoffmenge	n	Mol	mol
Lichtstärke	I_v	Candela	cd

SI-Basiseinheiten sind durch eine Wortdefinition festgelegt.

- Die Sekunde ist die Dauer von 9 192 631 770 Perioden der Strahlung, die dem Übergang zwischen den beiden Hyperfeinstrukturniveaus des Grundzustandes von Atomen des Nuklids $^{133}_{53}\text{Cs}$ entspricht.

Abgeleitete SI-Einheiten mit besonderem Namen und mit besonderem Einheitenzeichen werden durch eine Definitionsgleichung festgelegt.

- Definition der Einheit Newton: $1\ \text{N} = 1\ \text{m} \cdot \text{kg} \cdot \text{s}^{-2}$
  Definition der Einheit Volt: $\quad 1\ \text{V} = 1\ \text{W} \cdot \text{A}^{-1} = 1\ \text{kg} \cdot \text{m}^2 \cdot \text{s}^{-3} \cdot \text{A}^{-1}$

Einheiten von Verhältnisgrößen

Verhältnisgrößen (Quotienten aus zwei Zahlen oder aus zwei Größen, die die gleiche Einheit haben) besitzen die Einheit 1 oder die Zahlenfaktoren % (Prozent) $\widehat{=}$ 10^{-2}; ‰ (Promille) $\widehat{=}$ 10^{-3}; ppm (parts per million) $\widehat{=}$ 10^{-6}; ppb (parts per billion) $\widehat{=}$ 10^{-9}; ppt (parts per trillion) $\widehat{=}$ 10^{-12}.

Größengleichung

Mathematische Darstellung des gesetzmäßigen Zusammenhangs zwischen physikalischen Größen oder der Definition abgeleiteter Größen.

Rechnen mit Größengleichungen

Für das Rechnen mit Größengleichungen ist eine Schrittfolge geeignet:

Schrittfolge	■ Welche Elektrizitätsmenge ist erforderlich, um 1 t Kupfer elektrolytisch abzuscheiden?
1. Analysieren der Aufgabe Ermitteln der gesuchten Größen	Chemische Gleichung: $Cu^{2+} + 2\,e^- \longrightarrow Cu$ Gesucht: $I \cdot t$
2. Auffinden und gegebenenfalls Kombinieren der Größengleichungen	FARADAYsche Gesetze $\quad$ Molare Masse $$I \cdot t = F \cdot n \cdot z \qquad M = \frac{m}{n}$$ $$n = \frac{m}{M}$$ $$I \cdot t = \frac{F \cdot m \cdot z}{M}$$
3. Einsetzen der gegebenen Größen in die Größengleichung	Gegeben: $m(Cu) = 1\,t = 1000\,kg$ $M(Cu) = 63{,}5\,g \cdot mol^{-1}$ $z = 2$ $F = 9{,}6485 \cdot 10^4\,A \cdot s \cdot mol^{-1} = 26{,}8\,A \cdot h \cdot mol^{-1}$ $$I \cdot t = \frac{26{,}8\,A \cdot h \cdot mol^{-1} \cdot 1000\,kg \cdot 2}{63{,}5\,g \cdot mol^{-1}}$$
4. Durchführen der Rechnung: Berechnen von Zahlenwert und Einheit	$I \cdot t = 844\,kA \cdot h$
5. Formulieren des Ergebnisses	Zur Abscheidung von 1 t Kupfer ist die Elektrizitätsmenge $I \cdot t = 844\,kA \cdot h$ erforderlich.

4

131

Wichtige Größen und Einheiten in der Chemie

Übersicht über wichtige Größen und Einheiten
↗ Wiss Ph, Physikalische Größen

4

Größe	Formel-zeichen	Einheit	Einheiten-zeichen	Beziehungen
Masse	m	**Kilogramm**	kg	**Basiseinheit**
Dichte	ϱ	Kilogramm je Kubikmeter	$kg \cdot m^{-3}$	
Kraft	F	Newton	N	$1\,N = 1\,kg \cdot m \cdot s^{-2}$
Druck	p	Pascal	Pa	$1\,Pa = 1\,N \cdot m^{-2}$
				$= 1\,kg \cdot m^{-1} \cdot s^{-2}$
Arbeit, Energie	W	Joule	J	$1\,J = 1\,N \cdot m$
				$= 1\,W \cdot s$
				$= 1\,kg \cdot m^2 \cdot s^{-2}$
Leistung	P	Watt (Voltampere)	W (V · A)	$1\,W = 1\,J \cdot s^{-1}$
				$= 1\,kg \cdot m^2 \cdot s^{-3}$
Elektrische Stromstärke	I	**Ampere**	A	**Basiseinheit**
Elektrische Spannung	U	Volt	V	$1\,V = 1\,W \cdot A^{-1}$
Elektrischer Widerstand	R	Ohm	Ω	$1\,\Omega = 1\,V \cdot A^{-1}$
Elektrische Ladung	Q	Coulomb	C	$1\,C = 1\,A \cdot s$
Temperatur	T	**Kelvin**	K	**Basiseinheit**
	ϑ	Grad Celsius	°C	
Wärme	Q	Joule	J	$1\,J = 1\,N \cdot m$
Innere Energie	U	Joule	J	
Enthalpie	H	Joule	J	
Entropie	S	Joule je Kelvin	$J \cdot K^{-1}$	
Freie Enthalpie	G	Joule	J	
Stoffmenge	n	**Mol**	mol	**Basiseinheit**
Stoffmengen-konzentration	c	Mol je Kubikmeter	$mol \cdot m^{-3}$	
Molare Masse	M	Kilogramm je Mol	$kg \cdot mol^{-1}$	
Molares Volumen	V_m	Kubikmeter je Mol	$m^3 \cdot mol^{-1}$	
Molare innere Energie	U_m	Joule je Mol	$J \cdot mol^{-1}$	
Molare Enthalpie	H_m	Joule je Mol	$J \cdot mol^{-1}$	
Molare Entropie	S_m	Joule je Mol und Kelvin	$J \cdot mol^{-1} \cdot K^{-1}$	
Molare freie Enthalpie	G_m	Joule je Mol	$J \cdot mol^{-1}$	

Atommasse m_a

Masse eines Atoms eines Elements.

■ Atommasse eines Kohlenstoffatoms: $m_a(^{12}_6C) = 1{,}993 \cdot 10^{-26}$ kg.

Relative Atommasse A_r

Quotient aus der Masse eines Atoms eines Elements und dem zwölften Teil der Atommasse des Kohlenstoffnuklids $^{12}_6C$; ist gleich der Atommasse in u (atomare Masseneinheit).
↗ Nuklid S. 30; Tabelle der Elemente S. 352

■ Relative Atommasse eines Magnesiumatoms $^{24}_{12}Mg$

$$A_r(^{24}_{12}Mg) = \frac{4 \cdot 10^{-26} \text{ kg}}{\frac{1}{12} \cdot 2 \cdot 10^{-26} \text{ kg}} = 24$$

Atomare Masseneinheit u

Masseneinheit der Atomphysik; eine atomare Masseneinheit ist der zwölfte Teil der Masse eines Kohlenstoffatoms des Nuklids $^{12}_6C$.
1 u = $1{,}66057 \cdot 10^{-27}$ kg

Relative Molekülmasse M_r

Quotient aus der Masse eines Moleküls und dem zwölften Teil der Masse eines Atoms des Nuklids $^{12}_6C$; Summe der relativen Atommassen aller Atome eines Moleküls.

Relative Formelmasse F_r

Quotient aus der Masse der Formeleinheit einer Verbindung und dem zwölften Teil der Masse eines Atoms des Nuklids $^{12}_6C$; Summe der relativen Atommassen aller Atome entsprechend der Formeleinheit.
↗ Formeleinheit S. 20

Stoffmenge n

Größenart, die der Zählbarkeit von Teilchen und Teilchenprozessen zugeordnet ist. Die Stoffmenge wird auch **Objektmenge** genannt. Als Objekte (Teilchen und Teilchenprozesse) werden definiert: Atome, Moleküle, Ionen, Radikale und andere Gruppen und Bruchteile von Teilchen, Formeleinheiten, Äquivalente, Elektronen, Protonen, Photonen und andere Elementarteilchen, weiterhin auch Formelumsätze.
Einheit: mol
↗ Formelumsatz S. 135

Mol

Einheit der Stoffmenge. Das Mol ist die Stoffmenge eines Systems, das aus ebenso vielen Einzelobjekten besteht, wie Atome in 12 g des Kohlenstoffnuklids $^{12}_6C$ enthalten sind. Bei Benutzung des Mols muss die Art der Einzelobjekte angegeben werden.

■ $n(O_2)$ = 3 mol bedeutet: 3 mol Sauerstoffmoleküle
$n(NaCl)$ = 1 mol bedeutet: 1 mol Formeleinheiten Natriumchlorid

4

133

Stoffmenge chemischer Äquivalente $n\left(\dfrac{1}{z^*}\,B\right)$

Produkt aus der Äquivalentzahl z^* und der Stoffmenge n der Teilchen B, wobei die Äquivalentzahl z^* gleich der Anzahl der in der definierten chemischen Reaktion übertragenen Teilchen (meist Protonen oder Elektronen) ist; meist kurz Äquivalent genannt;

$$n\left(\frac{1}{z^*}\,B\right) = z^* \cdot n(B) \qquad \text{Einheit: mol}.$$

Stoff-menge n	Stoff, Formel	Betrachtete chemische Reaktion	Äqui-valent-zahl z^*	Stoffmenge der chemischen Äqui-valente $n\left(\dfrac{1}{z^*}\,B\right)$
1 mol	Schwefelsäure H_2SO_4	Neutralisation	2	2 mol
1 mol	Eisen(II)-chlorid $FeCl_2$	Redoxreaktion	1	1 mol
1 mol	Kaliumpermanganat $KMnO_4$	Redoxreaktion	5	5 mol
1 mol	Silbernitrat $AgNO_3$	Fällung von Silberchlorid	1	1 mol

AVOGADRO-Konstante N_A

Gibt an, wie viel Einzelteilchen in einem Mol eines Stoffes enthalten sind:
$N_A = 6{,}02214 \cdot 10^{23}\ \text{mol}^{-1}$.

Die AVOGADRO-Konstante ist der Proportionalitätsfaktor zwischen der Teilchenanzahl N und der Stoffmenge n eines Stoffes (zwischen dem Mikrobereich und dem Makrobereich):
$N = N_A \cdot n$.

- 1 mol Kohlenstoff C sind etwa $6 \cdot 10^{23}$ Kohlenstoffatome.
  1 mol Chlor Cl_2 sind etwa $6 \cdot 10^{23}$ Chlormoleküle.
  1 mol Natriumchlorid NaCl sind etwa $6 \cdot 10^{23}$ Natrium-Ionen und etwa $6 \cdot 10^{23}$ Chlorid-Ionen.

Molare Masse M

Quotient aus der Masse und der Stoffmenge einer Stoffportion:

$$M = \frac{m}{n} \qquad \text{Einheiten: kg} \cdot \text{mol}^{-1};\ \text{g} \cdot \text{mol}^{-1}.$$

- Molare Masse von Chlor Cl_2: $M(Cl_2) = 71\ \text{g} \cdot \text{mol}^{-1}$
  Molare Masse von Natriumchlorid NaCl: $M(NaCl) = 58{,}5\ \text{g} \cdot \text{mol}^{-1}$

Der Zahlenwert der molaren Masse in $\text{g} \cdot \text{mol}^{-1}$ ist gleich dem Zahlenwert der relativen Atommasse eines Elements bzw. gleich dem Zahlenwert der relativen Molekülmasse oder Formelmasse einer Verbindung:
$\{M\} = \{A_r\};\qquad \{M\} = \{M_r\};\qquad \{M\} = \{F_r\}.$

↗ Relative Atommasse, relative Molekülmasse, relative Formelmasse S. 133

Molares Volumen V_m

Quotient aus dem Volumen und der Stoffmenge einer Stoffportion:

$$V_m = \frac{V}{n} \qquad \text{Einheit: } m^3 \cdot mol^{-1}; l \cdot mol^{-1}.$$

Unter den Bedingungen des Normzustandes ($\vartheta = 0$ °C; $p = 101,325$ kPa) beträgt das molare Volumen von Gasen $V_{m,n} \approx 22,4\ l \cdot mol^{-1}$.

Zusammenhang zwischen molarem Volumen, molarer Masse und Dichte ϱ

$$V_m = \frac{M}{\varrho} \qquad \left(V_m = \frac{V}{n} = \frac{V \cdot m}{n \cdot m} = \frac{m}{n} \cdot \frac{V}{m} = M \cdot \frac{1}{\varrho} = \frac{M}{\varrho} \right)$$

■ Molare Masse M, Dichte ϱ und molares Volumen $V_{m,n}$ einiger Gase (bei 0 °C und 101,325 kPa)

Stoff	Formel	$\dfrac{\varrho}{g \cdot l^{-1}}$	$\dfrac{M}{g \cdot mol^{-1}}$	$\dfrac{V_{m,n}}{l \cdot mol^{-1}}$
Ammoniak	NH_3	0,77	17	$\approx 22,1$
Chlor	Cl_2	3,214	71	$\approx 22,1$
Chlorwasserstoff	HCl	1,639	36,5	$\approx 22,3$
Ethan	$CH_3 - CH_3$	1,356	30	$\approx 22,1$
Ethen (Ethylen)	$CH_2 = CH_2$	1,260	28	$\approx 22,2$
Ethin (Acetylen)	$CH \equiv CH$	1,17	26	$\approx 22,2$
Kohlenstoffdioxid	CO_2	1,977	44	$\approx 22,3$
Kohlenstoffmonooxid	CO	1,250	28	$\approx 22,4$
Methan	CH_4	0,717	16	$\approx 22,3$
Sauerstoff	O_2	1,429	32	$\approx 22,4$
Schwefeldioxid	SO_2	2,926	64	$\approx 21,9$
Stickstoff	N_2	1,251	28	$\approx 22,4$
Stickstoffmonooxid	NO	1,340	30	$\approx 22,4$
Wasserstoff	H_2	0,0899	2	$\approx 22,2$

4

↗ Berechnungen S. 145

Formelumsatz

Umsatz, bei dem so viele Teilchen oder Formeleinheiten verbraucht oder gebildet werden, wie aus der mit den kleinsten ganzzahligen Koeffizienten formulierten chemischen Gleichung hervorgeht.

■ $2\ H_2 + O_2 \longrightarrow 2\ H_2O$

2 Moleküle Wasserstoff reagieren mit 1 Molekül Sauerstoff zu 2 Molekülen Wasser.

Stoffmenge der Formelumsätze n_F

$6,022 \cdot 10^{23}$ Formelumsätze werden als **1 mol Formelumsätze** bezeichnet.

■ $2\ H_2 + O_2 \longrightarrow 2\ H_2O$

1 mol Formelumsätze bedeutet: 2 mol Wasserstoffmoleküle und 1 mol Sauerstoffmoleküle reagieren zu 2 mol Wassermolekülen.

Zusammensetzungsgröße

Intensive Größe zur Kennzeichnung der Zusammensetzung einer Mischphase; wird gebildet, indem Masse, Volumen oder Stoffmenge einer Komponente durch Masse, Volumen oder Stoffmenge der Mischphase oder einer bestimmten Komponente der Mischphase dividiert wird. Dabei sind Anteile, Konzentrationen und die Molalität zu unterscheiden.

Anteil: Zusammensetzungsgröße, bei der Masse, Volumen oder Stoffmenge einer Komponente durch die Summe der Massen, Volumen oder Stoffmengen aller Komponenten der Mischphase dividiert wird.

■ Massenanteil w, Volumenanteil φ, Stoffmengenanteil x

Konzentration: Zusammensetzungsgröße, bei der die Masse, Volumen oder Stoffmenge einer Komponente durch das Volumen der Mischphase dividiert wird.

■ Stoffmengenkonzentration c, Massenkonzentration β

4

Molalität: Zusammensetzungsgröße, bei der die Stoffmenge einer Komponente durch die Masse des Lösemittels dividiert ist.

Massenanteil w

Massenanteil eines Stoffes an der Gesamtmasse einer Mischphase; Quotient aus der Masse $m(B)$ des Stoffes B und der Gesamtmasse m der Mischphase (Summe der Massen m_j aller Einzelkomponenten der Mischphase).

$$w(B) = \frac{m(B)}{\sum m_j} = \frac{m(B)}{m} \qquad \text{Einheiten: 1, \%, \‰, ppm.}$$

↗ Berechnungen S. 142

Massenanteil in der Mischphase	Gesamt-masse	Massenbestandteile	
Natriumchloridlösung [$w(NaCl) = 10$ %]	100 g	10 g Natriumchlorid	90 g Wasser
Silbernitratlösung [$w(AgNO_3) = 5$ %]	100 g	5 g Silbernitrat	95 g Wasser
Natriumhydroxidlösung [$w(NaOH) = 24$ %]	50 g	12 g Natriumhydroxid	38 g Wasser

Volumenanteil φ

Volumenanteil eines Stoffes am Gesamtvolumen der Einzelkomponenten; Quotient aus dem Volumen $V(B)$ des Stoffes B und der Summe der Volumen V_j aller Einzelkomponenten der Mischphase vor dem Mischvorgang.

$$\varphi(B) = \frac{V(B)}{\sum V_j} \qquad \text{Einheiten: 1, \%, \‰, ppm, ppb.}$$

↗ Berechnungen S. 143

136

Volumenanteil in der Mischphase	Volumen der Komponenten	
Essigsäure [$\varphi(CH_3COOH) = 10\%$]	10 ml Essigsäure	90 ml Wasser
Edelgashaltiger Sauerstoff [$\varphi(Edelgase) = 0,94\%$]	9,4 ml Edelgase	990,6 ml Sauerstoff
Methanhaltige Luft [$\varphi(CH_4) = 1,5$ ppm]	1,5 ml Methan	1 m³ Luft

Stoffmengenanteil x

Stoffmengenanteil eines Stoffes an der Gesamtstoffmenge einer Mischphase; Quotient aus der Stoffmenge $n(B)$ des Stoffes B und der Gesamtstoffmenge n der Mischphase (Summe der Stoffmengen n_j aller Einzelkomponenten der Mischphase).

$$x(B) = \frac{n(B)}{n} = \frac{n(B)}{\sum n_j} \qquad \text{Einheiten: 1, \%, \textperthousand, ppm.}$$

4

↗ Stoffmenge S. 133; Berechnungen S. 143

Stoffmengenanteil in der Mischphase	Gesamt-stoffmenge	Stoffmengen der Komponenten	
Natriumchloridlösung [$x(NaCl) = 3\%$]	100 mol	3 mol Natriumchlorid	97 mol Wasser
Kaliumhydroxidlösung [$x(KOH) = 2\%$]	100 mol	2 mol Kaliumhydroxid	98 mol Wasser
Messinglegierung [$x(Cu) = 70\%$]	1 mol	0,7 mol Kupfer	0,3 mol Zink

Massenkonzentration β

Quotient aus der Masse $m(B)$ des gelösten Stoffes B und dem Volumen V der Mischphase (Gesamtvolumen nach dem Mischen/Lösen).

$$\beta(B) = \frac{m(B)}{V} \qquad \text{Einheiten: } g \cdot l^{-1}, \mu g \cdot m^{-3}.$$

↗ Schadstoff-Immission S. 328; MAK-Werte S. 329; Trinkwasseraufbereitung S. 331

Massenkonzentration der Mischphase	Volumen	Masse des gelösten Stoffes
Glucoselösung [$\beta(Glucose) = 10\ g \cdot l^{-1}$]	1 l	10 g Glucose
Ozonhaltige Luft [$\beta(O_3) = 240\ \mu g \cdot m^{-3}$]	1 m³	$240 \cdot 10^{-6}$ g Ozon

Stoffmengenkonzentration c

Quotient aus der Stoffmenge $n(B)$ des gelösten Stoffes B und dem Volumen V der Lösung (Gesamtvolumen nach dem Mischen/Lösen).

$$c(B) = \frac{n(B)}{V} \qquad \text{Einheiten: } mol \cdot m^{-3}, mol \cdot l^{-1}.$$

↗ Stoffmenge S. 133; Berechnungen S. 144

Lösung, Stoffmengenkonzentration	Volumen	Stoffmenge des gelösten Stoffes
Schwefelsäure $[c(H_2SO_4) = 0,2 \, mol \cdot l^{-1}]$	1 l	0,2 mol Schwefelsäure
Kaliumnitratlösung $[c(KNO_3) = 2 \, mol \cdot l^{-1}]$	100 ml	0,2 mol Kaliumnitrat

4

Stoffmengenkonzentration chemischer Äquivalente: Quotient aus der Stoffmenge chemischer Äquivalente des gelösten Stoffes B und dem Volumen V der Lösung (Gesamtvolumen nach dem Mischen/Lösen).

$$c\left(\frac{1}{z^*} B\right) = \frac{n\left(\frac{1}{z^*} B\right)}{V} = \frac{z^* \cdot n(B)}{V} = z^* \cdot c(B) \qquad \text{Einheiten: } mol \cdot m^{-3}, mol \cdot l^{-1}.$$

↗ Stoffmenge chemischer Äquivalente S. 134; Berechnungen S. 144

Lösung, Stoffmengenkonzentration chemischer Äquivalente	Volumen	Stoffmenge des gelösten Stoffes	Stoffmenge der Äquivalente des gelösten Stoffes
Chlorwasserstoffsäure $[c(\frac{1}{1} HCl) = 1 \, mol \cdot l^{-1}]$	1 l	1 mol	1 mol
Schwefelsäure $[c(\frac{1}{2} H_2SO_4) = 2 \, mol \cdot l^{-1}]$	0,5 l	0,5 mol	1 mol

Molalität b

Quotient aus der Stoffmenge $n(B)$ des gelösten Stoffes B und der Masse $m(Lm)$ des Lösemittels Lm:

$$b(B) = \frac{n(B)}{m(Lm)} \qquad \text{Einheit: } mol \cdot kg^{-1}.$$

FARADAY-Konstante F

Produkt aus der AVOGADRO-Konstante N_A und der Elementarladung e; sie ist die Ladung von 1 mol Elektronen bzw. von 1 mol einwertiger Ionen:

$$F = N_A \cdot e = 6,02214 \cdot 10^{23} \, mol^{-1} \cdot 1,60218 \cdot 10^{-19} \, C = 96485 \, C \cdot mol^{-1}.$$

↗ Berechnungen S. 164

Berechnungen zu Gasen

Gasgesetze

Bei Berechnungen zu Gasen wird von den für ideale Gase abgeleiteten Gasgesetzen ausgegangen, da diese näherungsweise auch für reale Gase gelten, wenn von sehr hohen Drücken abgesehen wird.

Zustandsgleichung idealer Gase		
$p \cdot V = n \cdot R \cdot T$ (extensive Form)	p	Druck
$p \cdot V_m = R \cdot T$ (intensive Form)	V	Volumen
	V_m	Molares Volumen
Allgemeine Gasgleichung	R	Universelle Gaskonstante
$\dfrac{p_1 \cdot V_1}{T_1} = \dfrac{p_2 \cdot V_2}{T_2}$	T	Temperatur
	$1, 2$	Indizes für zwei Zustände

Normzustand von Gasen

Zustand eines Gases, definiert durch den Normdruck $p_n = 101{,}325$ kPa und die Normtemperatur $T_n = 273{,}15$ K ($\vartheta_n = 0\ °C$).

Das molare Volumen idealer Gase unter den Bedingungen des Normzustands beträgt

$V_{m,0} = 22{,}414\ l \cdot mol^{-1}$.

Das molare Volumen realer Gase unter den Bedingungen des Normzustands $V_{m,n}$ ist annähernd gleich dem molaren Volumen idealer Gase:

$V_{m,n} \approx V_{m,0}$.

4

Masseberechnung von Gasen

■ Welche Masse Wasserstoff befindet sich in einem Gasometer von 1500 m³ Inhalt bei einer Temperatur von 20 °C (293 K) und einem Druck von 104,0 kPa?

$$p \cdot V = n \cdot R \cdot T = \frac{m}{M} \cdot R \cdot T$$

$$m(H_2) = \frac{p \cdot V \cdot M(H_2)}{R \cdot T} = \frac{104{,}0\ \text{kPa} \cdot 1500\ \text{m}^3 \cdot 2\ \text{g} \cdot \text{mol}^{-1}}{8{,}3145\ \text{J} \cdot \text{mol}^{-1} \cdot \text{K}^{-1} \cdot 293\ \text{K}}$$

$$m(H_2) = 128{,}1\ \text{kg}$$

Der Gasometer enthält 128,1 kg Wasserstoff.

Volumenberechnung von Gasen

■ Welches Volumen nehmen 3 mol Stickstoff bei einer Temperatur von 290 K und einem Druck von 98,5 kPa ein?

$$p \cdot V = n \cdot R \cdot T$$

$$V(N_2) = \frac{n \cdot R \cdot T}{p} = \frac{3\ \text{mol} \cdot 8{,}3145\ \text{J} \cdot \text{mol}^{-1} \cdot \text{K}^{-1} \cdot 290\ \text{K}}{98{,}5\ \text{kPa}}$$

$$V(N_2) = 73{,}4\ l$$

■ Welches Volumen nehmen 73,4 l Stickstoff nach isobarer Erwärmung von 290 K auf 320 K ein?

$$\frac{p_1 \cdot V_1}{T_1} = \frac{p_2 \cdot V_2}{T_2}; \qquad p_1 = p_2$$

$$V_2(N_2) = \frac{V_1(N_2) \cdot T_2}{T_1} = \frac{73,4\,l \cdot 320\,K}{290\,K} = 81,0\,l$$

■ Wie verändert sich das Volumen von 81,0 l Stickstoff bei isothermer Kompression von 89,5 kPa auf 110,3 kPa?

$$T_1 = T_2$$

$$p_2 \cdot V_2 = p_1 \cdot V_1 \qquad V_2 = V_1 \cdot \frac{p_1}{p_2}$$

$$V_2(N_2) = \frac{81,0\,l \cdot 89,5\,kPa}{110,3\,kPa} = 65,7\,l$$

Verflüssigung von Gasen

■ 500 m³ Schwefeldioxid ($\vartheta = 15\ °C$; $p = 116,5\ kPa$) werden verflüssigt. Welches Volumen an flüssigem Schwefeldioxid wird erhalten, wenn dessen Dichte $\varrho(SO_2(l)) = 1,46\ kg \cdot l^{-1}$ beträgt?

$$p \cdot V = n \cdot R \cdot T$$

$$n(SO_2\,(g)) = \frac{p \cdot V(SO_2\,(g))}{R \cdot T} = \frac{116,5\,kPa \cdot 500\,m^3}{8,3145\,J \cdot mol^{-1} \cdot K^{-1} \cdot 288\,K}$$

$$n(SO_2\,(g)) = 2,433 \cdot 10^4\ mol = n(SO_2\,(l))$$

$$\varrho = \frac{m}{V} = \frac{n \cdot M}{V}$$

$$V(SO_2\,(l)) = \frac{n(SO_2\,(l)) \cdot M(SO_2)}{\varrho(SO_2\,(l))} = \frac{2,433 \cdot 10^4\ mol \cdot 64\,g \cdot mol^{-1}}{1,46\,kg \cdot l^{-1}} = 1,07\ m^3$$

Das Volumen an flüssigem Schwefeldioxid beträgt 1,07 m³.

Berechnung des Volumens von Gasen im Normzustand

■ Eine Stoffportion Ethan hat bei 1024,3 hPa und 22 °C ein Volumen von 150 ml. Welches Volumen hat diese Stoffportion im Normzustand?

$$\frac{p \cdot V}{T} = \frac{p_n \cdot V_n}{T_n}$$

$$V_n = \frac{p \cdot V \cdot T_n}{T \cdot p_n} = \frac{1024,3\,hPa \cdot 150\,ml \cdot 273,15\,K}{295\,K \cdot 1013,25\,hPa} = 140,4\ ml$$

Das Volumen der Stoffportion Ethan beträgt im Normzustand 140,4 ml.

Berechnungen zu Mischphasen

Berechnung von Mischungsverhältnissen

Das zur Herstellung einer Lösung mit gewünschtem Massenanteil benötigte Mischungsverhältnis zweier Lösungen bekannter Massenanteile kann mithilfe der **Mischungsgleichung** ermittelt werden.

↗ Massenanteil S. 136

Mischungsgleichung		
$m_1 \cdot w_1(B) + m_2 \cdot w_2(B) = (m_1 + m_2) \cdot w(B)$	m_1	Masse der Lösung 1
	m_2	Masse der Lösung 2
	$w_1(B)$	Massenanteil der Lösung 1
	$w_2(B)$	Massenanteil der Lösung 2
	$w(B)$	Massenanteil der Mischung

■ 20 g Salzsäure [$w_1(HCl) = 37\ \%$] werden mit 100 g Wasser gemischt. Welchen Massenanteil Chlorwasserstoff hat die Mischung?

$$m_1 \cdot w_1(HCl) + m_2 \cdot w_2(HCl) = (m_1 + m_2) \cdot w(HCl)$$

$$w(HCl) = \frac{m_1 \cdot w_1(HCl) + m_2 \cdot w_2(HCl)}{m_1 + m_2}$$

$$w(HCl) = \frac{20\ g \cdot 0{,}37 + 100\ g \cdot 0}{20\ g + 100\ g}$$

$$w(HCl) = 6{,}2\ \%$$

Die erhaltene Salzsäure enthält einen Massenanteil $w(HCl) = 6{,}2\ \%$.

Eine Anwendung der Mischungsgleichung stellt das **Mischungskreuz** dar:

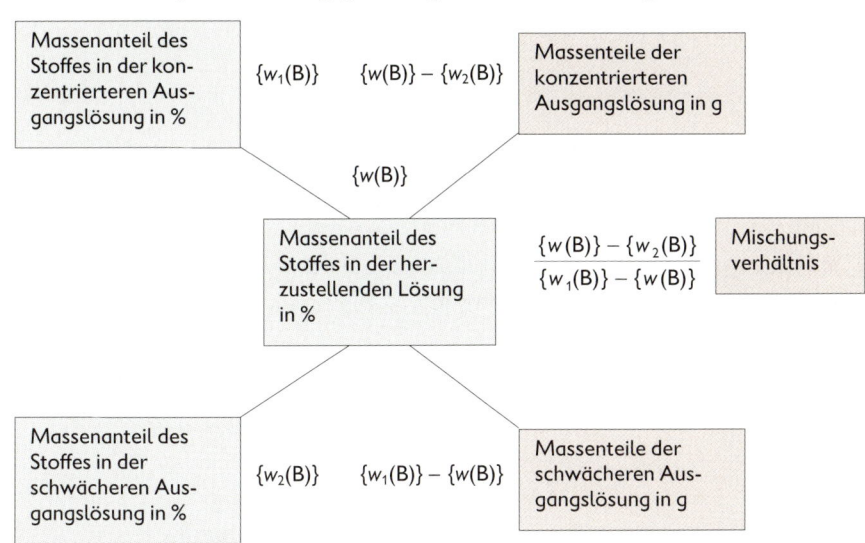

4

141

Das Mischungskreuz basiert auf einer Umformung der Mischungsgleichung:

$$m_1 \cdot w_1(B) + m_2 \cdot w_2(B) = m_1 \cdot w(B) + m_2 \cdot w(B)$$

$$m_1 \cdot [w_1(B) - w(B)] = m_2 \cdot [w(B) - w_2(B)]$$

$$\frac{m_1}{m_2} = \frac{\{w(B)\} - \{w_2(B)\}}{\{w_1(B)\} - \{w(B)\}}$$

■ Natronlauge [w(NaOH) = 30 %] soll durch Mischen einer Natronlauge [w_1(NaOH) = 40 %] mit einer Natronlauge [w_2(NaOH) = 10 %] hergestellt werden. Welche Massenteile beider Lösungen sind zu mischen?

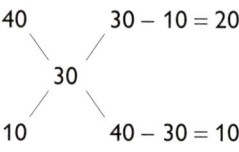

40   30 − 10 = 20

     30

10   40 − 30 = 10

$20 : 10 = 2 : 1 = m_1 : m_2$

2 Massenteile der Lösung [w_1(NaOH) = 40 %] sind mit 1 Massenteil der Lösung [w_2(NaOH) = 10 %] zu mischen.

Berechnungen mit Massenanteilen

Berechnungen mit Massenanteilen werden mithilfe der Definitionsgleichung oder von Umformungen der Definitionsgleichung durchgeführt.
↗ Massenanteil S. 136

$w(B) = \dfrac{m(B)}{m}$	$w(B)$	Massenanteil des Stoffes B
	$m(B)$	Masse des Stoffes B
	m	Gesamtmasse der Mischphase

■ Welche Masse Silbernitrat ist in 175 g einer Silbernitratlösung [w(AgNO$_3$) = 5 %] enthalten?

$$m(AgNO_3) = w(AgNO_3) \cdot m = 0,05 \cdot 175 \text{ g}$$

$$m(AgNO_3) = 8,75 \text{ g}$$

Die Lösung enthält die Masse m = 8,75 g Silbernitrat.

■ Welche Massen Wasser und Kaliumpermanganat werden benötigt, um 150 g einer 1,2%igen Kaliumpermanganatlösung herzustellen?

$$w(KMnO_4) = \frac{m(KMnO_4)}{m(KMnO_4) + m(H_2O)}; \qquad m(KMnO_4) + m(H_2O) = 150 \text{ g}$$

$$m(KMnO_4) = w(KMnO_4) \cdot [m(KMnO_4) + m(H_2O)] = 0,012 \cdot 150 \text{ g}$$

$$m(KMnO_4) = 1,8 \text{ g}$$

$$m(H_2O) = 150 \text{ g} - m(KMnO_4) = 150 \text{ g} - 1,8 \text{ g} = 148,2 \text{ g}$$

Es werden 148,2 g Wasser und 1,8 g Kaliumpermanganat benötigt.

4

Berechnungen mit Volumenanteilen

Berechnungen mit Volumenanteilen werden mithilfe der Definitionsgleichung oder von Umformungen der Definitionsgleichung durchgeführt.

↗ Volumenanteil S. 136

$$\varphi(B) = \dfrac{V(B)}{\sum V_j}$$	$\varphi(B)$ Volumenanteil des Stoffes B $V(B)$ Volumen des Stoffes B $\sum V_j$ Summe der Volumen aller Komponenten vor dem Mischen

■ Welches Volumen Wasser muss mit 175 ml reinem 1-Propanol gemischt werden, damit eine 1-Propanol-Wasser-Mischung [$\varphi(C_3H_7OH) = 35\,\%$] entsteht?

$$\varphi(C_3H_7OH) = \frac{V(C_3H_7OH)}{V(C_3H_7OH) + V(H_2O)}$$

$$V(H_2O) = \frac{V(C_3H_7OH)}{\varphi(C_3H_7OH)} - V(C_3H_7OH) = \frac{175\ \text{ml}}{0,35} - 175\ \text{ml}$$

$$V(H_2O) = 325\ \text{ml}$$

325 ml Wasser müssen mit 175 ml 1-Propanol gemischt werden.

Berechnungen mit Stoffmengenanteilen

Berechnungen mit Stoffmengenanteilen werden mithilfe der Definitionsgleichung oder von Umformungen der Definitionsgleichung durchgeführt.

↗ Stoffmengenanteil S. 137

$$x(B) = \dfrac{n(B)}{n} = \dfrac{n(B)}{\sum n_j}$$	$x(B)$ Stoffmengenanteil des Stoffes B $n(B)$ Stoffmenge des Stoffes B n Gesamtstoffmenge der Mischphase $\sum n_j$ Summe der Stoffmengen aller Komponenten

■ Welchen Stoffmengenanteil Stickstoffdioxid hat ein Stickstoffdioxid-Distickstofftetraoxid-Gemisch mit der Gleichgewichtsstoffmenge $n(NO_2) = 1,2$ mol, das insgesamt 2,8 mol Stickstoffdioxid (als Stickstoffdioxid und als Distickstofftetraoxid) enthält?

$$2\ NO_2 \rightleftharpoons N_2O_4$$

$$n(N_2O_4) = \frac{n_0(NO_2) - n(NO_2)}{2} = \frac{2,8\ \text{mol} - 1,2\ \text{mol}}{2}$$

$$n(N_2O_4) = 0,8\ \text{mol}$$

$$x(NO_2) = \frac{n(NO_2)}{n(NO_2) + n(N_2O_4)} = \frac{1,2\ \text{mol}}{1,2\ \text{mol} + 0,8\ \text{mol}}$$

$$x(NO_2) = 0,6 = 60\,\%$$

Der Stoffmengenanteil Stickstoffdioxid in dem Gemisch beträgt 60 %.

4

Berechnungen mit der Stoffmengenkonzentration

Berechnungen mit der Stoffmengenkonzentration werden mithilfe der Definitionsgleichung oder von Umformungen der Definitionsgleichung durchgeführt.

Bei vielen Berechnungen mit der Stoffmengenkonzentration muss von der Definitionsgleichung der Stoffmengenkonzentration und der Definitionsgleichung der molaren Masse ausgegangen werden.

↗ Stoffmengenkonzentration S. 138

$c(B) = \dfrac{n(B)}{V}$ $M(B) = \dfrac{m(B)}{n(B)}$ $c(B) = \dfrac{m(B)}{M(B) \cdot V}$	$c(B)$ Stoffmengenkonzentration des Stoffes B $n(B)$ Stoffmenge des gelösten Stoffes B V Volumen der Lösung $m(B)$ Masse des gelösten Stoffes B $M(B)$ Molare Masse des gelösten Stoffes B

4

- Welche Stoffmenge Chlorwasserstoff ist in 5 l einer Salzsäure [$c(HCl) = 3\ mol \cdot l^{-1}$] enthalten?

$n(HCl) = c(HCl) \cdot V = 3\ mol \cdot l^{-1} \cdot 5\ l$

$n(HCl) = 15\ mol$

Die Salzsäure enthält die Stoffmenge $n = 15\ mol$ Chlorwasserstoff.

- Welche Stoffmengenkonzentration hat eine Salzsäure, die in 2 l Lösung 73 g Chlorwasserstoff enthält?

$$c(HCl) = \frac{m(HCl)}{M(HCl) \cdot V} = \frac{73\ g}{36,5\ g \cdot mol^{-1} \cdot 2\ l}$$

$c(HCl) = 1\ mol \cdot l^{-1}$

Die Salzsäure hat die Stoffmengenkonzentration $c(HCl) = 1\ mol \cdot l^{-1}$.

Berechnungen mit der Stoffmengenkonzentration chemischer Äquivalente

Berechnungen mit der Stoffmengenkonzentration chemischer Äquivalente werden mithilfe der Definitionsgleichung oder von Umformungen der Definitionsgleichung durchgeführt.

Häufig wird zusätzlich von der Definitionsgleichung der molaren Masse ausgegangen.

↗ Stoffmengenkonzentration chemischer Äquivalente S. 138

$c\left(\dfrac{1}{z^*} B\right) = z^* \cdot c(B)$ $c\left(\dfrac{1}{z^*} B\right) = \dfrac{z^* \cdot n(B)}{V}$ $c\left(\dfrac{1}{z^*} B\right) = \dfrac{m(B) \cdot z^*}{M(B) \cdot V}$	$c(B)$ Stoffmengenkonzentration des Stoffes B $c\left(\dfrac{1}{z^*} B\right)$ Stoffmengenkonzentration chemischer Äquivalente des Stoffes B z^* Äquivalentzahl des gelösten Stoffes B V Volumen der Lösung $m(B)$ Masse des gelösten Stoffes B $M(B)$ Molare Masse des gelösten Stoffes B

- Welche Stoffmengenkonzentration chemischer Äquivalente hat eine Calciumhydroxidlösung, die in 3 l die Stoffmenge 0,02 mol Calciumhydroxid enthält?

$$c[\tfrac{1}{2}\,Ca(OH)_2] = \frac{z^* \cdot n[Ca(OH)_2]}{V}$$

$$= \frac{2 \cdot 0,02\ mol}{3\ l}$$

$$c[\tfrac{1}{2}\,Ca(OH)_2] = 0,013\ mol \cdot l^{-1}$$

Die Stoffmengenkonzentration der Lösung beträgt $c[\tfrac{1}{2}\,Ca(OH)_2] = 0,013\ mol \cdot l^{-1}$.

- Welche Masse wasserfreies Natriumcarbonat ist zur Herstellung von 900 ml einer Natriumcarbonatlösung mit der Stoffmengenkonzentration chemischer Äquivalente $c(\tfrac{1}{2}\,Na_2CO_3) = 0,2\ mol \cdot l^{-1}$ erforderlich?

$$m(Na_2CO_3) = \frac{c\left(\dfrac{1}{z^*}\,Na_2CO_3\right) \cdot M(Na_2CO_3) \cdot V}{z^*}$$

$$= \frac{0,2\ mol \cdot l^{-1} \cdot 106\ g \cdot mol^{-1} \cdot 900\ ml}{2}$$

$$m(Na_2CO_3) = 9,54\ g$$

Zur Herstellung der Natriumcarbonatlösung ist die Masse $m = 9,54$ g wasserfreies Natriumcarbonat erforderlich.

Berechnungen mit der Dichte

Mithilfe der Definitionsgleichung der Dichte und aus dem Zusammenhang zwischen molarem Volumen, molarer Masse und Dichte lassen sich die entsprechenden Größen berechnen.

$\varrho = \dfrac{m}{V}$	ϱ	Dichte des Gases oder der Lösung
	M	Molare Masse
$\varrho = \dfrac{M}{V_m}$	V_m	Molares Volumen
	m	Masse der Lösung
	V	Volumen der Lösung

- Die Dichte von Kohlenstoffdioxid unter Normbedingungen ist zu berechnen!

$$\varrho(CO_2) = \frac{M(CO_2)}{V_{m,n}(CO_2)}; \qquad V_{m,n}(CO_2) \approx V_{m,0} = 22,4\ l \cdot mol^{-1}$$

$$\varrho(CO_2) \approx \frac{44\ g \cdot mol^{-1}}{22,4\ l \cdot mol^{-1}}$$

$$\varrho(CO_2) \approx 1,96\ g \cdot l^{-1}$$

Die Dichte von Kohlenstoffdioxid beträgt unter Normbedingungen $1,96\ g \cdot l^{-1}$.

4

■ Das molare Volumen von Wasserstoff unter Normbedingungen ist zu berechnen [$\varrho(H_2) = 0{,}0899\ g \cdot l^{-1}$]!

$$V_m(H_2) = \frac{M(H_2)}{\varrho(H_2)}$$

$$V_m(H_2) = \frac{2\ g \cdot mol^{-1}}{0{,}0899\ g \cdot l^{-1}} = 22{,}2\ l \cdot mol^{-1}$$

Das molare Volumen von Wasserstoff beträgt unter Normbedingungen $22{,}2\ l \cdot mol^{-1}$.

■ Die Stoffmengenkonzentration chemischer Äquivalente einer Kalilauge mit dem Massenanteil $w(KOH) = 14\ \%$ (Dichte $\varrho = 1{,}13\ g \cdot ml^{-1}$) ist zu berechnen!

$$c\left(\frac{1}{z^*}\ KOH\right) = z^* \cdot c(KOH) = \frac{z^* \cdot n(KOH)}{V(Ls)} = \frac{z^* \cdot m(KOH)}{V(Ls) \cdot M(KOH)}$$

$$= \frac{z^* \cdot m(KOH) \cdot \varrho(Ls)}{m(Ls) \cdot M(KOH)}$$

$$= \frac{z^* \cdot w(KOH) \cdot \varrho(Ls)}{M(KOH)}$$

$$= \frac{1 \cdot 0{,}14 \cdot 1{,}13\ g \cdot ml^{-1}}{56\ g \cdot mol^{-1}}$$

$$c\left(\tfrac{1}{1}\ KOH\right) = 2{,}8\ mol \cdot l^{-1}$$

Die Kalilauge hat die Stoffmengenkonzentration $c\left(\tfrac{1}{1}\ KOH\right) = 2{,}8\ mol \cdot l^{-1}$.

Berechnung der Stoffmengenkonzentration bei der Auswertung von Titrationen

Die Stoffmengenkonzentration einer Lösung kann bei der Titration aus dem Volumen der zu bestimmenden Lösung und dem Verbrauch an Maßlösung bekannter Stoffmengenkonzentration berechnet werden. Am Äquivalenzpunkt sind die Äquivalentstoffmengen des zu bestimmenden Stoffes in der Analysenlösung und des Stoffes in der Maßlösung gleich. Das Produkt aus Äquivalentzahl z_1^* und Stoffmenge n_1 des zu bestimmenden Stoffes ist gleich dem Produkt aus Äquivalentzahl z_2^* und Stoffmenge n_2 des Stoffes in der Maßlösung:

$$z_1^* \cdot n_1 = z_2^* \cdot n_2\ .$$

Diese Größengleichung vereinfacht sich, wenn die Stoffe der Analysen- und Maßlösung gleiche Äquivalentzahlen haben ($z_1^* = z_2^*$):

$$n_1 = n_2\ .$$

$z_1^* \cdot c_1 \cdot V_1 = z_2^* \cdot c_2 \cdot V_2$ $\qquad c_1 = \dfrac{z_2^* \cdot c_2 \cdot V_2}{z_1^* \cdot V_1}$	c_1 c_2 V_1 V_2	Stoffmengenkonzentration der zu bestimmenden Lösung Stoffmengenkonzentration der Maßlösung Volumen der zu bestimmenden Lösung Volumen der verbrauchten Maßlösung

■ 10 ml Salpetersäure wurden bei einer Neutralisationstitration mit 4,8 ml einer Natriumhydroxidlösung [$c(NaOH) = 1\ mol \cdot l^{-1}$] titriert. Welche Stoffmengenkonzentration hat die Salpetersäure?

$$z^*(NaOH) = 1; \qquad z^*(HNO_3) = 1$$

$$c_1 = \frac{c_2 \cdot V_2}{V_1}$$

$$c(HNO_3) = \frac{c(NaOH) \cdot V(NaOH)}{V(HNO_3)} = \frac{1\ mol \cdot l^{-1} \cdot 4,8\ ml}{10\ ml}$$

$$c(HNO_3) = 0,48\ mol \cdot l^{-1}$$

Die Salpetersäure hat eine Stoffmengenkonzentration von $c(HNO_3) = 0,48\ mol \cdot l^{-1}$.
↗ Neutralisations-Titration S. 314

Berechnung der Masse bei der Auswertung von Titrationen

Die Masse des in einer Lösung gelösten Stoffes oder von Ionen kann durch Titration ermittelt werden. Für die Berechnung werden die Definitionsgleichungen der Konzentration und der molaren Masse benötigt. Durch Einsetzen und Umformen ergibt sich:

4

$$m_1 = \frac{z_2^*}{z_1^*} \cdot M_1 \cdot c_2 \cdot V_2$$	m_1 — Masse des Stoffes in der zu bestimmenden Lösung M_1 — Molare Masse des Stoffes in der zu bestimmenden Lösung z_1^* — Äquivalenzzahl des Stoffes in der zu bestimmenden Lösung c_2 — Stoffmengenkonzentration der Maßlösung V_2 — Volumen der verbrauchten Maßlösung z_2^* — Äquivalenzzahl des Stoffes in der Maßlösung

■ Bei der permanganometrischen Bestimmung von Eisen(II)-Ionen in einer Lösung wurden 16,8 ml einer Kaliumpermanganatlösung [$c(KMnO_4) = 0,02\ mol \cdot l^{-1}$] verbraucht. Welche Masse Eisen als Eisen(II)-Ionen ist in dieser Lösung enthalten? Die Reaktionsgleichung der Titration lautet:

$$5\ Fe^{2+} + MnO_4^- + 8\ H_3O^+ \longrightarrow 5\ Fe^{3+} + Mn^{2+} + 12\ H_2O.$$

$$z^*(Fe^{2+}) = 1; \qquad z^*(MnO_4^-) = 5$$

$$m(Fe^{2+}) = \frac{z^*(MnO_4^-)}{z^*(Fe^{2+})} \cdot M(Fe^{2+}) \cdot c(MnO_4^-) \cdot V(MnO_4^-)$$

$$= \frac{5}{1} \cdot 56\ g \cdot mol^{-1} \cdot 0,02\ mol \cdot l^{-1} \cdot 16,8\ ml$$

$$m(Fe^{2+}) = 94\ mg$$

Die Lösung enthält die Masse $m = 94\ mg$ Eisen als Eisen(II)-Ionen.
↗ Redoxtitration S. 316

147

Stöchiometrische Berechnungen zu chemischen Reaktionen

Stöchiometrie

Lehre von der mengenmäßigen Zusammensetzung von chemischen Verbindungen sowie der Stoffmengen-, Massen-, Volumen- und Ladungsverhältnisse bei chemischen Reaktionen.

↗ Grundgesetze S. 73

Stöchiometrisches Rechnen

Berechnen von Massen oder Volumen der an einer chemischen Reaktion beteiligten Ausgangsstoffe oder Reaktionsprodukte.

Bei allen chemischen Reaktionen reagieren die Ausgangsstoffe in bestimmten Stoffmengenverhältnissen miteinander. Aus diesen proportionalen Zusammenhängen lassen sich die Massen und Volumen der Reaktionsteilnehmer bei einer chemischen Reaktion berechnen.

4

Massen- und Volumenberechnung nach allgemeinen Größengleichungen

Aus der Proportionalität der Massen, Volumen und Stoffmengen ergeben sich allgemeine Größengleichungen.

↗ Molare Masse S. 134; molares Volumen S. 135

Gesuchte Größe	Gegebene Größe	Allgemeine Größengleichung	
$m(A)$	$m(B)$	$\dfrac{m(A)}{m(B)} = \dfrac{n(A) \cdot M(A)}{n(B) \cdot M(B)}$	m — Masse der beteiligten Stoffe V — Volumen der beteiligten gasförmigen Stoffe
$m(A)$	$V(B)$	$\dfrac{m(A)}{V(B)} = \dfrac{n(A) \cdot M(A)}{n(B) \cdot V_m(B)}$	M — Molare Masse V_m — Molares Volumen, für Gase im Normzustand gilt: $V_m = V_{m,n} \approx V_{m,0} = 22{,}4 \; l \cdot mol^{-1}$
$V(A)$	$m(B)$	$\dfrac{V(A)}{m(B)} = \dfrac{n(A) \cdot V_m(A)}{n(B) \cdot M(B)}$	n — Stoffmenge (A) — Stoff A, von dem eine Größe gesucht wird
$V(A)$	$V(B)$	$\dfrac{V(A)}{V(B)} = \dfrac{n(A)}{n(B)}$	(B) — Stoff B, von dem die genannten Größen bekannt sind

Schrittfolge	■ Welches Volumen Sauerstoff kann durch die thermische Zersetzung von 28 g Kaliumpermanganat gewonnen werden?
1. Aufstellen der Reaktionsgleichung	$4 \; KMnO_4 \longrightarrow 2 \; K_2O + 4 \; MnO_2 + 3 \; O_2$
2. Zusammenstellen der gesuchten und gegebenen Größen	Gegeben: $n(B) = n(KMnO_4) = 4 \; mol$; $\qquad\qquad n(A) = n(O_2) = 3 \; mol$; $\qquad\qquad m(B) = m(KMnO_4) = 28 \; g$ Gesucht: $V(A) = V(O_2)$

Schrittfolge	■ Welches Volumen Sauerstoff kann durch die thermische Zersetzung von 28 g Kaliumpermanganat gewonnen werden?
3. Aufstellen und Umformen der allgemeinen Größengleichung	$\dfrac{V(A)}{m(B)} = \dfrac{n(A) \cdot V_m(A)}{n(B) \cdot M(B)}$ $V(O_2) = \dfrac{m(O_2) \cdot V_m(O_2) \cdot m(KMnO_4)}{n(KMnO_4) \cdot M(KMnO_4)}$
4. Einsetzen der gegebenen Größen in die Größengleichung	$V(O_2) = \dfrac{3\ mol \cdot 22{,}4\ l \cdot mol^{-1} \cdot 28\ g}{4\ mol \cdot 158\ g \cdot mol^{-1}}$
5. Berechnen der gesuchten Größe	$V(O_2) = 3{,}0\ l$
6. Formulieren des Ergebnisses	Durch thermische Zersetzung von 28 g Kaliumpermanganat können 3,0 l Sauerstoff gewonnen werden.

4

Massen- und Volumenberechnungen nach Verhältnisgleichungen

Massen oder Volumen von Reaktionsteilnehmern bei einer chemischen Reaktion können aus den Stoffmengen, molaren Massen und molaren Volumen mithilfe von Verhältnisgleichungen berechnet werden.

↗ Stoffmenge S. 133; molare Masse S. 134; molares Volumen S. 135

Schrittfolge	■ Welche Masse Eisen(III)-oxid muss bei der Reaktion mit Aluminium eingesetzt werden, damit 14 g Eisen entstehen?
1. Aufstellen der Reaktionsgleichung	$Fe_2O_3 \ + \quad 2\ Al \longrightarrow 2\ Fe \quad + \quad Al_2O_3$
2. Eintragen der gegebenen und der gesuchten Größen über der Reaktionsgleichung	$m \qquad\qquad\qquad\qquad 14\ g$ $Fe_2O_3 \ + \quad 2\ Al \longrightarrow 2\ Fe \quad + \quad Al_2O_3$
3. Eintragen der Produkte aus Stöchiometriezahl und molarer Masse der Stoffe unter der Reaktionsgleichung	$m \qquad\qquad\qquad\qquad 14\ g$ $Fe_2O_3 \ + \quad 2\ Al \longrightarrow 2\ Fe \quad + \quad Al_2O_3$ $1 \cdot 160\ g \cdot mol^{-1} \qquad\quad 2 \cdot 56\ g \cdot mol^{-1}$
4. Aufstellen der Verhältnisgleichung	$\dfrac{m}{1 \cdot 160\ g \cdot mol^{-1}} = \dfrac{14\ g}{2 \cdot 56\ g \cdot mol^{-1}}$
5. Berechnen der gesuchten Größe	$m = \dfrac{160\ g \cdot mol^{-1} \cdot 14\ g}{2 \cdot 56\ g \cdot mol^{-1}} = 20\ g$
6. Formulieren des Ergebnisses	Zur Herstellung von 14 g Eisen wird die Masse 20 g Eisen(III)-oxid benötigt.

149

Berechnungen zur chemischen Thermodynamik

Berechnung der molaren Reaktionsenthalpie aus Messdaten

Reaktionsenthalpien können kalorimetrisch bestimmt werden.
↗ Kalorimetrie S. 94

$\Delta_R H_m = - \dfrac{m(H_2O) \cdot c_p(H_2O) \cdot \Delta T}{n_F}$
 	
 $\Delta_B H_m = - \dfrac{m(H_2O) \cdot c_p(H_2O) \cdot \Delta T \cdot M(Rp)}{m(Rp)}$
	$\Delta_R H_m$ Molare Reaktionsenthalpie
	 $\Delta_B H_m$ Molare Bildungsenthalpie
	 $m(H_2O)$ Masse des Kalorimeterwassers
	 $c_p(H_2O)$ Spezifische Wärmekapazität des
	            Wassers bei konstantem Druck;
	            $c_p(H_2O) = 4{,}19 \ J \cdot g^{-1} \cdot K^{-1}$
	 ΔT Temperaturänderungen des
	            Kalorimeterwassers
	 $M(Rp)$ Molare Masse des Reaktions-
	            produktes
	 $m(Rp)$ Masse des Reaktionsproduktes
	 n_F Stoffmenge der Formelumsätze

4

■ Für die Reaktion von Eisen mit Schwefel zu Eisen(II)-sulfid ist die molare Bildungs-
enthalpie zu bestimmen.
Reaktionsgleichung: $Fe + S \longrightarrow FeS$
Messgrößen:

$m(H_2O) = 400 \ g; \qquad \Delta T = 4{,}5 \ K; \qquad m(Fe) = 4{,}48 \ g; \qquad m(S) = 2{,}56 \ g$

$$\Delta_B H_m = - \frac{m(H_2O) \cdot c_p(H_2O) \cdot \Delta T \cdot M(Rp)}{m(Fe) + m(S)}$$

$$= - \frac{400 \ g \cdot 4{,}19 \ J \cdot g^{-1} \cdot K^{-1} \cdot 4{,}5 \ K \cdot 88 \ g \cdot mol^{-1}}{4{,}48 \ g + 2{,}56 \ g} = -94 \ kJ \cdot mol^{-1}$$

Die kalorimetrisch ermittelte molare Bildungsenthalpie von Eisen(II)-sulfid beträgt
$\Delta_B H_m = -94 \ kJ \cdot mol^{-1}$ (tabellierter Wert: $\Delta_B H_m^{\ominus} (FeS) = -100 \ kJ \cdot mol^{-1}$).

Berechnung molarer Standardreaktionsgrößen aus tabellierten Werten

Molare Standardreaktionsenthalpien $\Delta_R H_m^{\ominus}$, molare Standardreaktionsentropien
$\Delta_R S_m^{\ominus}$ und molare freie Standardreaktionsenthalpien $\Delta_R G_m^{\ominus}$ lassen sich nach dem
Satz von HESS aus tabellierten Größen berechnen.
↗ Molare Bildungsenthalpie S. 98; Satz von HESS S. 98

$\Delta_R H_m^{\ominus} = \Sigma \ [\nu(Rp) \cdot \Delta_B H_m^{\ominus} (Rp)]$
          $- \Sigma \ [\nu(As) \cdot \Delta_B H_m^{\ominus} (As)]$
 $\Delta_R S_m^{\ominus} = \Sigma \ [\nu(Rp) \cdot S_m^{\ominus} (Rp)]$
          $- \Sigma \ [\nu(As) \cdot S_m^{\ominus} (As)]$
 $\Delta_R G_m^{\ominus} = \Sigma \ [\nu(Rp) \cdot \Delta_B G_m^{\ominus} (Rp)]$
          $- \Sigma \ [\nu(As) \cdot \Delta_B G_m^{\ominus} (As)]$
	$\Delta_B H_m^{\ominus}$ Molare Standardbildungs-
	         enthalpie
	 $S_m^{\ominus}$ Molare Standardentropie
	 $\Delta_B G_m^{\ominus}$ Molare freie Standardbildungs-
	         enthalpie
	 ν Stöchiometriezahl
	 (As) Ausgangsstoff
	 (Rp) Reaktionsprodukt

■ Die molare Standardreaktionsenthalpie für die Hydrierung von Ethen
$CH_2{=}CH_2 + H_2 \longrightarrow CH_3{-}CH_3$ ist zu berechnen!

$\Delta_R H_m^{\ominus} = \nu(C_2H_6) \cdot \Delta_B H_m^{\ominus}(C_2H_6) - [\nu(C_2H_4) \cdot \Delta_B H_m^{\ominus}(C_2H_4) + \nu(H_2) \cdot \Delta_B H_m^{\ominus}(H_2)]$

$\Delta_R H_m^{\ominus} = [1 \cdot (-85\ kJ \cdot mol^{-1})] - [1 \cdot 52\ kJ \cdot mol^{-1} + 1 \cdot 0] = -137\ kJ \cdot mol^{-1}$

Die molare Standardreaktionsenthalpie beträgt $\Delta_R H_m^{\ominus} = -137\ kJ \cdot mol^{-1}$.

Berechnung der molaren freien Standardreaktionsenthalpie

Die Berechnung erfolgt mit einer Form der GIBBS-HELMHOLTZ-Gleichung.

↗ GIBBS-HELMHOLTZ-Gleichung S. 96

$\Delta_R G_m^{\ominus} = \Delta_R H_m^{\ominus} - T \cdot \Delta_R S_m^{\ominus}$	$\Delta_R G_m^{\ominus}$ Molare freie Standardreaktionsenthalpie $\Delta_R H_m^{\ominus}$ Molare Standardreaktionsenthalpie $\Delta_R S_m^{\ominus}$ Molare Standardreaktionsentropie

■ Die molare freie Standardreaktionsenthalpie $\Delta_R G_m^{\ominus}$ für die Hydrierung des Ethens zu Ethan ist zu berechnen!

$CH_2{=}CH_2 + H_2 \longrightarrow CH_3{-}CH_3$

$\Delta_R H_m^{\ominus} = -137\ kJ \cdot mol^{-1}$; $\Delta_R S_m^{\ominus} = -121\ J \cdot mol^{-1} \cdot K^{-1}$

$\Delta_R G_m^{\ominus} = \Delta_R H_m^{\ominus} - T \cdot \Delta_R S_m^{\ominus}$

$\Delta_R G_m^{\ominus} = -137\ kJ \cdot mol^{-1} - 298\ K \cdot (-121\ J \cdot mol^{-1} \cdot K^{-1}) = -101\ kJ \cdot mol^{-1}$

Die molare freie Standardreaktionsenthalpie beträgt $\Delta_R G_m^{\ominus} = -101\ kJ \cdot mol^{-1}$.

Berechnung der Gleichgewichtskonstante

Die Gleichgewichtskonstante kann aus der molaren freien Standardreaktionsenthalpie durch Umstellen der folgenden Größengleichung berechnet werden:

$\Delta_R G_m^{\ominus} = -R \cdot T \cdot \ln\{K\}$	$\Delta_R G_m^{\ominus}$ Molare freie Standardreaktionsenthalpie K Gleichgewichtskonstante R Universelle Gaskonstante T Temperatur

■ Es ist die Gleichgewichtskonstante K_p der Hydrierung von Ethen zu Ethan bei $T = 298\ K$ zu berechnen ($\Delta_R G_m^{\ominus} = -101\ kJ \cdot mol^{-1}$)!

$\Delta_R G_m^{\ominus} = -R \cdot T \cdot \ln\{K_p\}$

$\ln\{K_p\} = -\dfrac{\Delta_R G_m^{\ominus}}{R \cdot T} = -\dfrac{-101\,kJ \cdot mol^{-1}}{8{,}3145\ J \cdot mol^{-1} \cdot K^{-1} \cdot 298\ K} = 40{,}8$

$\ln\{K_p\} = \ln \dfrac{K_p}{(101{,}325\ kPa)^{\Delta\nu}}$; $\qquad \Delta\nu = -1$

$K_p = e^{\ln\{K_p\}} \cdot (101{,}325\ kPa)^{\Delta\nu} = \dfrac{e^{40{,}8}}{101{,}325\ kPa} = 5 \cdot 10^{15}\ kPa^{-1}$

Die Gleichgewichtskonstante der Hydrierung von Ethen beträgt $K_p = 5 \cdot 10^{15}\ kPa^{-1}$.

4

Berechnungen zur Reaktionskinetik

Berechnung der Geschwindigkeitskonstante

Die Berechnung einer Geschwindigkeitskonstante aus Messwerten kinetischer Untersuchungen erfolgt mit der integrierten Reaktionsgeschwindigkeitsgleichung. Die Reaktionsordnung der chemischen Reaktion muss bekannt sein.

↗ Geschwindigkeitsgleichung (Zeitgesetz) S. 100; Zeitgesetz einer Reaktion 1. Ordnung S. 100; Zeitgesetz einer Reaktion 2. Ordnung S. 101

Reaktion 1. Ordnung

$$v = -\frac{dc(A)}{dt} = k_1 \cdot c(A) \qquad k_1 = \frac{1}{t} \cdot \ln \frac{c_0(A)}{c(A)}$$

Reaktion 2. Ordnung

$$v = -\frac{dc(A)}{dt} = k_2 \cdot c(A) \cdot c(B) \qquad k_2 = \frac{1}{t[c_0(A) - c_0(B)]} \cdot \ln \frac{c(A) \cdot c_0(B)}{c(B) \cdot c_0(A)}$$

oder

$$v = -\frac{dc(A)}{dt} = k_2 \cdot c^2(A) \qquad k_2 = \frac{1}{t} \cdot \left(\frac{1}{c(A)} - \frac{1}{c_0(A)} \right)$$

$c(A); c(B)$	Stoffmengenkonzentration der Ausgangsstoffe zum Zeitpunkt t
$c_0(A); c_0(B)$	Anfangskonzentration der Ausgangsstoffe
$k_1; k_2$	Geschwindigkeitskonstanten
t	Reaktionszeit

- Die alkalische Verseifung von Essigsäuremethylester

$$CH_3-COO-CH_3 + OH^- \longrightarrow CH_3-COO^- + CH_3OH$$

verläuft nach dem Zeitgesetz einer Reaktion 2. Ordnung. Es ist die Geschwindigkeitskonstante zu berechnen.

Gegeben sind die Anfangskonzentrationen des Essigsäuremethylesters und der Hydroxid-Ionen: $c_0(\text{Ester}) = c_0(OH^-) = 0,05 \text{ mol} \cdot l^{-1}$.

Nach einer Reaktionszeit von 75 s betragen die Konzentrationen $c(\text{Ester}) = c(OH^-) = 0,04 \text{ mol} \cdot l^{-1}$.

$$k_2 = \frac{1}{t} \cdot \left(\frac{1}{c(\text{Ester})} - \frac{1}{c_0(\text{Ester})} \right)$$

$$= \frac{1}{75 \text{ s}} \cdot \left(\frac{1}{0,04} - \frac{1}{0,05} \right) l \cdot \text{mol}^{-1}$$

$$k_2 = 0,067 \, l \cdot \text{mol}^{-1} \cdot s^{-1}$$

Die Geschwindigkeitskonstante für die alkalische Verseifung von Essigsäuremethylester beträgt $k_2 = 0,067 \, l \cdot \text{mol}^{-1} \cdot s^{-1}$.

Berechnung der Reaktionsordnung

Die Berechnung der Reaktionsordnung aus Messwerten kinetischer Untersuchungen erfolgt mit der integrierten Reaktionsgeschwindigkeitsgleichung. Es werden mit den experimentell ermittelten Messwertpaaren die Geschwindigkeitskonstanten berechnet und miteinander verglichen.

Bei dem Zeitgesetz, bei dem die berechneten Geschwindigkeitskonstanten um einen Mittelwert streuen, handelt es sich um das Zeitgesetz der zutreffenden Reaktionsordnung.

↗ Reaktionsordnung S. 100

■ Es soll die Reaktionsordnung der Reaktion von Thiosulfat-Ionen mit Wasserstoffperoxid

$$2\,S_2O_3^{2-} + H_2O_2 + 2\,H_3O^+ \longrightarrow S_4O_6^{2-} + 4\,H_2O$$

bei konstantem pH-Wert bestimmt werden!

Messwerte:

t in min	0	17	36	43	52
$c(S_2O_3^{2-})$ in 10^{-3} mol $\cdot$ l^{-1}	20,5	10,3	5,2	4,2	3,1
$c(H_2O_2)$ in 10^{-3} mol $\cdot$ l^{-1}	36,8	31,7	29,1	28,6	28,1

Es wird vermutet, dass die Reaktion unter diesen Bedingungen eine Reaktion 2. Ordnung ist:

$$v = -\frac{dc(S_2O_3^{2-})}{dt} = k_2 \cdot c(S_2O_3^{2-}) \cdot c(H_2O_2);$$

$$k_2 = \frac{1}{t \cdot [c_0(S_2O_3^{2-}) - c_0(H_2O_2)]} \cdot \ln \frac{c(S_2O_3^{2-}) \cdot c_0(H_2O_2)}{c(H_2O_2) \cdot c_0(S_2O_3^{2-})}.$$

Für $t = 17$ min ist

$$k_2(t = 17\ \text{min}) = \frac{1}{17\ \text{min} \cdot (20,5 \cdot 10^{-3}\ \text{mol} \cdot \text{l}^{-1} - 36,8 \cdot 10^{-3}\ \text{mol} \cdot \text{l}^{-1})}$$

$$\cdot \ln \frac{10,3 \cdot 10^{-3}\ \text{mol} \cdot \text{l}^{-1} \cdot 36,8 \cdot 10^{-3}\ \text{mol} \cdot \text{l}^{-1}}{31,7 \cdot 10^{-3}\ \text{mol} \cdot \text{l}^{-1} \cdot 20,5 \cdot 10^{-3}\ \text{mol} \cdot \text{l}^{-1}}$$

$$k_2(t = 17\ \text{min}) = 1,95\ \text{l} \cdot \text{mol}^{-1} \cdot \text{min}^{-1}.$$

Durch analoge Berechnungen werden erhalten:

$k_2(t = 36\ \text{min}) = 1,94\ \text{l} \cdot \text{mol}^{-1} \cdot \text{min}^{-1};$

$k_2(t = 43\ \text{min}) = 1,90\ \text{l} \cdot \text{mol}^{-1} \cdot \text{min}^{-1};$

$k_2(t = 52\ \text{min}) = 1,91\ \text{l} \cdot \text{mol}^{-1} \cdot \text{min}^{-1}.$

Die einzelnen Geschwindigkeitskonstanten streuen um einen Mittelwert; die Reaktion ist eine Reaktion 2. Ordnung. Die Geschwindigkeitskonstante der chemischen Reaktion beträgt etwa $1,9\ \text{l} \cdot \text{mol}^{-1} \cdot \text{min}^{-1}$.

Berechnung einer Reaktionszeit

Die Berechnung einer Reaktionszeit zum Erreichen einer bestimmten Konzentration eines Ausgangsstoffes oder eines Reaktionsproduktes erfolgt mit der integrierten Reaktionsgeschwindigkeitsgleichung.

↗ Geschwindigkeitsgleichung (Zeitgesetz) S. 100; Zeitgesetz einer Reaktion 1. Ordnung S. 100; Zeitgesetz einer Reaktion 2. Ordnung S. 101

■ Es wird die chemische Reaktion von Wasserstoffperoxid mit Thiosulfat-Ionen in saurer Lösung durchgeführt. Die Anfangskonzentration des Wasserstoffperoxids beträgt $c_0(H_2O_2) = 5 \cdot 10^{-2}$ mol $\cdot$ l^{-1}, die Anfangskonzentration der Thiosulfat-Ionen $c_0(S_2O_3^{2-}) = 2,5 \cdot 10^{-2}$ mol $\cdot$ l^{-1}. Die Geschwindigkeitskonstante der Reaktion 2. Ordnung beträgt $k = 1,91$ l $\cdot$ mol$^{-1} \cdot$ min^{-1}. Es ist die Zeit zu berechnen, zu der die Konzentration der Thiosulfat-Ionen $c(S_2O_3^{2-}) = 1 \cdot 10^{-2}$ mol $\cdot$ l^{-1} ist!

$$2\,S_2O_3^{2-} + H_2O_2 + 2\,H_3O^+ \longrightarrow S_4O_6^{2-} + 4\,H_2O$$

$$v = -\frac{dc(S_2O_3^{2-})}{dt} = k \cdot c(S_2O_3^{2-}) \cdot c(H_2O_2)$$

$$t = \frac{1}{k \cdot [c_0(S_2O_3^{2-}) - c_0(H_2O_2)]} \cdot \ln \frac{c(S_2O_3^{2-}) \cdot c_0(H_2O_2)}{c(H_2O_2) \cdot c_0(S_2O_3^{2-})}$$

$$c(H_2O_2) = c_0(H_2O_2) - \tfrac{1}{2}[c_0(S_2O_3^{2-}) - c(S_2O_3^{2-})]$$

$$= 5 \cdot 10^{-2} \text{ mol} \cdot \text{l}^{-1} - \tfrac{1}{2}(2,5 \cdot 10^{-2} \text{ mol} \cdot \text{l}^{-1} - 1 \cdot 10^{-2} \text{ mol} \cdot \text{l}^{-1})$$

$$c(H_2O_2) = 4,25 \cdot 10^{-2} \text{ mol} \cdot \text{l}^{-1}$$

$$t = \frac{1}{1,91\,\text{l} \cdot \text{mol}^{-1} \cdot \text{min}^{-1} \cdot (2,5 \cdot 10^{-2} \text{ mol} \cdot \text{l}^{-1} - 5 \cdot 10^{-2} \text{ mol} \cdot \text{l}^{-1})}$$

$$\cdot \ln \frac{1 \cdot 10^{-2} \text{ mol} \cdot \text{l}^{-1} \cdot 5 \cdot 10^{-2} \text{ mol} \cdot \text{l}^{-1}}{4,25 \cdot 10^{-2} \text{ mol} \cdot \text{l}^{-1} \cdot 2,5 \cdot 10^{-2} \text{ mol} \cdot \text{l}^{-1}} = 15,9 \text{ min}$$

Nach 15,9 min ist in der Lösung die Konzentration $c(S_2O_3^{2-}) = 1 \cdot 10^{-2}$ mol $\cdot$ l^{-1} erreicht.

Berechnungen mit der ARRHENIUS-Gleichung

Mithilfe der ARRHENIUS-Gleichung können die Aktivierungsenergie und der Frequenzfaktor einer chemischen Reaktion aus experimentell ermittelten Geschwindigkeitskonstanten berechnet werden. Die Geschwindigkeitskonstante einer chemischen Reaktion kann auf beliebige Temperaturen umgerechnet werden.

↗ Einfluss der Temperatur auf die Reaktonsgeschwindigkeit S. 102

$k = A \cdot e^{-\frac{E_A}{R \cdot T}}$ $\ln\{k\} = \ln\{A\} - \frac{E_A}{R \cdot T}$ $\ln\{k(T_2)\} - \ln\{k(T_1)\} = \frac{E_A}{R} \cdot \left(\frac{1}{T_2} - \frac{1}{T_1}\right)$	$k(T_1); k(T_2)$ Geschwindigkeitskonstanten $T_1; T_2$ Temperaturen E_A Aktivierungsenergie R Universelle Gaskonstante A Frequenzfaktor (Aktionskonstante)

■ Die Geschwindigkeitskonstanten für den Zerfall von Distickstoffpentaoxid N_2O_5

$$N_2O_5 \longrightarrow NO_2 + NO_3$$

betragen $k_1(T_1 = 308 \text{ K}) = 1{,}34 \cdot 10^{-4} \text{ s}^{-1}$ und $k_2(T_2 = 328 \text{ K}) = 1{,}50 \cdot 10^{-3} \text{ s}^{-1}$. Es ist die Aktivierungsenergie zu berechnen!

$$E_A = \frac{R \cdot T_1 \cdot T_2}{T_2 - T_1} \cdot \ln \frac{k_2(T_2)}{k_1(T_1)}$$

$$E_A = \frac{8{,}3145 \text{ J} \cdot \text{mol}^{-1} \cdot \text{K}^{-1} \cdot 308 \text{ K} \cdot 328 \text{ K}}{328 \text{ K} - 308 \text{ K}} \cdot \ln \frac{1{,}50 \cdot 10^{-3} \text{ s}^{-1}}{1{,}34 \cdot 10^{-4} \text{ s}^{-1}}$$

$$E_A = 101 \text{ kJ} \cdot \text{mol}^{-1}$$

Die Aktivierungsenergie der Zerfallsreaktion von Distickstoffpentaoxid beträgt $E_A = 101 \text{ kJ} \cdot \text{mol}^{-1}$.

■ Die Geschwindigkeitskonstanten für den Zerfall von Distickstoffpentaoxid N_2O_5 betragen $k_1(T_1 = 308 \text{ K}) = 1{,}34 \cdot 10^{-4} \text{ s}^{-1}$ und $k_2(T_2 = 328 \text{ K}) = 1{,}50 \cdot 10^{-3} \text{ s}^{-1}$. Es ist die Aktionskonstante zu berechnen, wenn die Aktivierungsenergie $E_A = 101 \text{ kJ} \cdot \text{mol}^{-1}$ beträgt!

4

$$A_1 = k_1(T_1) \cdot e^{\frac{E_A}{R \cdot T_1}} = 1{,}34 \cdot 10^{-4} \text{ s}^{-1} \cdot e^{\frac{101 \text{ kJ} \cdot \text{mol}^{-1}}{8{,}3145 \text{ J} \cdot \text{mol}^{-1} \cdot \text{K}^{-1} \cdot 308 \text{ K}}} = 1{,}8 \cdot 10^{13} \text{ s}^{-1}$$

$$A_2 = k_2(T_2) \cdot e^{\frac{E_A}{R \cdot T_2}} = 1{,}50 \cdot 10^{-3} \text{ s}^{-1} \cdot e^{\frac{101 \text{ kJ} \cdot \text{mol}^{-1}}{8{,}3145 \text{ J} \cdot \text{mol}^{-1} \cdot \text{K}^{-1} \cdot 328 \text{ K}}} = 1{,}8 \cdot 10^{13} \text{ s}^{-1}$$

$$A = \frac{A_1 + A_2}{2} = \frac{1{,}8 \cdot 10^{13} \text{ s}^{-1} + 1{,}8 \cdot 10^{13} \text{ s}^{-1}}{2}$$

$$A = 1{,}8 \cdot 10^{13} \text{ s}^{-1}$$

Die Aktionskonstante des Zerfalls von Distickstoffpentaoxid beträgt $A = 1{,}8 \cdot 10^{13} \text{ s}^{-1}$.

■ Die Geschwindigkeitskonstante für den Zerfall von Distickstoffpentaoxid N_2O_5 beträgt $k(T_2 = 328 \text{ K}) = 1{,}50 \cdot 10^{-3} \text{ s}^{-1}$. Es ist die Geschwindigkeitskonstante der Zerfallsreaktion bei $\vartheta_3 = 100 \text{ °C}$ zu berechnen!

$$\ln\{k(T_3)\} - \ln\{k(T_2)\} = -\frac{E_A}{R} \cdot \left(\frac{1}{T_3} - \frac{1}{T_2} \right)$$

$$\ln \frac{k(T_3)}{k(T_2)} = -\frac{E_A}{R} \cdot \left(\frac{1}{T_3} - \frac{1}{T_2} \right)$$

$$\ln \frac{k(T_3)}{k(T_2)} = -\frac{101 \text{ kJ} \cdot \text{mol}^{-1}}{8{,}3145 \text{ J} \cdot \text{mol}^{-1} \cdot \text{K}^{-1}} \cdot \left(\frac{1}{373 \text{ K}} - \frac{1}{328 \text{ K}} \right) = 4{,}468$$

$$\frac{k(T_3)}{k(T_2)} = e^{4{,}468} = 87{,}2$$

$$k(T_3) = 87{,}2 \cdot k(T_2) = 87{,}2 \cdot 1{,}50 \cdot 10^{-3} \text{ s}^{-1} = 0{,}13 \text{ s}^{-1}$$

Die Geschwindigkeitskonstante der Zerfallsreaktion von Distickstoffpentaoxid bei 100 °C beträgt $k(T_3) = 0{,}13 \text{ s}^{-1}$.

Berechnungen zu chemischen Gleichgewichten

Berechnungen zum Massenwirkungsgesetz

Berechnungen zum Massenwirkungsgesetz können nach einer Schrittfolge durchgeführt werden.

↗ Chemisches Gleichgewicht S. 80; Massenwirkungsgesetz S. 81

Schrittfolge
1. Aufstellen der Reaktionsgleichung (RGl)
2. Angeben der Stoffmengenkonzentrationen (Partialdrücke) der Reaktionspartner vor dem Reaktionsbeginn (Start)
3. Ermitteln der Stoffmengenkonzentrationen (Partialdrücke) der Reaktionsteilnehmer im chemischen Gleichgewicht ($\rightleftharpoons$)
4. Aufstellen der Gleichung des Massenwirkungsgesetzes (MWG)
5. Einsetzen der Stoffmengenkonzentrationen (Partialdrücke) in die Gleichung des Massenwirkungsgesetzes
6. Berechnen der unbekannten Größe

Bei chemischen Gleichgewichten mit gleicher Summe der Stöchiometriezahlen der Ausgangsstoffe und der Reaktionsprodukte ($\Delta v = 0$) können anstelle der Stoffmengenkonzentrationen die ihnen proportionalen Stoffmengen eingesetzt werden.

Berechnung der Gleichgewichtskonstante K_c

■ Bei der Reaktion von 3 mol Essigsäure und 4 mol Ethanol bei 25 °C sind bis zur Einstellung des chemischen Gleichgewichts 2,05 mol Essigsäureethylester entstanden. In den Ausgangsstoffen waren insgesamt 1,55 mol Wasser enthalten. Wie groß ist die Gleichgewichtskonstante K_c?

1. RGl $\quad CH_3-COOH + C_2H_5-OH \rightleftharpoons CH_3-COO-C_2H_5 + H_2O$

2. Start $\quad$ 3 mol $\qquad$ 4 mol $\qquad$ 0 mol $\qquad$ 1,55 mol

3. $\rightleftharpoons \quad$ (3 – 2,05) mol $\quad$ (4 – 2,05) mol $\quad$ 2,05 mol $\quad$ (1,55 + 2,05) mol
$\qquad\quad$ 0,95 mol $\qquad\quad$ 1,95 mol $\qquad\quad$ 2,05 mol $\qquad$ 3,60 mol

4. MWG $\quad K_c = \dfrac{n(CH_3COOC_2H_5) \cdot n(H_2O)}{n(CH_3COOH) \cdot n(C_2H_5OH)}$

5. $\qquad K_c = \dfrac{2,05 \text{ mol} \cdot 3,60 \text{ mol}}{0,95 \text{ mol} \cdot 1,95 \text{ mol}}$

6. $\qquad K_c = 3,98$

Bei 25 °C beträgt die Gleichgewichtskonstante für die Bildung von Essigsäureethylester $K_c = 4,0$.

↗ Massenwirkungsgesetz S. 81

Berechnung der Stoffmenge eines Reaktionsprodukts im chemischen Gleichgewicht

■ Bei 25 °C beträgt die Gleichgewichtskonstante für die Bildung von Essigsäureethylester aus Essigsäure und Ethanol $K_c = 4$. Welche Stoffmenge an Ester liegt im chemischen Gleichgewicht vor, wenn von 3 mol Essigsäure und 4 mol Ethanol ausgegangen wird und die Ausgangsstoffe insgesamt 1,55 mol Wasser enthalten?

1. RGl $CH_3-COOH + C_2H_5-OH \rightleftharpoons CH_3-COO-C_2H_5 + H_2O$

2. Start 3 mol 4 mol 0 mol 1,55 mol

3. $\rightleftharpoons$ 3 mol $- n$ 4 mol $- n$ n 1,55 mol $+ n$

4. MWG $K_c = \dfrac{n(CH_3COOC_2H_5) \cdot n(H_2O)}{n(CH_3COOH) \cdot n(C_2H_5OH)}$

5. $4 = \dfrac{n \cdot (1,55\ mol + n)}{(3\ mol - n) \cdot (4\ mol - n)}$

6. $n^2 + 1,55\ mol \cdot n = 4n^2 - 28\ mol \cdot n + 48\ mol^2$

$0 = n^2 - 9,85\ mol \cdot n + 16\ mol^2$

$n_{1,2} = \dfrac{9,85}{2}\ mol \pm \sqrt{\dfrac{97}{4}\ mol^2 - 16\ mol^2} = 4,925\ mol \pm 2,873\ mol$

$n_1 = 7,8\ mol$ (entfällt, weil $0 \le n \le 4$ mol sein muss)

$n_2 = 2,05\ mol$

Im chemischen Gleichgewicht enthält das Gemisch 2,05 mol Essigsäureethylester.

Berechnung der Ausbeute einer chemischen Reaktion

Die Ausbeute η eines Reaktionsproduktes ist der Quotient aus der erhaltenen Stoffmenge n und der für vollständigen Umsatz berechneten Stoffmenge n' dieses Stoffes.

$$\eta = \frac{n}{n'}$$

■ Beim Umsatz von 3 mol Essigsäure mit 4 mol Ethanol werden 2,05 mol Essigsäureethylester erhalten. Die Ausgangsstoffe enthielten insgesamt 1,55 mol Wasser. Wie groß ist die Ausbeute an Ester bezogen auf Essigsäure?

1. RGl $CH_3-COOH + C_2H_5-OH \rightleftharpoons CH_3-COO-C_2H_5 + H_2O$

2. Start 3 mol 4 mol 0 mol 1,55 mol

3. $\rightleftharpoons$ 0,95 mol 1,95 mol 2,05 mol 3,60 mol

4. $\eta = \dfrac{n(CH_3COOC_2H_5)}{n'(CH_3COOC_2H_5)} = \dfrac{n(CH_3COOC_2H_5)}{n_{Start}(CH_3-COOH)}$

5. $\eta = \dfrac{2,05\ mol}{3\ mol}$

$\eta = 0,68 = 68\ \%$

Die Ausbeute an Ester beträgt 68 % bezogen auf Essigsäure.

4

Berechnung einer Gleichgewichtskonstante

Die Berechnung einer Gleichgewichtskonstane bei einer bestimmten Temperatur erfolgt bei einer gegebenen Gleichgewichtskonstante mit der integrierten Gleichung der VAN'T-HOFFschen Reaktionsisobaren.

$\dfrac{d \ln \{K\}}{dT} = \dfrac{\Delta_R H_m^{\ominus}}{R \cdot T^2}$ Integrierte Form: $\ln \{K_2\} = \ln \{K_1\} + \dfrac{\Delta_R H_m^{\ominus}}{R} \cdot \dfrac{T_2 - T_1}{T_1 \cdot T_2}$	K Gleichgewichtskonstante $\Delta_R H_m^{\ominus}$ Molare Standardreaktionsenthalpie R Universelle Gaskonstante T Temperatur $1, 2$ Indizes für zwei Zustände

■ Bei 25 °C beträgt die Gleichgewichtskonstante der chemischen Reaktion

$$N_2O_4 \rightleftharpoons 2\,NO_2$$

$K_p = 11{,}4$ kPa. Es ist die Gleichgewichtskonstante bei $\vartheta = 70$ °C zu berechnen, wenn die molare Standardreaktionsenthalpie der Reaktion $\Delta_R H_m^{\ominus} = 59$ kJ $\cdot$ mol^{-1} beträgt!

$$\ln \{K_{p,2}\} = \ln \frac{K_{p,2}}{101{,}325 \text{ kPa}} = \ln \{K_{p,1}\} + \frac{\Delta_R H_m^{\ominus}}{R} \cdot \frac{T_2 - T_1}{T_1 \cdot T_2}$$

$$\ln \{K_{p,2}\} = \ln \frac{11{,}4 \text{ kPa}}{101{,}325 \text{ kPa}} + \frac{59 \text{ kJ} \cdot \text{mol}^{-1}}{8{,}3145 \text{ J} \cdot \text{mol}^{-1} \cdot \text{K}^{-1}} \cdot \frac{343 \text{ K} - 298 \text{ K}}{298 \text{ K} \cdot 343 \text{ K}} = 0{,}94$$

$K_{p,2} = 101{,}325 \text{ kPa} \cdot e^{\ln\{K_{p,2}\}} = 101{,}325 \text{ kPa} \cdot e^{0{,}94} = 259$ kPa

Die Gleichgewichtskonstante der Reaktion bei 70 °C beträgt $K_p = 259$ kPa.

Berechnungen mit dem pH-Wert

Berechnungen mit dem pH-Wert werden mithilfe der Definitionsgleichung des pH-Wertes sowie der Gleichung der Protolysekonstante durchgeführt.

↗ pH-Wert wässriger Lösungen S. 111; Pufferlösung S. 112

$pH = -\lg \dfrac{c(H_3O^+)}{\text{mol} \cdot l^{-1}}$; $pH = -\lg \{c(H_3O^+)\}$; $[c(H_3O^+)] = \text{mol} \cdot l^{-1}$ Für sehr starke Säuren und Basen gilt: $c(H_3O^+) = c_0(HA)$; $c(OH^-) = c_0(B)$ Für starke Säuren und Basen gilt: $c(H_3O^+) = -\dfrac{K_S}{2} + \sqrt{\left(\dfrac{K_S}{2}\right)^2 + K_S \cdot c_0(HA)}$; $c(OH^-) = -\dfrac{K_B}{2} + \sqrt{\left(\dfrac{K_B}{2}\right)^2 + K_B \cdot c_0(B)}$ Für mittelstarke bis schwache Säuren und Basen gilt: $c(H_3O^+) = \sqrt{K_S \cdot c_0(HA)}$; $c(OH^-) = \sqrt{K_B \cdot c_0(B)}$ Für Pufferlösungen gilt: $c(H_3O^+) = K_S \cdot \dfrac{c(HA)}{c(A^-)}$

4

■ Eine Lösung hat einen pH-Wert von 3,5. Wie groß ist die Konzentration der Hydronium-Ionen?

$$pH = -\lg \frac{c(H_3O^+)}{mol \cdot l^{-1}}$$

$$\frac{c(H_3O^+)}{mol \cdot l^{-1}} = 10^{-pH}$$

$$c(H_3O^+) = 10^{-pH} \, mol \cdot l^{-1} = 10^{-3,5} \, mol \cdot l^{-1}$$

$$c(H_3O^+) = 3,2 \cdot 10^{-4} \, mol \cdot l^{-1}$$

Die Konzentration der Hydronium-Ionen beträgt $3,2 \cdot 10^{-4} \, mol \cdot l^{-1}$.

■ Der pH-Wert einer Ammoniaklösung $[c_0(NH_3) = 0,1 \, mol \cdot l^{-1}$; $K_B(NH_3) = 1,8 \cdot 10^{-5} \, mol \cdot l^{-1}]$ ist zu berechnen!

$$c(OH^-) = \sqrt{K_B \cdot c_0(B)}$$

$$c(OH^-) = \sqrt{1,8 \cdot 10^{-5} \, mol \cdot l^{-1} \cdot 0,1 \cdot mol \cdot l^{-1}} = 1,3 \cdot 10^{-3} \, mol \cdot l^{-1}$$

$$c(H_3O^+) = \frac{K_W}{c(OH^-)} = \frac{10^{-14} \, mol^2 \cdot l^{-2}}{1,3 \cdot 10^{-3} \, mol \cdot l^{-1}}$$

$$= 7,7 \cdot 10^{-12} \, mol \cdot l^{-1}$$

$$pH = -\lg \frac{7,7 \cdot 10^{-12} \, mol \cdot l^{-1}}{mol \cdot l^{-1}} = 11,1$$

Der pH-Wert der Ammoniaklösung ist 11,1.

■ Es ist der pH-Wert einer Pufferlösung zu berechnen, die $0,11 \, mol \cdot l^{-1}$ Essigsäure $[K_S(CH_3COOH) = 1,8 \cdot 10^{-5} \, mol \cdot l^{-1}]$ und $0,16 \, mol \cdot l^{-1}$ Natriumacetat enthält!

$$c(H_3O^+) = K_S \cdot \frac{c(CH_3COOH)}{c(CH_3COO^-)} = 1,8 \cdot 10^{-5} \, mol \cdot l^{-1} \cdot \frac{0,11 \, mol \cdot l^{-1}}{0,16 \, mol \cdot l^{-1}}$$

$$= 1,2 \cdot 10^{-5} \, mol \cdot l^{-1}$$

$$pH = -\lg \frac{1,2 \cdot 10^{-5} \, mol \cdot l^{-1}}{mol \cdot l^{-1}}$$

$$pH = 4,9$$

Die Pufferlösung hat einen pH-Wert von 4,9.

Berechnungen zum Protolysegrad

Der Protolysegrad α ist der auf die Ausgangskonzentration bezogene protolysierte Anteil einer Säure oder Base.

↗ Protolysegrad S. 111

$$\alpha_S = \frac{c(H_3O^+)}{c_0(HA)} = \frac{c(A^-)}{c_0(HA)} \qquad \alpha_B = \frac{c(OH^-)}{c_0(B)} = \frac{c(HB^+)}{c_0(B)}$$

■ Wie groß ist der Protolysegrad α der Essigsäure in einer Essigsäurelösung mit der Konzentration $c_0 = 0,01 \text{ mol} \cdot l^{-1}$ [$K_S(CH_3COOH) = 1,8 \cdot 10^{-5} \text{ mol} \cdot l^{-1}$]?

$$\alpha_S = \frac{c(H_3O^+)}{c_0(CH_3COOH)} \, ; \qquad c(H_3O^+) = \sqrt{K_S \cdot c_0(CH_3COOH)}$$

$$\alpha_S = \frac{\sqrt{K_S \cdot c_0(CH_3COOH)}}{c_0(CH_3COOH)} = \frac{\sqrt{1,8 \cdot 10^{-5} \text{ mol} \cdot l^{-1} \cdot 0,01 \text{ mol} \cdot l^{-1}}}{0,01 \text{ mol} \cdot l^{-1}}$$

$$\alpha_S = 0,042 = 4,2\,\%$$

Der Protolysegrad der betreffenden Essigsäure beträgt 4,2 %.

Berechnungen zu Löslichkeitsgleichgewichten

Berechnungen zu Fällungs- und Löslichkeitsgleichgewichten lassen sich mithilfe der Gleichung des Löslichkeitsproduktes durchführen.

↗ Löslichkeits- und Fällungsgleichgewicht S. 105

$K_L(A_mB_n) = c^m(A^{n+}) \cdot c^n(B^{m-})$	$K_L(A_mB_n)$ Löslichkeitsprodukt des Stoffes A_mB_n
$l(A_mB_n) = c_S(A_mB_n) = \sqrt[m+n]{\dfrac{K_L(A_mB_n)}{m^m \cdot n^n}}$	$l(A_mB_n)$ Löslichkeit des Stoffes A_mB_n
	$c_S(A_mB_n)$ Sättigungskonzentration des Stoffes A_mB_n

■ Bariumsulfat hat das Löslichkeitsprodukt $K_L = 1 \cdot 10^{-10} \text{ mol}^2 \cdot l^{-2}$. Bei welcher Stoffmengenkonzentration von Schwefelsäure beginnt in einer Bariumchloridlösung ($c = 1 \cdot 10^{-3} \text{ mol} \cdot l^{-1}$) die Fällung von Bariumsulfat?

$$c(Ba^{2+}) \cdot c(SO_4^{2-}) = K_L(BaSO_4)$$

$$c(SO_4^{2-}) = \frac{K_L(BaSO_4)}{c(Ba^{2+})} = \frac{1 \cdot 10^{-10} \text{ mol}^2 \cdot l^{-2}}{1 \cdot 10^{-3} \text{ mol} \cdot l^{-1}}$$

$$c(SO_4^{2-}) = 1 \cdot 10^{-7} \text{ mol} \cdot l^{-1}$$

Die Fällung von Bariumsulfat beginnt, wenn die Stoffmengenkonzentration der Schwefelsäure den Wert $1 \cdot 10^{-7} \text{ mol} \cdot l^{-1}$ überschreitet.

■ Wie groß ist die Löslichkeit l_1 von Kaliumperchlorat in Wasser im Vergleich zur Löslichkeit l_2 von Kaliumperchlorat in Kaliumchloridlösung ($c = 1 \text{ mol} \cdot l^{-1}$)?

$$l_1(KClO_4) = c(ClO_4^-) = \sqrt{K_L(KClO_4)} = \sqrt{1 \cdot 10^{-2} \text{ mol}^2 \cdot l^{-2}} = 1 \cdot 10^{-1} \text{ mol} \cdot l^{-1}$$

$$l_2(KClO_4) = c(ClO_4^-) \qquad K_L(KClO_4) = c(K^+) \cdot c(ClO_4^-) = 1 \cdot 10^{-2} \text{ mol}^2 \cdot l^{-2}$$

$$= \frac{K_L(KClO_4)}{c(K^+)}$$

$$l_2(KClO_4) = \frac{1 \cdot 10^{-2} \text{ mol}^2 \cdot l^{-2}}{1 \text{ mol} \cdot l^{-1}} = 1 \cdot 10^{-2} \text{ mol} \cdot l^{-1}$$

Die Löslichkeit von Kaliumperchlorat ist in reinem Wasser zehnmal größer als in Kaliumchloridlösung [$c(KCl) = 1 \text{ mol} \cdot l^{-1}$].

Berechnungen der Löslichkeit mit Stabilitätskonstanten von Komplexen

Für Berechnungen der Löslichkeit schwer löslicher Salze in Lösungen, in denen das Kation des schwer löslichen Salzes ein Komplex-Ion bildet, wird neben der Größengleichung des Löslichkeitsproduktes auch die Größengleichung der Komplexstabilitätskonstante benötigt.

↗ Löslichkeits- und Fällungsgleichgewicht S. 105; Veränderung der Löslichkeit S. 106; Komplexbildungsgleichgewichte S. 113

$K_L(A_m B_n) = c^m(A^{n+}) \cdot c^n(B^{m-})$ $$K = \frac{c(\text{Komplex})}{c(A^{n+}) \cdot c^x(L)}$$	K_L Löslichkeitsprodukt K Komplexstabilitätskonstante $c(A^{n+})$ Stoffmengenkonzentration der Kationen $c(L)$ Stoffmengenkonzentration der Liganden $c(\text{Komplex})$ Stoffmengenkonzentration des Komplexes

■ Die Stabilitätskonstante für den Diamminsilberkomplex $[Ag(NH_3)_2]^+$ beträgt $K\{[Ag(NH_3)_2]^+\} = 1{,}6 \cdot 10^7 \, l^2 \cdot mol^{-2}$. Die Löslichkeit von Silberchlorid, Silberbromid und Silberiodid in Ammoniaklösung $[c(NH_3) = 4 \, mol \cdot l^{-1}]$ ist zu berechnen $[K_L(AgCl) = 1 \cdot 10^{-10} \, mol^2 \cdot l^{-2};$ $K_L(AgBr) = 5 \cdot 10^{-13} \, mol^2 \cdot l^{-2};$ $K_L(AgI) = 8 \cdot 10^{-17} \, mol^2 \cdot l^{-2}]$!

4

$$AgX \rightleftharpoons Ag^+ + X^- \qquad K_L(AgX) = c(Ag^+) \cdot c(X^-)$$

$$Ag^+ + 2\,NH_3 \rightleftharpoons [Ag(NH_3)_2]^+ \qquad K\{[Ag(NH_3)_2]^+\} = \frac{c\{[Ag(NH_3)_2]^+\}}{c(Ag^+) \cdot c^2(NH_3)}$$

$$c(Ag^+) = \frac{c\{[Ag(NH_3)_2]^+\}}{K\{[Ag(NH_3)_2]^+\} \cdot c^2(NH_3)}$$

$$l(AgX) = c(X^-) = \frac{K_L(AgX)}{c(Ag^+)} = \frac{K_L(AgX) \cdot K\{[Ag(NH_3)_2]^+\} \cdot c^2(NH_3)}{c\{[Ag(NH_3)_2]^+\}}$$

$$c\{[Ag(NH_3)_2]^+\} \approx c(X^-)$$

$$l(AgX) \approx \sqrt{K_L(AgX) \cdot K\{[Ag(NH_3)_2]^+\} \cdot c^2(NH_3)}$$

$$l(AgCl) \approx \sqrt{1 \cdot 10^{-10} \, mol^2 \cdot l^{-2} \cdot 1{,}6 \cdot 10^7 \, l^2 \cdot mol^{-2} \cdot 4^2 \, mol^2 \cdot l^{-2}}$$

$$l(AgCl) \approx 1{,}6 \cdot 10^{-1} \, mol \cdot l^{-1}$$

$$l(AgBr) \approx \sqrt{5 \cdot 10^{-13} \, mol^2 \cdot l^{-2} \cdot 1{,}6 \cdot 10^7 \, l^2 \cdot mol^{-2} \cdot 4^2 \, mol^2 \cdot l^{-2}}$$

$$l(AgBr) \approx 1{,}1 \cdot 10^{-2} \, mol \cdot l^{-1}$$

$$l(AgI) \approx \sqrt{8 \cdot 10^{-17} \, mol^2 \cdot l^{-2} \cdot 1{,}6 \cdot 10^7 \, l^2 \cdot mol^{-2} \cdot 4^2 \, mol^2 \cdot l^{-2}}$$

$$l(AgI) \approx 1{,}4 \cdot 10^{-4} \, mol \cdot l^{-1}$$

Die Löslichkeit der Silberhalogenide in Ammoniaklösung $[c(NH_3) = 4 \, mol \cdot l^{-1}]$ beträgt $l(AgCl) \approx 1{,}6 \cdot 10^{-1} \, mol \cdot l^{-1};$ $l(AgBr) \approx 1{,}1 \cdot 10^{-2} \, mol \cdot l^{-1}$ und $l(AgI) \approx 1{,}4 \cdot 10^{-4} \, mol \cdot l^{-1}$. In dieser Ammoniaklösung ist Silberchlorid weitgehend löslich, Silberbromid gering und Silberiodid schwer löslich.

Berechnungen zur Elektrochemie

Berechnungen mit der NERNSTschen Gleichung

Mithilfe der NERNSTschen Gleichung lassen sich Redoxpotentiale E, Elektrodenspannungen E und Gleichgewichtszellspannungen ΔE berechnen.

↗ NERNSTsche Gleichung S. 120; galvanische Zelle (galvanisches Element) S. 122

Für Redoxelektroden (Redoxpaare) gilt: $$E = E^{\ominus} + \frac{R \cdot T}{z \cdot F} \cdot \ln\left\{\frac{c(Ox)}{c(Red)}\right\}.$$ Für Metall-Metall-Ionen-Elektroden gilt: $$E = E^{\ominus} + \frac{R \cdot T}{z \cdot F} \cdot \ln\{c(A^{z+})\}.$$ $$\Delta E^{\ominus} = E_2^{\ominus} - E_1^{\ominus}$$ $$\Delta E = E_2 - E_1 = E(\text{Katode}) - E(\text{Anode})$$ Bei $T = 298$ K gilt: $$E = E^{\ominus} + \frac{0{,}059\ \text{V}}{z} \cdot \lg\left\{\frac{c(Ox)}{c(Red)}\right\}.$$	$E^{\ominus}$ — Standard-Elektrodenpotential E — Elektrodenspannung z — Anzahl der ausgetauschten Elektronen R — Universelle Gaskonstante T — Temperatur F — FARADAY-Konstante $c(Ox)$ — Stoffmengenkonzentration des Oxidationsmittels $c(Red)$ — Stoffmengenkonzentration des Reduktionsmittels $\Delta E^{\ominus}$ — Standard-Zellspannung ΔE — Gleichgewichtszellspannung

■ Wie groß ist das Elektrodenpotential einer Kupfer/Kupfer(II)-Ionen-Elektrode bei 25 °C und der Kupfer(II)-Ionen-Konzentration $c(Cu^{2+}) = 0{,}01$ mol $\cdot$ l^{-1}?

$$E = E^{\ominus} + \frac{0{,}059\ \text{V}}{2} \cdot \lg\{c(Cu^{2+})\} = +0{,}34\ \text{V} + \frac{0{,}059\ \text{V}}{2} \cdot \lg 0{,}01$$

$$E = +0{,}28\ \text{V}$$

Das Elektrodenpotential beträgt $+0{,}28$ V.
↗ Standard-Elektrodenpotential S. 121

■ Wie groß ist die Gleichgewichtszellspannung des DANIELL-Elements bei 25 °C ($T = 298$ K), wenn Kupfer(II)-sulfat und Zinksulfat in gleicher Konzentration in ihren Lösungen vorliegen?
Elektrode 1: Zink/Zink-Ionen-Elektrode (Zn/Zn^{2+})
Elektrode 2: Kupfer/Kupfer(II)-Ionen-Elektrode (Cu/Cu^{2+})

$$\Delta E = E(Cu/Cu^{2+}) - E(Zn/Zn^{2+})$$

$$= E^{\ominus}(Cu/Cu^{2+}) + 0{,}0295\ \text{V} \cdot \lg\{c(Cu^{2+})\}$$

$$- E^{\ominus}(Zn/Zn^{2+}) - 0{,}0295\ \text{V} \cdot \lg\{c(Zn^{2+})\}$$

$$= E^{\ominus}(Cu/Cu^{2+}) - E^{\ominus}(Zn/Zn^{2+}) + 0{,}0295 \cdot \lg\left\{\frac{c(Cu^{2+})}{c(Zn^{2+})}\right\}$$

$$= E^{\ominus}(Cu/Cu^{2+}) - E^{\ominus}(Zn/Zn^{2+}) = \Delta E^{\ominus}$$

$$\Delta E = 0{,}34\ \text{V} - (-0{,}76\ \text{V}) = 1{,}10\ \text{V}$$

Das DANIELL-Element besitzt die Zellspannung $\Delta E = 1{,}10$ V.
↗ Zellspannung S. 123

■ Die Zellspannungen folgender Konzentrationszellen sind zu berechnen:
$Cu/Cu^{2+}(c_1)//K^+, Cl^-//Cu^{2+}(c_2)/Cu$ für

$c_2(Cu^{2+}) = 0,5 \text{ mol} \cdot l^{-1}$ und $c_1(Cu^{2+}) = (0,5; 0,05 \text{ bzw. } 0,005) \text{ mol} \cdot l^{-1}$!

Für jede Halbzelle gilt:

$$E = E^\ominus + \frac{0,059 \text{ V}}{2} \cdot \lg\{c(Cu^{2+})\}.$$

Die Zellspannung ergibt sich zu

$$\Delta E = E_2 - E_1$$
$$= E_2^\ominus - E_1^\ominus + \frac{0,059 \text{ V}}{2} \cdot \lg\left\{\frac{c_2}{c_1}\right\}$$

Bei Konzentrationszellen ist $E_1^\ominus = E_2^\ominus$ und damit

$$\Delta E = \frac{0,059 \text{ V}}{2} \cdot \ln\left\{\frac{c_2}{c_1}\right\}$$

(a) $c_1(Cu^{2+}) = 0,5 \text{ mol} \cdot l^{-1}$ $\Delta E = 0,0296 \text{ V} \cdot \lg 1 \ = 0$

(b) $c_1(Cu^{2+}) = 0,05 \text{ mol} \cdot l^{-1}$ $\Delta E = 0,0296 \text{ V} \cdot \lg 10 \ = 0,030 \text{ V}$

(c) $c_1(Cu^{2+}) = 0,005 \text{ mol} \cdot l^{-1}$ $\Delta E = 0,0296 \text{ V} \cdot \lg 100 = 0,059 \text{ V}$

Die untersuchten Konzentrationszellen haben bei 25 °C Zellspannungen von 0; 30 bzw. 59 mV.

■ Die Elektrodenpotentiale folgender Halbzellen bei 25 °C sind zu berechnen:
(1) $Pt/H_2(p = 103,5 \text{ kPa}), H_3O^+(pH = 1,5)$
(2) $Pt/Fe^{2+}(c = 0,02 \text{ mol} \cdot l^{-1}), Fe^{3+}(c = 0,04 \text{ mol} \cdot l^{-1})$!

Welche Gleichgewichtszellspannung ergibt sich, wenn man die beiden Elektroden zur galvanischen Zelle zusammenschaltet?

$$H_2 + 2 H_2O \rightleftharpoons 2 H_3O^+ + 2 e^-$$

$$E_1 = E^\ominus + \frac{0,059 \text{ V}}{2} \cdot \lg\left\{\frac{c^2(H_3O^+)}{p(H_2)}\right\} = -0,059 \text{ V} \cdot pH - \frac{0,059 \text{ V}}{2} \cdot \lg\frac{p(H_2)}{101,3 \text{ kPa}}$$

$$E_1 = -0,059 \text{ V} \cdot 1,5 - 0,0295 \text{ V} \cdot \lg\frac{103,5 \text{ kPa}}{101,3 \text{ kPa}} = -0,089 \text{ V}$$

$$Fe^{2+} \rightleftharpoons Fe^{3+} + e^-$$

$$E_2 = E^\ominus(Fe^{2+}/Fe^{3+}) + 0,059 \text{ V} \cdot \lg\left\{\frac{c(Fe^{3+})}{c(Fe^{2+})}\right\}$$

$$E_2 = 0,77 \text{ V} + 0,059 \text{ V} \cdot \lg\left\{\frac{0,04 \text{ mol} \cdot l^{-1}}{0,02 \text{ mol} \cdot l^{-1}}\right\} = 0,788 \text{ V}$$

$$\Delta E = E_2 - E_1 = 0,788 \text{ V} - (-0,089 \text{ V}) = 0,877 \text{ V}$$

Die Gleichgewichtszellspannung der aus der Redoxelektrode und der Wasserstoffelektrode aufgebauten galvanischen Zelle beträgt 0,88 V.

4

■ Für das Redoxpaar Mn^{2+}/MnO_4^- sollen die Standard-Redoxpotentiale bei pH = 0; 3 und 7 bei 25 °C berechnet werden!

$$Mn^{2+} + 12\,H_2O \rightleftharpoons MnO_4^- + 8\,H_3O^+ + 5\,e^-$$

$$E(Mn^{2+}/MnO_4^-) = E^{\ominus}(Mn^{2+}/MnO_4^-) + \frac{0{,}059\ V}{5} \cdot \lg\left\{\frac{c(MnO_4^-) \cdot c^8(H_3O^+)}{c(Mn^{2+})}\right\}$$

$$E(Mn^{2+}/MnO_4^-) = E^{\ominus}(Mn^{2+}/MnO_4^-) - \frac{0{,}059\ V}{5} \cdot 8\,pH + \frac{0{,}059\ V}{5} \cdot \lg\left\{\frac{c(MnO_4^-)}{c(Mn^{2+})}\right\}$$

$$E^{\ominus}(Mn^{2+}/MnO_4^-, pH) = E^{\ominus}(Mn^{2+}/MnO_4^-) - \frac{0{,}059\ V}{5} \cdot 8\,pH$$

$E^{\ominus}(Mn^{2+}/MnO_4^-, pH) = +1{,}51\ V - 0{,}0944\ V \cdot pH$

$E^{\ominus}(Mn^{2+}/MnO_4^-, pH = 0) = +1{,}51\ V$

$E^{\ominus}(Mn^{2+}/MnO_4^-, pH = 3) = +1{,}23\ V$

$E^{\ominus}(Mn^{2+}/MnO_4^-, pH = 7) = +0{,}85\ V$

Die Standard-Redoxpotentiale des Redoxpaares Mn^{2+}/MnO_4^- betragen beim pH = 0; 3 und 7 bei 25 °C 1,51; 1,23 bzw. 0,85 V.

4

Berechnungen mithilfe der FARADAYschen Gesetze

Zur Berechnung abgeschiedener Massen, erforderlicher Stromstärken, Zeiten oder Ladungsmengen bei Elektrolysen wird von den FARADAYschen Gesetzen oder von Umformungen der FARADAYschen Gesetze sowie der Definitionsgleichung der molaren Masse ausgegangen.

↗ FARADAYsche Gesetze S. 128; FARADAY-Konstante S. 138

$n = \dfrac{I \cdot t}{z \cdot F}$	I	Stromstärke
	t	Zeit
$\dfrac{m}{M} = \dfrac{I \cdot t}{z \cdot F}$	z	Anzahl der Elementarladungen
	F	FARADAY-Konstante $= 96485\ C \cdot mol^{-1}$
$m = \dfrac{I \cdot t \cdot M}{z \cdot F}$	n	Stoffmenge
	M	Molare Masse
	m	Masse des Stoffes

■ Die tägliche Aluminiumproduktion einer Elektrolysezelle, die mit der Stromstärke 100 000 A betrieben und mit der die Stromausbeute $\eta = 85\,\%$ erzielt wird, ist zu berechnen!

$$Al^{3+} + 3\,e^- \longrightarrow Al$$

$$m = \frac{I \cdot t \cdot M \cdot \eta}{z \cdot F}$$

$$= \frac{100\,000\ A \cdot 24 \cdot 3600\ s \cdot 27\ g \cdot mol^{-1} \cdot 0{,}85}{3 \cdot 96\,485\ C \cdot mol^{-1}}$$

$m = 685\ kg$

In der Elektrolysezelle wird täglich die Masse $m = 685\ kg$ Aluminium abgeschieden.

Bestimmung von Molekülformeln organischer Stoffe

Bestimmung der Molekülformel eines unzersetzt verdampfbaren organischen Stoffes

Zur Bestimmung der Molekülformel (Summenformel) eines unzersetzt verdampfbaren organischen Stoffes sind die Ergebnisse der qualitativen Elementaranalyse und die Messgrößen der quantitativen Elementaranalyse auszuwerten sowie die molare Masse zu ermitteln. Dazu ist eine Schrittfolge geeignet.

Schrittfolge	■
0. Ermitteln der qualitativen Zusammensetzung des Stoffes durch Nachweis der chemischen Elemente	Ergebnis: Der untersuchte Stoff besteht aus den Elementen Kohlenstoff, Wasserstoff und Sauerstoff. Allgemeine Molekülformel des Stoffes: $C_xH_yO_z$.
1. Ermitteln der molaren Masse des Stoffes	
1.1. Experimentelles Bestimmen des Dampfvolumens einer Stoffportion	$m(C_xH_yO_z)\quad = 0,12$ g $V(C_xH_yO_z(g)) = 48,5$ ml $\vartheta \qquad\qquad\quad = 20\ °C$ $p \qquad\qquad\quad = 101,72$ kPa
1.2. Berechnen des Dampfvolumens der Stoffportion unter Normbedingungen	$$V_n(C_xH_yO_z(g)) = \frac{V(C_xH_yO_z(g)) \cdot p \cdot T_n}{T \cdot p_n}$$ $$= \frac{48,5\ \text{ml} \cdot 101,72\ \text{kPa} \cdot 273,15\ \text{K}}{293,15\ \text{K} \cdot 101,325\ \text{kPa}}$$ $$V_n(C_xH_yO_z(g)) = 45,4\ \text{ml}$$
1.3. Berechnen der molaren Masse des Stoffes	$$M(C_xH_yO_z) = \frac{m(C_xH_yO_z(g)) \cdot V_{m,n}}{V_n(C_xH_yO_z(g))}$$ $$= \frac{0,12\ \text{g} \cdot 22,414\ \text{l} \cdot \text{mol}^{-1}}{45,4\ \text{ml}}$$ $$M(C_xH_yO_z) = 59,2\ \text{g} \cdot \text{mol}^{-1}$$
2. Ermitteln möglicher Molekülformeln des organischen Stoffes durch Berechnung	
	$M(C_xH_yO_z) = x \cdot M(C) + y \cdot M(H) + z \cdot M(O)$ Mögliche Lösungen: $59,2\ \text{g} \cdot \text{mol}^{-1} \approx (2 \cdot 12 + 4 \cdot 1 + 2 \cdot 16)\ \text{g} \cdot \text{mol}^{-1}$ $59,2\ \text{g} \cdot \text{mol}^{-1} \approx (3 \cdot 12 + 8 \cdot 1 + 1 \cdot 16)\ \text{g} \cdot \text{mol}^{-1}$ Mögliche Molekülformeln des organischen Stoffes sind: $C_2H_4O_2$ und C_3H_8O.

4

Schrittfolge	■
3. Ermittlung der Anzahl der unterschiedlichen Atome im Molekül des organischen Stoffes durch Verbrennungsanalyse	
3.1. Experimentelles Bestimmen der Masse Wasser und des Volumens Kohlenstoffdioxid, die bei der Verbrennung einer Stoffportion des organischen Stoffes entstehen	$m(C_xH_yO_z) = 60$ mg $m(H_2O) = 72,0$ mg $V(CO_2) = 71,8$ ml $\vartheta = 20\ °C$ $p = 101,72$ kPa
3.2. Berechnen des Volumens Kohlenstoffdioxid unter Normbedingungen	$V_n(CO_2) = \dfrac{V(CO_2) \cdot p \cdot T_n}{T \cdot p_n}$ $= \dfrac{71,8\ \text{ml} \cdot 101,72\ \text{kPa} \cdot 273,15\ \text{K}}{293,15\ \text{K} \cdot 101,325\ \text{kPa}}$ $V_n(CO_2) = 67,2$ ml
3.3. Berechnen der Anzahl der Kohlenstoffatome im Molekül des organischen Stoffes	$x = \dfrac{n(CO_2)}{n(C_xH_yO_z)}$ $= \dfrac{V_n(CO_2) \cdot M(C_xH_yO_z)}{V_{m,n} \cdot m(C_xH_yO_z)}$ $x = \dfrac{67,2\ \text{ml} \cdot 59,2\ \text{g} \cdot \text{mol}^{-1}}{22,414\ \text{l} \cdot \text{mol}^{-1} \cdot 60\ \text{mg}}$ $x = 3$
3.4. Berechnen der Anzahl der Wasserstoffatome im Molekül des organischen Stoffes	$y = \dfrac{2 \cdot n(H_2O)}{n(C_xH_yO_z)} = \dfrac{2 \cdot m(H_2O) \cdot M(C_xH_yO_z)}{M(H_2O) \cdot m(C_xH_yO_z)}$ $y = \dfrac{2 \cdot 72\ \text{mg} \cdot 59,2\ \text{g} \cdot \text{mol}^{-1}}{18\ \text{g} \cdot \text{mol}^{-1} \cdot 60\ \text{mg}}$ $y = 8$
3.5. Aufstellen der Molekülformel	Die Molekülformel des organischen Stoffes lautet: C_3H_8O.

Die Molekülformel (Summenformel) gibt noch keine Aufklärung über die Struktur der chemischen Verbindung. Diese kann durch chemische und/oder physikalische (spektroskopische) Methoden aufgeklärt werden.
Mögliche Stoffe mit der Molekülformel C_3H_8O

$CH_3-CH_2-CH_2-OH$ $CH_3-CH(OH)-CH_3$ $CH_3-CH_2-O-CH_3$
1-Propanol   2-Propanol   Ethylmethylether

↗ Strukturformel S. 21; Struktur von Molekülen S. 52; Identifizierungsreaktionen für organische Stoffe S. 312; IR-Spektroskopie S. 320; NMR-Spektroskopie S. 321

Bestimmung der Molekülformel eines nicht unzersetzt verdampfbaren organischen Stoffes

Zur Bestimmung der Molekülformel (Summenformel) eines nicht unzersetzt verdampfbaren organischen Stoffes sind die Ergebnisse der qualitativen und quantitativen Elementaranalyse und die Messgrößen der Bestimmung der molaren Masse durch die Methode der Gefriertemperaturerniedrigung auszuwerten. Die molare Masse des Stoffes wird aus der ermittelten Gefriertemperaturerniedrigung mit einer Größengleichung berechnet.

$\Delta T_G = k_G(\text{Lm}) \cdot \dfrac{m(B)}{M(B) \cdot m(\text{Lm})}$ $M(B) = \dfrac{k_G(\text{Lm}) \cdot m(B)}{\Delta T_G \cdot m(\text{Lm})}$	ΔT_G Gefriertemperaturerniedrigung $k_G(\text{Lm})$ Kryoskopische Konstante des Lösemittels $m(B)$ Masse des Stoffes B $M(B)$ Molare Masse des Stoffes B $m(\text{Lm})$ Masse des Lösemittels

Zur Bestimmung der Molekülformel ist eine Schrittfolge geeignet.

4

Schrittfolge	■
0. Ermitteln der qualitativen Zusammensetzung des Stoffes durch Nachweis der chemischen Elemente	Ergebnis: Der untersuchte Stoff besteht aus den Elementen Kohlenstoff, Wasserstoff und Sauerstoff. Allgemeine Molekülformel des Stoffes: $C_xH_yO_z$.
1. Ermitteln der molaren Masse des Stoffes	
1.1. Experimentelles Bestimmen der Gefriertemperaturerniedrigung einer Lösung des Stoffes	$m(C_xH_yO_z) = 7{,}8\ g\,;\qquad m(H_2O) = 40\ g$ $\Delta T_G \quad = -2\ K$ $k_G(H_2O) = -1860\ K \cdot g \cdot mol^{-1}$
1.2. Berechnen der molaren Masse des Stoffes	$M(C_xH_yO_z) = \dfrac{k_G \cdot m(C_xH_yO_z)}{\Delta T_G \cdot m(H_2O)}$ $= \dfrac{-1860\ K \cdot g \cdot mol^{-1} \cdot 7{,}8\ g}{-2\ K \cdot 40\ g}$ $M(C_xH_yO_z) = 181\ g \cdot mol^{-1}$
2. Ermittlung der Anzahl der unterschiedlichen Atome im Molekül des organischen Stoffes durch Verbrennungsanalyse	
2.1. Experimentelles Bestimmen der Masse Wasser und des Volumens Kohlenstoffdioxid, die bei der Verbrennung einer Stoffportion des organischen Stoffes entstehen	$m(C_xH_yO_z) = 93\ mg$ $m(H_2O) \quad = 54{,}7\ mg$ $V(CO_2) \quad = 73{,}9\ ml$ $\vartheta \qquad\quad = 22\ °C$ $p \qquad\quad = 1006\ hPa$

Schrittfolge	■
2.2. Berechnen des Volumens Kohlenstoffdioxid unter Normbedingungen	$V_n(CO_2) = \dfrac{V(CO_2) \cdot p \cdot T_n}{T \cdot p_n}$ $= \dfrac{73,9 \text{ ml} \cdot 1006 \text{ hPa} \cdot 273,15 \text{ K}}{295,15 \text{ K} \cdot 1013,25 \text{ hPa}}$ $V_n(CO_2) = 67,9 \text{ ml}$
2.3. Berechnen der Anzahl der Kohlenstoffatome im Molekül des organischen Stoffes	$x = \dfrac{n(CO_2)}{n(C_xH_yO_z)}$ $= \dfrac{V_n(CO_2) \cdot M(C_xH_yO_z)}{V_{m,n} \cdot m(C_xH_yO_z)}$ $= \dfrac{67,9 \text{ ml} \cdot 181 \text{ g} \cdot \text{mol}^{-1}}{22,414 \text{ l} \cdot \text{mol}^{-1} \cdot 93 \text{ mg}}$ $x = 6$
2.4. Berechnen der Anzahl der Wasserstoffatome im Molekül des organischen Stoffes	$y = \dfrac{2 \cdot n(H_2O)}{n(C_xH_yO_z)}$ $= \dfrac{2 \cdot m(H_2O) \cdot M(C_xH_yO_z)}{M(H_2O) \cdot m(C_xH_yO_z)}$ $= \dfrac{2 \cdot 54,7 \text{ mg} \cdot 181 \text{ g} \cdot \text{mol}^{-1}}{18 \text{ g} \cdot \text{mol}^{-1} \cdot 93 \text{ mg}}$ $y = 12$
2.5. Berechnen der Anzahl der Sauerstoffatome im Molekül des organischen Stoffes	$M(C_xH_yO_z) = x \cdot M(C) + y \cdot M(H) + z \cdot M(O)$ $z = \dfrac{M(C_xH_yO_z) - x \cdot M(C) - y \cdot M(H)}{M(O)}$ $= \dfrac{(181 - 6 \cdot 12 - 12 \cdot 1) \text{ g} \cdot \text{mol}^{-1}}{16 \text{ g} \cdot \text{mol}^{-1}}$ $z = 6$
2.6. Aufstellen der Molekülformel	Die Molekülformel des organischen Stoffes ist: $C_6H_{12}O_6$.

Die Molekülformel (Summenformel) gibt noch keine Aufklärung über die Struktur der chemischen Verbindung. Diese kann durch chemische und/oder physikalische (spektroskopische) Methoden aufgeklärt werden.

Bei dem untersuchten organischen Stoff kann es sich um Glucose oder Fructose handeln.

↗ Strukturformel S. 21; Struktur von Molekülen S. 52; Identifizierungsreaktionen für organische Stoffe S. 312; IR-Spektroskopie S. 320; NMR-Spektroskopie S. 321

Anorganische Stoffe

Nomenklatur der Elemente und der anorganischen Verbindungen

IUPAC-Regeln

Regeln für den internationalen Gebrauch von Namen und Zeichen für chemische Elemente und Verbindungen, die von der Wissenschaftsorganisation „International Union of Pure and Applied Chemistry (IUPAC)" ausgearbeitet wurden.
Ziel der Regeln ist die Übereinstimmung der Zeichen und die weitgehende Übereinstimmung der Namen in den verschiedenen Sprachen. Für die chemische Fachsprache ergibt sich daraus eine konsequente Anwendung der C-Schreibweise und die weitgehende Vermeidung von Umlauten im Gegensatz zur Umgangssprache.

■ Calciumcarbonat (umgangssprachlich Kalziumkarbonat)

Namen von chemischen Elementen

Die deutschen Namen der chemischen Elemente entsprechen weitgehend den lateinischen, englischen und französischen Namen. Ausnahmen sind: Blei, Eisen, Gold, Kalium, Kohlenstoff, Kupfer, Natrium, Quecksilber, Sauerstoff, Schwefel, Silber, Stickstoff, Wasserstoff, Zinn.

Namen von Verbindungen aus zwei Elementen

Allgemeine Regeln. Die Namen von anorganischen Verbindungen aus zwei Elementen werden aus den Namen der beiden Elemente gebildet.
Der Name des Elements mit dem kleineren Elektronegativitätswert wird (meist unverändert) im Namen der Verbindung zuerst genannt. Der Name (oder der Wortstamm des lateinischen Namens) des Elements mit dem größeren Elektronegativitätswert wird mit der Endung **-id** versehen und an den Namen des Elements mit dem kleineren Elektronegativitätswert angefügt.

Von Elementen abgeleitete Namen mit der Endung -id

Element	Abgeleiteter Name	■ Name	■ Formel
Fluor	Fluorid	Calciumfluorid	CaF_2
Chlor	Chlorid	Kupfer(I)-chlorid	$CuCl$
Brom	Bromid	Silberbromid	$AgBr$
Iod	Iodid	Natriumiodid	NaI
Sauerstoff	Oxid	Schwefeltrioxid	SO_3
Schwefel	Sulfid	Eisen(II)-sulfid	FeS
Kohlenstoff	Carbid	Calciumcarbid	CaC_2
Wasserstoff	Hydrid	Lithiumhydrid	LiH

5

169

Namen von Verbindungen aus einem Metall und einem Nichtmetall

sind zusammengesetzt aus:

– dem Namen des Elements mit dem kleineren Elektronegativitätswert (des Metalls);
– der Wertigkeit (Oxidationszahl) dieses Elements, angegeben in römischen Ziffern, in Klammern gesetzt und mit einem Bindestrich versehen;
– dem Namen (oder dem Wortstamm des lateinischen Namens) des Elements mit dem größeren Elektronegativitätswert (des Nichtmetalls), versehen mit der Endung **-id**.

Wenn nur eine Verbindung zwischen beiden Elementen existiert, entfällt die Angabe der Wertigkeit (Oxidationszahl).

■ Verbindung zwischen Eisen und Chlor; Formel $FeCl_3$

Name des 1. Elements (kleinerer Elektronegativitätswert)	Wertigkeit (Oxidationszahl) des 1. Elements	Name des 2. Elements (größerer Elektronegativitätswert), mit der Endung -id
Eisen	(III)-	chlorid
Eisen(III)-chlorid		

Namen von Verbindungen aus zwei Nichtmetallen

sind zusammengesetzt aus:

– der Anzahl der Atome (je Molekül) des Elements mit dem kleineren Elektronegativitätswert, angegeben in griechischen Zahlwörtern;
– dem Namen des Elements mit dem kleineren Elektronegativitätswert;
– der Anzahl der Atome (je Molekül) des Elements mit dem größeren Elektronegativitätswert, angegeben in griechischen Zahlwörtern;
– dem Namen (oder dem Wortstamm des lateinischen Namens) des Elements mit dem größeren Elektronegativitätswert, versehen mit der Endung **-id**.

Ist im Molekül nur ein Atom des Elements mit dem kleineren Elektronegativitätswert enthalten, so entfällt die Angabe der Atomanzahl für dieses Element.

Atomanzahl und zugehöriges griechisches Zahlwort

1	mono	3	tri	5	penta	7	hepta
2	di	4	tetra	6	hexa	8	octa

■ Verbindung zwischen Stickstoff und Sauerstoff; Formel N_2O_5

Anzahl der Atome des 1. Elements (kleinerer Elektronegativitätswert)	Name des 1. Elements (kleinerer Elektronegativitätswert)	Anzahl der Atome des 2. Elements (größerer Elektronegativitätswert)	Name des 2. Elements (größerer Elektronegativitätswert), abgeleitet, mit der Endung -id
Di	stickstoff	penta	oxid
Distickstoffpentaoxid			

170

Namen von Säuren, Hydroxiden und Salzen

Für die anorganischen **Säuren** sind im Allgemeinen keine systematischen Namen gebräuchlich. Trivialnamen werden häufig aus dem Wort **-säure** und dem Namen des Elements oder eines Ausgangsstoffes gebildet.

■ Schwefelsäure, Borsäure, Salpetersäure, Kieselsäure

Die Namen der **Hydroxide** und der **Salze** sind gebildet aus:
– dem Namen des Kations (Metall oder Ammonium);
– der Wertigkeit (Oxidationszahl) des Metallkations, angegeben in römischen Ziffern, in Klammern gesetzt und mit einem Bindestrich versehen;
– dem Namen Hydroxid oder dem Namen des Anions.
Wenn das Metallkation nur in einer Wertigkeit auftreten kann, entfällt die Angabe der Wertigkeit.

■ **Hydroxide**

$Fe(OH)_3$	$Ca(OH)_2$
Eisen(III)-hydroxid	Calciumhydroxid

Salze

$CuSO_4$	$NaCl$
Kupfer(II)-sulfat	Natriumchlorid

5

Namen von Säuren und deren Anionen			
Name der Säure	Formel	Name des Anions	Symbol, Formel
Fluorwasserstoffsäure	HF	Fluorid-Ion	F^-
Chlorwasserstoffsäure	HCl	Chlorid-Ion	Cl^-
Chlorsäure	$HClO_3$	Chlorat-Ion	ClO_3^-
Perchlorsäure	$HClO_4$	Perchlorat-Ion	ClO_4^-
Bromwasserstoffsäure	HBr	Bromid-Ion	Br^-
Iodwasserstoffsäure	HI	Iodid-Ion	I^-
Schwefelwasserstoffsäure	H_2S	Hydrogensulfid-Ion	HS^-
		Sulfid-Ion	S^{2-}
Schweflige Säure	H_2SO_3	Hydrogensulfit-Ion	HSO_3^-
		Sulfit-Ion	SO_3^{2-}
Schwefelsäure	H_2SO_4	Hydrogensulfat-Ion	HSO_4^-
		Sulfat-Ion	SO_4^{2-}
Thioschwefelsäure	$H_2S_2O_3$	Thiosulfat-Ion	$S_2O_3^{2-}$
Salpetrige Säure	HNO_2	Nitrit-Ion	NO_2^-
Salpetersäure	HNO_3	Nitrat-Ion	NO_3^-
Phosphorsäure	H_3PO_4	Dihydrogenphosphat-Ion	$H_2PO_4^-$
		Hydrogenphosphat-Ion	HPO_4^{2-}
		Phosphat-Ion	PO_4^{3-}
Kohlensäure	H_2CO_3	Hydrogencarbonat-Ion	HCO_3^-
		Carbonat-Ion	CO_3^{2-}
Orthokieselsäure	H_4SiO_4	Silicat-Ion	SiO_4^{4-}
Cyanwasserstoffsäure	HCN	Cyanid-Ion	CN^-
Thiocyansäure	HSCN	Thiocyanat	SCN^-

Die Namen der Säurerest-Ionen enden auf **-id** bei sauerstofffreien Säuren, auf **-it** bei Säuren mit niedrigerem Sauerstoffanteil und auf **-at** bei Säuren mit höherem Sauerstoffanteil.

■ Sulfid-Ion S^{2-} Säurerest-Ion der Schwefelwasserstoffsäure H_2S
Sulfit-Ion SO_3^{2-} Säurerest-Ion der schwefligen Säure H_2SO_3
Sulfat-Ion SO_4^{2-} Säurerest-Ion der Schwefelsäure H_2SO_4

Gegebenenfalls wird das Anion mit dem geringsten Sauerstoffanteil durch die Vorsilbe **Hypo-**, das Anion mit dem höchsten Sauerstoffanteil durch die Vorsilbe **Per-** charakterisiert.

■ Hypochlorit-Ion ClO^- Säurerest-Ion der unterchlorigen Säure $HClO$
Chlorit-Ion ClO_2^- Säurerest-Ion der chlorigen Säure $HClO_2$
Chlorat-Ion ClO_3^- Säurerest-Ion der Chlorsäure $HClO_3$
Perchlorat-Ion ClO_4^- Säurerest-Ion der Perchlorsäure $HClO_4$

Namen von Komplexverbindungen

Die Namen von Komplex-Ionen oder Neutralkomplexen sind gebildet aus:
– der Angabe der jeweiligen Anzahl der Liganden (durch griechische Zahlwörter);
– dem oder den Namen der Liganden in alphabetischer Reihenfolge;
– dem Namen des Zentral-Ions oder Zentralatoms (beim Kation oder Neutralkomplex: in deutscher Form; beim Anion: in der lateinischen Form mit der Endung **-at**);
– der Angabe der Oxidationszahl des Zentral-Ions (durch römische Ziffern) bzw. des Zentralatoms (durch 0).

5

Namen einiger wichtiger Liganden					
H_2O	aqua	NH_3	ammin	CO	carbonyl
OH^-	hydroxo	F^-	fluoro	Cl^-	chloro
CN^-	cyano	SO_4^{2-}	sulfato	$S_2O_3^{2-}$	thiosulfato

In Komplexsalzen steht der Name des Kations vor dem des Anions, beide werden durch Bindestriche getrennt, zusammengehörige Bestandteile in runde Klammern gesetzt.

■ Komplexverbindung mit **komplexem Kation**: $[Cu(NH_3)_4]SO_4$

Komplexes Kation				Anion
Anzahl der Liganden	Name des Liganden	Name des Zentral-Ions	Oxidationszahl des Zentral-Ions	Name des Anions
Tetra	ammin	kupfer	(II)-	sulfat
Tetraamminkupfer(II)-sulfat				

■ Komplexverbindung mit **komplexem Anion**: $Na_3[Ag(S_2O_3)_2]$
Natrium-di(thiosulfato)argentat(I)

■ **Neutralkomplex**: $[PtCl_2(NH_3)_2]$ $[Ni(CO)_4]$
Diammindichloroplatin(II)   Tetracarbonylnickel(0)

172

Wasserstoff und I. Hauptgruppe des Periodensystems

Wasserstoff

Element Wasserstoff H. Häufiges Element der Erdkruste (9. Stelle); Vorkommen vor allem im Wasser und in Kohlenwasserstoffen.
↗ Elementaranalyse S. 311

Elementsubstanz Wasserstoff H_2. Herstellung durch Reaktion von Metallen mit verdünnten Säuren, durch Elektrolyse von Wasser, durch Cracken von Kohlenwasserstoffen, aus Wasser und Kohle bei hoher Temperatur (Wassergasreaktion); farb- und geruchloses Gas; Dichte $\varrho = 0{,}0899$ g $\cdot$ l^{-1}; Schmelztemperatur $\vartheta_s = -259\ °C$, Siedetemperatur $\vartheta_v = -252{,}5\ °C$; in Wasser wenig löslich; wirkt auf viele Stoffe reduzierend; reagiert mit molekularem Sauerstoff; verbrennt mit schwach bläulicher Flamme:

$$2\,H_2 + O_2 \longrightarrow 2\,H_2O \qquad \Delta_R H_m = -572\ \text{kJ} \cdot \text{mol}^{-1}$$

Wasserstoff-Sauerstoff-Gemische (Knallgas) reagieren beim Zünden, Wasserstoff-Chlor-Gemische (Chlorknallgas) auch bei Sonnenlichteinwirkung explosionsartig.
↗ Verwendung S. 274; Arbeiten S. 301; Nachweis für Hydronium-Ionen S. 309; Nachweis für Wasserstoff S. 310; Elementaranalyse S. 311; Gefahrstoff S. 363

5

Wasser H_2O. Farblose Flüssigkeit; geruchlos und geschmackfrei; Schmelztemperatur $\vartheta_s = 0\ °C$; Siedetemperatur $\vartheta_v = 100\ °C$; größte Dichte (bei 4 °C) $\varrho = 1$ g $\cdot$ cm^{-3}, im festen Zustand (Eis, bei 0 °C) $\varrho = 0{,}9168$ g $\cdot$ cm^{-3}; bedeckt große Teile der Erdoberfläche und ist entscheidend für den Klimahaushalt der Erde; unentbehrlich für alle lebenden Organismen; aufgrund seiner Dipolstruktur ist Wasser ein gutes Lösemittel für Ionen und polare Stoffe; gut mischbar mit niedermolekularen Alkoholen, Carbonsäuren, Aceton, cyclischen Ethern, nicht mischbar mit Kohlenwasserstoffen, Halogenkohlenwasserstoffen und Diethylether; reagiert mit zahlreichen Elementsubstanzen direkt, insbesondere bei erhöhter Temperatur:

$$2\,Na + 2\,H_2O \longrightarrow 2\,NaOH + H_2$$
$$Cl_2 + H_2O \longrightarrow HCl + HOCl$$
$$C + H_2O \rightleftharpoons CO + H_2 \qquad \Delta_R H_m = +131{,}5\ \text{kJ} \cdot \text{mol}^{-1}$$

↗ Lösemittel S. 104; Verwendung S. 255

Wasserstoffperoxid H_2O_2. Farblose, in konzentrierter Form sirupartige Flüssigkeit; größere Dichte als Wasser; reagiert schwach sauer; zerfällt schon bei Einwirkung von Sonnenlicht sowie bei Anwesenheit von Spuren katalytisch wirkender Stoffe (z. B. Mangan(IV)-oxid, Platin, Blut):

$$2\,H_2O_2 \longrightarrow 2\,H_2O + O_2;$$

Wasserstoffperoxid wirkt in saurer und alkalischer Lösung als starkes Oxidationsmittel, gegenüber stärkeren Oxidationsmitteln (z. B. Kaliumpermanganatlösung) jedoch als Reduktionsmittel.
↗ Gefahrstoff S. 363

Übersicht über die Alkalimetalle

Name Elementsymbol	Lithium **Li**	Natrium **Na**	Kalium **K**	Rubidium **Rb**	Caesium **Cs**
Molare Masse in $g \cdot mol^{-1}$	6,94	22,99	39,10	85,47	132,91
Dichte ϱ in $g \cdot cm^{-3}$	0,53	0,97	0,86	1,53	1,90
Schmelztemperatur ϑ_s in °C	181	98	64	38,9	28,5
Siedetemperatur ϑ_v in °C	1342	883	774	686	705
Hydroxid	LiOH	NaOH	KOH	RbOH	CsOH
Alkalische Eigenschaften der Oxide M_2O	zunehmend ⟶				
Elektronegativitätswert	1,0	0,9	0,8	0,8	0,7
Oxidationszahl	+1	+1	+1	+1	+1

Zu den Alkalimetallen zählt außerdem das Element Francium Fr.

Natrium

Natrium Na. Häufiges Element der Erdkruste (6. Stelle); Vorkommen in Chlorid (Steinsalz), Nitrat (Chilesalpeter), Carbonat (Soda), Sulfat (Glaubersalz) und Silicaten (Feldspat); Herstellung durch Schmelzflusselektrolyse von Natriumchlorid; silberweißes, sehr weiches Metall; oxidiert an der Luft sehr schnell; Aufbewahrung unter Petroleum oder Paraffinöl; reagiert heftig mit Wasser:

$$2\,Na + 2\,H_2O \longrightarrow 2\,Na^+ + 2\,OH^- + H_2$$

↗ Spektralanalyse S. 308; Mineralstoff S. 343; Gefahrstoff S. 362

Natriumhydroxid (Ätznatron) NaOH. Weißer, kristalliner Stoff; Herstellung durch Chloralkali-Elektrolyse; hygroskopisch, zerfließt an der Luft; stark ätzend; in Wasser leicht löslich unter Wärmeentwicklung; Lösung: Natronlauge.
↗ Herstellung S. 266; Verwendung S. 274; Gefahrstoff S. 362

Natriumcarbonat (Soda) Na$_2$CO$_3$. Farblose, durchsichtige Kristalle, wasserfrei ein weißes Pulver; Herstellung aus Natriumchlorid nach dem SOLVAY-Verfahren; hygroskopisch, in Wasser leicht löslich; Lösung ist alkalisch.
↗ Verwendung S. 274; Gefahrstoff S. 362

Natriumhydrogencarbonat (Natron) NaHCO$_3$. Weißes, kristallines Pulver; zersetzt sich beim Erhitzen:

$$2\,NaHCO_3 \longrightarrow Na_2CO_3 + H_2O + CO_2;$$

in Wasser etwas schwerer löslich als Natriumcarbonat; Lösung ist alkalisch.

Natriumnitrat (Natronsalpeter) NaNO₃. Farblose Kristalle; stark hygroskopisch, in Wasser löslich; gibt beim Erhitzen Sauerstoff ab, wobei Natriumnitrit entsteht:

$$2\,NaNO_3 \longrightarrow 2\,NaNO_2 + O_2$$

↗ Gefahrstoff S. 362

Natriumchlorid (Kochsalz) NaCl. Farblose, würfelförmige Kristalle, die sich an den Würfelflächen spalten lassen; in Wasser fast unabhängig von der Temperatur leicht löslich.
↗ Struktur S. 62; Verwendung S. 254

Kalium

Kalium K. Häufiges Element der Erdkruste (7. Stelle); Vorkommen in Chloriden (Sylvin KCl, Carnallit $KCl \cdot MgCl_2 \cdot 6\,H_2O$) und Silicaten (Feldspat); Herstellung aus Kaliumchlorid und metallischem Natrium; silberweißes, weiches Metall; reagiert heftig mit Sauerstoff, oxidiert daher an der Luft sehr schnell; Aufbewahrung unter Petroleum; reagiert sehr heftig mit Wasser unter Bildung von Wasserstoff und Kaliumhydroxid; entstehender Wasserstoff wird durch die frei werdende Wärme entzündet.
↗ Spektralanalyse S. 308; Mineralstoff S. 343; Gefahrstoff S. 361

5

Kaliumhydroxid (Ätzkali) KOH. Weißer, kristalliner Stoff; hygroskopisch, zerfließt an der Luft; stark ätzend; leicht löslich in Wasser unter starker Wärmeabgabe; Lösung: Kalilauge.
↗ Gefahrstoff S. 361

Kaliumcarbonat (Pottasche) K₂CO₃. Weißes Pulver; hygroskopisch, in Wasser leicht löslich; Lösung ist alkalisch.
↗ Gefahrstoff S. 361

Kaliumnitrat (Kalisalpeter) KNO₃. Farblose Kristalle oder kristallines Pulver; nicht hygroskopisch, in Wasser leicht löslich; gibt beim Erhitzen leicht Sauerstoff ab, wobei Kaliumnitrit entsteht; im Gemisch mit brennbaren Stoffen explosiv (Oxidationsmittel in der Pyrotechnik und im Schießpulver).
↗ Gefahrstoff S. 361

Kaliumsulfat K₂SO₄. Farblose bis weiße Kristalle, luftbeständig; in Wasser löslich; bildet mit Sulfaten dreiwertiger Metalle Doppelsalze, die Alaune: z. B. Kaliumaluminiumalaun $KAl(SO_4)_2 \cdot 12\,H_2O$.
↗ Kalidünger S. 336

Kaliumchlorat KClO₃. Farblose Kristalle, luftbeständig; in kaltem Wasser schwer löslich, Löslichkeit nimmt mit steigender Temperatur stark zu; zerfällt beim Erwärmen lebhaft unter Sauerstoffabgabe; Zerfall kann schon durch Stoß, Schlag oder Reiben explosionsartig erfolgen; Reaktionen von Kaliumchlorat mit zahlreichen Stoffen, wie Phosphor, Schwefel, Kohle oder Magnesium, verlaufen explosiv.
↗ Gefahrstoff S. 361

II. Hauptgruppe des Periodensystems

Übersicht über die Erdalkalimetalle

Name Elementsymbol	Beryllium **Be**	Magnesium **Mg**	Calcium **Ca**	Strontium **Sr**	Barium **Ba**
Molare Masse in $g \cdot mol^{-1}$	9,01	24,32	40,08	87,62	137,33
Dichte ϱ in $g \cdot cm^{-3}$	1,85	1,74	1,53	2,67	3,76
Schmelztemperatur ϑ_s in °C	1280	650	838	769	710
Siedetemperatur ϑ_v in °C	2477	1107	1482	1384	1640
Hydroxid	$Be(OH)_2$	$Mg(OH)_2$	$Ca(OH)_2$	$Sr(OH)_2$	$Ba(OH)_2$
Alkalische Eigenschaften der Oxide	zunehmend →				
Elektronegativitätswert	1,5	1,2	1,0	1,0	0,9
Oxidationszahl	+2	+2	+2	+2	+2

5

Zu den Erdalkalimetallen zählt außerdem das Element Radium Ra.

Magnesium

Magnesium Mg. Häufiges Element der Erdkruste (8. Stelle); Vorkommen in Silicaten, Carbonaten (Dolomit $CaCO_3 \cdot MgCO_3$), Chloriden (Carnallit $MgCl_2 \cdot KCl \cdot 6\,H_2O$) und Sulfaten (Kieserit $MgSO_4 \cdot H_2O$); Herstellung durch Schmelzflusselektrolyse von Magnesiumchlorid; silberweißes, glänzendes Metall; an trockener Luft fast unveränderlich; verbrennt mit weißer, sehr heller Lichterscheinung zu Magnesiumoxid; reagiert mit Säuren unter Bildung von Wasserstoff und Salzen.
↗ Gefahrstoff S. 361

Magnesiumoxid (Magnesia) MgO. Weißes, lockeres Pulver; Herstellung durch Erhitzen von Magnesiumcarbonat; sehr temperaturbeständig; reagiert in stark geglühtem Zustand nicht mit Wasser.

Magnesiumhydroxid Mg(OH)₂. Weißes, kristallines Pulver; in Wasser wenig löslich; Lösung ist wesentlich schwächer alkalisch als die der anderen Erdalkalimetallhydroxide.

Magnesiumsulfat (Bittersalz) MgSO₄ · 7 H₂O. Farbloses bis weißes, kristallines Pulver; in Wasser leicht löslich; bitter-salziger Geschmack.

Calcium

Calcium Ca. Häufiges Element der Erdkruste (5. Stelle); Vorkommen in Silicaten, Carbonaten (Kalkstein, Kreide, Marmor $CaCO_3$, Dolomit $CaCO_3 \cdot MgCO_3$) und Sulfaten (Gips $CaSO_4 \cdot 2\,H_2O$); Herstellung aus Calciumoxid und Aluminiumpulver; silberweißes, weiches Metall; oxidiert an der Luft; Aufbewahrung unter Petroleum oder Paraffinöl; reagiert mit Wasser schneller als Magnesium, aber langsamer als die Alkalimetalle:

$$Ca + 2\,H_2O \longrightarrow Ca(OH)_2 + H_2$$

↗ Spektralanalyse S. 308; Mineralstoff S. 343; Gefahrstoff S. 360

Calciumoxid (Branntkalk) CaO. Weißer, stückiger Stoff oder weißes Pulver; reagiert mit Wasser unter starker Wärmeabgabe zu Calciumhydroxid.
↗ Herstellung S. 267; Verwendung S. 274; Gefahrstoff S. 360

Calciumhydroxid (Ätzkalk, Löschkalk) Ca(OH)₂. Weißes Pulver; ätzend; in Wasser mäßig löslich; Lösung: Kalkwasser; Aufschlämmung: Kalkmilch.
↗ Herstellung S. 266; Gefahrstoff S. 360

Calciumcarbonat (Kalkstein) CaCO₃. Weißes Pulver oder kristalliner Stoff (Calcit, Marmor); in Wasser schwer löslich; löst sich in kohlenstoffdioxidhaltigem Wasser unter Bildung von Calciumhydrogencarbonat (Wasserhärte):

$$CaCO_3 + CO_2 + H_2O \rightleftharpoons Ca(HCO_3)_2 ;$$

zersetzt sich beim Erhitzen zu Calciumoxid und Kohlenstoffdioxid.
↗ Verwendung S. 253; Wasserhärte S. 331

5

Calciumcarbid (Calciumacetylid) CaC₂. In reinem Zustand farbloser, kristalliner Stoff;
Herstellung aus Calciumoxid und Kohlenstoff im Elektroofen:

$$CaO + 3\,C \longrightarrow CaC_2 + CO \qquad \Delta_R H_m = +469\ kJ \cdot mol^{-1} ;$$

reagiert mit Wasser heftig und unter starker Wärmeabgabe:

$$CaC_2 + 2\,H_2O \longrightarrow C_2H_2 + Ca(OH)_2 \qquad \Delta_R H_m = -142{,}4\ kJ \cdot mol^{-1} ;$$

reagiert bei 800 °C mit Stickstoff zum Düngemittel Kalkstickstoff und Kohlenstoff:

$$CaC_2 + N_2 \longrightarrow CaCN_2 + C$$

↗ Stickstoffdünger S. 335; Gefahrstoff S. 360

Calciumsulfat (Gips) CaSO₄ · 2 H₂O. Weißes, kristallines Pulver; in Wasser schwer löslich; beim vorsichtigen Erhitzen entsteht gebrannter Gips ($CaSO_4 \cdot {}^1/_2\,H_2O$), der mit Wasser unter Volumenvergrößerung erhärtet; beim Erhitzen auf 500 ··· 600 °C wird Gips wasserfrei (Anhydrit) und erhärtet mit Wasser nicht mehr.
↗ Verwendung S. 253

Calciumfluorid (Flussspat) CaF₂. Kommt als Mineral Fluorit in großen, unterschiedlich gefärbten, klaren Kristallen vor; schwer löslich in Wasser; bildet mit Schwefelsäure Fluorwasserstoff; Flussmittel bei metallurgischen Prozessen.

177

III. Hauptgruppe des Periodensystems

Übersicht über die Borgruppe

Name Elementsymbol	Bor **B**	Aluminium **Al**	Gallium **Ga**	Indium **In**	Thallium **Tl**
Molare Masse in $g \cdot mol^{-1}$	10,81	26,98	69,72	114,82	204,38
Dichte ϱ in $g \cdot cm^{-3}$	2,35	2,70	5,90	7,30	11,85
Schmelztemperatur ϑ_s in °C	2100	660	29,8	156,6	303
Siedetemperatur ϑ_v in °C	2550 (Subl.)	2467	≈2400	2080	1460
Oxid	B_2O_3	Al_2O_3	Ga_2O_3	In_2O_3	Tl_2O_3
Alkalische Eigenschaften der Oxide	zunehmend ⟶				
Elektronegativitätswert	2,0	1,5	1,6	1,7	1,8
Wichtige Oxidationszahlen	+3	+3	+3	+3, +1	+3, +1

Aluminium

Aluminium Al. Dritthäufigstes Element der Erdkruste; Vorkommen in Alumosilicaten (Feldspäte, Zeolithe) und Oxiden (Bauxit); Herstellung durch Schmelzflusselektrolyse von Aluminiumoxid; gute elektrische Leitfähigkeit; silberweißes Metall; dehnbar, geringe Festigkeit; oxidiert an der Luft; Oxidschicht schützt jedoch vor weiterer Oxidation; von der Oxidschicht befreites Aluminium reagiert mit starken Säuren und auch mit starken Basen unter Salzbildung und Wasserstoffentwicklung.
↗ Herstellung S. 262; Verwendung S. 276; Gefahrstoff S. 360

Aluminiumoxid (Tonerde) Al_2O_3. Weißes Pulver, in Wasser schwer löslich; reagiert mit starken Säuren und auch mit starken Basen unter Salzbildung; stark geglüht (Korund) reagiert es nicht mit Säuren oder Basen; Korund dient als Schleifmittel.
↗ Bauxit S. 253

Aluminiumhydroxid $Al(OH)_3$. Kann aus Lösungen von Aluminium-Ionen als voluminöser, gallertartiger Niederschlag ausgefällt werden; reagiert mit starken Säuren und mit starken Basen unter Salzbildung.
↗ Amphoterie S. 108

IV. Hauptgruppe des Periodensystems

Übersicht über die Kohlenstoffgruppe

Name Elementsymbol	Kohlenstoff **C**	Silicium **Si**	Germanium **Ge**	Zinn **Sn**	Blei **Pb**
Molare Masse in $g \cdot mol^{-1}$	12,01	28,09	72,59	118,71	207,19
Dichte ϱ in $g \cdot cm^{-3}$	Diamant: 3,51 Graphit: 2,1 ⋯ 2,3	2,33	5,32	7,29	11,34
Schmelztemperatur ϑ_s in °C	Diamant: 3540 Graphit: >2500 (plastisch)	1412	937	232	327
Siedetemperatur ϑ_v in °C	≈3750 (subl.)	3280	2830	2270	1744
Dioxid	CO_2	SiO_2	GeO_2	SnO_2	PbO_2
Saure Eigenschaften der Dioxide	zunehmend ⟵				
Elektronegativitätswert	2,5	1,8	1,8	1,8	1,8
Wichtige Oxidationszahlen	+4, +2[1]	+4	+4	+4, +2	+4, +2

[1] Nur in anorganischen Verbindungen; in organischen Verbindungen kann Kohlenstoff alle Oxidationszahlen von +4 bis −4 aufweisen.

Kohlenstoff

Element Kohlenstoff C. Häufiges Element der Erdkruste; Vorkommen als Graphit und Diamant, in Stein- und Braunkohle, gebunden in Carbonaten (Kalkstein, Kreide, Marmor, Dolomit), Kohlenstoffdioxid (in Luft und Meerwasser) sowie organischen Verbindungen.

↗ Modifikationen S. 60; Elementaranalyse S. 311; Kreislauf in der Natur S. 326; Übersicht über die organischen Verbindungen S. 197

Graphit. Schwarzgraue, schuppige Masse, die sich fettig anfühlt; sehr weich, färbt leicht ab; guter Leiter für Wärme und Elektrizität; hohe Temperaturbeständigkeit, stabilste Modifikation des Kohlenstoffs; beständig gegen die meisten Chemikalien; verbrennt in reinem Sauerstoff zu Kohlenstoffdioxid.

Beim Verbrennen kohlenstoffreicher Substanzen, z. B. von Ethin (Acetylen) und von aromatischen Kohlenwasserstoffen, unter ungenügendem Luftzutritt entsteht **Ruß** (mikroskopisch kleine Graphitkristalle).

↗ Struktur S. 61

179

Diamant. Farblose bis dunkle, stark lichtbrechende und glänzende Kristalle; härtester in der Natur vorkommender Stoff; spröde; gegen Säuren und Basen beständig; verbrennt in reinem Sauerstoff zu Kohlenstoffdioxid.
↗ Struktur S. 60

Fullerene. Kugelförmige Moleküle aus 28 ··· 94 Kohlenstoffatomen; entstehen zwischen Graphitelektroden bei 3000 °C und kondensieren in kälteren Zonen. Am besten untersucht ist das Fulleren C_{60}, rubinrote Kristalle, die sich sublimieren lassen; in Kohlenstoffdisulfid gut löslich; chemisch sehr stabil; wandelt sich bei sehr hohen Drücken in Graphit um, kann in den Hohlräumen seiner Moleküle Atome anderer chemischer Elemente, z. B. Kalium, einschließen.
↗ Struktur S. 61

Kohlenstoffmonooxid (Kohlenmonoxid) CO. Farbloses, geruchloses Gas; Herstellung aus fossilen Brennstoffen mit Luft oder Wasser (Generatorgas, Synthesegas, Wassergas); geringere Dichte als Luft ($\varrho = 1,25\ g \cdot l^{-1}$); in Wasser wenig löslich; gefährliches Atemgift, verhindert die Bindung von Sauerstoff an das Hämoglobin; verbrennt zu Kohlenstoffdioxid:

$$2\,CO\ +\ O_2\ \longrightarrow\ 2\,CO_2$$

↗ Herstellung S. 268; Verwendung S. 282; Arbeiten S. 302; Umweltbereich Luft S. 328; Gefahrstoff S. 361

Kohlenstoffdioxid (Kohlendioxid) CO_2. Farbloses, geruchloses Gas; Herstellung durch Verbrennen von Kohle oder Erhitzen von Kalkstein; größere Dichte als Luft ($\varrho = 1,977\ g \cdot l^{-1}$); nicht brennbar, unterhält die Verbrennung nicht, wirkt erstickend; in Wasser löslich, dabei teilweise Reaktion mit Wasser zu Kohlensäure; lässt sich unter Druck zu farbloser Flüssigkeit verdichten; flüssiges Kohlenstoffdioxid wird bei starker Abkühlung fest („Trockeneis"); lässt sich durch Kohlenstoff zu Kohlenstoffmonooxid reduzieren.
↗ Arbeiten S. 301; Nachweis S. 310; Treibhauseffekt S. 327; Umweltbereich Luft S. 328

Kohlensäure H_2CO_3. Existiert nur in wässriger Lösung im chemischen Gleichgewicht mit Kohlenstoffdioxid und Wasser; leicht zersetzliche Säure; bildet Salze: **Carbonate**; wird von schwerer flüchtigen Säuren aus ihren Salzen verdrängt; zerfällt beim Erhitzen.
↗ Nachweis für Carbonat-Ionen S. 310

Silicium

Silicium Si. Zweithäufigstes Element in der Erdkruste ($w = 27,5\%$); Vorkommen in einer Vielzahl von Silicaten sowie im Siliciumdioxid (Quarz); Herstellung durch Reduktion von Siliciumdioxid mit Kohlenstoff im elektrischen Lichtbogen; braunes Pulver oder dunkelgraue, sehr harte Kristalle; reagiert mit anderen Elementen erst bei hohen Temperaturen; beständig gegen Säuren, reagiert aber mit starken Basen unter Bildung von Silicaten und Wasserstoff; einkristallines Silicium dient als Halbleitermaterial in der Mikroelektronik.
↗ Verwendung S. 276

Siliciumdioxid (Quarz) SiO₂. Weißer, kristalliner Stoff, auch als gut ausgebildete farblose Kristalle vorkommend (Bergkristall); große Härte; beständig gegen Säuren, reagiert nur mit Fluorwasserstoff; reagiert mit Alkalimetallhydroxiden unter Bildung von Silicaten und Wasser.
↗ Verwendung S. 254

Kieselsäuren. *Orthokieselsäure* H_4SiO_4 ist eine schwache Säure, die unter Kondensation leicht in *Dikieselsäure* $H_6Si_2O_7$ übergeht:

$$2\ H_4SiO_4 \longrightarrow (HO)_3Si-O-Si(OH)_3 + H_2O$$

Weitere Kondensation führt zu cyclischen und käfigförmigen *Polykieselsäuren* und schließlich zum polymeren Siliciumdioxid. Entsprechende Vielfalt zeigt sich auch bei den Salzen der Kieselsäuren, den **Silicaten**; sie bilden die artenreichste Klasse von Mineralien, 80% der Erdkruste bestehen aus Silicaten.
↗ Verwendung S. 277

Zinn

Zinn Sn. Vorkommen im Zinnstein (SnO_2); Herstellung durch Reduktion von Zinn(IV)-oxid mit Kohlenstoff; silberweißes, glänzendes Metall; geringe Härte, große Dehnbarkeit; beim Biegen knirschendes Geräusch (Zinngeschrei); bei Zimmertemperatur gegen Luft und Wasser beständig; verbrennt bei starkem Erhitzen mit intensiv weißem Licht zu Zinn(IV)-oxid SnO_2; reagiert mit starken verdünnten Säuren zu Salzen und Wasserstoff; reagiert in der Wärme mit Hydroxidlösungen zu Salzen der Zinnsäure, den **Stannaten**, und Wasserstoff.
↗ Verwendung S. 276

Zinn(II)-chlorid SnCl₂ · 2 H₂O. Weiße, meist etwas feuchte Kristalle; in Wasser leicht löslich; starkes Reduktionsmittel.
↗ Gefahrstoff S. 363

Blei

Blei Pb. Vorkommen im Bleiglanz (PbS); Herstellung durch Rösten von Bleiglanz und Reduktion des entstehenden Blei(II)-oxids; bläulich weißes, glänzendes Metall, an der Luft infolge Oxidation grau; geringe Härte, große Dehnbarkeit; beim Erhitzen an der Luft Oxidation zu Blei(II)-oxid; beständig gegenüber Chlorwasserstoffsäure und Schwefelsäure, da die zunächst gebildeten Salze eine Schutzschicht bilden; reagiert mit Salpetersäure zu Blei(II)-nitrat.
↗ Verwendung S. 276; Nachweis für Blei(II)-Ionen S. 308; giftige Schwermetalle S. 337; Gefahrstoff S. 360

Blei(II)-oxid PbO. Gelbes bis rotgelbes, kristallines Pulver; Herstellung durch Erhitzen von Blei an der Luft; in Wasser unlöslich; hohe Dichte ($\varrho = 9{,}6$ g · cm^{-3}); reagiert mit Basen und verdünnten Säuren unter Bildung von Salzen.
↗ Gefahrstoff S. 360

Blei(II, IV)-oxid (Mennige) Pb₃O₄. Rotes, kristallines Pulver; in Wasser unlöslich; hohe Dichte ($\varrho = 9{,}1$ g · cm^{-3}); reagiert mit Chlorwasserstoffsäure.
↗ Gefahrstoff S. 360

5

V. Hauptgruppe des Periodensystems

Übersicht über die Stickstoffgruppe

Name Elementsymbol	Stickstoff N	Phosphor P	Arsen As	Antimon Sb	Bismut Bi
Molare Masse in $g \cdot mol^{-1}$	14,007	30,97	74,92	121,75	208,98
Dichte ϱ in $g \cdot cm^{-3}$	N_2 (g) $1,25\ g \cdot l^{-1}$	weiß: 1,82 rot: 2,32	grau: 5,72 gelb: 1,97	grau: 6,68	9,79
Schmelztemperatur ϑ_s in °C	−210	weiß: 44,1	grau: 817 (unter Druck)	grau: 630	271
Siedetemperatur ϑ_v in °C	−195,8	weiß: 280	grau: 613 (Subl.)	grau: 1636	1560
Pentaoxid	N_2O_5 stark sauer	P_4O_{10} sauer	As_2O_5 sauer	Sb_2O_5 schwach sauer	(Bi_2O_5) schwach sauer
Säure	HNO_3	H_3PO_4	H_3AsO_4		
Saure Eigenschaften der Pentaoxide	zunehmend ⟵				
Elektronegativitätswert	3,0	2,1	2,0	1,9	1,9
Wichtige Oxidationszahlen	+5, +4, +3, +2, +1, −3	+5, +3, −3	+5, +3, −3	+5, +3	+5, +3

Stickstoff

Element Stickstoff N. Vorkommen in der Luft ($\varphi(N_2) = 78,1\%$) sowie gebunden in Nitraten (Chilesalpeter $NaNO_3$) und in Eiweißstoffen.
↗ Elementaranalyse S. 311; Kreislauf in der Natur S. 326

Elementsubstanz Stickstoff N_2. Gewinnung aus der Luft; farb- und geruchloses Gas; etwas geringere Dichte als Luft; nicht brennbar, unterhält die Verbrennung nicht; in Wasser wenig löslich; im Normzustand sehr reaktionsträge; reagiert erst bei hohem Druck und erhöhter Temperatur mit Wasserstoff zu Ammoniak:

$$N_2\ +\ 3\,H_2\ \overset{\text{Kat.}}{\rightleftharpoons}\ 2\,NH_3 \qquad \Delta_R H_m\ =\ -92,1\ kJ \cdot mol^{-1}$$

Stickstoff lässt sich erst bei sehr hohen Temperaturen mit Sauerstoff zu Stickstoff-monooxid oxidieren. Bestimmte Mikroorganismen sind in der Lage, Stickstoff aus der Luft in organische Stickstoffverbindungen umzuwandeln.

↗ Luft S. 255; Arbeiten S. 302; Nachweis S. 310

Distickstoffmonooxid (Distickstoffoxid, Lachgas) N_2O. Farbloses Gas; schwach süßlicher Geruch; ruft eingeatmet Rauschzustände (Lachlust) hervor, wirkt narkotisch; nicht brennbar, unterhält aber die Verbrennung; bildet sich beim Erhitzen von Ammoniumnitrat:

$$NH_4NO_3 \longrightarrow N_2O + 2\,H_2O$$

↗ Treibhauseffekt S. 327; Umweltbereich Luft S. 328

Stickstoffmonooxid NO. Farbloses Gas; in Wasser wenig löslich; gefährliches Atemgift; brennt nicht, unterhält die Verbrennung nicht; reagiert an der Luft mit Sauerstoff sofort zu Stickstoffdioxid:

$$2\,NO + O_2 \longrightarrow 2\,NO_2 \qquad \Delta_R H_m = -113{,}9 \text{ kJ} \cdot \text{mol}^{-1}$$

↗ Umweltbereich Luft S. 328; Gefahrstoff S. 363

Stickstoffdioxid NO_2. Rotbraunes Gas; reagiert mit Sauerstoff und Wasser zu Salpetersäure:

$$4\,NO_2 + O_2 + 2\,H_2O \longrightarrow 4\,HNO_3 \qquad \Delta_R H_m = -904{,}3 \text{ kJ} \cdot \text{mol}^{-1};$$

gefährliches Atemgift; löst sich in konzentrierter Salpetersäure (rote, rauchende Salpetersäure); geht bei Abkühlung reversibel in farbloses Distickstofftetraoxid über:

$$2\,NO_2 \rightleftharpoons N_2O_4$$

↗ Umweltbereich Luft S. 328; Gefahrstoff S. 362

Salpetersäure HNO_3. Farblose Flüssigkeit; Herstellung durch Ammoniakver-brennung; bildet Salze: **Nitrate**.

↗ Herstellung S. 265; Verwendung S. 274; Nachweis für Nitrat-Ionen S. 309; Nitrate im Abwasser S. 333; Gefahrstoff S. 362

Verdünnte Salpetersäure: Reagiert mit unedlen Metallen:

$$Zn + 2\,HNO_3 \longrightarrow Zn(NO_3)_2 + H_2$$

Konzentrierte Salpetersäure: Zerfällt unter Lichteinwirkung bereits bei Zim-mertemperatur:

$$4\,HNO_3 \longrightarrow 2\,H_2O + 4\,NO_2 + O_2 \qquad \Delta_R H_m = +904{,}3 \text{ kJ} \cdot \text{mol}^{-1},$$

dabei gebildetes Stickstoffdioxid bleibt gelöst und färbt die Säure gelb bis rot; starkes Oxidationsmittel; entzündet leicht entflammbare Stoffe; reagiert infolge Oxidationswirkung auch mit edleren Metallen unter Entwicklung von Stickstoff-monooxid:

$$3\,Cu + 8\,HNO_3 \longrightarrow 3\,Cu(NO_3)_2 + 2\,NO + 4\,H_2O\,;$$

reagiert mit Proteinen unter Gelbfärbung (Xanthoprotein-Reaktion als ein Nach-weis für Proteine).

5

Salpetrige Säure HNO_2. Nur in wässriger Lösung und in Form ihrer Salze **(Nitrite)** bekannt. Verwendung von Natriumnitrit im Pökelsalz birgt Risiko der Bildung von krebserzeugenden Nitrosaminen.

Ammoniak NH_3. Farbloses, stechend riechendes Gas; lässt sich leicht zu einer Flüssigkeit mit wasserähnlichen Eigenschaften kondensieren; Herstellung aus Stickstoff und Wasserstoff; brennt in Sauerstoff:

$$4\,NH_3 + 3\,O_2 \longrightarrow 2\,N_2 + 6\,H_2O \qquad \Delta_R H_m = -1532{,}4\ kJ \cdot mol^{-1}\,;$$

lässt sich katalytisch zu Stickstoffmonooxid und Wasser oxidieren:

$$4\,NH_3 + 5\,O_2 \xrightarrow{Kat.} 4\,NO + 6\,H_2O \qquad \Delta_R H_m = -906{,}9\ kJ \cdot mol^{-1}\,;$$

in Wasser leicht löslich, reagiert dabei teilweise mit Wasser:

$$NH_3 + H_2O \rightleftharpoons NH_4^+ + OH^-,$$

Lösung heißt **Ammoniakwasser**.
Ammoniak und Ammoniakwasser reagieren mit Säuren: **Ammoniumsalze**.
↗ Autoprotolyse S. 108; Herstellung S. 265; Verwendung S. 274; Arbeiten S. 302; Nachweis für Ammoniak und Ammonium-Ionen S. 310; Gefahrstoff S. 360

Ammoniumsulfat $(NH_4)_2SO_4$. Farblose Kristalle; in Wasser leicht löslich (unter Abkühlung); wird beim Erhitzen in Ammoniumhydrogensulfat und Ammoniak zersetzt:

$$(NH_4)_2SO_4 \longrightarrow NH_4HSO_4 + NH_3$$

↗ Stickstoffdünger S. 335

Ammoniumchlorid (Salmiak) NH_4Cl. Weißer, kristalliner Stoff; in Wasser leicht löslich; zerfällt beim Erhitzen:

$$NH_4Cl \longrightarrow NH_3 + HCl\,;$$

reagiert mit schwerer flüchtigen Basen:

$$NH_4^+ + OH^- \longrightarrow NH_3 \uparrow + H_2O$$

↗ Gefahrstoff S. 360

Ammoniumnitrat (Ammonsalpeter) NH_4NO_3. Farblose Kristalle oder weißes kristallines Pulver; an der Luft zerfließend mit anschließendem Erhärten; in Wasser leicht löslich (unter starker Abkühlung); zersetzt sich bei etwa 200 °C in Distickstoffmonooxid und Wasser:

$$NH_4NO_3 \longrightarrow N_2O + 2\,H_2O\,;$$

bei Anwesenheit organischer Stoffe kann explosionsartiger Zerfall eintreten; Verwendung als Sprengstoff.
↗ Stickstoffdünger S. 335; Gefahrstoff S. 360

Phosphor

Element Phosphor P. Vorkommen chemisch gebunden in Phosphaten [Apatit $Ca_5(PO_4)_3(OH, F, Cl)$].
↗ Modifikationen S. 60; Mineralstoff S. 343

5

Weißer Phosphor P$_4$. Herstellung aus Apatit mit Siliciumdioxid und Kohlenstoff im elektrischen Lichtbogenofen; weiße bis gelbliche Kristalle; bei Zimmertemperatur wachsweich; in Wasser schwer löslich, leicht löslich in Kohlenstoffdisulfid; reagiert heftig mit Sauerstoff; entzündet sich bei 50 °C, in fein verteilter Form bereits bei Zimmertemperatur; entwickelt an der Luft weißen Rauch (Phosphoroxide); leuchtet im Dunkeln; stark giftig; wirkt ätzend; geht am Licht in die rote Modifikation über; wird abgedunkelt unter Wasser aufbewahrt.
↗ Gefahrstoff S. 362

Roter Phosphor P$_\infty$. Dunkelrotes Pulver; entsteht durch längeres Erhitzen von weißem Phosphor unter Luftausschluss auf 400 °C; schwer löslich in Wasser und Kohlenstoffdisulfid; weniger reaktionsfähig als weißer Phosphor; entzündet sich erst oberhalb 400 °C; leuchtet im Dunkeln nicht; ist giftig, weil häufig mit weißem Phosphor verunreinigt.
↗ Gefahrstoff S. 362

Schwarzer Phosphor. Schwarze Kristalle von graphitartiger Beschaffenheit; entsteht bei sehr hohem Druck aus weißem Phosphor.

Phosphor(V)-oxid P$_4$O$_{10}$. Weißes, lockeres, stark hygroskopisches Pulver; reagiert heftig unter Zischen mit Wasser:

$$P_4O_{10} + 6\,H_2O \longrightarrow 4\,H_3PO_4$$

↗ Gefahrstoff S. 362

Phosphorsäure H$_3$PO$_4$. Farblose, hygroskopische Kristalle, in Wasser sehr leicht löslich; Herstellung aus Calciumphosphat und Schwefelsäure; Lösungen je nach Konzentration dünnflüssig bis sirupartig; protolysiert mit Wasser in drei Stufen:

$$H_3PO_4 + H_2O \rightleftharpoons H_3O^+ + H_2PO_4^-$$
$$H_2PO_4^- + H_2O \rightleftharpoons H_3O^+ + HPO_4^{2-}$$
$$HPO_4^{2-} + H_2O \rightleftharpoons H_3O^+ + PO_4^{3-}\;;$$

bildet Salze: **Phosphate**.
↗ Nachweis für Phosphat-Ionen S. 309; Phosphate im Abwasser S. 333; Phosphordünger S. 335; Gefahrstoff S. 362

Arsen

Element Arsen As. Vorkommen im Arsenkies FeAsS.
↗ Modifikationen S. 60; Gefahrstoff S. 360

Graues Arsen. Herstellung durch Erhitzen von Arsenkies; stahlgrauer, metallisch glänzender, blättriger kristalliner Stoff; geringe elektrische Leitfähigkeit; sehr spröde; an trockener Luft beständig, wird an feuchter Luft zu Arsen(III)-oxid oxidiert.

Gelbes Arsen As$_4$. Kristalline Masse; knoblauchartiger Geruch; giftig; in Kohlenstoffdisulfid leicht löslich; unbeständig, geht am Licht oder beim Erwärmen in die graue Modifikation über.

Arsen(III)-oxid (Arsenik) As$_2$O$_3$. Weißes Pulver; in Wasser wenig löslich; sehr giftig.
↗ Gefahrstoff S. 360

5

185

VI. Hauptgruppe des Periodensystems

Übersicht über die Chalkogene

Name Elementsymbol	Sauerstoff O	Schwefel S	Selen Se	Tellur Te
Molare Masse in $g \cdot mol^{-1}$	15,999	32,07	78,96	127,60
Dichte ϱ in $g \cdot cm^{-3}$	O_2 (g): $1,4\ g \cdot l^{-1}$	rhombisch: 2,07 monoklin: 1,96	grau: 4,79 rot: 4,48	6,25
Schmelztemperatur ϑ_s in °C	−218	113	217	450
Siedetemperatur ϑ_v in °C	−183	445	685	990
Dioxid Säure	– –	SO_2 H_2SO_3	SeO_2 H_2SeO_3	TeO_2 H_2TeO_3
Trioxid Säure	– –	SO_3 H_2SO_4	SeO_3 H_2SeO_4	TeO_3 H_2TeO_4
Saure Eigenschaften der Oxide	zunehmend ⟵			
Elektronegativitätswert	3,5	2,5	2,4	2,1
Wichtige Oxidationszahlen	−2	+6, +4, −2	+6, +4, −2	+6, +4, −2

Zu den Chalkogenen zählt außerdem das Element Polonium Po.

Sauerstoff

Element Sauerstoff O. Häufigstes Element der Erdkruste ($w = 49,4\%$); Vorkommen in der Luft ($\varphi(O_2) = 21,0\%$) sowie in Wasser, Silicaten und Carbonaten.

Elementsubstanz Sauerstoff O_2. Gewinnung aus der Luft oder durch Elektrolyse von Wasser; farb- und geruchlos, geschmackfrei; etwas größere Dichte als Luft; in Wasser wenig löslich; brennt nicht, unterhält aber die Verbrennung und verbindet sich dabei mit dem brennenden Stoff.
↗ Arbeiten S. 301; Nachweis S. 310

Ozon (Trisauerstoff) O_3. Farbloses Gas mit charakteristischem Geruch; flüssig tief violettblau, fest schwarz; sehr giftig; in Wasser wenig löslich; Bildung aus normalem Sauerstoff unter Aufnahme elektrischer, fotochemischer oder thermischer Energie; zerfällt sehr leicht unter Bildung von Sauerstoff (konzentriertes Ozon explosionsartig); sehr starkes Oxidationsmittel.
↗ Ozonschicht S. 327; Umweltbereich Luft S. 328; Gefahrstoff S. 362

Schwefel

Element Schwefel S. Vorkommen als Elementsubstanz sowie in Sulfaten (Gips $CaSO_4 \cdot 2\,H_2O$, Bittersalz $MgSO_4 \cdot 7\,H_2O$, Schwerspat $BaSO_4$) und Sulfiden (Schwefelkies, Pyrit FeS_2; Bleiglanz PbS, Zinkblende ZnS).

Elementsubstanz Schwefel S$_8$. Gewinnung durch Abbau von elementarem Schwefel oder Oxidation von Schwefelwasserstoff; gelber, kristalliner Stoff; geringe Härte, spröde; in Wasser praktisch unlöslich; in Kohlenstoffdisulfid leicht löslich; verbrennt mit blauer Flamme zu Schwefeldioxid; verbindet sich in der Wärme mit Metallen zu Sulfiden, mit Wasserstoff zu Schwefelwasserstoff; tritt in mehreren temperaturabhängigen Modifikationen auf:

$$\alpha\text{-Schwefel} \underset{}{\overset{95{,}6\,°C}{\rightleftharpoons}} \beta\text{-Schwefel} \underset{}{\overset{119\,°C}{\rightleftharpoons}} \lambda\text{-Schwefel} \overset{400\,°C}{\rightleftharpoons}$$

gelb	gelb	gelb
rhombisch	monoklin	leichtflüssig
S_8	S_8	S_8

$$\mu\text{-Schwefel} \overset{444{,}6\,°C}{\rightleftharpoons} \text{Schwefeldampf}$$

braun   gelb, rot
zähflüssig   bis purpur
Makromoleküle S_8 bis S_2

↗ Struktur S. 39; Kristallsysteme S. 59; Modifikationen S. 60; Verwendung S. 274

Schwefelwasserstoff H$_2$S. Farbloses, unangenehm riechendes Gas; sehr gefährliches Atemgift; in Wasser löslich, dabei Bildung der Schwefelwasserstoffsäure:

$$H_2S + H_2O \rightleftharpoons H_3O^+ + HS^-$$
$$HS^- + H_2O \rightleftharpoons H_3O^+ + S^{2-};$$

reagiert mit Schwermetallsalzlösungen unter Bildung schwer löslicher Salze: **Sulfide**; verbrennt an der Luft mit bläulicher Flamme:

$$2\,H_2S + 3\,O_2 \longrightarrow 2\,H_2O + 2\,SO_2$$

↗ Nachweis für Sulfid-Ionen S. 309; Gefahrstoff S. 362

Schwefeldioxid SO$_2$. Farbloses, stechend riechendes Gas; Dichte $\varrho = 2{,}926\ g \cdot l^{-1}$; Herstellung durch Verbrennen von Schwefel; entsteht bei der Verbrennung schwefelhaltiger Stoffe (fossile Brennstoffe); Umwelt- und Atemgift; nicht brennbar, unterhält die Verbrennung nicht; wirkt desinfizierend und bleichend; verbindet sich mit Sauerstoff nur katalytisch zu Schwefeltrioxid:

$$2\,SO_2 + O_2 \overset{Kat.}{\rightleftharpoons} 2\,SO_3 \qquad \Delta_R H_m = -189{,}2\ kJ \cdot mol^{-1};$$

in Wasser löslich, dabei teilweise Reaktion zu schwefliger Säure:

$$H_2O + SO_2 \rightleftharpoons H_2SO_3;$$

reagiert mit Metalloxiden oder Hydroxiden unter Bildung von Sulfiten.
↗ Herstellung S. 264; Arbeiten S. 301; Umweltbereich Luft S. 328; Gefahrstoff S. 362

5

187

Schwefeltrioxid SO₃. Farblose Nadeln, die bereits bei etwa 17 °C schmelzen; reagiert mit Wasser sehr heftig unter großer Wärmeentwicklung zu Schwefelsäure; bildet an der Luft dichte, weiße Nebel, die sich schwer in Wasser lösen und dabei nur langsam Schwefelsäure bilden; gut löslich in konzentrierter Schwefelsäure zu Dischwefelsäure:

$$H_2SO_4 + SO_3 \rightleftharpoons H_2S_2O_7 ; \qquad H_2S_2O_7 + H_2O \longrightarrow 2\,H_2SO_4$$

↗ Herstellung S. 264

Schweflige Säure H₂SO₃. Existiert nur in wässriger Lösung; stechender Geruch nach Schwefeldioxid; mittelstarke Säure; zerfällt beim Erhitzen:

$$H_2SO_3 \rightleftharpoons H_2O + SO_2 ;$$

bildet Salze: **Sulfite.**
↗ Gefahrstoff S. 362

Schwefelsäure H₂SO₄. Farblose, geruchlose Flüssigkeit; Herstellung aus Schwefel oder sulfidischen Erzen über Schwefeldioxid und Schwefeltrioxid; bildet Salze: **Sulfate.**
↗ Herstellung S. 264; Verwendung S. 274; Nachweis für Sulfat-Ionen S. 309; Gefahrstoff S. 362

Verdünnte Schwefelsäure: sehr starke zweiwertige Säure; reagiert durch Protolyse mit Wasser:

$$H_2SO_4 + H_2O \rightleftharpoons H_3O^+ + HSO_4^-$$
$$HSO_4^- + H_2O \rightleftharpoons H_3O^+ + SO_4^{2-} ;$$

reagiert mit unedlen Metallen unter Wasserstoffentwicklung zu Sulfaten.

Konzentrierte Schwefelsäure: farblose, geruchlose, ölige Flüssigkeit; Dichte $\varrho = 1,84\ g \cdot cm^{-3}$; stark ätzend; stark wasseranziehend; mischt sich mit Wasser unter starker Wärmeentwicklung (Säure in Wasser gießen!); setzt sich infolge Oxidationswirkung auch mit edleren Metallen um.

Natriumthiosulfat Na₂S₂O₃. Farblose, geruchfreie Kristalle; bitter-salziger Geschmack; Herstellung aus Natriumsulfit und Schwefel; in Wasser leicht mit alkalischer Reaktion löslich; Reduktionsmittel; Verwendung als Fixiersalz in der Fotografie.

Natriumdithionit Na₂S₂O₄. Weißes kristallines Pulver; gut löslich in Wasser; reizt Augen und Atemwege; kräftiges Reduktionsmittel.

Selen

Element Selen Se. Vorkommen in sulfidischen Erzen, wie Kupferkies CuFeS₂.
↗ Modifikation S. 60; Gefahrstoff S. 362
Graues Selen. Gewinnung aus dem Anodenschlamm der Kupferraffination; grauschwarzer, kristalliner Stoff; praktisch unlöslich in Kohlenstoffdisulfid; geringe elektrische Leitfähigkeit, die bei Belichtung zunimmt (Selenzelle).
Rotes Selen Se₈. Roter, kristalliner Stoff oder amorph; löslich in Kohlenstoffdisulfid; wandelt sich oberhalb 100 °C in graues Selen um.

VII. Hauptgruppe des Periodensystems

Übersicht über die Halogene

Name Elementsymbol	Fluor **F**	Chlor **Cl**	Brom **Br**	Iod **I**
Molare Masse in $g \cdot mol^{-1}$	18,998	35,45	79,90	126,90
Dichte ϱ	F_2 (g) 1,69 $g \cdot l^{-1}$	Cl_2 (g) 3,21 $g \cdot l^{-1}$	Br_2 (l) 3,12 $g \cdot cm^{-3}$	I_2 (s) 4,93 $g \cdot cm^{-3}$
Schmelztemperatur ϑ_s in °C	−220	−101	−7,2	114
Siedetemperatur ϑ_v in °C	−188	−34,1	58,8	184,5
Elektronegativitätswert	4,0	3,0	2,8	2,5
Wichtige Oxidationszahlen	−1	+7, +5, +1, −1	+5, +3, +1, −1	+7, +5, +1, −1
Reaktivität gegenüber Metallen	zunehmend ⟵			

5

Zu den Halogenen gehört außerdem das Element Astat At.

Fluor

Element Fluor F. Vorkommen in Fluoriden (Flussspat CaF_2, Kryolith $Na_3[AlF_6]$).

Elementsubstanz Fluor F_2. Herstellung durch elektrochemische Oxidation von Fluorwasserstoff; schwach grünlich gelbes Gas; starkes Atemgift; reaktionsfähigste aller Elementsubstanzen (Element mit dem höchsten Elektronegativitätswert); reagiert mit Wasserstoff schon bei Zimmertemperatur (auch im Dunkeln) unter Entzündung oder heftiger Explosion:

$$H_2 + F_2 \longrightarrow 2\,HF \qquad \Delta_R H_m = -268{,}5\ kJ \cdot mol^{-1}\,;$$

reagiert heftig mit Wasserstoffverbindungen:

$$2\,H_2O + 2\,F_2 \longrightarrow O_2 + 4\,HF$$
$$2\,NH_3 + 3\,F_2 \longrightarrow N_2 + 6\,HF$$

↗ Spurenelement S. 344; Gefahrstoff S. 361

Fluorwasserstoff HF. Farblose, leicht bewegliche, an der Luft stark rauchende Flüssigkeit; Herstellung aus Calciumfluorid und konzentrierter Schwefelsäure; stechender Geruch; Atemgift; leicht löslich in Wasser; wässrige Lösung ist wesentlich schwächer sauer als die der anderen Halogenwasserstoffe: **Flusssäure**; bildet Salze: **Fluoride**; wirkt auf Glas ätzend (Aufbewahrung in Polyethylenflaschen).
↗ Gefahrstoff S. 361

189

Chlor

Element Chlor Cl. Vorkommen in Chloriden (Steinsalz NaCl, Sylvin KCl, Carnallit $KCl \cdot MgCl_2 \cdot 6\,H_2O$).

Elementsubstanz Chlor Cl_2. Herstellung durch Chloralkali-Elektrolyse; gelbgrünes Gas; größere Dichte als Luft; starkes Atemgift; feucht wirkt es desinfizierend und bleichend; in Wasser leicht löslich; reagiert mit den meisten Elementen schon bei niedrigen Temperaturen; Chlor-Wasserstoff-Gemisch reagiert im Sonnenlicht explosionsartig (Chlorknallgas) zu Chlorwasserstoff:

$$H_2 + Cl_2 \longrightarrow 2\,HCl$$

↗ Herstellung S. 266; Verwendung S. 274; Arbeiten S. 301; Gefahrstoff S. 360

Chlorwasserstoff HCl. Farbloses, stechend riechendes Gas; Herstellung aus Natriumchlorid und Schwefelsäure; Atemgift; stark hygroskopisch, bildet daher an der Luft Nebel; leicht löslich in Wasser; in wässriger Lösung sehr starke Säure: **Salzsäure** (Chlorwasserstoffsäure); bildet Salze: **Chloride**.
↗ Arbeiten S. 302; Nachweis für Chlorid-Ionen S. 308; Gefahrstoff S. 361

Brom

Element Brom Br. Vorkommen in Bromiden (zusammen mit Chloriden).

Elementsubstanz Brom Br_2. Herstellung durch Oxidation von Bromiden; dunkelbraune Flüssigkeit, entwickelt schon bei Zimmertemperatur rotbraune, erstickend wirkende Dämpfe; gefährliches Atemgift; wirkt stark ätzend; in Wasser wenig löslich; reagiert mit den meisten Elementen, teilweise unter Feuererscheinung; verbindet sich mit Wasserstoff zu Bromwasserstoff.
↗ Gefahrstoff S. 360

Bromwasserstoff HBr. Farbloses, stechend riechendes Gas; giftig; stark hygroskopisch; bildet an der Luft Nebel; in wässriger Lösung sehr starke Säure: **Bromwasserstoffsäure**; bildet Salze: **Bromide**.
↗ Nachweis für Bromid-Ionen S. 308; Gefahrstoff S. 360

Iod

Element Iod I. Selten; Vorkommen im Chilesalpeter und in Meeresalgen.

Elementsubstanz Iod I_2. Herstellung durch Oxidation von Iodiden; blauschwarze, metallisch glänzende Kristallplättchen; bildet beim Erhitzen violette, ätzende Dämpfe, die beim Abkühlen sogleich festes Iod bilden, Iod lässt sich durch Sublimation reinigen; giftig; in Wasser wenig löslich: **Iodwasser** (gelbe Färbung); gut löslich in Kaliumiodidlösung zu Kaliumtriiodid KI_3; in Ethanol löslich: **Iodtinktur** (braune Färbung); reagiert mit Wasserstoff zu Iodwasserstoff.
↗ Struktur S. 62; Spurenelement S. 344; Gefahrstoff S. 361

Iodwasserstoff HI. Farbloses Gas; giftig; stark hygroskopisch; bildet an der Luft Nebel; in Wasser löslich; in wässriger Lösung sehr starke, jedoch leicht oxidierbare Säure: **Iodwasserstoffsäure**; bildet Salze: **Iodide**.
↗ Nachweis für Iodid-Ionen S. 308; Gefahrstoff S. 361

190

VIII. Hauptgruppe des Periodensystems

Übersicht über die Edelgase

Name Elementsymbol	Helium **He**	Neon **Ne**	Argon **Ar**	Krypton **Kr**	Xenon **Xe**
Molare Masse in $g \cdot mol^{-1}$	4,003	20,15	39,95	83,80	131,30
Dichte ϱ in $g \cdot l^{-1}$	0,18	0,89	1,66	3,73	4,91
Schmelztemperatur ϑ_s in °C	−271	−249	−189	−157,0	−111,8
Siedetemperatur ϑ_v in °C	−269	−246	−186	−153,4	−108,1
Oxidationszahlen	0	0	0	+2	+8, +6, +4, +2

Zu den Edelgasen zählt außerdem das Element Radon Rn.

5

Helium He
Vorkommen in Uranmineralien, Erdgasen und in der Luft ($\varphi(He) = 5{,}2$ ppm); farbloses und geruchloses, einatomiges Gas; wesentlich geringere Dichte als Luft; außerordentliche Reaktionsträgheit, keine Verbindungen bekannt; Verwendung als Schutzgas bei der Fertigung von Halbleitern und elektronischen Bauelementen sowie als Traggas für Luftschiffe.

Neon Ne
Vorkommen in der Luft ($\varphi(Ne) = 18{,}2$ ppm); farbloses, geruchloses, einatomiges Gas; keine Verbindungen bekannt; Verwendung in Entladungsröhren.

Argon Ar
Vorkommen in der Luft ($\varphi(Ar) = 0{,}93\%$); häufigstes Edelgas; farbloses, geruchloses, einatomiges Gas; keine Verbindungen bekannt; Verwendung in Glühlampen und als Schutzgas bei der Metallverarbeitung.

Krypton Kr
Vorkommen in der Luft ($\varphi(Kr) = 1{,}1$ ppm); farbloses, geruchloses, einatomiges Gas; sehr reaktionsträge; Verwendung in Hochdruck- und Glühlampen.

Xenon Xe
Vorkommen in geringer Menge in der Luft ($\varphi(Xe) = 87$ ppb); farbloses, geruchloses, einatomiges Gas; reagiert mit Fluor zu Xenontetrafluorid XeF_4; auch andere Verbindungen, wie Xenontrioxid XeO_3 und Perxenate M_4XeO_6, sind bekannt und widerlegen die lange vertretene Auffassung, dass Edelgase nicht zu chemischen Reaktionen befähigt seien; Verwendung in Xenonlampen (hohe Leuchtdichte).

191

I. und II. Nebengruppe des Periodensystems

Übersicht über die Kupfergruppe (I. Nebengruppe)

Name Elementsymbol	Kupfer **Cu**	Silber **Ag**	Gold **Au**
Molare Masse in $g \cdot mol^{-1}$	63,55	107,87	196,97
Dichte ϱ in $g \cdot cm^{-3}$	8,94	10,50	19,32
Schmelztemperatur ϑ_s in °C	1083	961,3	1063
Siedetemperatur ϑ_v in °C	2595	2210	3080
Elektronegativitätswert	1,9	1,9	2,4
Wichtige Oxidationszahlen	+2, +1	+1	+3, +1

5

Kupfer

Kupfer Cu. Vorkommen in Sulfiden (Kupferkies $CuFeS_2$, Kupferglanz Cu_2S) und Oxiden [Rotkupfererz Cu_2O, Malachit $Cu_2(OH)_2CO_3$] sowie im gediegenen Zustand; Herstellung aus sulfidischen Erzen, Reinigung durch elektrolytische Raffination; rötliches bis gelbrotes Metall; verhältnismäßig weich, dabei zäh und dehnbar; sehr gute Leitfähigkeit für Wärme und Elektrizität; oxidiert an der Luft oberflächlich zu Kupfer(I)-oxid, beim Erhitzen zu Kupfer(II)-oxid; reagiert mit oxidierenden Säuren unter Bildung von Salzen.
↗ Struktur S. 63; Herstellung S. 262; Verwendung S. 276; Spektralanalyse S. 308

Kupfer(II)-oxid CuO. Schwarzes Pulver; in Wasser praktisch unlöslich; beim Erhitzen an der Luft beständig; reagiert mit Säuren zu Kupfer(II)-Salzen.

Kupfer(II)-sulfat $CuSO_4 \cdot 5\,H_2O$. Blaue Kristalle, in Wasser löslich; wandelt sich beim Erhitzen in wasserfreies, weißes Pulver um; zerfällt bei starkem Erhitzen:

$$2\,CuSO_4 \longrightarrow 2\,CuO + 2\,SO_2 + O_2$$

↗ Nachweis für Kupfer(II)-Ionen S. 308; Gefahrstoff S. 361

Silber

Silber Ag. Vorkommen in gediegenem Zustand und als Begleiter sulfidischer Bleierze; Herstellung aus Rohblei; weiß glänzendes Edelmetall; verhältnismäßig weich, äußerst dehnbar, sehr hohe Leitfähigkeit für Wärme und Elektrizität; gegen Luft, Licht, Wasser und nicht oxidierende Säuren beständig; reagiert mit Schwefel oder Schwefelwasserstoffverbindungen zu Silbersulfid, mit oxidierenden Säuren zu Silbersalzen; Silberchlorid, -bromid und -iodid sind in Wasser schwer löslich.
↗ Verwendung S. 276

192

Silbernitrat AgNO₃. Farblose Kristalle; lichtempfindlich; in Wasser leicht löslich; ätzend (Höllenstein).
↗ Nachweis für Halogenid-Ionen S. 308; Gefahrstoff S. 362

Gold Au

Vorkommen hauptsächlich in gediegenem Zustand; gelbes, weiches Edelmetall; große Dehnbarkeit, gute Leitfähigkeit für Wärme und Elektrizität; beständig gegen Luft, Wasser und die meisten Chemikalien; reagiert mit starken Oxidationsmitteln, wie Chlorwasser und Königswasser, oder auch Sauerstoff in Gegenwart starker Komplexbildner, wie Kaliumcyanid (Cyanidlaugerei).

Übersicht über die Zinkgruppe (II. Nebengruppe)

Name Elementsymbol	Zink **Zn**	Cadmium **Cd**	Quecksilber **Hg**
Molare Masse in $g \cdot mol^{-1}$	65,38	112,41	200,59
Dichte ϱ in $g \cdot cm^{-3}$	7,13	8,65	13,59
Schmelztemperatur ϑ_s in °C	419	321	−38,86
Siedetemperatur ϑ_v in °C	907	767	357,3
Elektronegativitätswert	1,6	1,7	1,9
Wichtige Oxidationszahlen	+2	+2	+2, +1

5

Zink Zn

Vorkommen in Zinkblende ZnS und Zinkspat ZnCO₃; Herstellung aus Zinkoxid und Kohlenstoff oder durch Elektrolyse einer Zinksulfatlösung; bläulich weißes Metall; geringe Härte; spröde, lässt sich jedoch zwischen 100 und 150 °C leicht walzen und ziehen; oberhalb 205 °C wieder spröde; an Luft beständig, da es sich mit einer dünnen Schutzschicht von Zinkoxid überzieht; verbrennt bei Siedetemperatur mit heller, bläulich weißer Flamme zu weißem Rauch von Zinkoxid; reagiert mit verdünnten Säuren unter Bildung von Salzen und Wasserstoff.
↗ Herstellung S. 263; Verwendung S. 276; Spurenelement S. 344; Gefahrstoff S. 363

Quecksilber Hg

Vorkommen im Zinnober HgS; silberweiß, glänzend; einziges bei Zimmertemperatur flüssiges Metall; Herstellung durch Erhitzen von Zinnober an der Luft; elektrische Leitfähigkeit gering, steigt jedoch unterhalb der Erstarrungstemperatur beträchtlich an; Dämpfe sind giftig; an der Luft beständig; stabil gegenüber den meisten verdünnten Säuren; reagiert jedoch mit verdünnter Salpetersäure langsam sowie mit oxidierenden Säuren unter Salzbildung; reagiert mit Schwefel und Halogenen; bildet mit vielen Metallen Legierungen (Amalgame).
↗ Giftige Schwermetalle S. 337; Gefahrstoff S. 362

IV. bis VII. Nebengruppe des Periodensystems

Titan Ti

Häufiges Element der Erdkruste (10. Stelle); Vorkommen in oxidischer Form (Rutil TiO_2, Ilmenit $FeTiO_3$); Herstellung meist als Titan-Eisen-Legierung (Ferrotitan mit bis zu 75 % Titan) aus Rutil und Kohlenstoff in Gegenwart von Eisenoxiden; glänzendes Metall; Dichte $\varrho = 4{,}51\ g \cdot cm^{-3}$ (Titan gehört zu den Leichtmetallen); Schmelztemperatur $\vartheta_s = 1610\ °C$; hohe mechanische Festigkeit und geringe thermische Ausdehnung; hohe Korrosionsbeständigkeit; widerstandsfähig gegenüber Salpetersäure, verdünnter Salzsäure und verdünnter Schwefelsäure; verbrennt erst bei Rotglut zu Titan(IV)-oxid; wichtigste Oxidationszahl +4; Verwendung in der Luft- und Raumfahrt, als Stahlveredler (Titanstahl) im Apparatebau; Titan(IV)-oxid bildet das wichtigste Weißpigment.

↗ Pigmente S. 251

Vanadium V

Vorkommen vor allem in Eisenerzen (Magnetit); Herstellung meist als Vanadium-Eisen-Legierung (Ferrovanadium mit bis zu 80% Vanadium) durch Reduktion von Vanadium(V)-oxid in Gegenwart von Eisenoxiden mit Silicium oder Aluminium; stahlgraues, bläulich schimmerndes Metall; Dichte $\varrho = 6{,}11\ g \cdot cm^{-3}$; Schmelztemperatur $\vartheta_s = 1929\ °C$; dehnbar, lässt sich kalt verformen; beständig gegenüber nicht oxidierenden Säuren (außer Fluorwasserstoffsäure) und verdünnten Laugen; reagiert mit heißer konzentrierter Salpetersäure oder konzentrierter Schwefelsäure zu Vanadium(V)-Komplexverbindungen; verbrennt bei Temperaturen oberhalb 250 °C zu Vanadium(V)-oxid; wichtigste Oxidationszahl +5; Verwendung als Legierungsmetall (Edelstahl); Vanadium(V)-oxid als Katalysator beim Schwefelsäure-Kontaktverfahren.

Chrom

Chrom Cr. Vorkommen im Chromeisenstein $(Fe, Mg)Cr_2O_4$; Herstellung durch Reduktion von Chrom(III)-oxid mit Kohlenstoff oder Aluminium; silberweißes bis stahlblaues Metall; Dichte $\varrho = 7{,}19\ g \cdot cm^{-3}$; Schmelztemperatur $\vartheta_s = 1890\ °C$; sehr hart, zäh, dehnbar; beständig an der Luft und unter Wasser; reagiert langsam mit halbkonzentrierter Chlorwasserstoffsäure, Bromwasserstoffsäure und Schwefelsäure; wichtige Oxidationszahlen +6, +3 und +2.

↗ Verwendung S. 275

Kaliumchromat K_2CrO_4. Gelbe Kristalle; Herstellung durch elektrochemische Oxidation von Chrom(III)-Salzlösungen; in Wasser leicht löslich; Lösung wirkt stark oxidierend:

$$CrO_4^{2-}\ +\ 8\,H_3O^+\ +\ 3\,e^-\ \rightleftharpoons\ Cr^{3+}\ +\ 12\,H_2O\ ;$$

in angesäuerter Lösung schlägt die gelbe Farbe durch Bildung von Dichromat-Ionen nach Orange um:

$$2\,CrO_4^{2-}\ +\ 2\,H_3O^+\ \rightleftharpoons\ Cr_2O_7^{2-}\ +\ 3\,H_2O$$

↗ Gefahrstoff S. 361

5

Molybdän Mo

Vorkommen vor allem in Sulfiden (Molybdänglanz MoS_2); Herstellung durch Rösten und Reduktion mit Wasserstoff; silberglänzendes, sprödes Metall; Dichte $\varrho = 10{,}22$ g · cm^{-3}; Schmelztemperatur $\vartheta_s = 2610\ °C$; gegenüber Säuren beständig, konzentrierte Salpetersäure passiviert die Metalloberfläche; wichtige Oxidationszahlen +6, +4 und +3; Verwendung als Legierungsbestandteil von Werkzeugstählen.

Wolfram W

Vorkommen in Wolframaten [Wolframit (Fe, Mn)WO_4]; Herstellung vor allem als Wolfram-Eisen-Legierung (Ferrowolfram mit bis zu 85 % Wolfram) durch Reduktion von Wolframit mit Kohlenstoff; mattgraues Metall; Dichte $\varrho = 19{,}25$ g · cm^{-3}; Schmelztemperatur $\vartheta_s \approx 3400\ °C$ (höchste Schmelztemperatur aller Metalle); kleinster thermischer Ausdehnungskoeffizient aller Metalle; gegenüber Säuren (auch oxidierenden) beständig; reagiert mit Sauerstoff bei Rotglut zu Wolfram(VI)-oxid; wichtigste Oxidationszahl +6.

↗ Verwendung S. 275

Mangan

Mangan Mn. Vorkommen in oxidischer Form (Braunstein MnO_2, Braunit Mn_2O_3); Herstellung durch Elektrolyse von Mangan(II)-Salzlösungen; silberweißes Metall; Dichte $\varrho = 7{,}43$ g · cm^{-3}; Schmelztemperatur $\vartheta_s = 1244\ °C$; sehr spröde, pulverisierbar; verbrennt beim Erhitzen an der Luft zu Mangan(II, III)-oxid Mn_3O_4; reagiert mit verdünnten Säuren zu Mangan(II)-Salzlösungen und Wasserstoff; wichtige Oxidationszahlen +7, +4 und +2.

↗ Verwendung S. 275

Mangan(IV)-oxid (Braunstein) MnO_2. Schwarzes Pulver; zerfällt oberhalb 530 °C; geht bei stärkerem Glühen in Mangan(II, III)-oxid Mn_3O_4 über; reagiert mit Säuren zu sehr unbeständigen Mangan(IV)-Salzen:

$$MnO_2 + 4\,HCl \longrightarrow MnCl_4 + 2\,H_2O$$

$$MnCl_4 \longrightarrow MnCl_2 + Cl_2 \quad \text{(Herstellungsmethode für Chlor)};$$

reagiert mit Hydroxiden zu Salzen der manganigen Säure H_2MnO_3:

$$MnO_2 + Ca(OH)_2 \longrightarrow CaMnO_3 + H_2O$$

↗ Gefahrstoff S. 361

Kaliumpermanganat $KMnO_4$. Metallisch glänzende, tiefviolette Kristalle; Herstellung durch Oxidation eines MnO_2/KOH-Gemisches; in Wasser mit intensiver violetter Farbe leicht löslich; starkes Oxidationsmittel; wird in neutraler, schwach alkalischer und schwach saurer Lösung zu Mangan(IV)-oxid, in saurer Lösung zu Mangan(II)-Ionen reduziert:

$$MnO_4^- + 4\,H_3O^+ + 3\,e^- \rightleftharpoons MnO_2 \downarrow + 6\,H_2O$$

$$MnO_4^- + 8\,H_3O^+ + 5\,e^- \rightleftharpoons Mn^{2+} + 12\,H_2O$$

↗ Manganometrie S. 316; Gefahrstoff S. 361

5

195

VIII. Nebengruppe des Periodensystems

Übersicht über die Eisengruppe

Name Elementsymbol	Eisen Fe	Cobalt Co	Nickel Ni
Molare Masse in $g \cdot mol^{-1}$	55,85	58,93	58,69
Dichte ϱ in $g \cdot cm^{-3}$	7,87	8,90	8,90
Schmelztemperatur ϑ_s in °C	1535	1495	1453
Siedetemperatur ϑ_v in °C	≈3000	≈3100	2730
Elektronegativitätswert	1,8	1,8	1,9
Wichtige Oxidationszahlen	+3, +2	+3, +2	+2

5

Eisen Fe

Vierthäufigstes Element der Erdkruste; Vorkommen in Oxiden (Magnetit Fe_3O_4, Hämatit Fe_2O_3), Carbonaten (Siederit $FeCO_3$) und Sulfiden (Pyrit FeS_2); Herstellung im Hochofenprozess; silberweißes, glänzendes Metall; verhältnismäßig weich und zäh, dehnbar; stark ferromagnetisch; unedles Metall, rostet an feuchter Luft; zersetzt in der Wärme Wasserdampf; wird beim Glühen an der Luft zu Eisen(III)-oxid Fe_2O_3, in reinem Sauerstoff zu Eisen(II, III)-oxid Fe_3O_4 oxidiert; reagiert mit verdünnten Säuren unter Bildung von Salzen und Wasserstoff.
↗ Rosten S. 126; Herstellung S. 261; Verwendung S. 275; Spurenelement S. 344

Nickel Ni

Vorkommen in Silicaten (Garnierit) und Sulfiden; Herstellung aus sulfidischen Erzen; silberglänzendes Metall, eisenähnlich; in reiner Form beständig gegenüber Luft, Wasser und nichtoxidierenden Säuren, in konzentrierter Salpetersäure Passivierung der Oberfläche, reagiert mit verdünnter Salpetersäure unter Wasserstoffentwicklung.
↗ Verwendung S. 275

Platinmetalle

Gruppe der Elemente Ruthenium Ru, Rhodium Rh, Palladium Pd, Osmium Os (das Element mit der größten Dichte $\varrho = 22{,}61 \ g \cdot cm^{-3}$), Iridium Ir und Platin Pt.

Platin Pt. Vorkommen gediegen oder in Mineralien; Gewinnung aus dem Anodenschlamm der Kupferraffination; silberglänzendes Edelmetall; Dichte $\varrho = 21{,}45 \ g \cdot cm^{-3}$; Schmelztemperatur $\vartheta_s = 1172$ °C; zäh; hat den gleichen thermischen Ausdehnungskoeffizienten wie Geräteglas, kann in Glas eingeschmolzen werden; beständig gegenüber Säuren, löslich nur in Königswasser und rauchender Salpetersäure; bei Rotglut durchlässig für Wasserstoff; wichtige Oxidationszahlen +4 und +2; Verwendung für Laborgeräte und Katalysatoren.

Organische Stoffe

Grundbegriffe der organischen Chemie

Übersicht über die organischen Verbindungen

Zu den organischen Verbindungen zählen alle Verbindungen des Kohlenstoffs mit Ausnahme der Oxide, der Kohlensäure und der Carbonate, der Carbide, einiger anderer einfacher Verbindungen sowie der Komplexverbindungen mit kohlenstoffhaltigen Liganden.

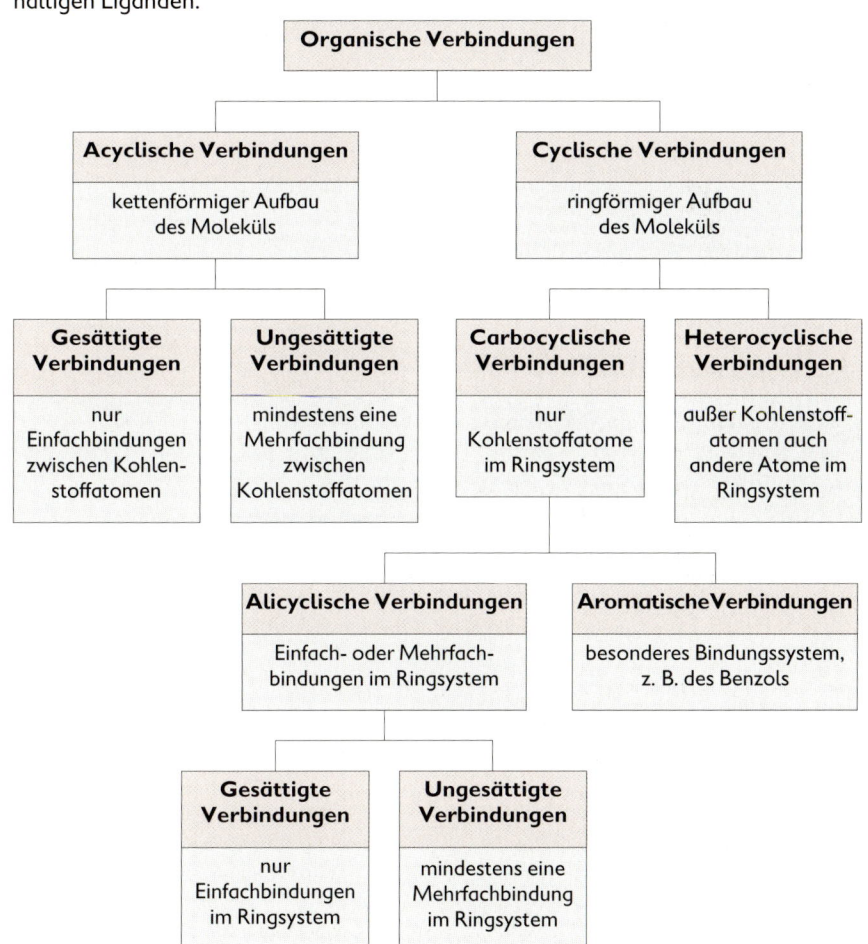

6

Acyclische (kettenförmige) Kohlenstoffverbindungen

Verbindungen, in deren Molekülen die Kohlenstoffatome kettenförmig miteinander verbunden sind.

↗ Kohlenwasserstoffe S. 206

■ **Unverzweigte Kette:** Butan

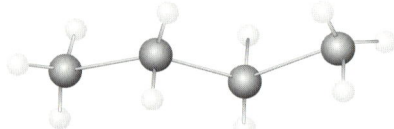

$CH_3-CH_2-CH_2-CH_3$ C_4H_{10}

Molekülmodell   Vereinfachte Strukturformel   Summenformel

↗ Namen S. 201

■ **Verzweigte Kette:** Methylpropan

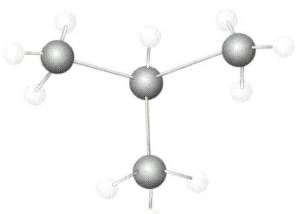

$CH_3-CH-CH_3$ C_4H_{10}
$\quad\quad\; |$
$\quad\;\; CH_3$

Molekülmodell   Vereinfachte Strukturformel   Summenformel

↗ Bindungsmodelle S. 44; Konstitutionsisomerie S. 52; Namen S. 203

Cyclische (ringförmige) Kohlenstoffverbindungen

Verbindungen, in deren Molekülen Kohlenstoffatome und z. T. auch andere Atome ringförmig miteinander verbunden sind.

■ **alicyclisch**   **aromatisch**   **heterocyclisch**

Cyclohexan   Benzol   Thiophen

Gesättigte Kohlenstoffverbindungen

Verbindungen, in deren Molekülen nur Einfachbindungen zwischen den Kohlenstoffatomen bestehen.

■ $CH_3-CH_2-CH_3$ CH_3-CH_2-OH $CH_3-CH_2-CH_2-COOH$
Propan   Ethanol   Butansäure

6

Ungesättigte Kohlenstoffverbindungen

Verbindungen, in deren Molekülen mindestens eine Mehrfachbindung (Doppelbindung, Dreifachbindung) zwischen Kohlenstoffatomen besteht.

↗ Bindungsmodelle zur Atombindung S. 44

■ $CH_2 = CH - CH_3$ $H - C \equiv C - H$ $CH_2 = CH - CH = CH_2$
Propen   Ethin   1,3-Butadien

Homologe Reihe

Reihe chemisch ähnlicher Verbindungen, bei der zwischen den Formeln zweier aufeinander folgender Verbindungen stets die gleiche Differenz CH_2 auftritt. Die chemischen Eigenschaften der Verbindungen einer homologen Reihe stimmen infolge der gemeinsamen Strukturmerkmale weitgehend überein. Die unterschiedliche Molekülgröße und die Struktur der Verbindungen einer homologen Reihe haben jedoch unterschiedliche physikalische Eigenschaften zur Folge. Die Verbindungen einer homologen Reihe heißen **Homologe**.

Homologe Reihe von Stoffklassen	Verbindung mit		
	1 Kohlenstoffatom	2 Kohlenstoffatomen	3 Kohlenstoffatomen
Alkane	CH_4 Methan	$CH_3 - CH_3$ Ethan	$CH_3 - CH_2 - CH_3$ Propan
Alkanole	$CH_3 - OH$ Methanol	$CH_3 - CH_2 - OH$ Ethanol	$CH_3 - CH_2 - CH_2 - OH$ 1-Propanol
Alkanale	$HCHO$ Methanal	$CH_3 - CHO$ Ethanal	$CH_3 - CH_2 - CHO$ Propanal
Alkansäuren	$HCOOH$ Methansäure	$CH_3 - COOH$ Ethansäure	$CH_3 - CH_2 - COOH$ Propansäure
Alkene	–	$CH_2 = CH_2$ Ethen	$CH_3 - CH = CH_2$ Propen
Alkine	–	$CH \equiv CH$ Ethin	$CH_3 - C \equiv CH$ Propin

6

Derivat

Verbindung, die sich von einer anderen Verbindung durch Substitution von gebundenen Atomen oder Atomgruppen durch andere Atome oder Atomgruppen ableitet. Dieser Austausch muss nicht unbedingt in einer chemischen Reaktion direkt realisierbar sein.

↗ Substitution S. 88

■ Chlorderivate von Methan CH_4 Chlormethan CH_3Cl
                                     Dichlormethan CH_2Cl_2
                                     Trichlormethan $CHCl_3$
                                     Tetrachlormethan CCl_4

Organische Reste

Atomgruppen, die ein Wasserstoffatom weniger als die entsprechenden Kohlenwasserstoffmoleküle enthalten. Ihre Namen sind durch die Endung **-yl** gekennzeichnet. Allgemeines Symbol: **R**.

■ Namen von organischen Resten

Name	Formel	Abgeleitet von
Alkylgruppen Methyl Ethyl Propyl	$-CH_3$ $-CH_2-CH_3$ $-CH_2-CH_2-CH_3$	Alkanmolekülen Methan Ethan Propan
Alkenylgruppen Ethenyl (Vinyl) 1-Propenyl	$-CH=CH_2$ $-CH=CH-CH_3$	Alkenmolekülen Ethen Propen
Arylgruppen Phenyl 4-Tolyl		Arenmolekülen Benzol Toluol

Funktionelle Gruppen

Atomgruppen in Molekülen, die weitgehend die chemischen Reaktionen von organischen Molekülen bestimmen.

■ Name und Formel funktioneller Gruppen

Name	Formel	Name	Formel
Hydroxylgruppe	$-OH$	Ethergruppe	$-O-$
Aldehydgruppe	$-C{\overset{O}{\underset{H}{}}}$	Ketogruppe, Oxogruppe, Carbonylgruppe	$C=O$
Carboxylgruppe	$-C{\overset{O}{\underset{OH}{}}}$	Estergruppe	$-C{\overset{O}{\underset{O-}{}}}$
Nitrilgruppe	$-C\equiv N$	Peptidgruppe	$-CO-NH-$
Aminogruppe	$-NH_2$	Azogruppe	$-N=N-$
Nitrogruppe	$-NO_2$	Sulfogruppe	$\overset{O}{\underset{O}{\overset{\|}{\underset{\|}{-S-OH}}}}$

Nomenklatur organischer Verbindungen

Systematische Namen nach den IUPAC-Regeln
Namen für organische Verbindungen, die nach den Regeln der IUPAC für den internationalen Gebrauch empfohlen werden; geben die Zusammensetzung und die Struktur der Verbindungen eindeutig an.
Grundbestandteile der systematischen Namen sind:
- Vorsilben (Präfixe) für Substituenten;
- Wortstamm für die Hauptkette oder das Ringsystem;
- Endungen (Suffixe) für die Bindungsverhältnisse in Hauptkette oder Ringsystem;
- Endung (Suffix) für eine (die ranghöchste) funktionelle Gruppe.
  ↗ Rangfolge und Namen von funktionellen Gruppen S. 204

■
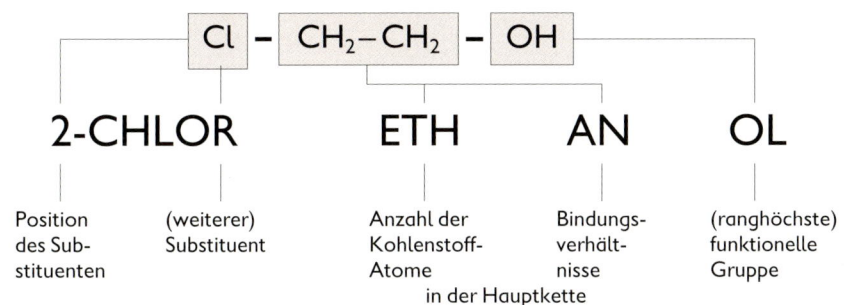

| Position des Substituenten | (weiterer) Substituent | Anzahl der Kohlenstoff-Atome in der Hauptkette | Bindungs-verhält-nisse | (ranghöchste) funktionelle Gruppe |

Die *Anzahl* gleicher Substituenten oder funktioneller Gruppen wird durch griechische Zahlwörter angegeben.

■ Di für 2, Tri für 3, Tetra für 4

Die *Position* von Substituenten, Mehrfachbindungen und funktionellen Gruppen wird durch (vorangestellte) arabische Ziffern angegeben.

■ 2 für am zweiten Kohlenstoffatom

Trivialnamen
Historisch entstandene Namen; lassen in den meisten Fällen Zusammensetzung und Struktur der Verbindung nicht erkennen; werden in der Industrie und in der Wissenschaft häufig verwendet; zur Benennung komplizierter Naturstoffe unverzichtbar.

■ Anilin, Isopren, Chloroform, Nicotin, Chlorophyll

Namen unverzweigter kettenförmiger Kohlenwasserstoffe
Die systematischen Namen unverzweigter kettenförmiger Kohlenwasserstoffe sind zusammengesetzt aus:
- arabischen Ziffern mit Bindestrichen, die die Positionen von Mehrfachbindungen angeben, wobei die Kohlenstoffatome fortlaufend beziffert werden, beginnend an dem Ende der Kette, dem eine Mehrfachbindung am nächsten liegt;
- einem Wortstamm, der die Anzahl der Kohlenstoffatome im Molekül angibt;
- einer Endung, die die Bindungen zwischen den Kohlenstoffatomen charakterisiert.

6

201

■ Strukturformel

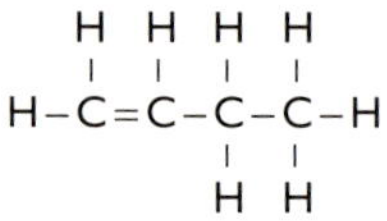

$$H-\overset{\overset{\displaystyle H}{|}}{C}=\overset{\overset{\displaystyle H}{|}}{C}-\overset{\overset{\displaystyle H}{|}}{\underset{\underset{\displaystyle H}{|}}{C}}-\overset{\overset{\displaystyle H}{|}}{\underset{\underset{\displaystyle H}{|}}{C}}-H$$

Arabische Ziffer (Position der Mehrfachbindung)	Wortstamm (Anzahl der Kohlenstoffatome)	Endung (Bindungs-verhältnisse)
1-	But	en
1-Buten		

Wortstämme

Anzahl der Kohlenstoffatome in der Kette	Wortstamm	Anzahl der Kohlenstoffatome in der Kette	Wortstamm
1	Meth	11	Undec
2	Eth	12	Dodec
3	Prop	13	Tridec
4	But	14	Tetradec
5	Pent	15	Pentadec
6	Hex	16	Hexadec
7	Hept	17	Heptadec
8	Oct	18	Octadec
9	Non	19	Nonadec
10	Dec	20	Eicos

Endungen

Endung	Kennzeichen	Name der Reihe	■
-an	gesättigt, Einfachbindungen zwischen den 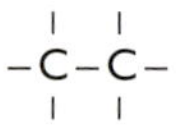 Kohlenstoff-atomen $-\overset{|}{C}-\overset{|}{C}-$	Alkane	$CH_3-CH_2-CH_3$ Propan
-en	ungesättigt, 1 Doppelbindung zwischen Kohlenstoffatomen 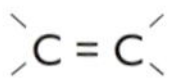 $C=C$	Alkene	$CH_2=CH_2$ Ethen
-in	ungesättigt, 1 Dreifachbindung zwischen Kohlenstoffatomen $-C\equiv C-$	Alkine	$CH_3-CH_2-C\equiv C-CH_3$ 2-Pentin

6

Namen verzweigter kettenförmiger Kohlenwasserstoffe

Die systematischen Namen verzweigter kettenförmiger Kohlenwasserstoffe sind zusammengesetzt aus:
- arabischen Ziffern (mit Bindestrich), die die Positionen der Kohlenwasserstoffreste der Seitenketten an der Hauptkette angeben;
- griechischen Zahlwörtern, die die Anzahl gleicher Kohlenwasserstoffreste der Seitenketten angeben;
- den Namen der Kohlenwasserstoffreste, die die Seitenketten bilden;
- dem Namen des Kohlenwasserstoffs in der Hauptkette.

Als Hauptkette gilt bei gesättigten Verbindungen der unverzweigte Kohlenwasserstoff mit der längsten Kohlenstoffkette im Molekül, bei ungesättigten Verbindungen der unverzweigte Kohlenwasserstoff, der die meisten Mehrfachbindungen enthält.

■ $CH_3-CH-CH_2-CH-CH_3$
      | |
     CH_3 CH_2-CH_3

Hauptkette: Hexan
Seitenketten: zwei Methylgruppen
2,4-Dimethylhexan

Außer den systematischen Namen sind auch ältere Namen gebräuchlich:
Normalverbindungen (n-Verbindungen) bestehen aus unverzweigten Ketten.

■ $CH_3-CH_2-CH_2-CH_2-CH_3$ n-Pentan (Pentan)

Isoverbindungen bestehen aus verzweigten Ketten.

■ $CH_3-CH-CH_2-CH_3$ Isopentan (2-Methylbutan)
      |
     CH_3

↗ Konstitutionsisomerie S. 52.

6

Namen von Verbindungen mit funktionellen Gruppen im Molekül

Die systematischen Namen von Verbindungen mit einer oder mehreren gleichen funktionellen Gruppen im Molekül sind zusammengesetzt aus:
- arabischen Ziffern, die die Position der funktionellen Gruppen angeben;
- dem Namen des der Verbindung zugrunde liegenden Kohlenwasserstoffs;
- dem griechischen Zahlwort, das bei mehreren funktionellen Gruppen deren Anzahl angibt;
- einer Endung, die die Art der funktionellen Gruppe angibt.

■ Vereinfachte Strukturformel   5   4   3   2   1
                           $CH_3-CH_2-CH-CH-CH_3$
                                      | |
                                   OH   OH

Arabische Ziffern (Positionen der Hydroxylgruppen)	Wortstamm (Name des zugrunde liegenden Kohlenwasserstoffs)	Griechisches Zahlwort (Anzahl der Hydroxylgruppen)	Endung (Art der funktionellen Gruppe)
2,3-	Pentan	di	ol
2,3-Pentandiol			

Die Nummerierung der Kohlenstoffatome beginnt an dem Ende der Kette, das einer funktionellen Gruppe am nächsten ist, bzw. mit dem Kohlenstoffatom einer endständigen funktionellen Gruppe.

Enthält die Verbindung *verschiedene* funktionelle Gruppen, so wird die ranghöchste funktionelle Gruppe durch eine Endung, die anderen durch Vorsilben gekennzeichnet, die in alphabetischer Reihenfolge angeordnet werden.

Vorangestellte arabische Ziffern mit Bindestrich geben die Position, griechische Zahlwörter die jeweilige Anzahl gleicher funktioneller Gruppen an.

↗ Rangordnung und Namen von funktionellen Gruppen S. 204

- Vereinfachte Strukturformel
$$\overset{4}{C}H_3 - \overset{3}{C}H_2 - \overset{2}{C}H - \overset{1}{C}OOH$$
$$| \atop NH_2$$

Position der zweiten funktionellen Gruppe	Art	Name des zugrunde liegenden Kohlenwasserstoffs	Ranghöchste funktionelle Gruppe
2-	Amino	butan	säure
2-Aminobutansäure			

Rangordnung und Namen von funktionellen Gruppen in Namen von Verbindungen

Die *Rangordnung* der Gruppen nimmt in der Tabelle von oben nach unten ab.

Funktionelle Gruppe		Name	
Bezeichnung	Formel	als Vorsilbe	als Nachsilbe
Carboxylgruppe	$-COOH$	**Carboxy-**	**-säure**[1] **-carbonsäure**[2]
Sulfogruppe	$-SO_3H$	**Sulfo-**	**-sulfonsäure**
Aldehydgruppe	$-CHO$	**Oxo-**	**-al**[1] **-carbaldehyd**[2]
Ketogruppe, Oxogruppe	$\rangle CO$	**Oxo-**	**-on**
Hydroxylgruppe	$-OH$	**Hydroxy-**	**-ol**
Aminogruppe	$-NH_2$	**Amino-**	**-amin**
Nitrogruppe	$-NO_2$	**Nitro-**	–
Chloratom	$-Cl$	**Chlor-**	–

[1] Das Kohlenstoffatom der funktionellen Gruppe wird als Bestandteil des Kohlenwasserstoffs angesehen; Anwendung bei kettenförmigen Verbindungen.
[2] Das Kohlenstoffatom der funktionellen Gruppe wird nicht zum Kohlenwasserstoff gezählt; Anwendung bei ringförmigen Verbindungen.

Namen der Derivate von Benzol

Für die Derivate des Benzols sind oft Trivialnamen gebräuchlich.
Die systematischen Namen von Benzolderivaten mit einem Substituenten sind zusammengesetzt aus:
– dem Namen des Substituenten (als Vorsilbe bzw. als Endung);
– dem Namen des Stammkohlenwasserstoffs Benzol.

■

Aminobenzol (Anilin)   Benzolcarbonsäure (Benzoesäure)

Die Namen von Homologen und Derivaten des Benzols mit mehreren Substituenten sind zusammengesetzt aus:
– Positionsbezeichnungen für die Substituenten durch arabische Ziffern bzw. (bei Disubstitutionsprodukten) die Vorsilben ortho, meta und para;
– griechischen Zahlwörtern vor den Namen der Substituenten, die die Anzahl der jeweiligen Substituenten angeben;
– den Namen der Substituenten (vorangestellt oder nachgestellt);
– dem Namen des Stammkohlenwasserstoffs Benzol.

■ Vereinfachte Strukturformel

Position und Art der zweiten funktionellen Gruppe	Positionen der ranghöchsten funktionellen Gruppe(n)	Name des Stammkohlen-wasserstoffs	Anzahl und Art der ranghöchsten funktionellen Gruppe(n)
3-Nitro-	1,2-	benzol	dicarbonsäure
3-Nitro-1,2-benzoldicarbonsäure (3-Nitrophthalsäure)			

↗ Derivat S. 199; Homologe Reihe S. 199

Position von Substituenten am Benzolring		
1,2-Position ortho(o)-Stellung	1,3-Position meta(m)-Stellung	1,4-Position para(p)-Stellung

↗ Konstitutionsisomerie S. 52

205

Kohlenwasserstoffe

Charakteristik der Kohlenwasserstoffe

Verbindungen aus Kohlenstoff und Wasserstoff, die sich durch die Bindungsverhältnisse im Molekül, die Anzahl der Atome in den Molekülen sowie die Struktur der Moleküle unterscheiden.

Name	Charakteristische Strukturmerkmale	Allgemeine Formel
Alkane (Paraffine)	kettenförmig, gesättigt; Moleküle enthalten nur Einfachbindungen zwischen den Kohlenstoffatomen sowie zwischen Kohlenstoff- und Wasserstoffatomen	C_nH_{2n+2}
Alkene (Olefine)	kettenförmig, ungesättigt; Moleküle enthalten mindestens eine Doppelbindung zwischen zwei Kohlenstoffatomen und Einfachbindungen zwischen den übrigen Atomen	C_nH_{2n}
Alkine (Acetylene)	kettenförmig, ungesättigt; Moleküle enthalten eine Dreifachbindung zwischen zwei Kohlenstoffatomen und Einfachbindungen zwischen den übrigen Atomen	C_nH_{2n-2}
Cycloalkane (Naphthene)	ringförmig, gesättigt; Moleküle enthalten nur Einfachbindungen zwischen den Kohlenstoffatomen sowie zwischen Kohlenstoff- und Wasserstoffatomen	C_nH_{2n}
Aromatische Kohlenwasserstoffe (Arene)	ringförmig; Bindungssystem des Benzols C_6H_6	–

Modell des Ethenmoleküls

$$H_2C = CH_2$$

Vereinfachte Strukturformel des Ethenmoleküls

Modell des Ethinmoleküls

$$HC \equiv CH$$

Vereinfachte Strukturformel des Ethinmoleküls

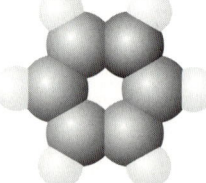

Modell des Benzolmoleküls

Skelettformel des Benzolmoleküls

6

Systematischer Name	Weitere Namen	Vereinfachte Strukturformel	Summen-formel
Methan		CH_4	CH_4
Ethan		CH_3-CH_3	C_2H_6
Propan		$CH_3-CH_2-CH_3$	C_3H_8
Butan		$CH_3-CH_2-CH_2-CH_3$	C_4H_{10}
Ethen	Ethylen	$CH_2=CH_2$	C_2H_4
Propen	Propylen	$CH_2=CH-CH_3$	C_3H_6
1-Buten	Butylen	$CH_2=CH-CH_2-CH_3$	C_4H_8
2-Methylpropen	Isobutylen	$CH_2=\underset{\underset{CH_3}{\mid}}{C}-CH_3$	C_4H_8
1,3-Butadien	Butadien	$CH_2=CH-CH=CH_2$	C_4H_6
2-Methyl-1,3-butadien	Isopren	$CH_2=\underset{\underset{CH_3}{\mid}}{C}-CH=CH_2$	C_5H_8
Ethin	Acetylen	$CH\equiv CH$	C_2H_2
Propin	Methylacetylen	$CH\equiv C-CH_3$	C_3H_4
1-Butin	Ethylacetylen	$CH\equiv C-CH_2-CH_3$	C_4H_6
2-Butin	Dimethylacetylen	$CH_3-C\equiv C-CH_3$	C_4H_6
Cyclopropan		$\underset{CH_2}{CH_2-CH_2}$	C_3H_6
Cyclohexan			C_6H_{12}
Benzol			C_6H_6
Methylbenzol	Toluol	 $-CH_3$	C_7H_8
Ethenylbenzol	Styrol	 $-CH=CH_2$	C_8H_8
Naphthalin		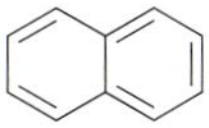	$C_{10}H_8$
Anthracen		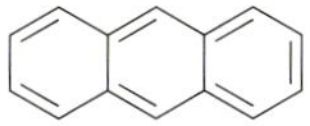	$C_{14}H_{10}$

6

207

Reaktionen der Kohlenwasserstoffe

Eine typische Reaktion aller Kohlenwasserstoffe ist die *Oxidation* (Verbrennung). Darüber hinaus ist für Alkane und Arene die *Substitution*, für Alkane auch die *Eliminierung*, für ungesättigte Kohlenwasserstoffe die *Addition* charakteristisch.

Vollständige Oxidation

↗ Redoxreaktion S. 84

- $CH_4 + 2\,O_2 \longrightarrow CO_2 + 2\,H_2O$
  Methan

Radikalische Substitution an Alkanen

↗ Radikalische Substitution S. 88

- Chlorierung: $CH_4 + Cl_2 \xrightarrow{Licht} CH_3Cl + HCl$
  Methan $\qquad$ Chlormethan

Elektrophile Substitution an Arenen

↗ Elektrophile Substitution S. 89

- Bromierung: $\langle\!\!\bigcirc\!\!\rangle + Br_2 \xrightarrow{Kat.} \langle\!\!\bigcirc\!\!\rangle\!-Br + HBr$
  Brombenzol

Nitrierung: $\langle\!\!\bigcirc\!\!\rangle + HNO_3 \xrightarrow{(H_2SO_4)} \langle\!\!\bigcirc\!\!\rangle\!-NO_2 + H_2O$
Nitrobenzol

Elektrophile Addition an Alkenen und Alkinen

↗ Elektrophile Addition S. 90; Polymerisation S. 91; Nachweis für Mehrfachbindungen S. 312

- Hydratation: $CH_2{=}CH_2 + H_2O \xrightarrow{(H^+)} CH_3{-}CH_2{-}OH$
  Ethen (Ethylen) $\qquad$ Ethanol

- Bromaddition: $CH_2{=}CH_2 + Br_2 \longrightarrow CH_2Br{-}CH_2Br$
  Ethen (Ethylen) $\qquad$ 1,2-Dibromethan

- Polymerisation: $n\,CH_2{=}CH_2 \xrightarrow{Init.} \{CH_2{-}CH_2\}_n$
  Ethen (Ethylen) $\qquad$ Polyethylen

Thermische Eliminierung

↗ Eliminierung S. 92

- Dehydrierung: $CH_3{-}\underset{\overset{|}{H}}{CH}{-}\underset{\overset{|}{H}}{CH_2} \xrightarrow{\text{hohe Temp.}} CH_3{-}CH{=}CH_2 + H_2$
  (Alken)

Cracken: $\underset{\overset{|}{CH_3}}{CH_2}{-}\underset{\overset{|}{H}}{CH_2} \xrightarrow{\text{hohe Temp.}} CH_2{=}CH_2 + CH_4$
(Alken) $\qquad$ (Alkan)

Wichtige Verbindungen

Methan CH_4. Farbloses, geruchloses Gas; brennbar, bildet mit Sauerstoff oder Luft explosive Gemische; wird aus Erdgas oder Crackgasen gewonnen; reagiert mit Halogenen unter Bildung von Halogenderivaten und Halogenwasserstoffen (Substitution).
↗ Erdgas S. 254; Arbeiten S. 302; Treibhauseffekt S. 327; Gefahrstoff S. 362

Ethen (Ethylen) $CH_2 = CH_2$. Farbloses, süßlich riechendes Gas; brennt mit leuchtender, schwach rußender Flamme; bildet mit Sauerstoff explosive Gemische; wird aus Crackgasen gewonnen; ist durch die Doppelbindung im Molekül sehr reaktionsfähig (Additionsreaktionen).
↗ Bindungsmodell S. 45; katalytisches Cracken S. 269; Pyrolyseverfahren S. 269; Polymerisation S. 272; Verwendung S. 278; Arbeiten S. 301, 302; Gefahrstoff S. 361

1,3-Butadien $CH_2 = CH - CH = CH_2$. Farbloses Gas von charakteristischem Geruch; leicht entzündlich, potentiell krebserzeugend; Herstellung aus Crackgasen, aus Ethin (Acetylen) oder Ethanol; sehr reaktionsfähig, besonders in 1,2- und 1,4-Additionen.
↗ 1,2- und 1,4-Addition S. 91; Polymerisation S. 273; Gefahrstoff S. 360

Ethin (Acetylen) $CH \equiv CH$. Farbloses, fast geruchloses Gas (unangenehmer Geruch des technischen Ethins durch Verunreinigungen); löslich in Wasser, sehr gut löslich in Propanon (Aceton); brennt mit leuchtender Flamme; bildet mit Sauerstoff und Luft hochexplosive Gemische; wird heute vor allem durch Pyrolyse von Alkanen hergestellt; ist durch die Dreifachbindung im Molekül sehr reaktionsfähig (vor allem Additionsreaktionen).
↗ Bindungsmodell S. 45; Herstellung S. 269; Verwendung S. 278; Arbeiten S. 301; Gefahrstoff S. 361

Benzol C_6H_6. Leicht bewegliche, farblose Flüssigkeit; aromatischer Geruch; in Wasser wenig löslich; gutes Lösemittel für Fette, Öle, Harze und andere organische Stoffe; Dichte $\varrho = 0{,}88 \; g \cdot cm^{-3}$; Siedetemperatur $\vartheta_v = 80{,}2 \; °C$, Schmelztemperatur $\vartheta_s = 5{,}5 \; °C$; bildet schon bei Zimmertemperatur leichtentzündliche Dämpfe; brennt mit leuchtender, stark rußender Flamme; Dämpfe sind giftig und krebserzeugend; wird durch Aromatisierung von Alkanfraktionen (Reforming-Verfahren) hergestellt; ist mit Katalysatoren vor allem zur elektrophilen Substitution befähigt.
↗ Bindungsmodell S. 45; Reformieren von Erdölfraktionen S. 269; Verwendung S. 278; Gefahrstoff S. 360

Toluol $C_6H_5 - CH_3$. Farblose, stark lichtbrechende Flüssigkeit; aromatischer Geruch; brennt mit leuchtender, stark rußender Flamme; Giftigkeit im Vergleich zu Benzol gering; Herstellung durch Aromatisierung von Alkanfraktionen; lässt sich elektrophil substituieren.
↗ Verwendung S. 278; Gefahrstoff S. 363

Styrol $C_6H_5 - CH = CH_2$. Farblose, stark lichtbrechende Flüssigkeit; brennbar; reizt Augen und Schleimhäute; Herstellung aus Benzol und Ethen (Ethylen); polymerisiert spontan schon bei Lichteinwirkung.
↗ Herstellung und Polymerisation S. 272; Gefahrstoff S. 363

Halogenderivate der Kohlenwasserstoffe

Charakteristik der Halogenderivate

Derivate der Kohlenwasserstoffe mit mindestens einem Halogenatom als Substituent im Molekül.

↗ Derivat S. 199

Modell des Chlorethenmoleküls

$CH_2 = CHCl$

Vereinfachte Strukturformel des Chlorethenmoleküls

Systematischer Name	Weitere Namen	Vereinfachte Strukturformel
Chlormethan	Methylchlorid	CH_3Cl
Dichlormethan	Methylenchlorid	CH_2Cl_2
Trichlormethan	Chloroform	$CHCl_3$
Tetrachlormethan	Tetrachlorkohlenstoff	CCl_4
Chlorethan	Ethylchlorid	$CH_3 - CH_2Cl$
Chlorethen	Vinylchlorid	$CH_2 = CHCl$
Trichlorfluormethan	Freon 11, R 11	CCl_3F

Wichtige Verbindungen

Trichlormethan (Chloroform) $CHCl_3$. Farblose, süßlich riechende Flüssigkeit; Dichte $\varrho = 1,48$ g · cm^{-3}; Siedetemperatur $\vartheta_v = 61,7$ °C; reagiert unter Einfluss von Licht und Sauerstoff zu giftigem Phosgen und Chlorwasserstoff; in Wasser wenig löslich; gutes Lösemittel für Harze, Fette und andere Stoffe; Dämpfe wirken betäubend; wird u. a. durch Methanchlorierung hergestellt.

↗ Gefahrstoff S. 363

Tetrachlormethan (Tetrachlorkohlenstoff) CCl_4. Farblose, süßlich riechende, stark lichtbrechende Flüssigkeit; Dichte $\varrho = 1,59$ g · cm^{-3}; Siedetemperatur $\vartheta_v = 76,7$ °C; nicht brennbar; erstickt Flammen; in Wasser wenig löslich; gutes Lösemittel für Fette, Öle, Harze und Wachse; wirkt als Zellgift; Dämpfe wirken betäubend; wird u. a. durch Methanchlorierung hergestellt; Verwendung als Lösemittel ist stark rückläufig.

↗ Gefahrstoff S. 363

Vinylchlorid (Chlorethen) $CH_2=CH-Cl$. Bei Zimmertemperatur farbloses Gas; in Wasser wenig löslich; giftig, potentiell krebserzeugend; wird aus Ethin und Chlorwasserstoff oder aus Ethen und Chlor hergestellt; lässt sich polymerisieren.

↗ Herstellung und Polymerisation S. 272; Gefahrstoff S. 363

Fluorchlorkohlenwasserstoffe, FCKW, z. B. R12 CCl_2F_2 und R11 CCl_3F. Wissenschaftlich korrekt als Chlorfluorkohlenwasserstoffe zu bezeichnen; farblose, leicht zu verflüssigende Gase; nicht brennbar; thermisch und chemisch sehr beständig; ungiftig; wurden in großem Maße als Treibmittel in Spraydosen und zum Verschäumen von Kunststoffen sowie als Kältemittel eingesetzt; führen zur Zerstörung der Ozonschicht der Stratosphäre; Verwendung deutlich rückläufig.

↗ Treibhauseffekt S. 327; Gefährdung der Ozonschicht S. 327

6

Hydroxylderivate der Kohlenwasserstoffe und Ether

Charakteristik der Hydroxylderivate

Derivate der Kohlenwasserstoffe, die eine oder mehrere Hydroxylgruppen $-OH$ im Molekül enthalten, vor allem Alkohole und Phenole.

↗ Derivat S. 199

CH_3-OH

Vereinfachte
Strukturformel
des Methanol-
moleküls

Modell des
Methanolmoleküls

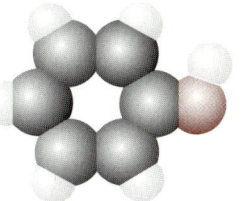

Modell des
Phenolmoleküls

⟨O⟩–OH

Vereinfachte
Strukturformel
des Phenol-
moleküls

Charakteristik der Alkohole

Verbindungen, in deren Molekül Hydroxylgruppen an sp^3-hybridisierte Kohlenstoffatome von Kohlenwasserstoffresten gebunden sind.

Name	Charakteristische Strukturmerkmale	Allgemeine Formel
Alkanole	kettenförmig, gesättigt; 1 Hydroxylgruppe im Molekül	$C_nH_{2n+1}OH$
Alkandiole	kettenförmig, gesättigt; 2 Hydroxylgruppen im Molekül	$C_nH_{2n}(OH)_2$
Alkantriole	kettenförmig, gesättigt; 3 Hydroxylgruppen im Molekül	$C_nH_{2n-1}(OH)_3$
Primäre Alkohole	Hydroxylgruppe an einem Kohlenstoffatom, an dem ein organischer Rest gebunden ist	$R-CH_2-OH$
Sekundäre Alkohole	Hydroxylgruppe an einem Kohlenstoffatom, an dem zwei organische Reste gebunden sind	$\begin{array}{c} R^1 \\ \| \\ H-C-OH \\ \| \\ R^2 \end{array}$
Tertiäre Alkohole	Hydroxylgruppe an einem Kohlenstoffatom, an dem drei organische Reste gebunden sind	$\begin{array}{c} R^1 \\ \| \\ R^2-C-OH \\ \| \\ R^3 \end{array}$

6

↗ Hybridisierung S. 36

211

Systematischer Name	Weitere Namen	Vereinfachte Strukturformel
Methanol	Methylalkohol	CH_3-OH
Ethanol	Ethylalkohol, „Alkohol"	CH_3-CH_2-OH
1,2-Ethandiol	Ethylenglykol, „Glykol"	CH_2OH-CH_2OH
1,2,3-Propantriol	Glycerin	$CH_2OH-CH(OH)-CH_2OH$
2-Butanol	sek.-Butylalkohol	$CH_3-CH(OH)-CH_2-CH_3$
2-Methyl-2-propanol	tert.-Butylalkohol	$(CH_3)_3C-OH$
Phenylmethanol	Benzylalkohol	⬡$-CH_2OH$

Reaktionen der Alkohole

Typische chemische Reaktionen der Alkohole sind Oxidation, Eliminierung sowie Ether- und Esterbildung.

Vollständige Oxidation

↗ Redoxreaktion S. 84

■ $2\,CH_3-OH + 3\,O_2 \longrightarrow 2\,CO_2 + 4\,H_2O$
   Methanol

$CH_3-CH_2-OH + 3\,O_2 \longrightarrow 2\,CO_2 + 3\,H_2O$
Ethanol

Partielle Oxidation

$$R-CH_2-OH \underset{\text{Hydrierung}}{\overset{\text{Dehydrierung}}{\rightleftharpoons}} R-C{\overset{O}{\underset{H}{\diagup}}} \overset{\text{Oxidation}}{\rightleftharpoons} R-C{\overset{O}{\underset{OH}{\diagup}}}$$

Primärer Alkohol   Aldehyd   Carbonsäure

$$R^1-\underset{\underset{R^2}{|}}{CH}-OH \underset{\text{Hydrierung}}{\overset{\text{Dehydrierung}}{\rightleftharpoons}} R^1-\underset{\underset{R^2}{|}}{C}=O$$

Sekundärer Alkohol   Keton

Die Reaktionen sind besonders bei den niedrigmolekularen Verbindungen der homologen Reihen ausgeprägt.

Dehydratisierung zu Alkenen

↗ Eliminierung S. 92

■ $CH_3-CH_2-OH \overset{\text{Kat.}}{\rightleftharpoons} CH_2=CH_2 + H_2O$
   Ethanol   Ethen (Ethylen)

Etherbildung

↗ Ether S. 215

■ $2\,CH_3-CH_2-OH \xrightarrow{(H_2SO_4)} CH_3-CH_2-O-CH_2-CH_3 + H_2O$
   Ethanol   Diethylether

6

Bildung von Carbonsäureestern
↗ Kondensation S. 90; Nachweis für Hydroxylgruppen S. 312

■ $CH_3-C\overset{O}{\underset{OH}{<}} + H-O-CH_3 \overset{(H^+)}{\rightleftharpoons} CH_3-C\overset{O}{\underset{O-CH_3}{<}} + H_2O$

Essigsäure   Methanol   Essigsäuremethylester

Bildung von Schwefelsäureestern

$R-OH + H_2SO_4 \longrightarrow R-O-SO_3H + H_2O$

          Alkylsulfat

Bildung von Salpetersäureestern

■
$$\begin{array}{c} CH_2-CH-CH_2 \\ |\quad\ |\quad\ | \\ OH\ \ OH\ \ OH \end{array} + 3\ HNO_3 \longrightarrow \begin{array}{c} CH_2-CH-CH_2 \\ |\quad\ |\quad\ | \\ O\quad O\quad O \\ |\quad\ |\quad\ | \\ NO_2\ NO_2\ NO_2 \end{array} + 3\ H_2O$$

Glycerin   Glycerintrinitrat

Wichtige Verbindungen
Methanol CH_3-OH. Farblose Flüssigkeit; Siedetemperatur $\vartheta_v = 64{,}5\ °C$; charakteristischer Geruch; brennt mit bläulicher Flamme; löslich in Wasser und organischen Lösemitteln; Lösemittel für Harze und andere Stoffe; giftig; wird durch Hydrierung von Kohlenstoffmonooxid hergestellt.
↗ Herstellung S. 270; Verwendung S. 278; Gefahrstoff S. 362

6

Ethanol CH_3-CH_2-OH. Farblose Flüssigkeit; Siedetemperatur $\vartheta_v = 78{,}3\ °C$; charakteristischer Geruch; leicht entzündbar; brennt mit schwach leuchtender Flamme; löslich in Wasser, Benzin und Benzol; setzt als Bestandteil von Genussmitteln schon in geringen Mengen die Empfindlichkeit der Sinnesorgane herab, wirkt gesundheitsschädigend; wird aus Ethen (Ethylen) durch Hydratisierung, aus Ethin (Acetylen) durch Hydratisierung und anschließende Hydrierung oder aus Kohlenhydraten durch alkoholische Gärung hergestellt.
↗ Herstellung S. 270; Verwendung S. 278; Gefahrstoff S. 361

2-Propanol $CH_3-CHOH-CH_3$. Farblose, brennbare Flüssigkeit; ethanolähnliche Wirkungen; wird aus Propen durch Hydratisierung hergestellt; Lösemittel.

Ethylenglykol (Glykol) CH_2OH-CH_2OH. Farblose, viskose Flüssigkeit; Siedetemperatur $\vartheta_v = 198\ °C$; süßer Geschmack; stark hygroskopisch; giftig; wird aus Ethen (Ethylen) hergestellt; Verwendung als Gefrierschutzmittel.
↗ Gefahrstoff S. 361

Glycerin $CH_2OH-CHOH-CH_2OH$. Farblose, viskose, geruchlose Flüssigkeit; Siedetemperatur $\vartheta_v = 290\ °C$; süßer Geschmack; mit Wasser oder Ethanol in jedem Verhältnis mischbar; lässt sich mit anorganischen und organischen Säuren verestern; wird aus Propen hergestellt; Verwendung vor allem zur Herstellung von Kunststoffen; kommt in der Natur als Baustein der Fette vor.
↗ Glycerintrinitrat S. 213; Fette S. 229; Phospholipide 230

Charakteristik der Phenole

Verbindungen, deren Hydroxylgruppen im Molekül direkt an das Ringskelett des Benzols gebunden sind.

↗ Aromatische Systeme S. 46

Systematischer Name	Weitere Namen	Vereinfachte Strukturformeln	
Phenol	Carbolsäure	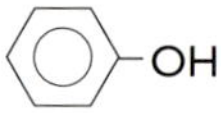 ⬡–OH	$C_6H_5–OH$
4-Methylphenol	p-Kresol	 CH_3–⬡–OH	$CH_3–C_6H_4–OH$
1,4-Dihydroxybenzol	Hydrochinon	 HO–⬡–OH	$HO–C_6H_4–OH$

Reaktionen der Phenole

Acidität. Phenole reagieren in wässriger Lösung sauer und bilden mit Alkalien Phenolate.

⬡–OH + H_2O ⇌ ⬡–O^- + H_3O^+

Phenolat-Ion

Elektrophile Substitution. Phenole werden als π-elektronenreiche Systeme leicht elektrophil angegriffen, z. B. von Formaldehyd.

↗ π-elektronenreiche Aromaten S. 48; elektrophile Zweitsubstitution S. 89; Herstellung von Phenoplasten S. 273

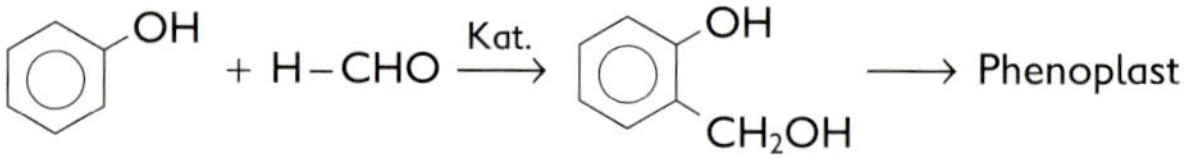

⬡–OH + H–CHO $\xrightarrow{\text{Kat.}}$ ⬡(OH, CH_2OH) ⟶ Phenoplast

Oxidation geeigneter Phenole zu Chinonen

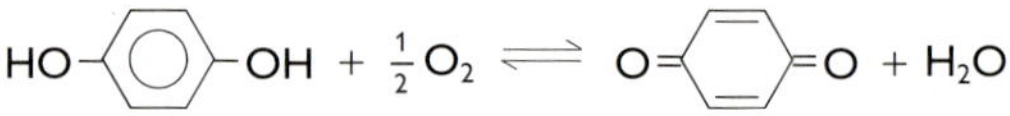

HO–⬡–OH + $\frac{1}{2}O_2$ ⇌ O=⬡=O + H_2O

Hydrochinon   p-Benzochinon

Wichtige Verbindungen

Phenol $C_6H_5–OH$. Farblose, leicht zerfließende Kristalle, die sich an der Luft nach einiger Zeit rötlich färben; Schmelztemperatur $\vartheta_s = 43\ °C$; eigenartiger Geruch; in Wasser wenig löslich; leicht löslich in Ethanol; giftig, wirkt ätzend; sehr reaktionsfähig.

↗ Verwendung S. 279; Gefahrstoff S. 362

Kresole $CH_3–C_6H_4–OH$. Drei Isomere: o-Kresol, m-Kresol und p-Kresol; leicht zerfließende farblose Kristalle bzw. Flüssigkeit (m-Kresol); charakteristischer Geruch; weniger giftig als Phenol; wirken antiseptisch, Verwendung als Desinfektionsmittel.

↗ Gefahrstoff S. 361

Chlorierte Phenole, z. B. 2,4,5-Trichlorphenol. Dienten als Ausgangsstoffe für Herbizide, ihre Anwendung ist heute aber wegen der damit verbundenen Gefahr der Bildung polychlorierter Dibenzodioxine (PCDD) verboten.

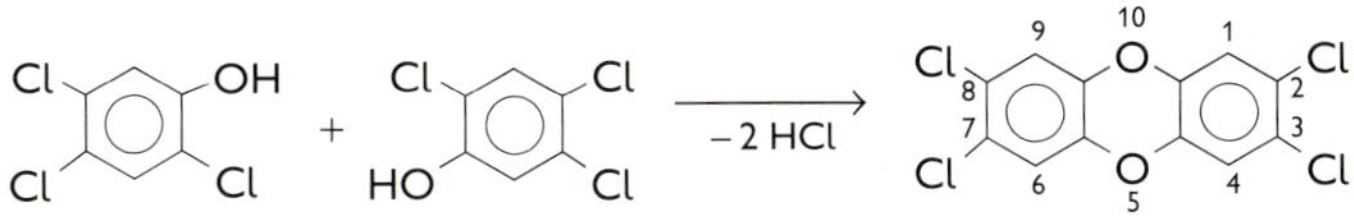

2,4,5-Trichlorphenol → − 2 HCl → 2,3,7,8-TCDD

↗ Gefahrstoff S. 363

Charakteristik der Ether

Derivate der Kohlenwasserstoffe, in denen zwei organische Reste an das gleiche Sauerstoffatom gebunden sind; allgemeine Formel R^1-O-R^2. Die organischen Reste können gleich, verschieden oder miteinander verbunden (cyclische Ether) sein.

Systematischer Name	Trivialname	Vereinfachte Strukturformeln
Diethylether	„Ether"	$CH_3-CH_2-O-CH_2-CH_3$ $C_2H_5-O-C_2H_5$
Methylphenyl-ether	Anisol	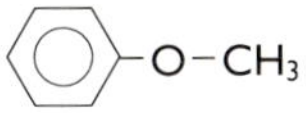 $\bigcirc\!\!-O-CH_3$
Oxiran	Ethylenoxid	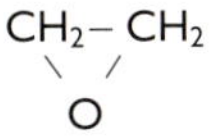 CH_2-CH_2 \ / O
Oxolan	Tetrahydro-furan	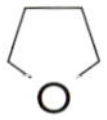

Wichtige Verbindungen

Diethylether. Farblose Flüssigkeit; charakteristischer Geruch; Dichte $\varrho = 0,72$ g · cm^{-3}; Siedetemperatur $\vartheta_v = 34,5$ °C; Dämpfe sind schwerer als Luft; außerordentlich leicht entzündlich, Ether-Luft-Gemische (φ(Ether) > 1,8%) sind explosiv; mit Wasser nicht mischbar; wirkt narkotisch; Herstellung aus Ethanol oder Ethen (Ethylen); Verwendung als Lösungs- und Extraktionsmittel, früher häufig als Narkosemittel.

↗ Gefahrstoff S. 361

Ethylenoxid. Farbloses Gas; brennbar; wirkt reizend, giftig, krebserzeugend; Herstellung aus Ethen (Ethylen); wichtiges Zwischenprodukt der Petrochemie; sehr reaktionsfähig unter Aufspaltung des Rings, z. B.:

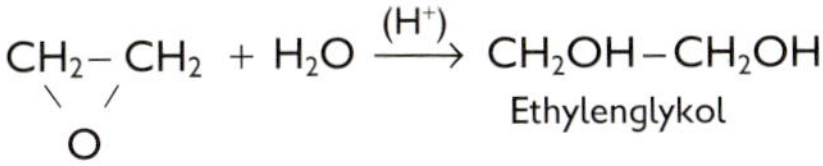

$$CH_2-CH_2 + H_2O \xrightarrow{(H^+)} CH_2OH-CH_2OH$$

Ethylenglykol

↗ Gefahrstoff S. 361

215

Aldehyde und Ketone

Charakteristik der Aldehyde

Derivate der Kohlenwasserstoffe, die eine Aldehydgruppe $-C\overset{O}{\underset{H}{\diagdown}}$ im Molekül enthalten; allgemeine Formel: $R-C\overset{O}{\underset{H}{\diagdown}}$

$CH_3-C\overset{O}{\underset{H}{\diagdown}}$

Modell des
Ethanalmoleküls

Vereinfachte Strukturformel
des Ethanalmoleküls

Systematischer Name	Trivialname	Vereinfachte Strukturformeln	
Methanal	Formaldehyd	$H-C\overset{O}{\underset{H}{\diagdown}}$	HCHO
Ethanal	Acetaldehyd	$CH_3-C\overset{O}{\underset{H}{\diagdown}}$	CH_3-CHO
Propanal	Propionaldehyd	$CH_3-CH_2-C\overset{O}{\underset{H}{\diagdown}}$	C_2H_5-CHO
Benzol-carbaldehyd	Benzaldehyd	$\langle\bigcirc\rangle-C\overset{O}{\underset{H}{\diagdown}}$	C_6H_5-CHO

Reaktionen der Aldehyde

Typische Reaktionen der Aldehyde sind Addition von Wasserstoff (Hydrierung, Reduktion) zu Alkoholen und Oxidation zu Carbonsäuren.

Hydrierung

↗ Addition S. 90

■ $CH_3-C\overset{O}{\underset{H}{\diagdown}} + H_2 \longrightarrow CH_3-CH_2-OH$

Acetaldehyd   Ethanol

Oxidation zu Carbonsäuren

■ $2\ H-C\overset{O}{\underset{H}{\diagdown}} + O_2 \longrightarrow 2\ H-C\overset{O}{\underset{OH}{\diagdown}}$

Formaldehyd   Ameisensäure

6

216

Wichtige Verbindungen

Formaldehyd (Methanal) HCHO. Farbloses, stechend riechendes Gas; in Wasser leicht löslich, handelsübliche Lösung ($w = 35 \cdots 40\ \%$); giftig; reagiert mit Eiweißstoffen unter Bildung schwerlöslicher, oft harter Stoffe; wirkt desinfizierend; reduziert FEHLINGsche Lösung und ammoniakalische Silbersalzlösung; Herstellung durch Oxidation von Methanol; sehr reaktionsfähig.
↗ Verwendung S. 278; Gefahrstoff S. 361

Acetaldehyd (Ethanal) CH_3-CHO. Leicht bewegliche farblose Flüssigkeit; eigentümlicher Geruch; brennbar; leicht löslich in Wasser, Ethanol, Benzol; reduziert FEHLINGsche Lösung und ammoniakalische Silbersalzlösung; Herstellung aus Ethanol, Ethen (Ethylen) oder Ethin (Acetylen); sehr reaktionsfähig.
↗ Herstellung S. 270; Verwendung S. 278; Gefahrstoff S. 360

Benzaldehyd C_6H_5-CHO. Farblose, ölige Flüssigkeit; in Wasser wenig löslich; reduziert ammoniakalische Silbersalzlösung, nicht aber FEHLINGsche Lösung; wird an der Luft zu Benzoesäure oxidiert; addiert Natriumhydrogensulfit unter Bildung einer schwer löslichen kristallinen Verbindung. ↗ Gefahrstoff S. 360

Charakteristik der Ketone

Derivate der Kohlenwasserstoffe, in deren Molekül eine Carbonylgruppe (Oxogruppe) $\geq\!C = O$ mit zwei organischen Resten verbunden ist;

allgemeine Formel: $\begin{array}{c} R^1 \\ R^2 \end{array}\!\!\geq\!C = O$

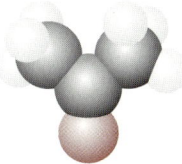

$CH_3-CO-CH_3$

| Modell des Propanonmoleküls | Vereinfachte Strukturformel des Propanonmoleküls |

6

■ Systematische Namen	Trivialnamen	Vereinfachte Strukturformeln	
Propanon, Dimethylketon	Aceton	$CH_3-\underset{\underset{O}{\|\|}}{C}-CH_3$	$CH_3-CO-CH_3$
Butanon, Ethylmethylketon	–	$CH_3-\underset{\underset{O}{\|\|}}{C}-CH_2-CH_3$	$CH_3-CO-C_2H_5$
Diphenylketon	Benzo-phenon	⬡$-\underset{\underset{O}{\|\|}}{C}-$⬡	$C_6H_5-CO-C_6H_5$

Aceton (Propanon) $CH_3-CO-CH_3$

Farblose Flüssigkeit; angenehm erfrischender Geruch; verdampft leicht; Siedetemperatur $\vartheta_v = 56\ °C$; feuergefährlich; mit Wasser, Ethanol und anderen organischen Lösemitteln in jedem Verhältnis mischbar; Lösemittel für viele organische Stoffe; verbrennt mit heller Flamme; Herstellung aus 2-Propanol oder Propen.
↗ Herstellung S. 271; Gefahrstoff S. 360

Carbonsäuren

Charakteristik der Carbonsäuren

Derivate der Kohlenwasserstoffe, die eine oder mehrere Carboxylgruppen $-C\big\langle{}^{O}_{OH}$

im Molekül enthalten; allgemeine Formel: $R-C\big\langle{}^{O}_{OH}$

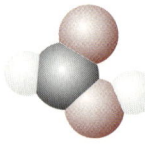

$H-C\big\langle{}^{O}_{OH}$

Modell des
Methansäuremoleküls

Strukturformel des
Methansäuremoleküls

Monocarbonsäuren: enthalten 1 Carboxylgruppe im Molekül
Dicarbonsäuren: enthalten 2 Carboxylgruppen im Molekül

Systematischer Name	Trivialname	Vereinfachte Strukturformel
Methansäure	Ameisensäure	$H-C\big\langle{}^{O}_{OH}$
Ethansäure	Essigsäure	$CH_3-C\big\langle{}^{O}_{OH}$
Butansäure	Buttersäure	$CH_3-CH_2-CH_2-C\big\langle{}^{O}_{OH}$
Hexadecansäure	Palmitinsäure	$CH_3-(CH_2)_{14}-C\big\langle{}^{O}_{OH}$
Octadecansäure	Stearinsäure	$CH_3-(CH_2)_{16}-C\big\langle{}^{O}_{OH}$
Propensäure	Acrylsäure	$CH_2=CH-C\big\langle{}^{O}_{OH}$
Benzolcarbonsäure	Benzoesäure	$-C\big\langle{}^{O}_{OH}$
Ethandisäure	Oxalsäure	$HOOC-COOH$
1,2-Benzoldicarbonsäure	Phthalsäure	$\langle{}^{COOH}_{COOH}$
1,4-Benzoldicarbonsäure	Terephthalsäure	$HOOC-\langle\rangle-COOH$

6

Reaktionen der Carbonsäuren

Salzbildung

- $HCOOH + NaOH \longrightarrow HCOONa + H_2O$
  Ameisensäure Natriumformiat

  $Ca^{2+} + {}^-OOC-COO^- \longrightarrow (COO)_2Ca\downarrow$
  Oxalat-Ion Calciumoxalat

Esterbildung

- $CH_3-COOH + HO-C_2H_5 \overset{(H^+)}{\rightleftharpoons} CH_3-CO-O-C_2H_5 + H_2O$
  Essigsäure Essigsäureethylester

  ↗ Nachweis für Carboxylgruppen S. 312

Katalytische Hydrierung zu Alkoholen:

- $C_{15}H_{31}-COOH + 2\,H_2 \overset{Kat.}{\longrightarrow} C_{15}H_{31}-CH_2OH + H_2O$
  Palmitinsäure 1-Hexadecanol
  (eine Fettsäure) (ein Fettalkohol)

Wichtige Verbindungen

Ameisensäure (Methansäure) HCOOH. Leicht bewegliche, farblose Flüssigkeit; stechender Geruch; mit Wasser und Ethanol in jedem Verhältnis mischbar; stark ätzend, erzeugt auf der Haut Blasen; Herstellung aus Kohlenstoffmonooxid und Natriumhydroxid; bildet Salze: **Formiate;** wirkt reduzierend, da auch die Aldehydgruppe enthalten ist:

$$H-C{\overset{\displaystyle O}{\underset{\displaystyle OH}{\big<}}} \equiv HO-C{\overset{\displaystyle O}{\underset{\displaystyle H}{\big<}}}$$

Zersetzung: $HCOOH \xrightarrow{\text{konz. } H_2SO_4} CO + H_2O$

Oxidation: $2\,HCOOH + O_2 \longrightarrow 2\,H_2O + 2\,CO_2$

↗ Verwendung S. 278; Gefahrstoff S. 360

Essigsäure (Ethansäure) CH$_3$–COOH. Klare, farblose Flüssigkeit; stechender Geruch; unterhalb der Schmelztemperatur $\vartheta_s = 16{,}6\,°C$ eisartige Masse (konzentrierte Essigsäure wird deshalb auch als Eisessig bezeichnet); löslich in Wasser, Ethanol; handelsüblich: Speiseessig ($w = 10\,\%$) und Essigessenz ($w = 25\,\%$); stark ätzend; Herstellung durch Oxidation von Ethanol oder Acetaldehyd; bildet Salze: **Acetate.**
↗ Herstellung S. 271; Verwendung S. 278; Gefahrstoff S. 361

Oxalsäure HOOC–COOH. Weiße Kristalle; geruchlos; giftig; in Wasser löslich; Herstellung durch Oxidation von Saccharose; bildet Salze: **Oxalate;** wirkt reduzierend und wird dabei zu Kohlenstoffdioxid und Wasser oxidiert.
↗ Gefahrstoff S. 362

Terephthalsäure C$_6$H$_4$(COOH)$_2$(p). Farblose, nadelförmige Kristalle; in Wasser und Ethanol schwer löslich; Herstellung durch Oxidation von p-Xylol; bildet Salze: **Terephthalate;** reagiert mit Alkandiolen zu Polyestern.
↗ Polyester S. 247

6

219

Carbonsäurederivate

Charakteristik der Carbonsäurederivate
Organische Verbindungen, die sich von den Carbonsäuren durch Veränderungen in der Carboxylgruppe ableiten.

Stoffklasse	Vereinfachte Strukturformeln	
Carbonsäureester	$R^1-C\underset{OR^2}{\overset{O}{\diagdown}}$	R^1-COOR^2
Carbonsäureamide	$R-C\underset{NH_2}{\overset{O}{\diagdown}}$	$R-CONH_2$
Carbonsäureanhydride	$R-C\overset{O}{\diagdown}O$ $R-C\overset{O}{\diagup}$	$(R-CO)_2O$
Nitrile	$R-C\equiv N$	$R-CN$

Charakteristik der Ester
Derivate der Carbonsäuren, bei denen im Molekül die Hydroxylgruppe der Carboxylgruppe durch eine Alkoxygruppe RO– substituiert ist;

allgemeine Formel: $R^1-C\underset{OR^2}{\overset{O}{\diagdown}}$.

Ester entstehen aus Säuren und Alkoholen unter Wasseraustritt (Kondensation).
↗ Kondensation S. 90

Name	Vereinfachte Strukturformel
Essigsäureethylester (Ethylacetat)	$CH_3-C\underset{O-CH_2-CH_3}{\overset{O}{\diagdown}}$
Buttersäuremethylester (Methylbutyrat)	$CH_3-CH_2-CH_2-C\underset{O-CH_3}{\overset{O}{\diagdown}}$
Benzoesäuremethylester (Methylbenzoat)	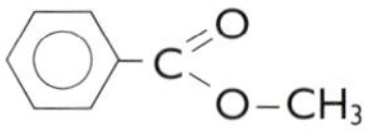 $C_6H_5-C\underset{O-CH_3}{\overset{O}{\diagdown}}$
Phthalsäuredibutylester (Dibutylphthalat)	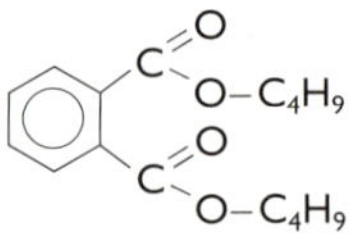 Phthalat mit $-C\underset{O-C_4H_9}{\overset{O}{\diagdown}}$ und $-C\underset{O-C_4H_9}{\overset{O}{\diagdown}}$

6

220

Reaktionen der Ester

Hydrolyse

■ $CH_3-C\overset{O}{\underset{OC_2H_5}{}} + H_2O \overset{(H^+)}{\rightleftharpoons} CH_3-C\overset{O}{\underset{OH}{}} + C_2H_5OH$

$CH_3-C\overset{O}{\underset{OC_2H_5}{}} + KOH \longrightarrow CH_3-C\overset{O}{\underset{O^-}{}} + K^+ + C_2H_5OH$

↗ Herstellung von Seife S. 271

Wichtige Verbindungen

Essigsäureethylester. Farblose Flüssigkeit; Siedetemperatur $\vartheta_v = 77\,°C$; angenehmer Geruch; gut mischbar mit organischen Lösemitteln, weniger mit Wasser; Bestandteil vieler Speziallösemittel; Herstellung aus Acetaldehyd.

„Fruchtester". Ester meist niedermolekularer Carbonsäuren mit niedermolekularen Alkoholen; angenehm aromatischer (fruchtiger) Geruch; Verwendung in künstlichen Aromen.

■ Buttersäuremethylester   Apfelaroma
Buttersäureethylester   Ananasaroma
Hexansäureethylester   Maracujaaroma
Essigsäure-(3-methylbutyl)-ester   Bananenaroma
2,4-Decadiensäuremethylester   Birnenaroma

↗ Fette S. 229; Polyester S. 247

6

Charakteristik der Säureamide

Derivate der Carbonsäuren, bei denen im Molekül die Hydroxylgruppe der Carboxylgruppe durch die Aminogruppe substituiert ist; allgemeine Formel: $R-C\overset{O}{\underset{NH_2}{}}$.

Cyclische Amide werden als **Lactame** bezeichnet.

Name	Vereinfachte Strukturformel
Formamid (Ameisensäureamid)	$H-C\overset{O}{\underset{NH_2}{}}$
Harnstoff (Kohlensäurediamid, Carbamid)	$O=C\overset{NH_2}{\underset{NH_2}{}}$
Carbamidsäure-ethylester (Ethylurethan)	$O=C\overset{NH_2}{\underset{OC_2H_5}{}}$
6-Caprolactam (ε-Caprolactam)	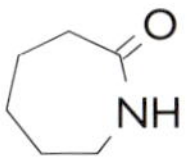 (Ringstruktur mit NH und C=O)

221

Wichtige Verbindungen

Formamid HCONH$_2$. Hygroskopische Flüssigkeit; Siedetemperatur $\vartheta_v = 210\ °C$ (u. Zers.); hohe Dielektrizitätskonstante; gut mischbar mit Wasser, Ethanol und Aceton, nicht mit Ether und Kohlenwasserstoffen; Lösemittel für Kohlenhydrate, Eiweißstoffe und andere makromolekulare Stoffe.

Harnstoff OC(NH$_2$)$_2$. Prismenförmige Kristalle; in Wasser und Ethanol leicht löslich; Herstellung aus Kohlenstoffdioxid und Ammoniak; Endprodukt des Aminosäureabbaus und Stickstoffausscheidungsprodukt bei Säugern; wird beim Erhitzen mit Alkalimetallhydroxidlösungen gespalten; beim trockenen Erhitzen entstehen Ammoniak und Biuret.

Spaltung: $CO(NH_2)_2 + 2\ NaOH \xrightarrow{\text{Erhitzen}} Na_2CO_3 + 2\ NH_3$

Zersetzung: $2\ CO(NH_2)_2 \xrightarrow{\text{Erhitzen}} H_2N-CO-NH-CO-NH_2 + NH_3$
Biuret

↗ Verwendung S. 278; Stickstoffdünger S. 335

Urethane. Esteramide der Kohlensäure, entstehen aus Alkylisocyanaten und Alkoholen.
↗ Polyurethane S. 248

■ $O=C=N-R\ \ + HO-R' \longrightarrow O=C\begin{smallmatrix} NH-R \\ OR' \end{smallmatrix}$

ein Alkylisocyanat   ein Urethan

ε-Caprolactam. Weiße Substanz; in Wasser löslich; Herstellung in mehrstufiger Synthese, ausgehend von Cyclohexan oder Phenol; reagiert bei Anwesenheit von Katalysatoren zu Polycaprolactam mit kettenförmigen Makromolekülen.
↗ Polyamide S. 247

Charakteristik der Nitrile

Organische Verbindungen, in denen die Carboxylgruppe eines Carbonsäuremoleküls durch die Nitril- oder Cyanogruppe $-C\equiv N$ ersetzt ist; allgemeine Formel: $R-CN$. Gehen durch Hydrolyse in die entsprechenden Carbonsäuren über:

$R-C\equiv N + 2\ H_2O \longrightarrow R-C\begin{smallmatrix} O \\ OH \end{smallmatrix} + NH_3$

Name	Anderer Name	Vereinfachte Strukturformel
Acetonitril	Methylcyanid	$CH_3-C\equiv N$
Acrylnitril	Vinylcyanid	$CH_2=CH-C\equiv N$

Acrylnitril

Farblose Flüssigkeit; stechender Geruch; brennbar; starkes Atem- und Hautgift; wirkt krebserzeugend; großtechnische Darstellung aus Propen, Ethen (Ethylen) oder Ethin (Acetylen); Polymerisation zu Polyacrylnitril.
↗ Herstellung und Polymerisation S. 273; Gefahrstoff S. 360

6

222

Substituierte Carbonsäuren

Charakteristik der substituierten Carbonsäuren
Carbonsäuren, in deren Molekül der organische Rest weitere funktionelle Gruppen trägt.

Stoffklasse	Charakteristische Strukturmerkmale
Hydroxycarbonsäuren	mindestens 1 Carboxylgruppe und mindestens 1 Hydroxylgruppe im Molekül
Oxocarbonsäure	mindestens 1 Carboxylgruppe und mindestens 1 Oxogruppe im Molekül
Aminocarbonsäuren	mindestens 1 Carboxylgruppe und mindestens 1 Aminogruppe im Molekül

Charakteristik der Hydroxycarbonsäuren
Enthalten im Molekül mindestens eine Carboxylgruppe und mindestens eine Hydroxylgruppe.

$$COOH$$
$$HO \blacktriangleright C \blacktriangleleft H$$
$$CH_3$$

L-Milchsäure
(eine Monohydroxymonocarbonsäure)

$$CH_2-COOH$$
$$HOOC-C-OH$$
$$CH_2-COOH$$

Citronensäure
(eine Monohydroxytricarbonsäure)

6

Wichtige Verbindungen
Milchsäure. Bildet sich beim Glucoseabbau im Muskel und bei der Milchsäuregärung von Kohlenhydraten, z. B. in Jogurt, Sauermilch, Sauerkraut sowie bei der Grünfuttersilierung; verhindert die Entwicklung von Fäulnisbakterien; dient als Zusatz zu Getränken und als Antioxidans in der Nahrungsmittelindustrie; bildet Salze: **Lactate;** Milchsäure ist optisch aktiv.
↗ D- und L-Konfiguration S. 56; Wiss Bio, Milchsäuregärung

Citronensäure. Farblose Kristalle; intensiv saurer Geschmack; vorherrschende Säure in Citrus- und anderen Früchten; Herstellung durch Citronensäuregärung aus Kohlenhydraten, aber auch aus Paraffinen; nimmt einen zentralen Platz im Stoffwechselgeschehen ein; wird zu Erfrischungsgetränken verwendet; bildet Salze: **Citrate;** ist optisch inaktiv.
↗ Wiss Bio, Citronensäurecyclus

Charakteristik der Oxocarbonsäuren
Enthalten im Molekül mindestens eine Carboxylgruppe und mindestens eine Aldehydgruppe oder Oxogruppe.

$$CH_3-CO-COOH$$

Brenztraubensäure,
2-Oxopropansäure

$$HOOC-CH_2-CH_2-CO-COOH$$

2-Oxoglutarsäure, 2-Ketoglutarsäure,
2-Oxopentandisäure

223

Organische Stoffe

Brenztraubensäure

Farblose Flüssigkeit; mit Wasser mischbar; zentrale Stellung im Stoffwechselgeschehen; entsteht durch Oxidation aus Milchsäure; bildet Salze: **Pyruvate**.

↗ Wiss Bio, Dissimilation

Charakteristik der Aminocarbonsäuren

Enthalten im Molekül mindestens eine Carboxylgruppe und mindestens eine Aminogruppe. 20 2-Amino(carbon)säuren spielen in der Natur als Bausteine der Proteine eine hervorragende Rolle.

↗ Proteine S. 237

Arten von 2-Aminosäuren		
Art	Name	Vereinfachte Strukturformel
Monoamino-monocarbonsäure	Glycin	H_2N-CH_2-COOH
Hydroxy-monoamino-monocarbonsäure	Serin	$CH_2-CH-COOH$ $\quad\mid\qquad\mid$ $\quad OH\quad NH_2$
Monoamino-dicarbonsäure	Glutaminsäure	$HOOC-(CH_2)_2-CH-COOH$ $\qquad\qquad\qquad\quad\mid$ $\qquad\qquad\qquad\ NH_2$
Diamino-monocarbonsäure	Lysin	$CH_2-(CH_2)_3-CH-COOH$ $\ \mid\qquad\qquad\quad\mid$ $NH_2\qquad\qquad NH_2$

Reaktionen der 2-Aminosäuren

Aminosäuren als Ampholyte

$$CH_2-COOH$$
$$\mid$$
$$NH_2$$

$$\underset{NH_2}{\underset{\mid}{CH_2}-COO^-} \underset{\substack{+OH^- \\ -H_2O}}{\overset{\substack{+H_3O^+ \\ -H_2O}}{\rightleftharpoons}} \underset{NH_3^+}{\underset{\mid}{CH_2}-COO^-} \underset{\substack{+OH^- \\ -H_2O}}{\overset{\substack{+H_3O^+ \\ -H_2O}}{\rightleftharpoons}} \underset{NH_3^+}{\underset{\mid}{CH_2}-COOH}$$

Anion   Zwitter-Ion   Kation
pH > 7   pH ≈ 7   pH < 7

↗ Zwitter-Ion S. 39; Amphoterie S. 108

Peptidbildung (schematisch)

$$H_2N-CH_2-COOH + H-NH-CH_2-COOH \longrightarrow$$
$$H_2N-CH_2-CO-NH-CH_2-COOH + H_2O$$
$$\text{Dipeptid}$$

↗ Struktur der Proteine S. 238

224

Nitroverbindungen und Amine

Charakteristik der Nitroverbindungen

Derivate der Kohlenwasserstoffe, die eine oder mehrere Nitrogruppen im Molekül enthalten; allgemeine Formel: $R-NO_2$.

Name	Vereinfachte Strukturformeln	
Nitrobenzol	$\langle\bigcirc\rangle-NO_2$	$C_6H_5-NO_2$
2,4,6-Trinitrotoluol	$O_2N-\langle\bigcirc\rangle-CH_3$ mit NO_2 oben und NO_2 unten	$C_6H_2(CH_3)(NO_2)_3$

Reaktionen der Nitroverbindungen

Reduktion zu Aminen

$$\langle\bigcirc\rangle-NO_2 + 3\,H_2 \xrightarrow{Kat.} \langle\bigcirc\rangle-NH_2 + 2\,H_2O$$

Nitrobenzol   Aminobenzol (Anilin)

6

Wichtige Verbindungen

Nitrobenzol $C_6H_5-NO_2$. Gelbliche Flüssigkeit; bittermandelähnlicher Geruch; in Wasser nur spurenweise löslich; leicht löslich in Ethanol und Benzol; giftig; Herstellung durch Nitrierung von Benzol; wird zu Anilin reduziert.
↗ Elektrophile Substitution S. 208; Gefahrstoff S. 362

2,4,6-Trinitro-toluol. Schwach gelbe Kristalle; bei 240 °C Verpuffung unter Rußabscheidung; Herstellung durch Nitrierung von Toluol; stoßunempfindlicher Sprengstoff (TNT, Trotyl), der durch Initialzündung zur Explosion gebracht wird; seine Explosivkraft dient als Bezugswert für andere, auch atomare Sprengstoffe.
↗ Gefahrstoff S. 363

Charakteristik der Amine

Stickstoffhaltige organische Verbindungen, die vom Ammoniak abgeleitet sind; ein oder mehrere Wasserstoffatome des Ammoniakmoleküls sind durch Kohlenwasserstoffreste substituiert.

Primäre Amine: Amine der allgemeinen Formel $R-NH_2$

Sekundäre Amine: Amine der allgemeinen Formel $\begin{matrix} R^1 \\ R^2 \end{matrix}\!\!>\!NH$

Tertiäre Amine: Amine der allgemeinen Formel $\begin{matrix} R^1 \\ R^2 \\ R^3 \end{matrix}\!\!>\!N$

225

Name	Vereinfachte Strukturformeln	
Aminomethan (Methylamin)	$CH_3 - NH_2$	CH_3NH_2
Trimethylamin	$\begin{matrix} CH_3 \\ CH_3 - N \\ CH_3 \end{matrix}$	$(CH_3)_3N$
Aminobenzol (Anilin)	⬡$-NH_2$	$C_6H_5NH_2$
1,2-Diaminoethan (Ethylendiamin)	$\begin{matrix} CH_2 - CH_2 \\ \mid \quad \mid \\ NH_2 \quad NH_2 \end{matrix}$	
1,6-Diaminohexan (Hexamethylendiamin)	$\begin{matrix} CH_2 - CH_2 - CH_2 - CH_2 - CH_2 - CH_2 \\ \mid \qquad\qquad\qquad\qquad\qquad\qquad \mid \\ NH_2 \qquad\qquad\qquad\qquad\qquad\qquad NH_2 \end{matrix}$	$\begin{matrix} CH_2 - (CH_2)_4 - CH_2 \\ \mid \qquad\qquad\quad \mid \\ NH_2 \qquad\qquad\quad NH_2 \end{matrix}$

Reaktionen der Amine

6

Basizität $\quad R - NH_2 + H_2O \rightleftharpoons R - NH_3^+ + OH^-$

$\qquad\qquad\quad R - NH_2 + HCl \longrightarrow R - NH_3^+ + Cl^-$

↗ Säure-Base-Theorie von BRÖNSTED S. 107

Diazotierung aromatischer Amine und Azokupplung

■ ⬡$-NH_2 + HNO_2 + H^+ \longrightarrow$ ⬡$-\overset{+}{N} \equiv N \quad + 2\,H_2O$

Anilin $\qquad\qquad\qquad\qquad\qquad\qquad$ Phenyldiazonium-Ion

⬡$-\overset{+}{N} \equiv N \; + \;$ ⬡$-O^- \longrightarrow$ ⬡$-N = N-$⬡$-OH$

$\qquad\qquad$ Phenolat-Ion $\qquad\qquad$ eine Azoverbindung

↗ Azofarbstoffe S. 252

Wichtige Verbindungen

Anilin $C_6H_5 - NH_2$. Farblose, leicht viskose Flüssigkeit, die sich an der Luft schnell braun färbt; eigenartiger Geruch; in Wasser wenig löslich, mit vielen organischen Lösemitteln unbegrenzt mischbar; giftig; Herstellung durch Reduktion von Nitrobenzol; Ausgangsverbindung für Azofarbstoffe.
↗ Gefahrstoff S. 360

Methylamine. Methylamin $CH_3 - NH_2$, Dimethylamin $(CH_3)_2NH$ und Trimethylamin $(CH_3)_3N$; farblose, brennbare Gase; charakteristischer Geruch (Trimethylamin fischartig); in Wasser gut löslich, Lösungen reagieren alkalisch.

Heterocyclische Verbindungen

Charakteristik der heterocyclischen Verbindungen

Ringförmige Kohlenstoffverbindungen, die außer Kohlenstoffatomen noch ein oder mehrere Atome anderer Elemente im Ringskelett enthalten, vor allem Stickstoff, Sauerstoff oder Schwefel. Zu ihnen zählen Verbindungen mit unterschiedlich großen Ringsystemen (insbesondere Fünf- und Sechsringe) sowie Verbindungen mit mehreren Ringsystemen.

Charakteristik der aromatischen Heterocyclen

Heterocyclen, die das aromatische π-Elektronensextett enthalten. Aromatische Fünfring-Heterocyclen zählen zu den π-elektronenreichen, aromatische Sechsring-Heterocyclen zu den π-elektronenarmen Aromaten.

↗ π-elektronenreiche und π-elektronenarme Aromaten S. 48

Wichtige Fünf- und Sechsringsysteme

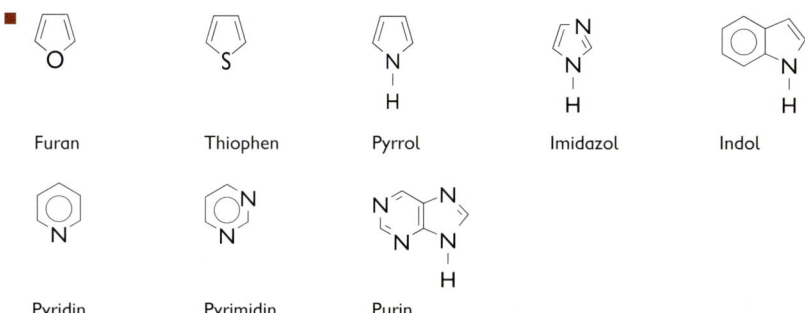

Furan   Thiophen   Pyrrol   Imidazol   Indol

Pyridin   Pyrimidin   Purin

Wichtige Verbindungen

Pyridin. Farblose Flüssigkeit; charakteristischer, unangenehmer Geruch; giftig; Gewinnung aus Steinkohlenteer; dient als Lösemittel, Siedetemperatur $\vartheta_v = 115\ °C$; schwache Base.

↗ Gefahrstoff S. 362

Pyrimidinderivate. Uracil, Thymin und **Cytosin** sind als heterocyclische Basen Bausteine der Nukleinsäuren, Uracil und Cytosin in den Desoxyribonukleinsäuren, Thymin und Cytosin in den Ribonukleinsäuren. Die **Barbiturate** bilden wichtige Schlafmittel, sie leiten sich als Dialkylderivate von der Barbitursäure ab, z. B. Barbital ($R = C_2H_5$).

↗ Nukleinsäuren S. 241

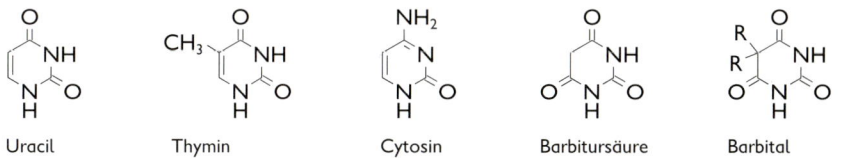

Uracil   Thymin   Cytosin   Barbitursäure   Barbital

227

Purinderivate. Adenin und **Guanin** sind als heterocyclische Basen in allen Nukleinsäuren enthalten; vom Adenin leiten sich weiterhin wichtige Coenzyme ab (Adenosintriphosphat, Nicotinamid-adenin-dinukleotid). **Coffein** kommt in Kaffeebohnen und Teeblättern vor, wirkt anregend auf Zentralnervensystem und Herztätigkeit. **Harnsäure** bildet bei Vögeln und Reptilien das Endprodukt des Aminosäureabbaus und wird mit dem Kot ausgeschieden.

↗ Nukleinsäuren S. 241; Wiss Bio, Coenzyme

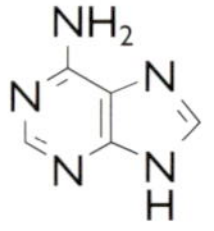

Adenin 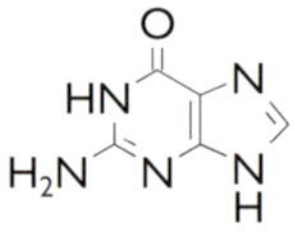 Guanin 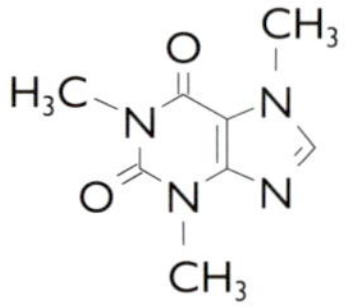 Coffein 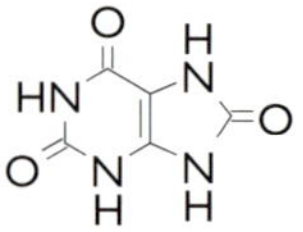 Harnsäure

Indolderivate. Indigo, ein tiefblauer Farbstoff, entsteht durch Oxidation von Indoxyl; geht bei der Reduktion reversibel in den löslichen, farblosen Leukoindigo über (Küpenfärberei).

↗ Farbstoffe S. 251

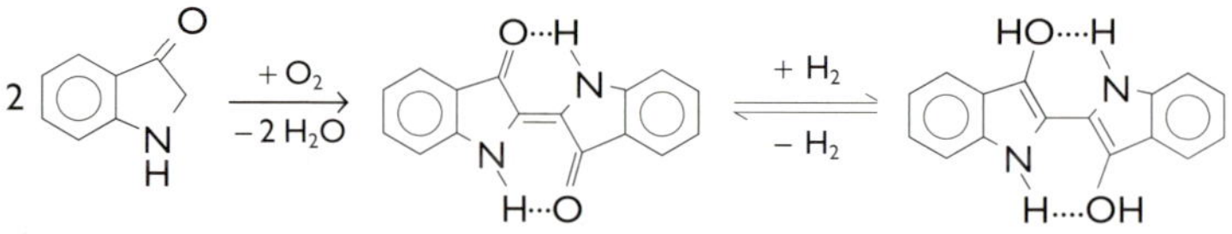

Indoxyl Indigo Leukoindigo

Porphyrine. Derivate des Porphins, eines makrocyclischen Systems mit formal 4 Pyrrolringen, die durch Methinbrücken ($-CH=$) verknüpft sind. Wichtige Vertreter sind die **Chlorophylle,** die grünen Blattfarbstoffe, in denen Magnesium-Ionen gebunden sind und die eine entscheidende Rolle bei der Fotosynthese spielen, sowie das **Häm,** die Farbkomponente des roten Blutfarbstoffs Hämoglobin mit Fe(II) als Zentral-Ion, das reversibel molekularen Sauerstoff binden kann.

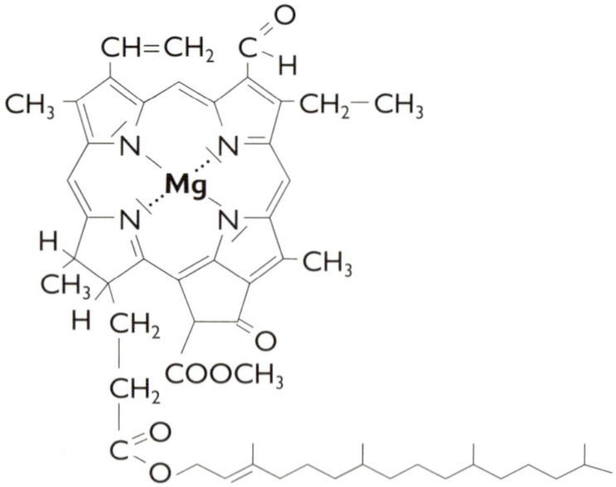

Chlorophyll b 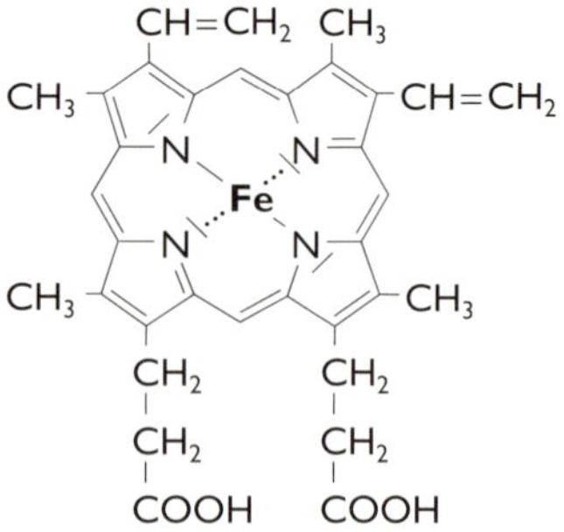 Häm

228

Lipide

Charakteristik der Lipide

Neutrale Naturstoffe, die im Tier- und Pflanzenreich weit verbreitet sind; unlöslich in Wasser, aber löslich in organischen Lösemitteln, wie Benzol, Ether oder Chloroform.

Gruppe	Struktur
Fette	Glycerinester höhermolekularer Carbonsäuren
Wachse	Ester höhermolekularer einwertiger primärer Alkohole mit höhermolekularen Carbonsäuren
Phospholipide	Ester des Glycerins mit höhermolekularen Carbonsäuren und Phosphorsäure
Steroide	Derivate des tetracyclischen Gonansystems
Carotinoide	Polyenderivate

Charakteristik der Fette

Gruppe von wasserunlöslichen Naturstoffen, die aus Estern des Glycerins mit **Fettsäuren** (meist geradzahligen und unverzweigten, gesättigten oder ungesättigten Carbonsäuren mit 4 bis 26 C-Atomen) bestehen. Bei Zimmertemperatur flüssige Fette werden als **fette Öle** bezeichnet.

↗ Ester S. 220; Fette als Nahrungsmittel S. 341

Wichtige Fettsäuren

Name	Struktur	Kurzcharakteristik
Palmitinsäure	$\diagup\diagdown\diagup\diagdown$ COOH	C_{16}-Carbonsäure
Stearinsäure	$\diagup\diagdown\diagup\diagdown$ COOH	C_{18}-Carbonsäure
Ölsäure	$\diagup\diagdown\diagup\diagdown$ COOH	C_{18}-Carbonsäure, 1 Doppelbindung
Linolsäure	$\diagup\diagdown\diagup\diagdown$ COOH	C_{18}-Carbonsäure, 2 Doppelbindungen
Linolensäure	$\diagup\diagdown\diagup\diagdown$ COOH	C_{18}-Carbonsäure, 3 Doppelbindungen
Arachidonsäure	$\diagup\diagdown\diagup\diagdown$ COOH	C_{20}-Carbonsäure, 4 Doppelbindungen

Die Doppelbindungen in den ungesättigten Fettsäuren liegen meist in der cis-Konfiguration vor und sind häufig durch eine CH_2-Gruppe getrennt.

↗ cis-trans-Isomerie S. 55; Carbonsäuren S. 218

6

229

■ CH_2-O-C ⟨⟩O ∿∿∿∿∿∿∿∿∿∿

$CH-O-C$ ⟨⟩O ∿∿∿∿=∿∿∿∿

CH_2-O-C ⟨⟩O ∿∿∿∿∿∿∿∿ Strukturformel eines Fettmoleküls

Reaktionen der Fette

Fettspaltung: Hydrolytische Spaltung der Esterbindungen in Fettmolekülen durch Säuren, Laugen oder hoch erhitzten Wasserdampf.

↗ Herstellung von Seife S. 271

$$CH_2-O-CO-R^1$$
$$CH-O-CO-R^2 + 3\,NaOH \longrightarrow CH-OH + R^2-COONa$$
$$CH_2-O-CO-R^3$$

$CH_2-O-CO-R^1$	CH_2-OH	$R^1-COONa$
$CH-O-CO-R^2$ + 3 NaOH ⟶	$CH-OH$ +	$R^2-COONa$
$CH_2-O-CO-R^3$	CH_2-OH	$R^3-COONa$
ein Fett	Glycerin	Natriumsalze der Fettsäuren (Seife)

Hydrierung (Fetthärtung): Katalytische Hydrierung fetter Öle (pflanzliche Fette) zu festen Fetten (Margarine), wobei ungesättigte Fettsäuren in gesättigte übergehen. Die Reaktion kann so geführt werden, dass in den Molekülen der mehrfach ungesättigten Fettsäuren jeweils eine C=C-Doppelbindung erhalten bleibt (selektive Hydrierung).

6

Charakteristik der Wachse

Ester höhermolekularer, geradzahliger Carbonsäuren mit höhermolekularen, geradzahligen, einwertigen, primären Alkoholen; sie sind ausgeprägt hydrophob und bilden im Tier- und Pflanzenreich Schutzschichten gegen Benetzung oder Verdunstung.

■ Hauptbestandteil des Bienenwachses:

$C_{15}H_{31}-CO-O-C_{30}H_{61}$ Palmitinsäuremyricylester

Charakteristik der Phospholipide

Ester des Glycerins mit 2 Molekülen höhermolekularer, geradzahliger, gesättigter und ungesättigter Carbonsäuren sowie mit einem Molekül Phosphorsäure, die ihrerseits weiterhin mit einem Molekül eines Aminoalkohols verestert ist; Vorkommen in allen tierischen und pflanzlichen Zellen, vor allem in Gehirn und Nervengewebe; besitzen Zwitter-Ion-Struktur, sind maßgeblich am Aufbau biologischer Membranen beteiligt.

■ α-Lecithin $CH_3-(CH_2)_{16}-CO-O-CH_2$

$CH_3-(CH_2)_7-CH=CH-(CH_2)_7-CO-O-CH$

$$CH_2-O-\overset{\displaystyle O}{\underset{\displaystyle O^{\ominus}}{P}}-O-CH_2-CH_2-\overset{\oplus}{N}(CH_3)_3$$

Kohlenhydrate

Charakteristik der Kohlenhydrate

Gruppe von Naturstoffen der allgemeinen Formel $C_n(H_2O)_m$, die eine Aldehydgruppe oder eine Oxogruppe sowie mehrere Hydroxylgruppen im Molekül enthalten. Kohlenhydrate kommen vielfach makromolekular vor.
Nach der Art der funktionellen Gruppe werden die Kohlenhydrate unterteilt in
Aldosen mit einer Aldehydgruppe im Molekül und
Ketosen mit einer Oxogruppe im Molekül.
Nach der Anzahl der Kohlenstoffatome im Molekül werden unterschieden
Triosen (3 Kohlenstoffatome), **Tetrosen** (4 Kohlenstoffatome), **Pentosen** (5 Kohlenstoffatome), **Hexosen** (6 Kohlenstoffatome).
Beide Bezeichnungsweisen lassen sich kombinieren, wenn Art der funktionellen Gruppe und Anzahl der Kohlenstoffatome im Molekül angegeben werden sollen.

■ Aldohexose, Ketotetrose

Unterschieden werden **einfache** und **zusammengesetzte Kohlenhydrate**, letztere entstehen durch Kondensationsreaktionen aus einfachen Kohlenhydraten.
↗ Kondensation S. 90

Name	Charakteristische Merkmale	■
Monosaccharide	Einfache Kohlenhydrate (vor allem Pentosen und Hexosen); werden durch verdünnte Säuren nicht gespalten.	Glucose Fructose
Oligosaccharide	Zusammengesetzte Kohlenhydrate, deren Moleküle aus 2 bis 10 Monosaccharidbausteinen bestehen (Kohlenhydrate, deren Moleküle aus 2 Monosaccharidbausteinen bestehen, heißen Disaccharide); werden durch verdünnte Säuren in Monosaccharide gespalten.	Lactose Maltose Saccharose
Polysaccharide	Zusammengesetzte Kohlenhydrate, deren Moleküle aus bis zu 10 000 Monosaccharidbausteinen bestehen; werden durch verdünnte Säuren in Monosaccharide oder Oligosaccharide gespalten.	Stärke Cellulose

6

D- und L-Konfiguration von Monosacchariden

Kohlenhydratmoleküle enthalten mehrere chirale Kohlenstoffatome (C*), sodass z. T. zahlreiche Stereoisomere existieren.
Die Zuordnung zur D- bzw. L-Reihe wird bei den Kohlenhydraten auf dasjenige Chiralitätszentrum bezogen, das am weitesten von der Aldehyd- oder Oxogruppe entfernt ist. Enantiomere Kohlenhydrate unterscheiden sich in der Konfiguration an allen chiralen C-Atomen.
↗ Chiralität S. 56; D- und L-Konfiguration S. 56

231

```
      CHO              CHO            CH₂OH
   H–C*–OH          HO–C*–H            CO              CHO
  HO–C*–H           H–C*–OH         HO–C*–H         H–C*–OH
   H–C*–OH          HO–C*–H          H–C*–OH         H–C*–OH
   H–C*–OH          HO–C*–H          H–C*–OH         H–C*–OH
     CH₂OH            CH₂OH           CH₂OH           CH₂OH
   D-Glucose        L-Glucose       D-Fructose       D-Ribose
```

Struktur der Monosaccharide

Monosaccharidmoleküle treten in Ketten- und Ringformen auf, die in wässriger Lösung im Gleichgewicht stehen. Die Ringformen enthalten meist einen sauerstoffhaltigen Sechsring (**Pyranosen**) oder Fünfring (**Furanosen**).

```
   H   OH             H    O             HO   H
    \  |               \  //              \   |
     C                  C                  C
   H–C–OH             H–C–OH             H–C–OH
  HO–C–H    O    ⇌   HO–C–H      ⇌    HO–C–H    O
   H–C–OH             H–C–OH             H–C–OH
   H–C                H–C–OH             H–C
   H–C–OH             H–C–OH             H–C–OH
    H                  H                  H
  Ringform          Kettenform          Ringform
 (α-D-Glucose)     (Aldehydform)      (β-D-Glucose)
```

Strukturformeln in perspektivischer Darstellung:

```
      CH₂OH              CH₂OH              CH₂OH
  H    C——O   H     H    C–OH    H     H    C——O   OH
   \  / H  \ /       \  / H       \     \  / H  \ /
    C        C        C       H    C     C        C
    | OH  H  |        | OH  H  \\        | OH  H  |
   OH  C——C  OH      OH  C——C   C=O     OH  C——C  H
       |  |               |  |  O            |  |
       H  OH              H  OH              H  OH
   Ringform          Kettenform          Ringform
  (α-D-Glucose)     (Aldehydform)      (β-D-Glucose)
```

Strukturformeln in räumlicher Darstellung (Sesselform):

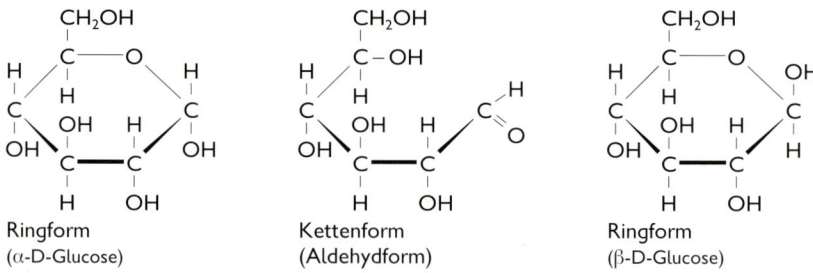

α-D-Glucopyranose   β-D-Glucopyranose

↗ Konformation des Cyclohexanmoleküls S. 57

232

Bei der Cyclisierung entsteht ein neues Chiralitätszentrum, sodass sich jeweils zwei Stereoisomere (α- und β-Form) bilden. Die neu entstehende Hydroxylgruppe wird als **glykosidische OH-Gruppe** bezeichnet; sie ist reaktionsfähiger als die übrigen (alkoholischen) Hydroxylgruppen des Moleküls.

Wichtige Mono- und Disaccharide

D(+)-Glucose (Traubenzucker) $C_6H_{12}O_6$. Monosaccharid (Aldohexose); weißes Pulver; geruchlos; süßer Geschmack; in Wasser leicht, in Ethanol nur wenig löslich; vergärbar; in Pflanzen und Tieren (Blutzucker) weit verbreitet; Baustein von Saccharose, Stärke und Cellulose; technische Gewinnung durch Hydrolyse von Stärke. Beim Erhitzen bis 200 °C erfolgt Zersetzung zu einer braunen, bitter schmeckenden Masse (Karamel).
↗ Alkoholische Gärung S. 270

D(−)-Fructose (Fruchtzucker) $C_6H_{12}O_6$. Monosaccharid (Ketohexose); geruchlos; süßer Geschmack; in Wasser und Ethanol leicht löslich; vergärbar; kommt in Früchten und Honig vor; Baustein von Di- und Polysacchariden.

D(−)-Ribose $C_5H_{10}O_5$. Monosaccharid (Aldopentose); weiße, hygroskopische Blättchen; in Wasser leicht löslich; nicht vergärbar; bestimmender Bestandteil der Ribonukleinsäuren.
↗ Nukleinsäuren S. 241

Saccharose (Rohrzucker) $C_{12}H_{22}O_{11}$. Disaccharid; große, farblose Kristalle (Kandiszucker) oder weißes kristallines Pulver (Kristallzucker); sehr süßer Geschmack; in Wasser leicht, in Ethanol nur wenig löslich; wirkt nicht reduzierend; bildet beim vorsichtigen Erhitzen eine braune, angenehm schmeckende Masse (Karamelzucker); weit verbreitet im Pflanzenreich; technische Gewinnung aus Zuckerrüben (w(Saccharose) = 16 ··· 20 %) oder Zuckerrohr (w(Saccharose) = 14 ··· 16 %); wird durch verdünnte Säuren beim Erhitzen in D-Glucose und D-Fructose gespalten; das entstehende Gemisch wird als Invertzucker bezeichnet:

Hydrolyse: $\quad C_{12}H_{22}O_{11} + H_2O \longrightarrow C_6H_{12}O_6 + C_6H_{12}O_6$
$\qquad\qquad$ Saccharose $\qquad\qquad$ D-Glucose $\quad$ D-Fructose

↗ Kohlenhydrate als Nahrungsmittel S. 341

Maltose (Malzzucker) $C_{12}H_{22}O_{11}$. Disaccharid; feine farblose Kristalle; süßer Geschmack; in Wasser leicht, in Ethanol nur wenig löslich; wirkt reduzierend; liegt als Strukturelement in der Stärke vor; wird durch Säuren in D-Glucose gespalten:

Hydrolyse: $\quad C_{12}H_{22}O_{11} + H_2O \longrightarrow 2\, C_6H_{12}O_6$
$\qquad\qquad$ Maltose $\qquad\qquad\qquad$ D-Glucose

Lactose (Milchzucker) $C_{12}H_{22}O_{11}$. Disaccharid; weißes, kristallines Pulver; schwach süßer Geschmack; in Wasser leicht, in Ethanol nicht löslich; wirkt reduzierend; Vorkommen in der Milch der Säuger; wird durch Säuren in D-Glucose und D-Galactose gespalten:

Hydrolyse: $\quad C_{12}H_{22}O_{11} + H_2O \longrightarrow C_6H_{12}O_6 + C_6H_{12}O_6$
$\qquad\qquad$ Lactose $\qquad\qquad$ D-Glucose $\quad$ D-Galactose

6

233

Derivate von Monosacchariden

Glykoside. Derivate von Monosacchariden, in deren Molekül die glykosidische Hydroxylgruppe substituiert ist, in den meisten Fällen durch eine RO-Gruppierung, aber auch durch stickstoffhaltige Reste; Glykoside sind im Pflanzenreich weit verbreitet.

↗ Nukleoside S. 241

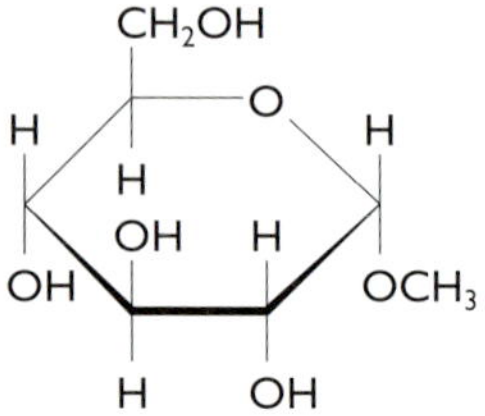

Methyl-α-D-glucopyranosid 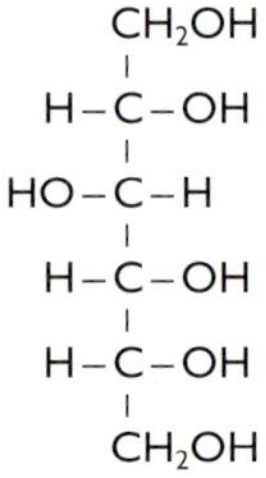   D-Sorbit 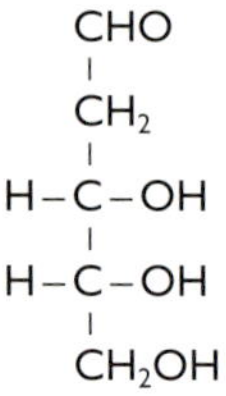   2-Desoxy-D-ribose

Sorbit. Ein Zuckeralkohol, der durch Reduktion aus D-Glucose entsteht; farblose Kristalle von süßem Geschmack; Verwendung als Zuckeraustauschstoff (Diabetiker) und für vielfältige Synthesen.

Desoxyzucker. Monosaccharide, in deren Molekül eine Hydroxylgruppe durch ein Wasserstoffatom ersetzt ist. Wichtigstes Beispiel: **2-Desoxy-D-ribose**, bestimmender Bestandteil der Desoxyribonukleinsäuren.

↗ Nukleinsäuren S. 241

Aminozucker. Monosaccharide, in deren Molekül eine Hydroxylgruppe durch eine Aminogruppe ersetzt ist. Beispiel: **Glucosamin**, Baustein in Polysacchariden.

↗ Wiss Bio, Chitin

Stärke $(C_5H_{10}O_5)_n$

Polysaccharid; feines, weißes Pulver; geruchlos und geschmackfrei; in kaltem Wasser schwer löslich; teilweise löslich und quellfähig in 68 ··· 80 °C heißem Wasser (Stärkekleister); wichtigstes Reservekohlenhydrat der höheren Pflanzen, besonders in Getreide und Kartoffeln; chemisch nicht einheitlich zusammengesetzt, besteht aus den makromolekularen Stoffen Amylose und Amylopektin.

↗ Nachweis S. 312; Kohlenhydrate als Nahrungsmittel S. 341

Die Moleküle der **Amylose** bestehen aus D-Glucosebausteinen, die in 1,4-Stellung α-glykosidisch schraubenförmig verknüpft sind.

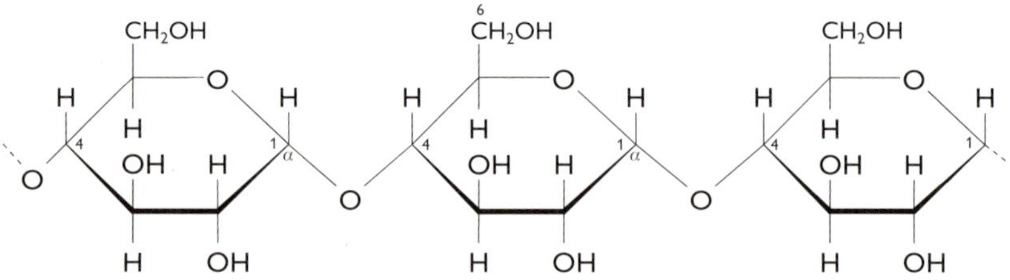

Strukturformel der Amylose (Ausschnitt)

Struktur des Amylosemoleküls

Die Moleküle des **Amylopektins** bestehen aus D-Glucosebausteinen, die α-glyko-sidisch zu verzweigten Ketten verbunden sind; innerhalb der Ketten erfolgt 1,4-Ver-knüpfung, die Anbindung der Seitenketten durch 1,6-Verknüpfung.

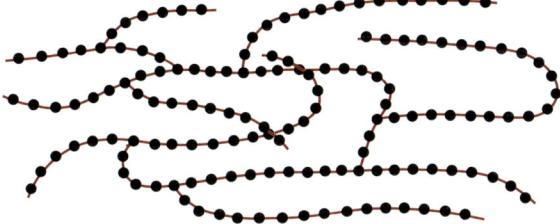

Struktur des Amylopektinmoleküls

Stärkelösung wirkt nicht reduzierend; sie wird durch Enzyme oder durch Erhitzen mit verdünnten Säuren in Maltose und weiter in D-Glucose gespalten:

Hydrolyse: $(C_6H_{10}O_5)_n + n\,H_2O \longrightarrow n\,C_6H_{12}O_6$
　　　　　Stärke　　　　　　　　　　　　　D-Glucose

Partieller Abbau führt zu den **Dextrinen**, wasserlöslichen Produkten unterschied-licher Molekülmasse.
↗ Modifizierung von Kohlenhydraten S. 341

6

Cellulose $(C_6H_{10}O_5)_n$
Polysaccharid; weißer, fester Stoff; geruchlos und geschmackfrei; auch in siedendem Wasser schwer löslich; Cellulosemoleküle enthalten D-Glucosebausteine, die β-gly-kosidisch in 1,4-Stellung verknüpft sind; bilden Fasern, die aus längs der Faserachse angeordneten Mikrokristallen bestehen; Gerüstsubstanz im Holzgewebe (40 ··· 50 %) höherer Pflanzen; mengenmäßig häufigste organische Verbindung auf der Erde.
↗ Nachweis S. 312

Strukturformel der Cellulose (Ausschnitt)

235

Struktur eines Cellulosemikrokristalls

Cellulose ist gegen verdünnte Alkalimetallhydroxidlösungen beständig; kann durch kombinierte Behandlung mit konzentrierten und verdünnten anorganischen Säuren abgebaut werden.

↗ Zellstoffgewinnung S. 271; Verwendung S. 279

Cellulosederivate

6

Cellulosemoleküle reagieren an den freien Hydroxylgruppen unter Ester- und Etherbildung.

Cellulosenitrate Cell-(O – NO$_2$)$_x$. Entstehen bei der Einwirkung von Nitriersäure (HNO$_3$/H$_2$SO$_4$); hoch nitrierte Cellulose (w(N) ≈ 13 %) dient als Sprengstoff (Schießbaumwolle), niedrig nitrierte Cellulose (w(N) ≈ 11 %) liefert Collodiumwolle, aus der Celluloid hergestellt wird.

↗ Explosionsgefährliche Stoffe S. 290

Celluloseacetate Cell-(O – CO – CH$_3$)$_x$. Entstehen bei der Umsetzung mit Essigsäureanhydrid; Produkte mit 2 bis 2,5 Estergruppen je Glucoseeinheit sind in Propanon (Aceton) löslich und werden zu Fasern, Folien, Sicherheitsfilmen und Lacken verarbeitet.

Carboxymethylcellulose Cell-(O – CH$_2$ – COOH)$_x$. Entsteht durch partielle Veretherung von Cellulose mit Chloressigsäure; wasserlöslich; besitzt gutes Dispergier- und Klebevermögen, vielseitig verwendet; gilt als physiologisch unbedenklich; Verwendung in Waschmitteln und Kosmetika.

Regenerat-Cellulose. Die unlösliche Cellulose lässt sich unter teilweisem Abbau mit Natronlauge und Kohlenstoffdisulfid als Cellulosexanthogenat in Lösung bringen:

$$\text{Cell} - \text{OH} + \text{CS}_2 + \text{NaOH} \longrightarrow \text{Cell} - \text{O} - \text{C} \begin{smallmatrix} \diagup \text{S} \\ \diagdown \text{S}^- \text{Na}^+ \end{smallmatrix} + \text{H}_2\text{O}$$

Cellulosexanthogenat

Beim Verspinnen im sauren Fällbad bildet sich Cellulose in Form von Fäden (Viskosefaser) zurück.

↗ Chemiefasern S. 281

236

Proteine (Eiweißstoffe)

Charakteristik der Proteine

Makromolekulare Stoffe komplizierter Struktur (Biopolymere), die im Wesentlichen aus Polypeptiden aufgebaut sind; Enzyme oder Säuren spalten sie in 20 unterschiedliche 2-Aminosäuren, die sämtlich der L-Reihe angehören.

↗ Chiralität S. 56; Aminosäuren, Peptidbildung S. 224; Nachweis S. 313; Proteine als Nahrungsmittel S. 342

Aminosäuren als Bausteine der Proteine		
Name	Kurzbezeichnung	Struktur: $R-CH(NH_2)-COOH$
Glycin	Gly	$R = H$
L-Alanin	Ala	$R = CH_3$
L-Valin	Val	$R = CH(CH_3)_2$
L-Leucin	Leu	$R = CH_2-CH(CH_3)_2$
L-Isoleucin	Ile	$R = CH(CH_3)-CH_2-CH_3$
L-Serin	Ser	$R = CH_2-OH$
L-Threonin	Thr	$R = CH(OH)-CH_3$
L-Cystein	Cys	$R = CH_2-SH$
L-Methionin	Met	$R = CH_2-CH_2-S-CH_3$
L-Lysin	Lys	$R = CH_2-CH_2-CH_2-CH_2-NH_2$
L-Arginin	Arg	$R = CH_2-CH_2-CH_2-NH-C(NH)-NH_2$
L-Asparaginsäure	Asp	$R = CH_2-COOH$
L-Glutaminsäure	Glu	$R = CH_2-CH_2-COOH$
L-Asparagin	Asn	$R = CH_2-CONH_2$
L-Glutamin	Gln	$R = CH_2-CH_2-CONH_2$
L-Phenylalanin	Phe	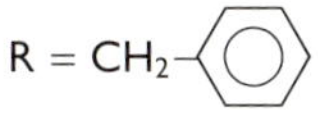 $R = CH_2-\bigcirc$
L-Tyrosin	Tyr	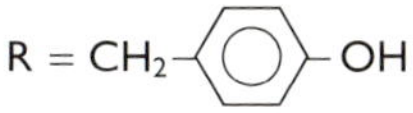 $R = CH_2-\bigcirc-OH$
L-Histidin	His	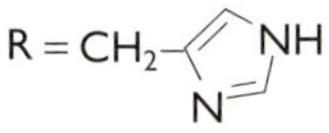 $R = CH_2-$ Imidazolrest
L-Tryptophan	Trp	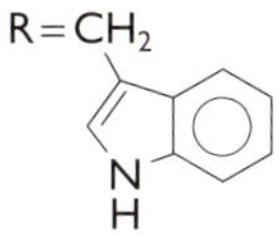 $R = CH_2-$ Indolrest
L-Prolin	Pro	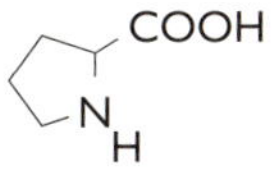 Pyrrolidin-2-carbonsäure

6

↗ Essenzielle Aminosäuren S. 342

237

Struktur der Proteine

Einfache Proteine, deren Makromoleküle als Grundbausteine ausschließlich L-2-Aminosäuren enthalten, die über Peptidbindungen miteinander verbunden sind:

Bei der Hydrolyse von Proteinen werden die Peptidbindungen gespalten und die freien Aminosäuren erhalten:

$$-NH-CH-CO-NH-CH-CO-NH-CH-CO- \; + \; n\,H_2O \longrightarrow$$
$$R^1R^2R^3$$

$$R^1-CH-COOH \; + \; R^2-CH-COOH \; + \; R^3-CH-COOH \; + \; \text{weitere Aminosäuren}$$
$$NH_2NH_2NH_2$$

Bei der Struktur von Proteinen werden vier Strukturebenen unterschieden:

Primärstruktur: Reihenfolge der L-2-Aminosäuren in der Polypeptidkette.

Sekundärstruktur: Räumliche Anordnung innerhalb der Polypeptidkette (fadenförmig, geknäult, schraubenförmig, gefaltet): Helixstrukturen und Faltblattstrukturen kommen durch Ausbildung von Wasserstoffbrückenbindungen innerhalb eines Makromoleküls oder zwischen verschiedenen Makromolekülen zustande.
↗ Wasserstoffbrückenbindung S. 50

Tertiärstruktur: Energetisch günstigste räumliche Anordnung der Molekülteile innerhalb eines Proteinmoleküls; ist auf Wechselwirkungen der Seitenketten eines oder mehrerer Makromoleküle zurückzuführen (Atombindungen, Ionenbindung, hydrophobe Wechselwirkungen).

Quartärstruktur: Räumliche Struktur eines Proteins, das aus mehreren Untereinheiten besteht, in die es sich reversibel trennen lässt.

■ Hämoglobin mit 4 (paarweise identischen) Untereinheiten.

238

Primärstruktur	Sekundärstruktur	
■ Insulin	Helixstruktur	Faltblattstruktur

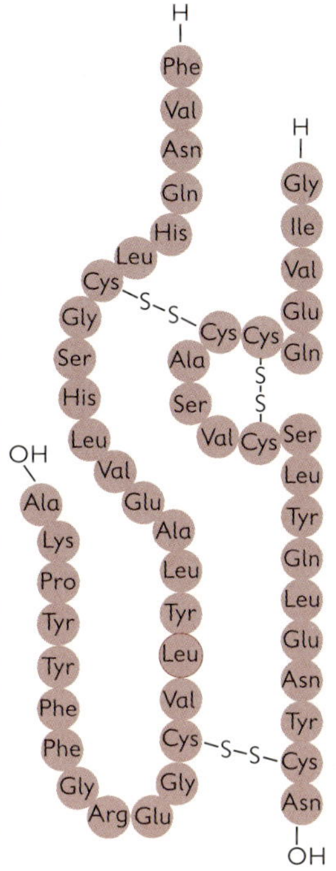

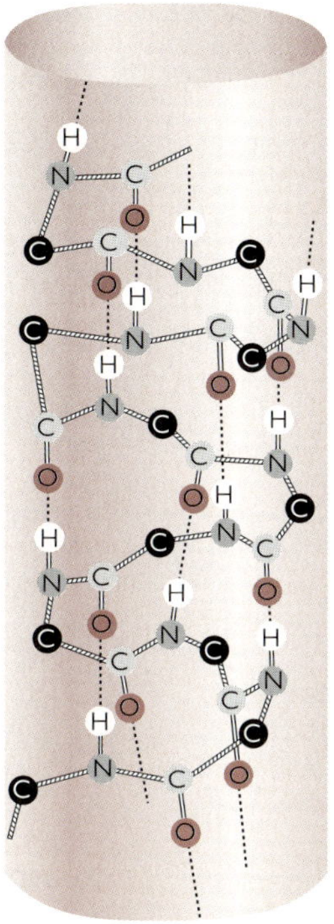

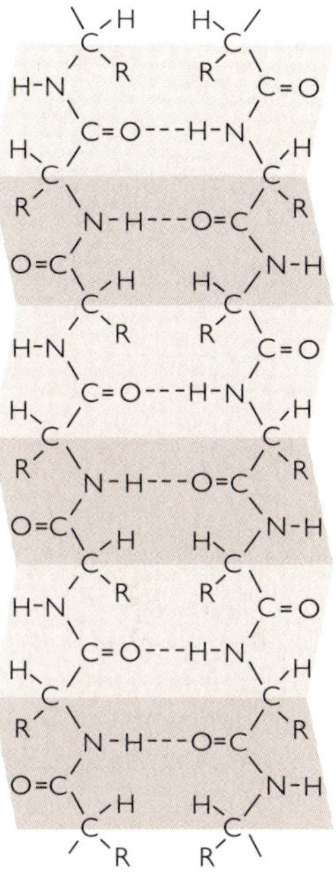

Primärstruktur (Insulin):

Kette 1:
H – Phe – Val – Asn – Gln – His – Leu – Cys –S–S– Gly – Ser – His – Leu – Val – Glu – Ala – Leu – Tyr – Leu – Val – Cys –S–S– Gly – Glu – Arg – Phe – Phe – Tyr – Tyr – Pro – Lys – Ala – OH

Kette 2:
H – Gly – Ile – Val – Glu – Gln – Cys –S–S– Cys – Ala – Ser – Val – Cys –S–S– Ser – Leu – Tyr – Gln – Leu – Glu – Asn – Tyr – Cys – Asn – OH

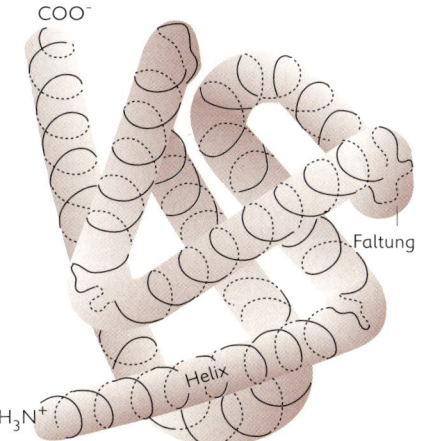

COO⁻

Faltung

Helix

H₃N⁺

Tertiärstruktur eines Proteins mit Helixstrukturen und ungeordneten Segmenten
an den Stellen der Faltung

6

239

Einteilung der Proteine

Name	Charakteristische Merkmale
Fibriläre Proteine (Skleroproteine)	Polypeptidketten fadenförmig, schraubenförmig oder gefaltet angeordnet; meist in Wasser schwer löslich; Keratine (Haare, Federn, Nägel), Fibroin (Naturseidefasern), Kollagene (Gewebe von Haut, Knochen, Knorpel), Elastine (Bindegewebe)
Globuläre Proteine (Sphäroproteine)	Polypeptidketten annähernd zur Kugel geknäult; meist kolloidal wasserlöslich
Globuline	flocken mit gesättigter Ammoniumsulfatlösung aus gesättigter wässriger Lösung aus; Edestin (Weizen), Glycinin (Soja), Fibrinogen (Blut), Actin und Myosin (Muskel)
Albumine	bleiben unter diesen Bedingungen gelöst; Ovalbumin (Eidotter), Serumalbumin (Blut), Lactalbumin (Milch), Legumelin (Leguminosen)

6

Proteide (konjugierte Proteine)

Zusammengesetzte Eiweißstoffe, die außer L-2-Aminosäuren noch einen peptidfremden Anteil im Makromolekül enthalten; werden nach der Art des peptidfremden Bestandteils in Untergruppen eingeteilt.

Name des konjugierten Proteins	Peptidfremder Anteil	Beispiele und Vorkommen
Phosphorproteide (Phorphoproteine)	Phosphorsäure	Casein der Milch, Phosvitin des Eidotters
Chromoproteide (Chromoproteine)	Farbstoffe	Hämoglobin, Myoglobin, Cytochrome, Chlorophylle
Nukleoproteide (Nukleoproteine)	Nukleinsäuren	Bausteine der Zellkerne und des Zellplasmas; Viren
Glykoproteide (Glykoproteine)	Kohlenhydrate	Schleimstoffe, Bausteine des Stütz- und Bindegewebes, Blutgruppensubstanzen
Lipoproteide (Lipoproteine)	Lipoide (Fettbegleitstoffe)	im Blutplasma, als Zellbestandteile, im Eidotter
Metallproteide (Metallproteine)	Metall-Ionen	Ferredoxine (Eisen-Schwefel-Proteine)

Nucleinsäuren

Charakteristik der Nukleinsäuren

Makromolekulare Stoffe (Biopolymere), die aus Nukleotiden aufgebaut sind; man unterscheidet **Ribonukleinsäuren** (RNA, engl.: ribonucleic acids) und **Desoxyribonukleinsäuren** (DNA, engl.: deoxyribonucleic acids). Vollständige Hydrolyse ergibt:

Kohlenhydrate (Pentosen: D-Ribose bei den Ribonukleinsäuren, 2-Desoxy-D-ribose bei den Desoxyribonukleinsäuren),

heterocyclische Basen (Derivate des Pyrimidins und Purins: Thymin, Cytosin, Adenin und Guanin bei den Ribonukleinsäuren, Uracil, Cytosin, Adenin und Guanin bei den Desoxyribonukleinsäuren) und

Phosphorsäure.

Nukleoside

Kondensationsprodukte (N-Glykoside) aus heterocyclischer Pyrimidin- oder Purin-Base und Ribose bzw. Desoxyribose, in deren Molekül die glykosidische Hydroxylgruppe substituiert ist.

↗ Pyrimidinderivate S. 227; Purinderivate S. 228; Ribose S. 233; Desoxyribose S. 234; Glykoside S. 234

Name der Base	Name des Ribosids	Name des Desoxyribosids
Uracil	Uridin	–
Thymin	–	Thymidin
Cytosin	Cytidin	Desoxycytidin
Adenin	Adenosin	Desoxyadenosin
Guanin	Guanosin	Desoxyguanosin

6

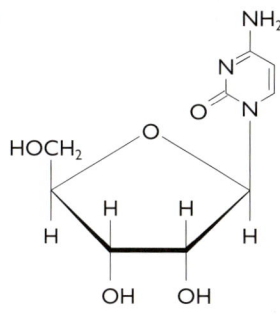

Cytidin

Bausteine:
Cytosin
D-Ribose

Adenosintriphosphat

Bausteine:
Adenin
D-Ribose
3 Moleküle Phosphorsäure

241

Nukleotide

Phosphorsäureester der Nukleoside; eigentliche Bausteine der Nukleinsäuren. Einige von ihnen wirken auch als Coenzyme, insbesondere **Adenosintriphosphat (ATP)**, das im Molekül in der Triphosphatgruppierung zwei energiereiche Bindungen enthält. Die Spaltung dieser Bindungen deckt den Energiebedarf von Stoffwechselprozessen.

↗ Wiss Bio, ATP

Nukleinsäuren

Polykondensationsprodukte der Nukleotide. Durch Phosphorsäure sind jeweils zwei Pentosebausteine esterartig miteinander verbunden.

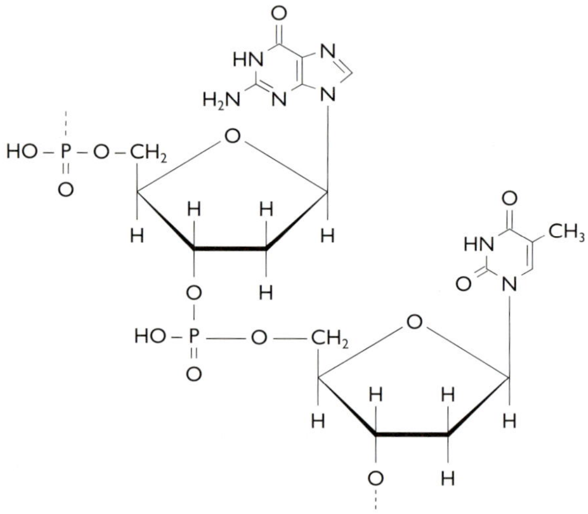

Ausschnitt aus einem
DNA-Molekül

Struktur der Nukleinsäuren

Primärstruktur: Reihenfolge der Basen innerhalb der Polynukleotidkette.

Sekundärstruktur: Räumliche Anordnung der Polynukleotidketten; Stabilisierung durch Wasserstoffbrücken zwischen Adenin- und Uracil- bzw. Thymin-Molekülen sowie zwischen Guanin- und Cytosin-Molekülen (**Basenpaarung**):

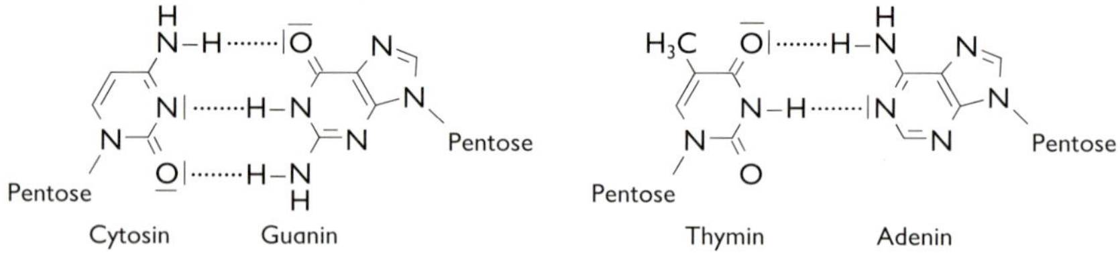

Bei den DNA ordnen sich die Polynukleotidketten zur Doppelhelix.

↗ Wasserstoffbrückenbindung S. 50; Wiss Bio, Speicherung und Verdopplung der Erbinformation

242

Kunststoffe

Charakteristik der Kunststoffe

Thermoplaste (Plastomere). Synthetisch hergestellte makromolekulare Werkstoffe, die sich durch Erwärmen beliebig oft plastisch umformen lassen; bestehen aus unverzweigten oder leicht verzweigten Makromolekülen.

■ Polyethylen, Polyvinylchlorid, Polystyrol

Elastomere (Elaste). In der Natur vorkommende oder synthetisch hergestellte makromolekulare Werkstoffe, die gummiähnliche elastische Eigenschaften besitzen; bestehen aus weitmaschig vernetzten Makromolekülen.

■ Naturkautschuk, Synthesekautschuk, Gummi

Duromere (Duroplaste). Synthetisch hergestellte makromolekulare Werkstoffe, die beim Urformen plastisch sind, durch thermische oder andere Weiterbehandlung jedoch bleibend hart, unschmelzbar und unlöslich werden; bestehen aus engmaschig vernetzten Makromolekülen.

■ Phenoplaste, Aminoplaste

Chemiefaserstoffe. Überwiegend synthetisch hergestellte, makromolekulare Werkstoffe, die sich als textile Faserstoffe verarbeiten lassen.

■ Polyacrylnitrilfaserstoffe, Polyamidfaserstoffe, Polyesterfaserstoffe

6

Struktur der Kunststoffe

Kunststoffe sind *Gemische* von chemisch ähnlichen Makromolekülen mit unterschiedlicher Molekülgröße. Daher kann für sie jeweils nur eine mittlere relative Molekülmasse angegeben werden; sie liegt in der Größenordnung von 10^4 bis 10^6.
Makromoleküle können *lineare, verzweigte* oder *vernetzte* Strukturen aufweisen; im Extremfall könnte ein Kunststoffgegenstand praktisch aus einem einzigen Makromolekül bestehen.
Der Vernetzungsgrad bestimmt entscheidend die Eigenschaften und damit die Verwendungsmöglichkeiten eines Kunststoffs.

↗ Makromoleküle S. 40

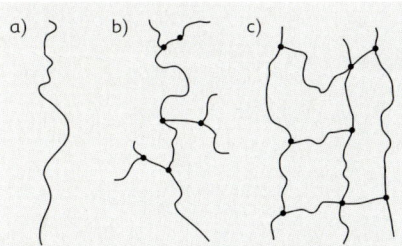

Unverzweigte (a), verzweigte (b) und vernetzte (c) Strukturen von Makromolekülen

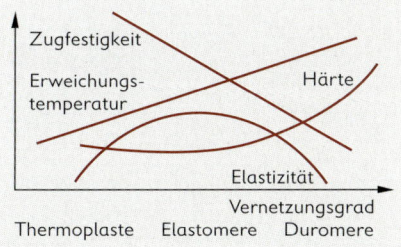

Qualitativer Verlauf von Eigenschaftswerten und der Vernetzung von Polyurethanen

243

Makromoleküle, insbesondere vernetzte, können sich nur schwierig oder gar nicht zu Kristallen ordnen. Selbst in Polymeren aus linearen Makromolekülen liegen weitgehend *amorphe* Strukturen neben kristallinen Bereichen vor, die umso größer sind, je höher der Ordnungsgrad (Konstitution und Konfiguration) der Makromoleküle ist (*teilkristalline Polymere*).

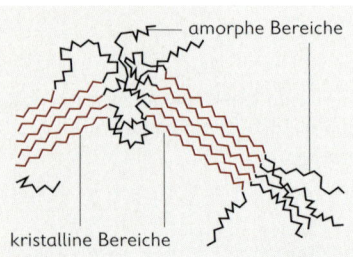

amorphe Bereiche

kristalline Bereiche

Kristalline und amorphe Bereiche in einem teilkristallinen Festkörper

Phasenübergänge bei Polymeren

Als Mischungen zeigen die Polymeren bei Temperaturänderung keine definierten Phasenumwandlungspunkte, sondern Zustandsformen mit Übergangsbereichen. Bei amorphen Polymeren unterscheidet man mit steigender Temperatur *Glaszustand, (quasi-)elastischen Zustand* und *plastischen Zustand*. Der Übergang aus dem Glaszustand in den elastischen Zustand wird durch die *Glasübergangstemperatur* (kurz Glastemperatur T_g) charakterisiert, ein Temperaturbereich von bis zu 50 K, in dem die Viskosität um einige Zehnerpotenzen abnimmt.

↗ Phase S. 77

Thermoplaste werden im Glaszustand, Elastomere im elastischen Zustand verwendet. Zusatz von **Weichmachern** setzt die Glastemperatur von Polymeren herab.

■ Hart-PVC: $T_g \approx 80\ °C$
Weich-PVC (mit Dioctylphthalat): $T_g < 0\ °C$

Struktur und Eigenschaften von Kunststoffen

Werkstoff	Struktur der Makromoleküle	Eigenschaft
Thermoplast	linear oder schwach verzweigt	meist hohe Zugfestigkeit
Elastomer	schwach vernetzt	hohe Elastizität
Duromer	stark vernetzt	meist hohe Druckfestigkeit und Formbeständigkeit bei höheren Temperaturen
Chemiefaserstoff	streng linear, teil-kristallin	hohe Zugfestigkeit in einer Richtung

↗ Makromoleküle S. 40; Polykondensation S. 90; Polymerisation S. 91; Polyaddition S. 92; Kunststoffe mit besonderen Eigenschaften S. 280

6

Polymerisate

Kunststoffe, die durch Polymerisation aus niedermolekularen **Monomeren** (Alkene, Alkenderivate sowie geeignete Heterocyclen) erhalten werden. Neben den einheitlichen *Homopolymerisaten* sind *Copolymerisate* aus mehreren Monomeren von Bedeutung.

↗ Polymerisation S. 91

Polymerisat	Monomeres	Konstitutive Repetiereinheit
Polyethylen	$CH_2 = CH_2$	$\pම{-} CH_2 - CH_2 \pම{-}_n$
Polystyrol	$CH_2 = CH - C_6H_5$	$\left[CH_2 - \underset{C_6H_5}{CH} \right]_n$
1,4-Polybutadien	$CH_2 = CH - CH = CH_2$	$\pම{-} CH_2 - CH = CH - CH_2 \pම{-}_n$
Polyvinylchlorid	$CH_2 = CH - Cl$	$\left[CH_2 - \underset{Cl}{CH} \right]_n$
Polyacrylnitril	$CH_2 = CH - CN$	$\left[CH_2 - \underset{CN}{CH} \right]_n$
Polymethacrylsäuremethylester	$CH_2 = \underset{CH_3}{C} - COOCH_3$	$\left[CH_2 - \overset{COOCH_3}{\underset{CH_3}{C}} \right]_n$
Polyamid-6	(Caprolactam, Ring mit O und NH)	$\pම{-} NH \pම{-} (CH_2)_5 CO \pම{-}_n$

Wichtige Polymerisate

Polyvinylchloride (PVC). Thermoplaste; weiße bis rotbraune Stoffe; geruch- und geschmackfrei; beständig gegen Wasser, schwache Basen und Säuren sowie viele organische Lösemittel; schlechte Wärmeleitfähigkeit und elektrische Leitfähigkeit; zersetzt sich langsam bei Wärmeeinwirkung; Dichte $\varrho = 1{,}38 \text{ g} \cdot \text{cm}^{-3}$; Zugfestigkeit 42 ⋯ 52 MPa, Druckfestigkeit 55 ⋯ 90 MPa; schwer entflammbar; Erweichungstemperatur 75 ⋯ 80 °C; Herstellung durch radikalische Polymerisation von Vinylchlorid.

Die Eigenschaften können durch Zusatz von Weichmachern, Treibmitteln, Farbstoffen und Stabilisatoren bzw. durch Copolymerisation wesentlich verändert werden (Hart-PVC, Weich-PVC, Schaum-PVC).

↗ Herstellung S. 272; Verwendung S. 279; Identifizierung S. 313

Polyethylene (PE). Thermoplaste; weiße bis gelbliche Stoffe; geruch- und geschmackfrei; physiologisch unbedenklich; beständig gegen Wasser, Basen, Säuren (außer Salpetersäure) und Salzlösungen, Fette und fette Öle; nicht beständig gegen Halogene, organische Lösemittel und Mineralöle; schlechte Wärmeleitfähigkeit und elektrische Leitfähigkeit; paraffinartiger Griff; elastisch; entflammbar; Erweichungstemperatur 110 ··· 135 °C; Herstellung durch radikalische oder Koordinations-Polymerisation von Ethen (Ethylen); Eigenschaften je nach Herstellungsverfahren unterschiedlich:

LDPE (engl.: low density PE, PE niedriger Dichte, auch **Hochdruckpolyethylen**): Dichte $\varrho = 0{,}915 \cdots 0{,}935$ g · cm^{-3}, Zugfestigkeit 8 ··· 31 MPa;

HDPE (engl.: high density PE, PE hoher Dichte, auch **Niederdruckpolyethylen**): Dichte $\varrho = 0{,}94 \cdots 0{,}965$ g · cm^{-3}, Zugfestigkeit 22 ··· 31 MPa, Druckfestigkeit 20 ··· 25 MPa.

Ultrahochmolekulares Polyethylen: Mittlere relative Molekülmasse $>10^6$; zeichnet sich durch besonders große mechanische Festigkeit aus; lässt sich zu Fasern mit extrem hoher Zugfestigkeit (3 ··· 4 GPa) verspinnen.

↗ Herstellung S. 272; Verwendung S. 280

Polystyrole (PS). Thermoplaste; farblose, durchsichtige Stoffe; geruch- und geschmackfrei; physiologisch unbedenklich; beständig gegen Wasser, Basen und Säuren; unbeständig gegen die meisten organischen Lösemittel; schlechte Wärmeleitfähigkeit und elektrische Leitfähigkeit; Dichte $\varrho = 1{,}05$ g · cm^{-3}; Zugfestigkeit 36 ··· 52 MPa, Druckfestigkeit 83 ··· 90 MPa; spröde; entflammbar; Erweichungstemperatur 75 °C; Herstellung durch radikalische Polymerisation von Styrol; Eigenschaften können durch Copolymerisation (z. B. mit Acrylnitril) oder Zusatz von Treibmitteln, Weichmachern und Farbstoffen verändert werden.

↗ Herstellung S. 272; Verwendung S. 280; Identifizierung S. 313

Polyacrylnitrile (PAN). Chemiefaserstoffe; farblos; geruch- und geschmackfrei; physiologisch unbedenklich; beständig gegen die meisten organischen Lösungsmittel und Chemikalien; hohe Licht- und Wetterbeständigkeit; Dichte $\varrho = 1{,}17$ g · cm^{-3}, Zugfestigkeit 40 MPa; elastisch; entflammbar; bis 250 °C stabil, lassen sich nicht thermoplastisch verarbeiten; Herstellung durch radikalische Polymerisation von Acrylnitril; Fäden werden aus Lösung in Dimethylformamid gesponnen, haben wollähnliche Eigenschaften.

↗ Herstellung S. 273; Verwendung S. 279

1,4-Polybutadien (BR, engl.: butadiene rubber**).** Bildet mit den beiden Mischpolymerisaten **Styrol-Butadien-Kautschuk** (SBR, ≈25 % Styrol) und **Nitrilkautschuk** (NBR, 50 ··· 80 % Acrylnitril) die wichtigsten Elastomere. Durch **Vulkanisation** werden die ungesättigten Makromoleküle über Schwefelbrücken oder direkt mithilfe von Peroxiden vernetzt und das Polymer dadurch aus dem plastischen in den gummielastischen Zustand übergeführt. BR und SBR zeichnen sich durch eine hohe Abriebfestigkeit aus, die durch Zusatz von Ruß ($w = 30 \cdots 35$ %) noch verbessert wird, SBR ist zudem alterungs- und wärmebeständig, stabil gegen Säuren und Basen, quillt aber bei Kontakt mit Kraftstoffen und Ölen; Nitrilkautschuk ist resistent gegen Öl und Benzin. Herstellung von BR durch anionische oder koordinative, von SBR durch radikalische Polymerisation; Verwendung vor allem zur Reifenherstellung.

↗ Herstellung S. 273; Verwendung S. 279

246

Polykondensate

Kunststoffe, die durch Polykondensation aus Molekülen bifunktioneller Verbindungen erhalten werden. Meist werden zwei unterschiedliche Ausgangsverbindungen mit jeweils zwei gleichen funktionellen Gruppen im Molekül umgesetzt.
↗ Polykondensation S. 90

Polykondensate	Bausteine	Eigenschaften
Lineare Polyester	Dicarbonsäuren und Diole	Faserstoffe
Vernetzte Polyester	Dicarbonsäuren und Triole	Duromere
Polyamide	Dicarbonsäuren und Diamine	Thermoplaste, Faserstoffe
Phenol-Formaldehyd-Harze	Phenole und Formaldehyd	Duromere (Phenoplaste)
Harnstoff-Formaldehyd-Harze	Harnstoff und Formaldehyd	Duromere (Aminoplaste)
Polysiloxane (Silicone)	Dichlorsilane und Wasser	Öle, Duromere, Elastomere

Wichtige Polykondensate

Lineare Polyester (z. B. Polyethylenterephthalat PET). Chemiefaserstoffe; farblose Stoffe von hoher Transparenz, geruch- und geschmackfrei, physiologisch unbedenklich; hohe Chemikalienbeständigkeit; teilkristalline Struktur, Dichte $\varrho = 1{,}38 \ g \cdot cm^{-3}$; Zugfestigkeit $48 \cdots 72$ MPa, Druckfestigkeit $76 \cdots 103$ MPa; Erweichungstemperatur bei 260 °C; Fasererzeugung durch Schmelzspinnverfahren; Herstellung durch Polykondensation aus zweiwertigen Alkoholen und Dicarbonsäuren bzw. deren Derivaten (z. B. Polyethylenterephthalat aus Ethylenglykol und Terephthalsäuredimethylester).
↗ Verwendung S. 279; Identifizierung S. 313

$$\left[CO-\bigotimes-CO-O-CH_2-CH_2-O \right]_n$$

Polyethylenterephthalat

Polyamide (PA). Thermoplaste; farblose bis gelbliche Stoffe, durchsichtig bis undurchsichtig; geruch- und geschmackfrei; physiologisch unbedenklich; beständig gegen Wasser, verdünnte Säuren sowie organische Lösemittel; schlechte Wärmeleitfähigkeit und elektrische Leitfähigkeit; Dichte $\varrho = 1{,}13 \ g \cdot cm^{-3}$; Zugfestigkeit $76 \cdots 83$ MPa, Druckfestigkeit 103 MPa; elastisch; entflammbar; Erweichungstemperatur $215 \cdots 260$ °C, zu Fäden ausziehbar; werden durch Polykondensation aus Diaminen und Dicarbonsäuren (z. B. PA 6.6, d. h. Polyamid-6.6, aus Hexamethylendiamin und Adipinsäure) oder durch Polymerisation von Lactamen (z. B. PA 6 aus ε-Caprolactam) hergestellt.
↗ Verwendung S. 279; Identifizierung S. 313

$$\left[NH-(CH_2)_6NH-CO-(CH_2)_4CO \right]_n$$

Polyamid-6.6

247

Phenoplaste (Phenol-Formaldehyd-Harze, PF). Duromere; je nach Grad der Polykondensation farblose bis braune oder rotbraune Stoffe; geruch- und geschmackfrei, jedoch durch enthaltene freie Phenole nicht physiologisch unbedenklich; beständig gegen Wasser, schwache Basen und Säuren sowie organische Lösemittel; schlechte Wärmeleitfähigkeit und elektrische Leitfähigkeit; Dichte $\varrho =$ 1,25 g $\cdot$ cm^{-3}; nicht entflammbar, verkohlen beim Erhitzen; Herstellung aus Phenolen und Formaldehyd; Eigenschaften werden durch Zusatz von Füllstoffen (Gesteins-, Glas- oder Holzmehl, Papierbahnen sowie Textilgewebe) oder Farbstoffen wesentlich verändert.

↗ Herstellung S. 273; Verwendung S. 279

Harnstoffharze (Harnstoff-Formaldehyd-Harze, UF). Duromere; Polykondensate aus Harnstoff (engl.: urea) und Formaldehyd; geruch- und geschmackfrei; hohe Festigkeit und Lichtechtheit; schwer brennbar; beständig gegen organische Lösungsmittel, schwache Säuren und Basen, unbeständig gegen starke Basen und Säuren (insbesondere oxidierende), auch gegen siedendes Wasser, wobei Formaldehyd freigesetzt werden kann.

↗ Verwendung S. 279

Polysiloxane (Silicone). Polykondensationsprodukte aus Chlormethyl- oder Chlorphenylsilanen und Wasser; je nach Molekülgröße und Vernetzungsgrad entstehen Siliconöle (bis 300 °C beständig, hydrophob), Siliconharze (Vernetzung über Vinylgruppen, hohe Dauerwärmebeständigkeit bis 250 °C) oder Silicongummi (von −100 bis +150 °C elastisch).

↗ Herstellung S. 273

6

$$\left[\begin{array}{cc} CH_3 & CH_3 \\ | & | \\ -Si-O-Si-O- \\ | & | \\ CH_3 & CH_3 \end{array}\right]_n$$

Lineares Dimethylpolysiloxan

Polyaddukte

Kunststoffe, die durch Polyaddition aus zwei geeigneten polyfunktionellen Reaktionspartnern gebildet werden. Wichtigstes Beispiel: Polyurethane aus mehrwertigen Alkoholen (Polyolen) und mehrwertigen Alkyl- oder Arylisocyanaten.

↗ Polyaddition S. 92

Polyurethane (PUR). Thermoplaste, Elastomere oder Duromere; farblose bis bräunliche Stoffe; geruch- und geschmackfrei; physiologisch unbedenklich; beständig gegen Wasser, verdünnte Basen und Säuren, Öle, Fette, Benzin; bei Einwirkung aromatischer Kohlenwasserstoffe tritt Quellung ein; schlechte Wärmeleitfähigkeit und elektrische Leitfähigkeit; bis etwa 100 °C thermisch stabil; Eigenschaften können durch Zusatz von Treibmitteln, Flammschutzmitteln, Füllstoffen und Farbstoffen variiert werden; Dichte, Festigkeit und andere Eigenschaften sind je nach Art und Anteil der Bausteine und Zusatzstoffe unterschiedlich.

↗ Abbildung S. 243; Verwendung S. 280

■ $\left\{ CO-NH\text{-}(CH_2)_6NH-CO-O\text{-}(CH_2)_4O \right\}_n$

Lineares Polurethan aus Hexamethylendiisocyanat und 1,4-Butandiol

248

Tenside (Waschmittel)

Charakteristik der Waschmittel
Stoffgemische, deren wässrige Lösungen zur Reinigung von Textilien dienen; enthalten als wesentliche Bestandteile waschaktive Substanzen (Tenside), Gerüststoffe zur Wasserenthärtung, Bleichmittel und z. T. zahlreiche Hilfsstoffe.
↗ Waschmittelzusätze S. 281

Charakteristik der Tenside
Verbindungen, deren Moleküle eine *hydrophile polare Kopfgruppe* und einen lang gestreckten *hydrophoben Kohlenwassserstoffrest* mit 10 ··· 20 Kohlenstoffatomen enthalten; bilden in Wasser kolloidale Lösungen von Molekülaggregaten *(Micellen)* und an Phasengrenzen *monomolekulare Schichten*, in denen die Kopfgruppen in die wässrige Phase hineinragen. Die dadurch herabgesetzte Grenzflächenspannung ermöglicht das Mischen sonst nicht mischbarer Flüssigkeiten und fester Stoffe.
↗ Oberflächenspannung S. 116

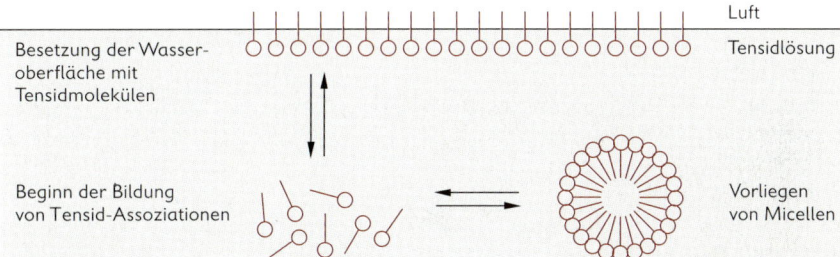

	Luft
Besetzung der Wasseroberfläche mit Tensidmolekülen	Tensidlösung
Beginn der Bildung von Tensid-Assoziationen	Vorliegen von Micellen

Tenside werden daher als Reinigungsmittel bei der Körperpflege, für Textilien und Metalloberflächen, als Emulgator in der pharmazeutischen, Nahrungsmittel- und Kosmetikindustrie, als Dispergiermittel in der Farb-, Kunststoff- und Papierindustrie, zur Plastifizierung von Mörtel und Beton in der Bauindustrie sowie zur Erzeugung von Löschschäumen bei der Brandbekämpfung eingesetzt.
↗ Tenside im Abwasser S. 333

Tensidklassen
Anionische Tenside. Träger der oberflächenaktiven Eigenschaften sind Anionen, die als Kopfgruppe negativ geladene Gruppierungen, wie $-COO^-$ oder $-SO_3^-$, enthalten.

Kationische Tenside. Träger der oberflächenaktiven Eigenschaften sind Kationen, die als Kopfgruppe meist Alkylammoniumgruppen $-NR_3^+$ enthalten.

Amphotenside (amphotere Tenside). Träger der oberflächenaktiven Eigenschaften sind Zwitter-Ionen, die als Kopfgruppe meist Derivate des Glycins enthalten.
↗ Zwitter-Ionen S. 39

Nichtionische Tenside. Träger oberflächenaktiver Eigenschaften sind Moleküle mit Polyhydroxy- oder Polyetherstrukturen, vor allem Kohlenhydratbausteine oder Polyethylenglykolderivate.

Tensidklasse		■	
Anionische Tenside	Seifen	$CH_3-(CH_2)_n-COO^-\ Na^+$	$n = 10 \cdots 16$
	Alkylsulfate	$CH_3-(CH_2)_n-O-SO_3^-\ Na^+$	$n = 9 \cdots 17$
	Alkylbenzol-sulfonate	$CH_3-(CH_2)_m$ $CH-\bigcirc-SO_3^-\ Na^+$ $CH_3-(CH_2)_n$	$n + m = 7 \cdots 12$
Kationische Tenside	quartäre Ammonium-salze	CH_3 $\mid$ $CH_3-(CH_2)_n-N^+-CH_3\ Cl^-$ $\mid$ CH_3	$n = 7 \cdots 17$
Ampho-tenside	Alkylbetaine	CH_3 $\mid$ $CH_3-(CH_2)_n-N^+-CH_2-COO^-$ $\mid$ CH_3	$n = 11 \cdots 17$
Nicht-ionische Tenside	Polyethylen-glykolether	$CH_3-(CH_2)_n-O-(CH_2-CH_2-O)_m-H$	$n = 7 \cdots 17,$ $m = 5 \cdots 10$

6

Wichtige Tensidklassen

Seifen. Natrium- und Kaliumsalze aliphatischer Carbonsäuren mittlerer Kettenlänge; Herstellung durch alkalische Hydrolyse von Fetten oder durch Paraffinoxidation. Nachteile: alkalische Reaktion der wässrigen Lösung, Schwerlöslichkeit der Calcium- und Magnesiumsalze.
↗ Herstellung S. 271

Alkylsulfate. Natriumsalze der Monoalkylsulfate mittlerer Kettenlänge; Herstellung durch Veresterung von Fettalkoholen mit Schwefelsäure. Vorteile: neutrale Reaktion der wässrigen Lösungen, lösliche Erdalkalimetallsalze.

Lineare Alkylbenzolsulfonate. Natriumsalze von 4-Alkyl-benzolsulfonsäuren; Herstellung durch Alkylierung von Benzol mit 1-Alkenen und anschließende Sulfonierung. Vorteile: neutrale Reaktion, biologisch gut abbaubar.

Fettalkoholethoxylate (Fettalkoholpolyethylenglykolether). Nichtionische Tenside mit Polyetherstrukturen; Herstellung aus Fettalkoholen und Ethylenoxid. Vorteil: hohe Aktivität schon bei niedrigen Temperaturen, biologisch gut abbaubar.

Alkylpolyglucoside. Nichtionische Tenside mit Alkylglykosidstrukturen mittlerer Kettenlänge; Darstellung aus Fettalkoholen und weitgehend abgebauter Stärke. Vorteile: Herstellung aus nachwachsenden Rohstoffen, biologisch gut abbaubar.
↗ Glykoside S. 234

Farbstoffe

Charakteristik der Farbstoffe

Farbige Stoffe. Verbindungen, die elektromagnetische Strahlung aus dem sichtbaren Bereich (400 ⋯ 800 nm) des Spektrums absorbieren und so dem Auge farbig erscheinen. Wahrgenommen wird die Komplementärfarbe des absorbierten Lichts.
↗ Wiss Ph, Lichtfarben

Farbmittel. Gesamtheit aller farbgebenden Stoffe, die in der Lage sind, Materialien, wie Textilfasern, Leder oder Papier, möglichst licht- und waschecht zu färben.

Farbstoffe. Lösliche natürliche oder technische organische Farbmittel.

Pigmente. Unlösliche Farbmittel; neben organischen auch zahlreiche anorganische Verbindungen.

- Titanweiß (TiO_2), Ocker (Eisenoxide, gelb, braun, rot), Zinnober (HgS, rot)

Chromophore

Atomgruppen, die die Lichtabsorption eines Moleküls entscheidend beeinflussen, insbesondere konjugierte und aromatische π-Elektronensysteme.

Auxochrome Gruppen. Funktionelle Gruppen, die durch mesomere Wechselwirkung mit dem Chromophor die Anregungsenergie des Bindungssystems weiter senken.
↗ Mesomerer Effekt S. 48

- Auxochrome: $-NR_2, -NH_2, -OR, -OH$ +M-Effekt
  Antiauxochrome: $-NO_2, -SO_3H$ −M-Effekt

6

Bathochromie: Verlagerung der Lichtabsorption in den längerwelligen Bereich (Farbvertiefung).

Hypsochromie: Verlagerung der Lichtabsorption in den kürzerwelligen Bereich.

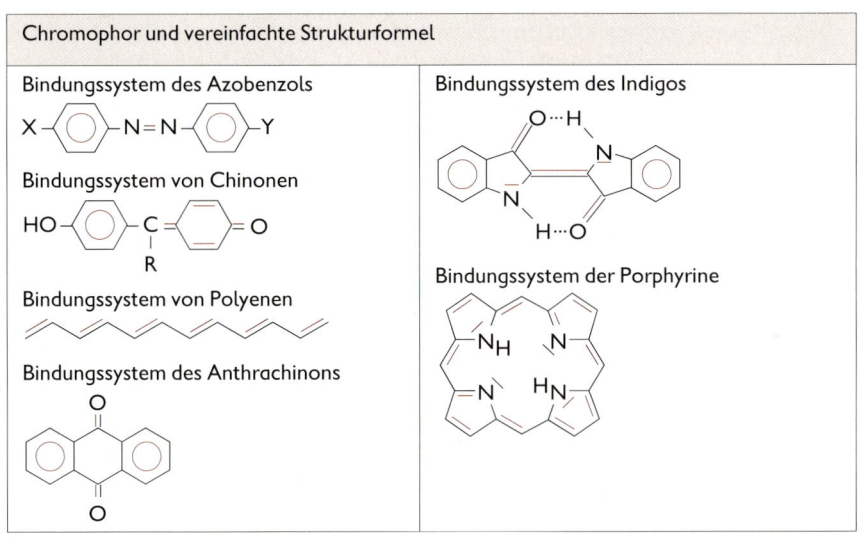

Chromophor und vereinfachte Strukturformel

Bindungssystem des Azobenzols

Bindungssystem von Chinonen

Bindungssystem von Polyenen

Bindungssystem des Anthrachinons

Bindungssystem des Indigos

Bindungssystem der Porphyrine

Wichtige Farbstoffklassen

Azofarbstoffe. Größte Klasse der synthetischen organischen Farbstoffe; Chromophor ist die Azogruppe in Verbindung mit aromatischen Systemen; Herstellung erfolgt durch Diazotierung primärer aromatischer Amine und Kupplung mit geeigneten aromatischen Systemen; Verwendung als Textil-, Leder-, Papier- und Lebensmittelfarben sowie als Indikatoren.

↗ Diazotierung aromatischer Amine und Azokupplung S. 226

Chrysoidin (orange)
(ein Baumwollfarbstoff)

Triphenylmethanfarbstoffe. Klasse synthetischer organischer Farbstoffe mit dem Triphenylmethan-Gerüst, in dem ein Ringsystem chinoide Struktur aufweist (Chromophor); Verwendung als Lebensmittel-, Papier- und Markierungsfarben, für Tinten und als Indikator; wegen der geringen Lichtechtheit nicht als Textilfarben geeignet.

↗ Säure-Base-Indikatoren S. 314

■ Phenolphthalein (ein Indikatorfarbstoff)

farblos (pH < 8,2)   rot (pH > 9,7)

Anthrachinonfarbstoffe. Große Gruppe synthetischer und natürlicher organischer Farbstoffe; Chromophor ist das Diphenylketonsystem; durch Variation der Auxochrome werden nahezu alle Farbtöne erreicht; lichtechte Textilfarbstoffe.

Polymethinfarbstoffe. Große Gruppe meist synthetischer organischer Farbstoffe; Chromophor ist das konjugierte System aus einer ungeraden Anzahl von Methingruppen mit einer Elektronenakzeptorgruppe an dem einen und einer Donatorgruppe am anderen Ende; Teile können in heterocyclische Systeme einbezogen sein; Verwendung vor allem als Sensibilisierungsfarbstoffe, die den Empfindlichkeitsbereich fotografischer Filme ausweiten.

Lichtemission und Farbe

Lumineszenz. Lichterscheinung, bei der durch UV-Strahlung angeregte Elektronen in den Grundzustand zurückfallen; Strahlung erfolgt ohne stoffliche Veränderung.
↗ Wiss Ph, Lumineszenz

Fluoreszenz. Lichtemission im sichtbaren Bereich während der Bestrahlung mit UV-Licht, z. B. Leuchtstoffe in Leuchtstoffröhren.

Phosphoreszenz. Lichtemission auch noch nach Beendigung der Bestrahlung mit UV-Licht, z. B. Nachtleuchtfarben an Verkehrsleiteinrichtungen.

Chemilumineszenz. Lichtemission nach Anregung von Elektronen durch chemische Reaktionen, z. B. Leuchten des Glühwürmchens.

Technische Chemie

7

Rohstoffe für die chemische Industrie

Mineralische Rohstoffe

Rohstoff	Zusammensetzung	Verwendung
Apatit	Phosphatmineral, $Ca_5(PO_4)_3(OH, F)$, $w(P_4O_{10}) \approx 42\%$	Ausgangsstoff für die Herstellung von Phosphatdüngemitteln, Phosphorsäure und Phosphor
Bauxit	Aluminiumerz, $w(Al_2O_3) = 45 \cdots 60\%$, enthält an Aluminiumverbindungen unter anderem Aluminiumhydroxid $Al(OH)_3$ und Aluminiumoxid-hydroxid $AlO(OH)$; Verunreinigungen: Eisen(III)-oxid, Siliciumdioxid ($w \leq 7\%$)	Ausgangsstoff für die Herstellung von Aluminium
Bleiglanz	Bleierz, $w(Pb) \approx 86\%$, besteht im Wesentlichen aus Blei(II)-sulfid PbS; enthält Silber ($w \leq 1\%$)	Ausgangsstoff für die Herstellung von Blei und Schwefeldioxid
Gips (Anhydrit)	$CaSO_4 \cdot 2\,H_2O$ wasserfrei: Anhydrit	Ausgangsstoff für die Herstellung von Schwefelsäure und Ammoniumsulfat
Kalisalze	Kalium- und Magnesiummineralien der Salzlagerstätten; enthalten Kaliumchlorid KCl, Magnesiumchlorid $MgCl_2$, Natriumchlorid $NaCl$, Magnesiumsulfat $MgSO_4$, geringer Anteil Bromide	Ausgangsstoff für die Herstellung von Düngemitteln, Kaliumhydroxid, Kaliumcarbonat, Explosivstoffen, anderen Kaliumverbindungen und Brom
Kalkstein	Calciumcarbonat $CaCO_3$; durch Ton, Eisenoxide, Siliciumdioxid und andere Stoffe verunreinigt	Ausgangsstoff für die Herstellung von Branntkalk, Zement, Glas, Calciumcarbid; Zuschlagstoff für die Roheisen- und Stahlerzeugung; Düngemittel, Hilfsstoff für die Herstellung von Zellstoff
Magneteisenstein	oxidisches Eisenerz, $w(Fe) = 50 \cdots 70\%$, enthält Eisen(II,III)-oxid Fe_3O_4	Ausgangsstoff für die Herstellung von Roheisen; Zuschlagstoff bei der Stahlherstellung (Herdfrischen)

Rohstoff	Zusammensetzung	Verwendung
Pyrit	sulfidisches Eisenerz, $w(Fe) = 33 \cdots 45\,\%$, $w(S) = 32 \cdots 45\,\%$, enthält Eisen(II)-disulfid FeS_2	Ausgangsstoff für die Herstellung von Schwefeldioxid und Roheisen
Quarzsand	Siliciumdioxid SiO_2	Ausgangsstoff für die Herstellung von Glas und Halbleitersilicium; zur Herstellung von Mörtel
Roteisen-stein	oxidisches Eisenerz, $w(Fe) = 35 \cdots 60\,\%$, enthält Eisen(III)-oxid Fe_2O_3	Ausgangsstoff für die Herstellung von Roheisen
Steinsalz	Mineral der Salzlagerstätten, besteht aus Natriumchlorid $NaCl$	Ausgangsstoff für die Herstellung von Natriumcarbonat, Natriumhydroxid, Chlor, Chlorwasserstoffsäure und anderen Chemikalien; Hilfsstoff bei der Seifenherstellung; Zusatz zur Nahrung, Konservierungsmittel
Zinkblende	Zinkerz, besteht aus Zinksulfid ZnS und Beimengungen von Eisensulfid	Ausgangsstoff für die Herstellung von Zink und Schwefeldioxid

Fossile Kohlenstoffträger

7

Rohstoff	Zusammensetzung	Verwendung
Erdgas	Gemisch gasförmiger Stoffe, Hauptbestandteil meist Methan ($w \leq 95\,\%$)	Heizgas; Ausgangsstoff für die Petrochemie
Erdöl	Gemisch kettenförmiger und ringförmiger Kohlenwasserstoffe; im Rohöl: $w(C) = 85 \cdots 90\,\%$, $w(H) = 10 \cdots 14\,\%$	Ausgangsstoff für die Herstellung von Kraftstoffen, Schmierstoffen, Heizölen, Paraffin, Bitumen und Grundchemikalien für die Petrochemie
Braunkohle	Mineralkohle, enthält einen Masseanteil von $\approx 55\,\%$ Wasser und $\approx 40\,\%$ brennbarer Substanz; im wasserfreien Zustand: $w(C) \leq 68\,\%$, $w(H) = 5\,\%$	Ausgangsstoff für die Vergasung der Kohle und andere chemisch-technische Verfahren; Brennstoff
Steinkohle	Mineralkohle, enthält einen Masseanteil von $\leq 3\,\%$ Wasser; im wasserfreien Zustand: $w(C) = 75 \cdots 90\,\%$, $w(H) \approx 5\,\%$	Ausgangsstoff für die Vergasung und Verkokung der Kohle; Brennstoff; Reduktionsmittel in der Metallurgie

↗ Chemisch-technische Verfahren S. 261

254

Nachwachsende Rohstoffe

Rohstoff	Zusammensetzung	Verwendung
Fette	Gemisch von Glycerinestern kettenförmiger Carbonsäuren	Nahrungsmittel; Herstellung von Seifen, Anstrichmitteln, Kosmetika, Glycerin
Holz	pflanzliches Zellgewebe; wasserfreies Holz enthält Cellulose ($w \leq 50\,\%$), weitere Polysaccharide und andere Substanzen	Ausgangsstoff für die Herstellung von Holzkohle, Zellstoff, Papier, Ethanol, Klebstoffen, Appreturmitteln, Pech
Getreide, Kartoffeln, Zuckerrüben	hoher Anteil an Stärke, Saccharose sowie anderen Disacchariden oder Monosacchariden	Nahrungsmittel; Ausgangsstoffe für die Herstellung von Stärke, Zuckerarten und für die Gärungsindustrie

↗ Fette S. 229; Kohlenhydrate S. 231

Wasser und Luft

Rohstoff	Zusammensetzung	Verwendung
Wasser	H_2O; enthält meist anorganische Salze und einige Gase gelöst	Waschwasser, Lösemittel, Wärmeüberträger, Kühlmittel; Herstellung von Löschkalk, Synthesegasen, Acetaldehyd
Luft	Hauptbestandteile: Stickstoff N_2 ($\varphi = 78,1\,\%$), Sauerstoff O_2 ($\varphi = 20,9\,\%$), Edelgase (insbesondere Argon, $\varphi(Ar) = 0,93\,\%$)	Gewinnung von Sauerstoff, Stickstoff und Edelgasen sowie von Sauerstoff- und Stickstoffverbindungen (Ammoniak); Kühlmittel

↗ Wasser S. 173; Umweltbereich Luft S. 328; Umweltbereich Wasser S. 331

Sekundärrohstoffe

Produkte, die ihren ursprünglichen Gebrauchswert verloren haben, deren stoffliche Zusammensetzung jedoch weitgehend erhalten ist, oder Nebenprodukte von Produktionsverfahren. Sekundärrohstoffe werden gesammelt, aufbereitet und erneut als Rohstoffe eingesetzt (Recycling).
↗ Recycling S. 338

Altmaterial	Altpapier, Alttextilien, Metallschrott, Glasbruch, Thermoplastabfälle
Produktionsabfälle	Späne, Stanz- und Pressabfälle aus Metallen, Kunststoffen, Holz
Industrielle Nebenprodukte	Schlacken, Aschen, Abgase

7

255

Verfahrensprinzipien, Prozess- und Verfahrensstufen

Kontinuierliche Arbeitsweise

Arbeitsweise bei chemisch-technischen Verfahren, bei der die Ausgangsstoffe fortlaufend den Reaktionsapparaten zugeführt werden, das Stoffgemisch unter gleich bleibenden Bedingungen ununterbrochen chemisch reagiert und die Reaktionsprodukte fortlaufend abgeführt werden.

↗ Schwefelsäureherstellung S. 264; Ammoniaksynthese S. 265; Salpetersäureherstellung S. 265; Chloralkali-Elektrolyse S. 266; Zementherstellung S. 267

Diskontinuierliche (periodische) Arbeitsweise

Arbeitsweise chemisch-technischer Verfahren, bei der Beschickung mit Ausgangsstoffen, chemische Reaktion und Entnahme der Reaktionsprodukte nacheinander in sich ständig wiederholendem Arbeitsrhythmus vorgenommen werden.

↗ Beschickung des Hochofens S. 261

Gegenstromprinzip

Prinzip chemisch-technischer Verfahren, bei dem verschiedene Stoffe einander kontinuierlich entgegenströmen. Das Gegenstromprinzip wird angewendet, damit sich Stoffe und Energie unter optimalen Bedingungen austauschen.

↗ Roheisenherstellung S. 261; Schwefelsäureherstellung S. 264; Ammoniaksynthese S. 265; Kalkbrennen S. 267

Kreislaufprinzip

Prinzip chemisch-technischer Verfahren, bei dem nicht umgesetzte und zurückgewonnene Anteile der Ausgangsstoffe bzw. Hilfsstoffe den Apparaten erneut zugeführt werden. Das Kreislaufprinzip dient zur rationellen Stoffausnutzung.

↗ Ammoniaksynthese S. 265

Wärmeaustauschprinzip

Prinzip chemisch-technischer Verfahren, nach dem die Abgaswärme aus Reaktoren gespeichert und zum Vorwärmen von gasförmigen Ausgangsstoffen oder Heizgasen ausgenutzt wird; erfolgt in Wärmeaustauschern oder Regeneratoren; dient zur rationellen Energieumsetzung.

↗ Roheisenherstellung S. 261; Schwefelsäureherstellung S. 264; Ammoniaksynthese S. 265; Zementherstellung S. 267

Fließbettverfahren (Wirbelschichtverfahren)

Arbeitsweise bei chemisch-technischen Verfahren, bei der gasförmige Ausgangsstoffe durch Düsen von unten in den Reaktionsapparat eingeblasen und die festen Ausgangsstoffe dadurch aufgewirbelt und in der Schwebe gehalten werden. Die Reaktionen laufen in der Wirbelschicht ab.

↗ Schwefeldioxidherstellung S. 264; Vergasung der Kohle S. 268

Grundstruktur chemisch-technischer Verfahren

Einteilung chemisch-technischer Verfahren in drei zeitlich aufeinander folgende technologische Abschnitte, die **Verfahrensstufen.**

7

Verfahrensstufe	■ Herstellung von Roheisen
Stoffvorbereitung: Vorbereitung der Ausgangsstoffe auf die chemische Reaktion	Brechen und Mischen der Ausgangsstoffe Eisenerz und Kohle sowie der Zuschläge
Stoffumwandlung: Durchführung der chemischen Reaktion	Reaktion der Ausgangsstoffe im Hochofen zu Roheisen, Schlacke und Gichtgas
Stoffnachbereitung: Aufarbeitung der Reaktionsprodukte	Abstich von Roheisen und Schlacke, Abkühlen, Weiterverarbeitung des Roheisens, Nutzung des Gichtgases zum Vorwärmen der Luft für den Verbrennungsprozess, Verarbeitung der Schlacke

Prozessstufen zur chemischen Umsetzung (Reaktoren)

Prozessstufen zur chemischen Umsetzung der Ausgangsstoffe zu Zwischen- oder Endprodukten; werden nach verschiedenen Gesichtspunkten eingeteilt:

– nach der **Betriebsweise**: kontinuierlich, diskontinuierlich, halbkontinuierlich;
– nach dem **Aktivierungsprinzip**: thermisch, katalytisch, elektrochemisch, fotochemisch, biochemisch;
– nach den **Phasenverhältnissen**: gasförmig, flüssig, fest, Mehrphasensysteme;
– nach **thermischen Gesichtspunkten**: isotherm, adiabatisch.

Reaktionsart	■ Reaktor	■ Verfahren
Exotherme Gasphasenreaktionen	Rohrreaktor	Ethylen-Hochdruckpolymerisation
Flüssigphasenreaktionen	Diskontinuierlicher Rührkessel	Veresterung von Carbonsäuren
Gas-Flüssigkeit-Reaktionen	Blasensäule	Hydratisierung von Acetylen (Ethin) zu Acetaldehyd
Heterogene Gaskatalysen	Schichtreaktor	Ammoniak-Synthese
Dreiphasen-Reaktionen	Begaster Rührkessel	Fetthärtung
Nichtkatalytische Flüssigkeit-Feststoff-Reaktionen	Behälter mit Umlaufpumpe Spinndüse	Aufschluss von Zellstoff Herstellung von Viskoseseide
Nichtkatalytische Gas-Feststoff-Reaktionen	Schachtofen Drehrohrofen	Hochofenprozess Zementherstellung
Elektrochemische Reaktionen	Quecksilberzelle	Chloralkali-Elektrolyse

7

257

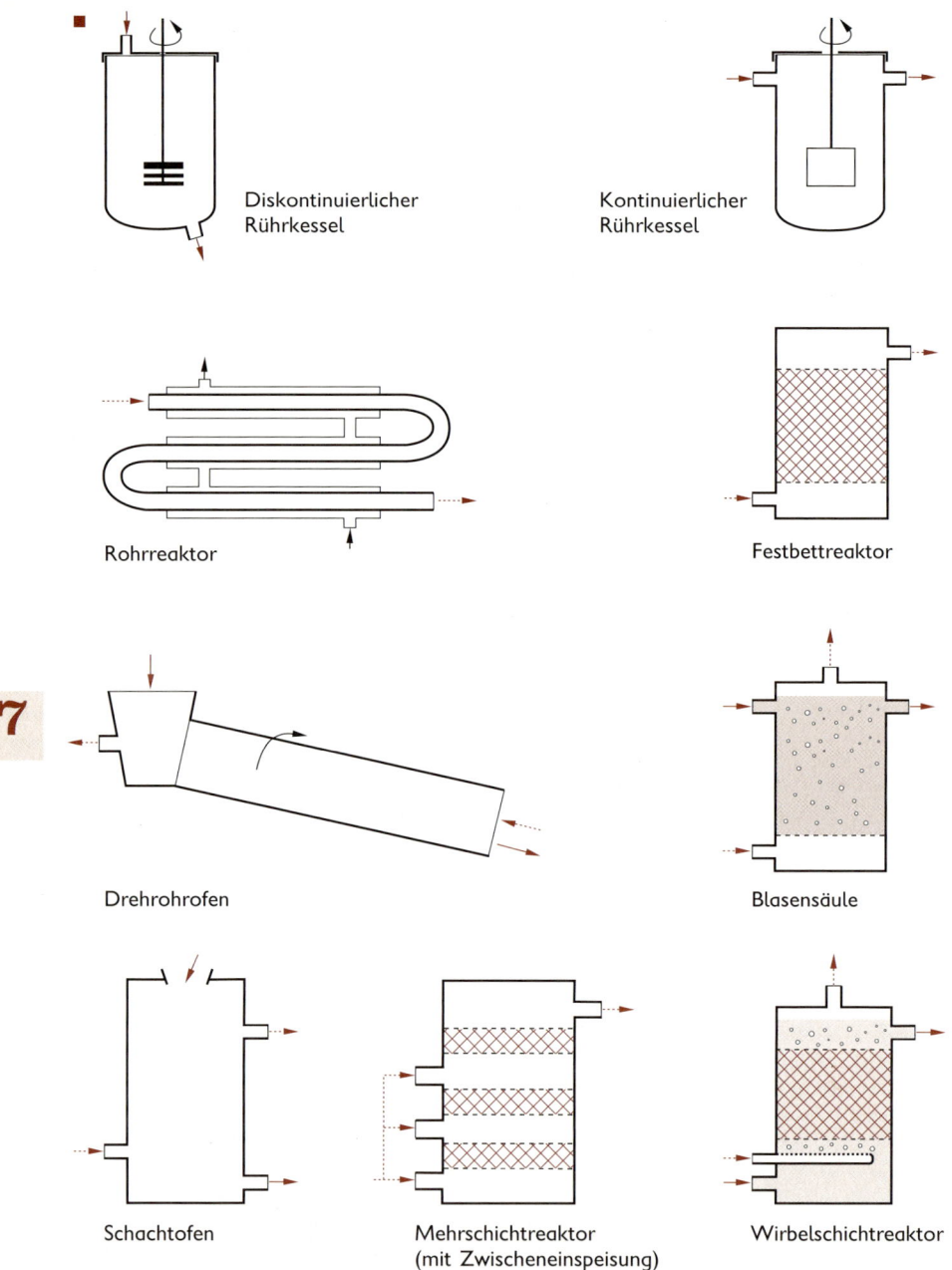

Diskontinuierlicher
Rührkessel

Kontinuierlicher
Rührkessel

Rohrreaktor

Festbettreaktor

Drehrohrofen

Blasensäule

Schachtofen

Mehrschichtreaktor
(mit Zwischeneinspeisung)

Wirbelschichtreaktor

↗ Abbildungen zu den chemisch-technischen Verfahren ab S. 261

Prozessstufen zur Vorbereitung und Aufarbeitung (Grundoperationen)
Prozessstufen, in denen vorwiegend die physikalischen Bearbeitungsprozesse zur
Vorbereitung der Ausgangsstoffe für die chemische Umsetzung und zur Aufarbeitung des Rohproduktes zum Endprodukt durchgeführt werden. Es wird zwischen mechanischen, elektromagnetischen und thermischen Grundoperationen
unterschieden.

Mechanische Grundoperationen:

Grundoperation	Prozessstufen
Trennen	*fest/fest:* Sieben, Schlämmen, Flotieren, Klassieren *fest/flüssig:* Zentrifugieren, Dekantieren, Filtrieren, Auspressen, Sedimentieren *fest/gasförmig:* Absetzen
Zerteilen	*fest:* Brechen, Schroten, Mahlen, Schneiden, Schnitzeln *flüssig:* Zerstäuben, Verschäumen
Vereinigen	*fest/fest:* Vermengen, Homogenisieren *fest/flüssig:* Rühren, Suspendieren, Kneten *flüssig/flüssig:* Rühren, Emulgieren
Agglomerieren	*fest:* Pressen, Granulieren
Urformen	*fest:* Walzen, Pressen, Kalandrieren *flüssig:* Gießen, Filmbilden, Spinnen, Spritzgießen
Fördern	*fest:* Fördern durch Schwerkraft, mechanische, pneumatische, hydraulische Förderung *flüssig:* Fördern durch Schwerkraft, mechanische, pneumatische Förderung *gasförmig:* Fördern durch Auftrieb, mechanische Förderung

7

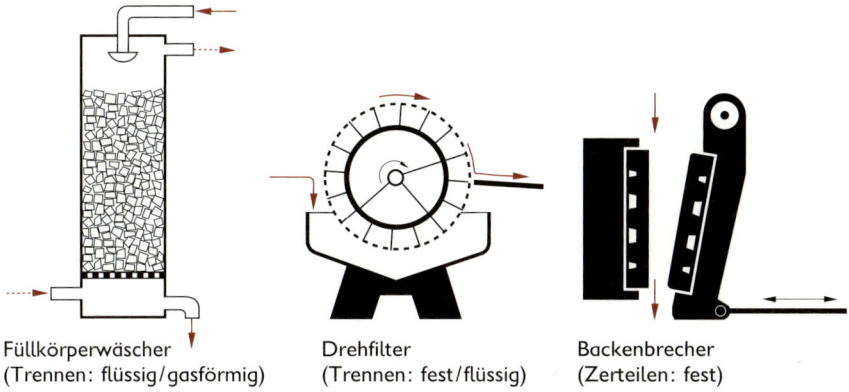

Füllkörperwäscher
(Trennen: flüssig/gasförmig)

Drehfilter
(Trennen: fest/flüssig)

Backenbrecher
(Zerteilen: fest)

259

Elektromagnetische Grundoperationen

Grundoperation	Prozessstufen
Trennen	*fest/fest:* Magnetscheiden *fest/gasförmig:* Elektrofiltrieren *flüssig/flüssig:* Elektrodialyse, Elektroosmose, Elektrophorese

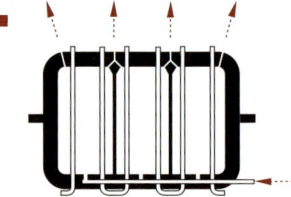

Elektrofilter
(Trennen: fest/gasförmig)

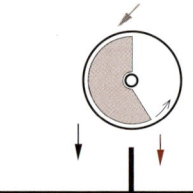

Magnetscheider
(Trennen: fest/fest)

Thermische Grundoperationen

Grundoperation	Prozessstufen
Trennen	*fest/flüssig:* Trocknen, Gefriertrocknen, Extrahieren *flüssig/flüssig:* Destillieren, Rektifizieren, Extrahieren *gasförmig/gasförmig:* Adsorbieren, Absorbieren, Kondensieren
Vereinigen	*fest/gasförmig:* Adsorbieren, Absorbieren *fest/flüssig:* Lösen, Extrahieren *flüssig/gasförmig:* Absorbieren, Verdampfen
Wärmeübertragen	Erwärmen, Schmelzen, Verdampfen Abkühlen, Kondensieren, Gefrieren

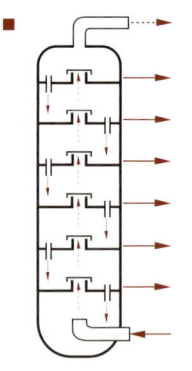

Glockenbodenkolonne
(Trennen: flüssig/flüssig)

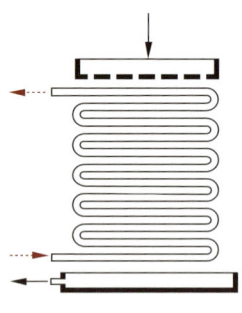

Rieselkühler
(Abkühlen)

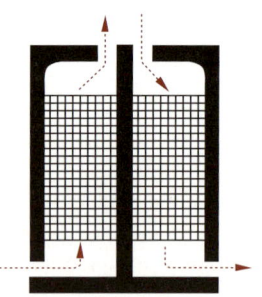

Regenerator
(Wärmeaustausch)

7

Chemisch-technische Verfahren zur Herstellung und zum Schutz von Metallen

Roheisenherstellung

Ausgangsstoffe: Eisenerze
Hilfsstoffe: Koks, Luft, Zuschläge
Chemische Reaktionen: Die Eisenoxide in den Erzen werden durch Kohlenstoffmonooxid stufenweise reduziert:

$$3\ Fe_2O_3 + CO \longrightarrow 2\ Fe_3O_4 + CO_2$$
$$Fe_3O_4 + CO \longrightarrow 3\ FeO + CO_2$$
$$FeO + CO \longrightarrow Fe + CO_2$$

Koks verbrennt zu Kohlenstoffdioxid; dabei entsteht die notwendige Wärme für das Schmelzen des Eisens, der Schlacke und für die chemischen Reaktionen:

$$C + O_2 \longrightarrow CO_2 \qquad \Delta_R H_m = -393{,}6\ kJ \cdot mol^{-1}$$

Kohlenstoffdioxid wird durch Kohlenstoff zu Kohlenstoffmonooxid reduziert:

$$CO_2 + C \rightleftharpoons 2\ CO \qquad \Delta_R H_m = +172{,}5\ kJ \cdot mol^{-1}$$

Das Eisen nimmt Kohlenstoff auf, sodass Roheisen entsteht.
↗ Roheisen S. 275
Reaktor: Hochofen

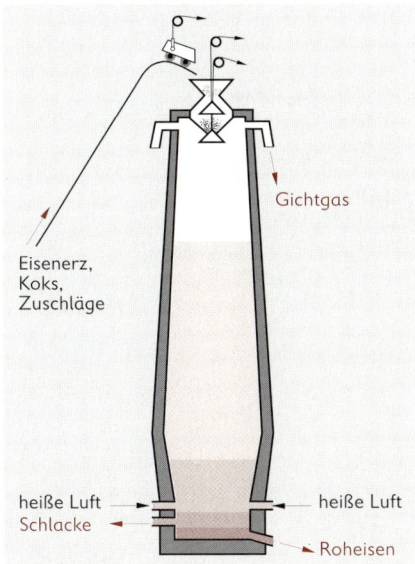

Eisenerz,
Koks,
Zuschläge

Gichtgas

heiße Luft
Schlacke

heiße Luft

Roheisen

Verfahrensprinzipien: Kontinuierliche Arbeitsweise (Beschickung und Abstich jedoch diskontinuierlich), Gegenstromprinzip
Hauptprodukt: Roheisen ↗ Verwendung S. 275
Nebenprodukte: Schlacke, Gichtgas

Stahlherstellung

Ausgangsstoffe: Flüssiges Roheisen und Luft bzw. Eisenoxide und Schrott
Hilfsstoffe: Zuschläge (z. B. Branntkalk)
Chemische Reaktion: In dem flüssigen Roheisen werden die Begleitelemente, vor allem Kohlenstoff, durch eingeleiteten Sauerstoff (oder Luft) bzw. durch zugesetzte Oxide oxidiert und verschlackt.
Reaktoren: Konverter, Elektrostahlofen
Hauptprodukt: Stahl
↗ Verwendung S. 275
Nebenprodukte: Schlacke, Abgase

Aluminiumherstellung durch Schmelzflusselektrolyse

Ausgangsstoff: Aluminiumoxid
Hilfsstoffe: Kryolith, Kohleelektroden
Chemische Reaktion: Das in einer Kryolithschmelze gelöste Aluminiumoxid wird in der Elektrolysezelle elektrolytisch zersetzt:

Katode: $2\,Al^{3+} + 6\,e^- \longrightarrow 2\,Al$

Anode: $3\,O^{2-} + 2\,C \longrightarrow CO + CO_2 + 6\,e^-$

$$Al_2O_3 + 2\,C \longrightarrow 2\,Al + CO + CO_2$$

Reaktor: Elektrolysezelle

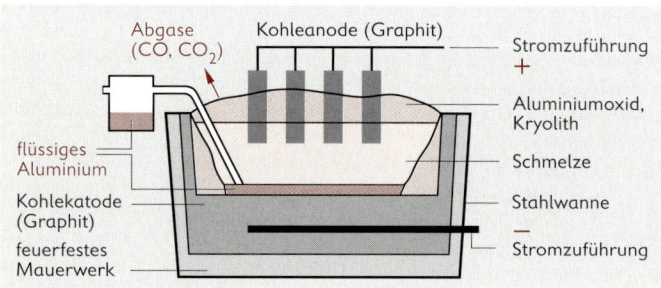

Hauptprodukt: Aluminium
↗ Eigenschaften S. 178; Verwendung S. 276
Nebenprodukt: Abgase

Kupferherstellung (trockenes Verfahren)

Ausgangsstoffe: Sulfidische Kupfererze
Hilfsstoffe: Luft, Zuschläge (Koks und Quarz), Kupfer(II)-sulfat, Schwefelsäure
Chemische Reaktionen: Das angereicherte Erz wird im Etagenreaktor abgeröstet und im Schachtofen in Kupferstein und Schlacke getrennt. Kupferstein wird im Trommelkonverter verblasen, wobei Rohkupfer und schwefeldioxidhaltige Abgase entstehen:

$2\,Cu_2S + 3\,O_2 \longrightarrow 2\,Cu_2O + 2\,SO_2 \qquad \Delta_R H_m = -389{,}5\,kJ \cdot mol^{-1}$

$2\,Cu_2O + Cu_2S \longrightarrow 6\,Cu + SO_2 \qquad \Delta_R H_m = +125{,}6\,kJ \cdot mol^{-1}$

Rohkupfer wird elektrolytisch raffiniert:

Anodische Oxidation: $Cu \longrightarrow Cu^{2+} + 2\,e^-$

Katodische Reduktion: $Cu^{2+} + 2\,e^- \longrightarrow Cu$

Hauptprodukt: Elektrolytkupfer

↗ Eigenschaften S. 192; Verwendung S. 276

Nebenprodukte: Schwefeldioxidhaltige Gase, Flugstaub (enthält Blei, Zink, Rhenium), Gichtgas, Schlacke, Anodenschlamm (enthält Selen, Silber, Gold)

Zinkherstellung (nasses Verfahren)

Ausgangsstoff: Zinkblende

Hilfsstoffe: Luft, Schwefelsäure, Zinkstaub, Zinksulfat

Chemische Reaktionen: Zinkblende wird abgeröstet. Das Röstgut wird mit Schwefelsäure umgesetzt. Es entsteht Zinksulfatlösung, die von Begleitelementen gereinigt und dann elektrolysiert wird.

$2\,ZnS + 3\,O_2 \longrightarrow 2\,ZnO + 2\,SO_2$

$ZnO + H_2SO_4 \longrightarrow Zn^{2+} + SO_4^{2-} + H_2O$

$Zn^{2+} + 2\,e^- \longrightarrow Zn$

Edlere Metalle werden aus der Zinksulfatlösung durch Zugabe von Zinkstaub abgeschieden, z. B.

$Cu^{2+} + Zn \longrightarrow Cu{\downarrow} + Zn^{2+}$

Hauptprodukt: Elektrolytzink

↗ Eigenschaften S. 193; Verwendung S. 276

Nebenprodukte: Schwefeldioxidhaltige Gase, Rückstände (enthalten Kupfer, Cobalt, Cadmium, Indium)

Korrosionsschutz von Metallen

■ *Eloxieren:* Anodische Oxidation von Aluminiumoberflächen

Phosphatieren: Erzeugen einer Phosphatschutzschicht auf Metallen

Verchromen: Katodisches Aufbringen einer Chromschicht

Verzinken: Aufbringen einer Zinkschicht durch Eintauchen in eine Zinkschmelze

Verzinnen: Aufbringen einer Zinnschicht (galvanisch oder aus der Schmelze)

Emaillieren: Aufbringen einer glasartigen Schutzschicht auf Metallen

Anstreichen: Aufbringen einer Farbschicht (Öl-, Alkydharz-, Nitrofarben)

Opferanoden: Elektrochemischer Schutz von Metallteilen (z. B. Eisen) in Wasser oder im Erdreich durch unedles Metallteil (z. B. Magnesium)

Verchromen von Metallen

Ausgangsstoff: Chrom(VI)-oxid CrO_3

Hilfsstoffe: Schwefelsäure, Chrom(III)-sulfat

Chemische Reaktion: Der zu verchromende Werkstoff (z. B. Eisen) dient als Katode in einer schwefelsauren Lösung von Chrom(VI)-oxid und Chrom(III)-sulfat; es erfolgt eine stufenweise Reduktion unter Abscheidung einer Chromschicht.

Hauptprodukt: Verchromter Werkstoff

Nebenprodukt: Wasserstoff

7

Chemisch-technische Verfahren zur Herstellung anorganischer Grundchemikalien

Schwefeldioxidherstellung aus sulfidischen Erzen

Ausgangsstoffe: Sulfidische Erze (z. B. Pyrit), Luft
Chemische Reaktion: Sulfidische Erze werden in einem Reaktor (z. B. Drehrohrröstofen, Wirbelschichtreaktor) bei etwa 650 °C oxidiert:

$$4\,FeS_2 \;+\; 11\,O_2 \longrightarrow 2\,Fe_2O_3 \;+\; 8\,SO_2 \qquad \Delta_R H_m = -3442\ kJ \cdot mol^{-1}$$

Produkte: Schwefeldioxidhaltige Röstgase, Abbrände (z. B. Eisenoxide)
↗ Eigenschaften von Schwefeldioxid S. 187

Schwefelsäureherstellung (Kontaktverfahren)

Ausgangsstoffe: Schwefeldioxidhaltige Gase, Luft
Hilfsstoffe: Wasser, Schwefelsäure, Katalysatoren
Chemische Reaktionen: Die gereinigten und getrockneten schwefeldioxidhaltigen Gase werden zusammen mit Luft im Reaktor bei 450 °C an Vanadiummischoxidkatalysatoren zur Reaktion gebracht:

$$2\,SO_2 \;+\; O_2 \;\overset{Kat.}{\rightleftharpoons}\; 2\,SO_3 \qquad \Delta_R H_m = -198\ kJ \cdot mol^{-1}$$

Schwefeltrioxid wird in säurefeste Rieseltürme eingeleitet und dort durch entgegenrieselnde konzentrierte Schwefelsäure in Dischwefelsäure $H_2S_2O_7$ (Oleum, rauchende Schwefelsäure) umgewandelt. Durch Zusatz von Wasser oder verdünnter Schwefelsäure entsteht daraus schließlich das Produkt Schwefelsäure:

$$SO_3 \;+\; H_2SO_4 \rightleftharpoons H_2S_2O_7$$
$$H_2S_2O_7 \;+\; H_2O \longrightarrow 2\,H_2SO_4$$

Reaktor: Mehrschichtreaktor mit Wärmeaustauscher

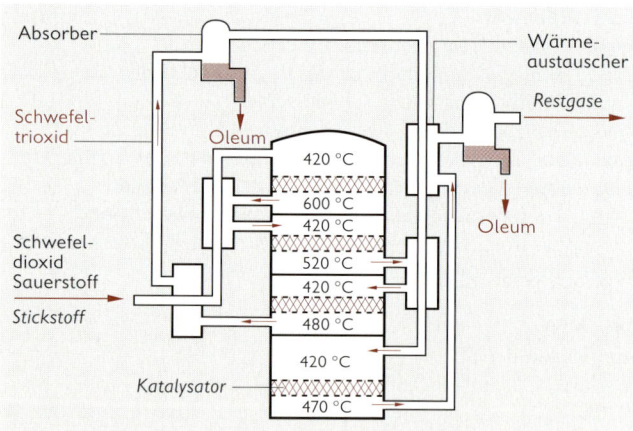

Verfahrensprinzipien: Kontinuierliche Arbeitsweise, Gegenstromprinzip
Hauptprodukt: Schwefelsäure
↗ Eigenschaften S. 188; Verwendung S. 274

Ammoniaksynthese (HABER-BOSCH-Verfahren)

Ausgangsstoff: Stickstoff-Wasserstoff-Gemisch
Hilfsstoffe: Eisenkatalysatoren (Fe/Al$_2$O$_3$/K$_2$O)
Chemische Reaktion: Das Gasgemisch (Volumenverhältnis 1:3) reagiert katalytisch zu Ammoniak:

$$N_2 + 3H_2 \xrightleftharpoons{\text{Kat., 500 °C, 20 MPa}} 2NH_3 \qquad \Delta_RH_m = -92{,}1\ kJ \cdot mol^{-1}$$

Das gebildete Ammoniak wird durch Verflüssigung aus dem Gasgemisch entfernt; das verbliebene Gasgemisch wird dem Synthesegas zugeführt.
Reaktor: Mehrschichtreaktor mit Kaltgaskühlung

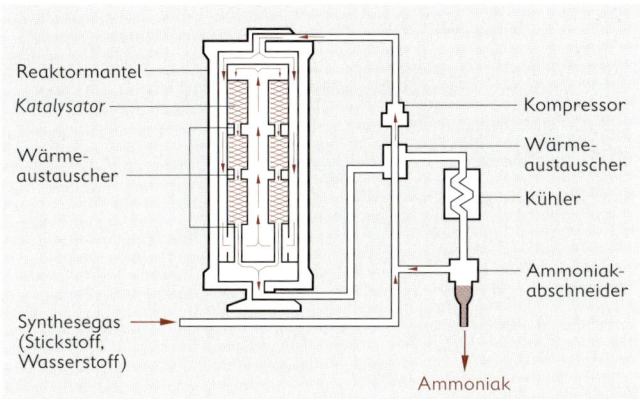

Verfahrensprinzipien: Kontinuierliche Arbeitsweise, Wärmeaustausch, Kreislaufprinzip
Hauptprodukt: Ammoniak
↗ Eigenschaften S. 184; Verwendung S. 274

Herstellung von Salpetersäure (OSTWALD-Verfahren)

Ausgangsstoffe: Ammoniak, Luft
Hilfsstoffe: Platin-Rhodium-Katalysator, Schwefelsäure
Chemische Reaktionen: Das Gasgemisch reagiert katalytisch zu Stickstoffmonooxid, das mit Luftsauerstoff weiter zu Stickstoffdioxid oxidiert wird. Dieses wird unter Druck in Wasser absorbiert; Konzentrierung der Salpetersäure erfolgt durch Destillation mit Schwefelsäure.

$$4NH_3 + 5O_2 \xrightleftharpoons{\text{Kat.}} 4NO + 6H_2O \qquad \Delta_RH_m = -908\ kJ \cdot mol^{-1}$$

$$2NO + O_2 \rightleftharpoons 2NO_2 \qquad \Delta_RH_m = -114\ kJ \cdot mol^{-1}$$

$$3NO_2 + H_2O \longrightarrow 2HNO_3 + NO$$

Verfahrensprinzipien: Kontinuierliche Arbeitsweise, Gleichstromprinzip
Reaktor: Reaktor mit extrem dünner Katalysatorschicht
Hauptprodukt: Konzentrierte Salpetersäure
↗ Eigenschaften S. 183; Verwendung S. 274

Chloralkali-Elektrolyse (Amalgamverfahren)

Ausgangsstoff: Natriumchloridlösung
Hilfsstoffe: Quecksilber, Graphit- oder Titanelektroden
Chemische Reaktionen: Chlorid-Ionen werden an der Anode zu Chlor oxidiert, Natrium-Ionen an der Quecksilberkatode zu metallischem Natrium reduziert.
Die Abscheidung von Natrium erfolgt, weil die Abscheidung von Wasserstoff an der Quecksilberoberfläche gehemmt ist und das Natrium sogleich im Quecksilber als Natriumamalgam Na/Hg gelöst wird.
Das Amalgam bleibt bis zu einem Masseanteil $w(Na) = 0,2 \cdots 0,3\,\%$ flüssig und fließt aus der Elektrolysezelle ab.

$$2\,Cl^- \longrightarrow Cl_2 + 2\,e^-$$

$$Na^+ + e^- \longrightarrow Na \xrightarrow{\ +\,Hg\ } Na/Hg$$

Das Natriumamalgam wird mit Wasser zu Natronlauge und Wasserstoff zersetzt, wobei durch Graphitstäbe die Reaktionshemmung der Wasserstoffabscheidung am Quecksilber aufgehoben wird.

$$2\,Na/Hg + 2\,H_2O \longrightarrow 2\,NaOH + H_2 + 2\,Hg$$

Verfahrensprinzip: Kontinuierliche Arbeitsweise
Reaktoren: Elektrolysezelle, Amalgamzersetzer

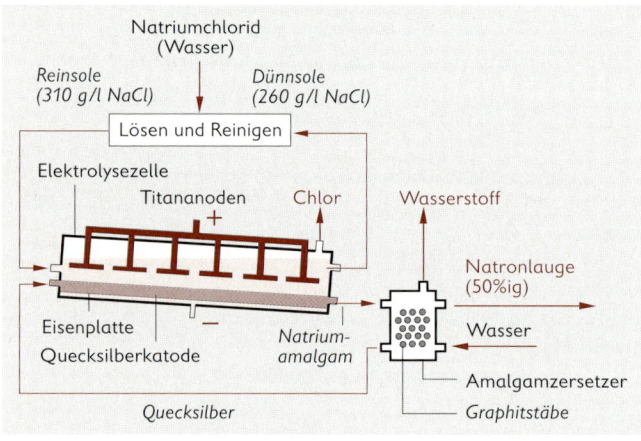

Hauptprodukte: Chlor, Natronlauge
↗ Eigenschaften von Natronlauge S. 174; Chlor S. 190, S. 174; Verwendung S. 274
Nebenprodukt: Wasserstoff

Kalklöschen

Ausgangsstoffe: Branntkalk, Wasser
Chemische Reaktion: Branntkalk reagiert in Löschsilos mit Wasser:

$$CaO + H_2O \longrightarrow Ca(OH)_2 \qquad \Delta_R H_m = -62,8\ kJ \cdot mol^{-1}$$

Produkt: Löschkalk

Kalkbrennen

Ausgangsstoff: Kalkstein
Hilfsstoffe: Koks, Luft
Chemische Reaktionen: Kalkstein wird im Schachtofen bei $\approx$1000 °C thermisch zersetzt. Die dazu notwendige Wärme entsteht durch Verbrennung von Koks:

$$CaCO_3 \longrightarrow CaO + CO_2 \qquad \Delta_R H_m = +178,8 \text{ kJ} \cdot \text{mol}^{-1}$$

$$C + O_2 \longrightarrow CO_2 \qquad \Delta_R H_m = -393,6 \text{ kJ} \cdot \text{mol}^{-1}$$

Verfahrensprinzipien: Kontinuierliche Arbeitsweise (Beschickung und Entnahme jedoch diskoninuierlich), Gegenstromprinzip
Reaktor: Schachtofen
Hauptprodukt: Branntkalk
↗ Eigenschaften S. 177; Verwendung S. 274
Nebenprodukt: Kohlenstoffdioxid

Herstellung von Zement (Portlandzement)

Ausgangsstoffe: Kalkstein, Ton
Hilfsstoffe: Brennstoffe, Luft, Gips
Chemische Reaktion: Das Kalk-Ton-Gemisch mit einem Masseanteil $w(CaCO_3) =$ 75 ··· 80 % wird fein gemahlen und im Drehrohrofen mit Vorwärmsystemen bis zur Sinterung erhitzt. Bei Temperaturen von 200 ··· 750 °C entweicht adsorptiv und chemisch gebundenes Wasser. Weiteres Erhitzen führt zur Zersetzung des Calciumcarbonats und Bildung von Calciumsilicaten und Calciumaluminaten, die bei 1450 °C zum Portlandzement-Klinker zusammensintern.

$$CaCO_3 \longrightarrow CaO + CO_2$$

$$2\,CaO + SiO_2 \longrightarrow Ca_2SiO_4 \quad \text{(und Folgereaktionen)}$$

Der Klinker wird schnell abgekühlt und unter Zusatz von Gips fein gemahlen.
Reaktor: Drehrohrofen
Verfahrensprinzipien: Kontinuierliche Arbeitsweise, Wärmeaustausch
Hauptprodukt: Portlandzement
↗ Verwendung S. 277
Nebenprodukt: Kohlenstoffdioxid

Herstellung von Glas

Ausgangsstoffe: Quarzsand, Soda, Kalkstein
Hilfsstoffe: Boroxid, Aluminiumoxid, Blei(II)-oxid
Chemische Reaktion: Die Carbonate werden zusammen mit Siliciumdioxid geschmolzen, wobei unter Abspaltung von Kohlenstoffdioxid Natriumcalciumsilicate entstehen:

$$Na_2CO_3 + CaCO_3 + SiO_2 \longrightarrow Na_2CaSiO_4 + 2\,CO_2$$

Verfahrensprinzip: Kontinuierliche Arbeitsweise
Reaktor: Wannenofen (Hafen)
Hauptprodukt: Glas, nach Formgebung Flachglas, Hohlglas, Glasröhren, Glasfaser
↗ Verwendung S. 277
Nebenprodukt: Kohlenstoffdioxid

7

267

Chemisch-technische Verfahren zur Veredlung von Kohle, Erdöl und Erdgas

Verkokung der Kohle
Ausgangsstoff: Kohle
Hilfsstoffe: Heizgase, Luft
Chemische Reaktion: Erhitzen der Kohle unter Luftabschluss, dabei thermische Zersetzung und chemische Umwandlung
Verfahrensprinzip: Diskontinuierliche Arbeitsweise
Reaktor: Kammerofen
Hauptprodukte: Koks, Kokereigas (Wasserstoff, Methan, Kohlenstoffmonooxid)
Nebenprodukte: Teer, Ammoniakwasser, Benzol

Vergasung der Kohle
Ausgangsstoffe: Kohle oder Koks, Luft, Wasser, Sauerstoff
Chemische Reaktionen: Wasserdampf, Sauerstoff und glühender Brennstoff reagieren miteinander:

$$C + O_2 \longrightarrow CO_2 \qquad \Delta_R H_m = -393 \text{ kJ} \cdot \text{mol}^{-1}$$

$$CO_2 + C \rightleftharpoons 2\,CO \qquad \Delta_R H_m = +172{,}5 \text{ kJ} \cdot \text{mol}^{-1}$$

$$C + H_2O \rightleftharpoons CO + H_2 \qquad \Delta_R H_m = +131 \text{ kJ} \cdot \text{mol}^{-1}$$

Reaktor: z. B. Wirbelschichtreaktor (WINKLER-Generator)
Hauptprodukt: Synthesegas, Heizgas
↗ Verwendung S. 282

7

Aufarbeitung von Erdöl
Ausgangsstoff: Erdöl
Verfahren: Begleitstoffe (Wasser, Salze, Sand, Schlamm), gasförmige Alkane (Erdölgas) und Schwefelverbindungen werden aus dem Erdöl entfernt. Im Rohrreaktor wird das gereinigte Erdöl erhitzt und anschließend in Fraktionierkolonnen durch Destillation bzw. Vakuumdestillation in Destillate unterschiedlicher Siedebereiche getrennt: *Leichtbenzin* (15 ··· 100 °C), *Schwerbenzin* (100 ··· 180 °C), *Petroleum* (180 ··· 250 °C), *Gasöl* (250 ··· 350 °C), *Schweröle* (Vakuumdestillat); als Rückstand bleiben *schweres Heizöl* und *Bitumen*.

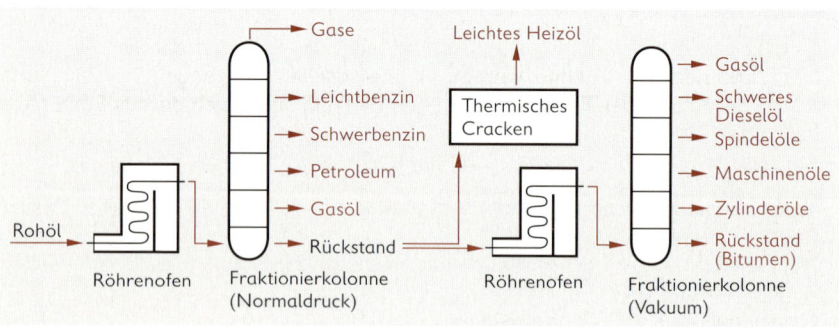

Katalytisches Cracken von Erdölfraktionen

Ausgangsstoffe: Höher siedende Erdölfraktionen (Schweröle)
Hilfsstoffe: Saure Katalysatoren (Alumosilicate, Zeolithe)
Chemische Reaktionen: Moleküle von Kohlenwasserstoffen werden katalytisch bei etwa 500 °C und einem Druck von 200 kPa in kleinere Moleküle gespalten:

■ $C_8H_{18} \xrightarrow{\text{Kat.}} C_3H_8 \qquad + \quad C_3H_6 + C_2H_4$

$C_{14}H_{30} \xrightarrow{\text{Kat.}} C_7H_{16} \qquad + \quad C_3H_6 + 2\,C_2H_4$

$C_{10}H_{22} \xrightarrow{\text{Kat.}} C_4H_{10} + CH_4 + 2\,C_2H_4 \qquad\qquad + \quad C$

| Alkan | Alkane | Alkene | Kohlenstoff |

Reaktor: Röhrenreaktor
Verfahrensprinzip: Wirbelschichtverfahren
Produkte: Benzine ($w = 50\,\%$), Dieselkraftstoff ($w = 20\,\%$), Spaltgase (Methan, Ethan, Ethen, Propen, $w = 20\,\%$)
↗ Verwendung von Kraftstoffen S. 282

Reformieren von Erdölfraktionen

Ausgangsstoffe: Schwerbenzine
Hilfsstoffe: Katalysatoren (Platin oder Molybdän auf Aluminiumoxid)
Chemische Reaktionen: Moleküle von Alkanen mittlerer Kettenlänge werden in Isoalkane umgelagert, zu Cycloalkanen cyclisiert und zu Aromaten dehydriert ($\vartheta \approx 500\,°C$, $p \approx 200 \cdots 500$ kPa)

| n-Hexan | Isohexan | n-Hexan | Benzol |

$+ \; 4\,H_2$

Produkte: Kraftstoffe mit hoher Octanzahl, BTX-Aromaten (Benzol, Toluol, Xylol).

Pyrolyseverfahren (Thermisches Cracken)

Ausgangsstoffe: Niedrig siedende Erdölfraktionen (Benzine), Wasserdampf
Chemische Reaktionen: Thermische Spaltung der Benzinfraktionen bei etwa 900 °C, 200 kPa Druck und Verweilzeiten von $0,25 \cdots 1$ s.
Produkte: Alkene (Ethen, Propen, 1,3-Butadien), aromatenreiches Benzin

Herstellung von Ethin (Acetylen) (Plasma-Verfahren)

Ausgangsstoffe: Gasförmige und niedermolekulare flüssige Alkane
Chemische Reaktion: Alkane werden im elektrischen Lichtbogen in kleine Bruchstücke gespalten; bei Temperaturen über 1400 °C bildet sich daraus Ethin (Acetylen) neben Ethen (Ethylen):

$$2\,CH_4 \; \rightleftharpoons \; HC{\equiv}CH + 3\,H_2 \qquad \Delta_R H_m = +406 \; \text{kJ} \cdot \text{mol}^{-1}$$

Das Ethen (Ethylen) wird aus dem Gasgemisch (z. B. mit Dimethylformamid) ausgewaschen.
Hauptprodukt: Ethin (Acetylen)
Nebenprodukt: Ethen (Ethylen)
↗ Eigenschaften S. 209; Verwendung S. 278

7

Chemisch-technische Verfahren zur Herstellung organischer Grundchemikalien

Methanolsynthese
Ausgangsstoffe: Kohlenstoffmonooxid, Wasserstoff
Hilfsstoff: Chrom(III)-oxid-Zinkoxid-Katalysator
Chemische Reaktion: Synthesegas wird bei etwa 400 °C und unter 22 MPa Druck katalytisch zu Methanol umgesetzt:

$$CO + 2 H_2 \overset{Kat.}{\rightleftharpoons} CH_3-OH \qquad \Delta_R H_m = -120 \text{ kJ} \cdot \text{mol}^{-1}$$

Reaktor: Röhrenreaktor
Hauptprodukt: Methanol
↗ Eigenschaften S. 213; Verwendung S. 278

Ethanolgärung (alkoholische Gärung)
Ausgangsstoffe: Stärke, Cellulose, Saccharose, Fruchtsäfte oder Ablaugen der Zellstoffgewinnung
Hilfsstoffe: Enzyme der Hefe, Wasser
Reaktionen: Die Ausgangsstoffe werden in vergärbare Zucker übergeführt. Die zuckerhaltigen Flüssigkeiten gären in Gärkesseln mit Hefe bei 25 °C:

$$C_6H_{12}O_6 \overset{Enz.}{\longrightarrow} 2 C_2H_5-OH + 2 CO_2$$

Aus der ethanolhaltigen Lösung wird Ethanol durch Destillation abgetrennt.
Reaktor: Bioreaktor
Hauptprodukt: Ethanol
Nebenprodukte: Hefe, Kohlenstoffdioxid, höhermolekulare Alkohole
↗ Wiss Bio, Alkoholische Gärung

Ethanolsynthese
Ausgangsstoffe: Ethen (Ethylen), Wasser
Hilfsstoffe: Saure Katalysatoren (Phosphorsäure, Silicagel)
Chemische Reaktion: An Ethen (Ethylen) wird bei 250 ··· 300 °C und 6 ··· 8 MPa Druck katalytisch Wasser angelagert:

$$CH_2{=}CH_2 + H_2O \overset{Kat.}{\rightleftharpoons} CH_3-CH_2-OH \qquad \Delta_R H_m = -43,4 \text{ kJ} \cdot \text{mol}^{-1}$$

Hauptprodukt: Ethanol
↗ Eigenschaften S. 213; Verwendung S. 278

Herstellung von Acetaldehyd (WACKER-Verfahren)
Ausgangsstoffe: Ethylen, Sauerstoff (Luft)
Hilfsstoffe: Palladium(II)-chlorid-Kupfer(II)-chlorid-Katalysator
Chemische Reaktion: Ethen (Ethylen) wird homogenkatalytisch oxidiert:

$$2 CH_2{=}CH_2 + O_2 \overset{Kat.}{\longrightarrow} 2 CH_3-CHO \qquad \Delta_R H_m = -224 \text{ kJ} \cdot \text{mol}^{-1}$$

Verfahrensprinzipien: Kreislauf von Reaktionsgas und Katalysatorlösung
Hauptprodukt: Acetaldehyd
↗ Eigenschaften S. 217; Verwendung S. 278

270

Herstellung von Aceton

Ausgangsstoffe: Propen, Wasser
Hilfsstoffe: Katalysatoren
Chemische Reaktionen: Propen wird säurekatalysiert hydratisiert und das entstehende 2-Propanol an Kupferkatalysatoren bei 250 °C dehydriert:

$$CH_2\!=\!CH\!-\!CH_3 + H_2O \xrightarrow{(H^+)} CH_3\!-\!CH(OH)\!-\!CH_3 \xrightarrow{Kat.} CH_3\!-\!CO\!-\!CH_3 + H_2$$

Hauptprodukt: Aceton
↗ Eigenschaften S. 217

Essigsäuregärung (Essiggärung)

Ausgangsstoffe: Ethanolhaltige Flüssigkeiten (Weine, vergorene Früchte), Luft
Hilfsstoffe: Enzyme der Essigbakterien
Chemische Reaktion: Ethanol wird biokatalytisch auf Buchenholzspänen zu Essigsäure oxidiert:

$$CH_3\!-\!CH_2OH + O_2 \xrightarrow{Enz.} CH_3\!-\!COOH + H_2O$$

Verfahrensprinzipien: Halbkontinuierliche Arbeitsweise
Reaktor: Bioreaktor
Hauptprodukt: Essigsäure für Speiseessig
↗ Eigenschaften S. 219; Verwendung S. 278

Herstellung von Seife

Ausgangsstoffe: Fette oder fette Öle, Natron- oder Kalilauge
Hilfsstoffe: Emulgatoren, Natriumchlorid
Chemische Reaktion: Pflanzliche oder tierische Fette oder Öle werden in Wasser emulgiert und alkalisch hydrolysiert (verseift):

$$
\begin{array}{l}
CH_2\!-\!O\!-\!CO\!-\!R^1 \\
| \\
CH\!-\!O\!-\!CO\!-\!R^2 + 3\,NaOH \longrightarrow \\
| \\
CH_2\!-\!O\!-\!CO\!-\!R^3
\end{array}
\quad
\begin{array}{l}
R^1\!-\!COONa \quad CH_2\!-\!OH \\
| \\
R^2\!-\!COONa + CH\!-\!OH \\
| \\
R^3\!-\!COONa \quad CH_2\!-\!OH
\end{array}
$$

Aus dem Seifenleim wird mit Natriumchlorid der Seifenkern ausgesalzen.
Verfahrensprinzipien: Kontinuierliche Arbeitsweise, Gegenstromprinzip
Hauptprodukt: Seife
↗ Eigenschaften S. 250
Nebenprodukt: Glycerin

Zellstoffgewinnung (Sulfitverfahren)

Ausgangsstoff: Holz, Calciumhydrogensulfit
Hilfsstoff: Wasser
Chemische Reaktionen: Zerkleinertes Holz und Kochsäure (Calciumhydrogensulfitlösung) werden in einem Reaktor unter 300 kPa Druck auf etwa 130 °C erhitzt. Dann wird der Zellstoffbrei abgetrennt, gereinigt, gebleicht und entwässert.
Hauptprodukt: Zellstoff
↗ Verwendung S. 279
Nebenprodukt: Sulfitablauge

7

271

Chemisch-technische Verfahren zur Herstellung von makromolekularen Stoffen

Herstellung von Polyethylen (Hochdruckverfahren)

Ausgangsstoff: Ethen (Ethylen)
Hilfsstoffe: Radikalische Initiatoren (Sauerstoff)
Chemische Reaktionen: Ethen (Ethylen) wird bei 150 $\cdots$ 300 MPa und 150 $\cdots$ 320 °C radikalisch polymerisiert:

$$n\ CH_2{=}CH_2 \xrightarrow{\text{Init.}} \{CH_2{-}CH_2\}_n$$
Polyethylen

Hauptprodukt: Hochdruck-Polyethylen
↗ Eigenschaften S. 246; Ethenherstellung S. 269; Verwendung S. 280

Herstellung von Polyvinylchlorid (PVC)

Ausgangsstoffe: Ethen (Ethylen), Chlor
Hilfsstoffe: Katalysatoren, radikalische Initiatoren
Chemische Reaktionen: An Ethen (Ethylen) wird Chlor zu 1,2-Dichlor-ethan addiert:

$$CH_2{=}CH_2\ +\ Cl_2 \xrightarrow{\text{Kat.}} CH_2Cl{-}CH_2Cl$$

Thermische Spaltung führt zu Vinylchlorid (Chlorethen):

$$CH_2Cl{-}CH_2Cl \xrightarrow{\text{Kat.}} CH_2{=}CHCl\ +\ HCl$$

Vinylchlorid wird radikalisch polymerisiert:

$$n\ CH_2{=}CHCl \xrightarrow{\text{Init.}} \{CH_2{-}CHCl\}_n$$

Aus der Emulsion entsteht durch Zerstäubungstrocknung PVC-Pulver.
Hauptprodukt: PVC-Pulver (für Hart-PVC, Weich-PVC oder Schaum-PVC)
↗ Eigenschaften S. 245; Verwendung S. 279

Herstellung von Polystyrol

Ausgangsstoffe: Benzol, Ethen (Ethylen)
Hilfsstoffe: Katalysatoren, radikalische Initiatoren
Chemische Reaktionen: Benzol wird säurekatalysiert mit Ethen (Ethylen) zu Ethylbenzol umgesetzt:

$$C_6H_6\ +\ CH_2{=}CH_2 \xrightarrow{\text{Kat.}} C_6H_5{-}CH_2{-}CH_3$$

Bei 600 °C erfolgt in Gegenwart von Zinkoxid Dehydrierung:

$$C_6H_5{-}CH_2{-}CH_3 \xrightarrow{\text{Kat.}} C_6H_5{-}CH{=}CH_2\ +\ H_2$$

Styrol wird radikalisch polymerisiert:

$$n\ \underset{\underset{C_6H_5}{|}}{CH}{=}CH_2 \xrightarrow{\text{Init.}} \left[\underset{\underset{C_6H_5}{|}}{CH}{-}CH_2\right]_n$$

Hauptprodukt: Polystyrol
↗ Eigenschaften S. 246; Verwendung S. 280

Herstellung von Polyacrylnitril (SOHIO-Verfahren):

Ausgangsstoffe: Propen, Ammoniak, Luft
Hilfsstoffe: Metalloxid-Katalysatoren (Bi_2O_3/MoO_3), radikalische Initiatoren
Chemische Reaktionen: Propen wird gemeinsam mit Ammoniak katalytisch oxidiert:

$$2\,CH_2{=}CH{-}CH_3 + 2\,NH_3 + 3\,O_2 \xrightarrow{\text{Kat.}} 2\,CH_2{=}CH{-}CN + 6\,H_2O$$

Acrylnitril wird radikalisch polymerisiert:

$$n\ CH_2{=}CH \atop \ \ |\atop \ \ CN \xrightarrow{\text{Init.}} \left[CH_2{-}CH \atop \ \ \ \ | \atop \ \ \ \ CN \right]_n$$

Hauptprodukt: Polyacrylnitril
↗ Eigenschaften S. 246; Verwendung S. 279

Herstellung von 1,4-Polybutadien (Synthesekautschuk)

Ausgangsstoffe: Niedermolekulare Alkane und Alkene
Hilfsstoffe: Katalysatoren, Initiatoren
Chemische Reaktion: 1,3-Butadien wird anionisch oder koordinativ polymerisiert:

$$n\ CH_2{=}CH{-}CH{=}CH_2 \xrightarrow{\text{Init.}} \{CH_2{-}CH{=}CH{-}CH_2\}_n$$

1,4-Polybutadien

1,3-Butadien wird auch mit Styrol oder Acrylnitril copolymerisiert.
Hauptprodukt: Synthesekautschuk
↗ Eigenschaften S. 246; Verwendung S. 279

Herstellung von Phenoplasten

Ausgangsstoffe: Phenol, Formaldehyd
Hilfsstoffe: Saure oder alkalische Katalysatoren
Chemische Reaktion: Ausgangsstoffe und Katalysatoren werden gemischt und erwärmt, bis die Kondensation einsetzt. Zunächst entstehen kettenförmige Makromoküle (Resole), anschließend Produkte mit räumlicher Vernetzung (Resitole).
Hauptprodukt: Phenolharze, die weiter aushärten (Resite)
↗ Eigenschaften S. 248; Verwendung S. 279

7

Herstellung von Siliconen

Ausgangsstoffe: Silicium-Kupfer-Legierung, Chlorkohlenwasserstoffe, Wasser
Chemische Reaktionen: Chloralkane oder -arene bilden mit der Silicium-Kupfer-Legierung Alkyl- bzw. Arylchlorsilane, z. B.

$$2\,CH_3Cl + Si \xrightarrow{(Cu)} (CH_3)_2SiCl_2 \qquad \text{Dichlordimethylsilan}$$

Kontrollierte Hydrolyse der Dichlorsilane führt über Silandiole unter Kondensation zu Polysiloxanen (Silicone).

$$n\ R_2SiCl_2 + 2\,n\ H_2O \xrightarrow[-2\,n\ HCl]{} n\ R_2Si(OH)_2 \xrightarrow[-n\ H_2O]{} \{SiR_2{-}O{-}SiR_2{-}O\}_{n/2}$$

Dichlorsilan \qquad Silandiol \qquad Polysiloxan (Silicon)

Hauptprodukt: Silicone
↗ Eigenschaften S. 248

273

Industrieprodukte

Anorganische Grundchemikalien

Anorganische Stoffe, die industriell hergestellt und vorzugsweise als Ausgangsstoffe für chemisch-technische Verfahren verwendet werden.

Name, Formel	Verwendung
Ammoniak NH_3	Herstellung von Salpetersäure, Düngemitteln (Ammoniumsulfat, Ammoniumnitrat, Harnstoff), Soda (über Ammoniumhydrogencarbonat), Acrylnitril, Hydrazin; Kühlmittel
Ätznatron $NaOH$	Herstellung von Tensiden (Seifen) und zahlreichen Chemikalien; Hilfsstoff zur Zellstoffherstellung und zur Reinigung von Fetten und Mineralölen
Branntkalk CaO	Zuschlagstoff bei der Stahlherstellung; Hilfsstoff bei der Zuckergewinnung und für die Sodaherstellung; zur Herstellung von Löschkalk und Calciumcarbid; Düngemittel
Chlor Cl_2	Herstellung von Kunststoffen (PVC), Lösemitteln (Chloroform, Tetrachlormethan, Trichlorethen), anorganischen Chloriden (z. B. von Phosphor, Schwefel, Aluminium), Arzneimitteln, Schädlingsbekämpfungsmitteln; Desinfektions- und Bleichmittel
Salpetersäure HNO_3	Herstellung von Düngemitteln (Ammoniumnitrat), Explosivstoffen (Glycerintrinitrat, Trinitrotoluol), Aminen und Isocyanaten (über Nitroverbindungen), Farbstoffen, Lacken, Arzneimitteln; als Oxidationsmittel und Ätzmittel
Schwefel S	Herstellung von Schwefeldioxid (für Schwefelsäure, Calciumhydrogensulfit zur Zellstoffgewinnung, als Bleichmittel und Desinfektionsmittel), Kohlenstoffdisulfid, Zündmischungen (Zündhölzer, Schwarzpulver), Farbstoffen, Schädlingsbekämpfungsmitteln; Vulkanisation von Kautschuk
Schwefelsäure H_2SO_4	Herstellung von Düngemitteln (Aufschluss von Phosphaten), Farbstoffen (Aufschluss von Titanmineralien zu Titanweiß), Tensiden (Alkylsulfate, Sulfonate), Gerbemitteln (Aluminiumsulfat), Farbstoffen, Chemiefaserstoffen (als Fällbad), Säuren aus ihren Salzen (Phosphorsäure, Fluorwasserstoffsäure); Aufbereitung von Erzen; Reinigung von Erdöl; Trockenmittel
Soda Na_2CO_3	Herstellung von Glas, Seifen, anderen Natriumverbindungen
Wasserstoff H_2	Synthese von Ammoniak, Kohlenwasserstoffen, Methanol, Chlorwasserstoffsäure; zur Fetthärtung und anderen Hydrierungsreaktionen; als Brenngas (in Gasmischungen), zum autogenen Schweißen und Schneiden

7

Metalle und Metallegierungen

Eisenmetalle

Name	Zusammensetzung, Eigenschaften	Verwendung
Roheisen	Eisen-Kohlenstoff-Legierung, $w(C) \approx 4\%$:	**Graues Roheisen** (Kohlenstoff als Graphitkristalle): Gusseisen **Weißes Roheisen** (Kohlenstoff chemisch gebunden als Eisencarbid): Ausgangsstoff zur Stahlherstellung
Kohlenstoff-stähle	Eisen-Kohlenstoff-Legierungen, $w(C) \leq 1,7\%$	Herstellung von Stahlerzeugnissen durch Gießen, Walzen, Ziehen, Schmieden
Legierte Stähle	Eisenlegierungen mit Metallen und Kohlenstoff Legierungszusätze:	
	Mangan ($w \leq 14\%$) (Verschleißfestigkeit)	Eisenbahnschienen
	Chrom ($w > 13\%$) (Härte, Rostbeständigkeit)	Werkzeuge und Kugellager
	Nickel ($w = 25 \cdots 36\%$) (Zähigkeit, fast keine Ausdehnung beim Erwärmen)	Bau von Messinstrumenten
	Chrom ($w \approx 18\%$) und **Nickel** ($w \approx 8\%$) (Härte, Zähigkeit, chemische Widerstandsfähigkeit)	Kurbelwellen, Achsen, Bau chemisch-technischer Apparate
	Wolfram ($w = 15 \cdots 18\%$) (Wärmebeständigkeit, Festigkeit)	Zerspanungswerkzeuge
	Vanadium ($w \leq 5\%$) (Zähigkeit, thermische Widerstandsfähigkeit)	Schnellarbeitsstähle, Federstähle
	Molybdän ($w = 0,25 \cdots 9\%$) (chemische und mechanische Beständigkeit)	Konstruktionsteile im Motorenbau, Schnellarbeitsstähle

7

275

Nichteisenmetalle

Name	Verwendung
Aluminium	Leiterwerkstoff für die Elektroindustrie; Herstellung von Haushaltsgeräten, Behältern, Profilen, Formteilen; Folie für Verpackungszwecke; aluminothermische Verfahren; Legierungsmetall (Duraluminium, im Flugzeug-, Fahrzeug-, Maschinenbau; Hydronalium, seewasserbeständig); Baustoff
Blei	Legierungsmetall; Material zum Schutz gegen radioaktive Strahlen; Herstellung von Kabeln und Rohren; für Bleiakkumulatoren
Chrom	Legierungsmetall; als Schutzschicht gegen Korrosion und Verschleiß (Verchromen)
Kupfer	Leiterwerkstoff für die Elektroindustrie; Herstellung von Rohren für Heizungs- und Kältetechnik, Apparaten für die chemische Industrie; Legierungsmetall
Nickel	Legierungsmetall; als Überzug für andere Metalle (Verschleiß- und Korrosionsschutz); Akkumulatorenplatten
Silber	Legierungsmetall; Herstellung von Schmuck, Geräten, Spiegelbelägen, Schaltkontakten, Silberverbindungen für fotografische Zwecke
Silicium	Halbleiterwerkstoff zur Herstellung von integrierten Schaltkreisen und Solarzellen; Legierungsmetall (Ferrosilicium); Herstellung von Siliconen (Kunststoffe) und Siliciumcarbid (Schleifmittel)
Zink	Oberflächenschutzmittel für Bleche, Rohre, Drähte, Nägel aus Eisenlegierungen; Herstellung von Blechen, Taschenlampenbatterien; Legierungsmetall
Zinn	Legierungsmetall; Oberflächenschutzmittel für Stahlbleche (Weißblech)

Legierungen der Nichteisenmetalle

Name	Zusammensetzung	Verwendung
Bronzen	**Kupfer** ($w = 70 \cdots 96\ \%$), **Zinn** (Rest)	Herstellung von hoch beanspruchten Maschinenteilen, Armaturen, Kirchenglocken
Konstantan	**Kupfer** ($w = 55\ \%$), **Nickel** ($w = 44\ \%$)	elektrisches Widerstandsmaterial
Messing	**Kupfer** ($w = 54 \cdots 90\ \%$), **Zink** (Rest)	Herstellung von Drähten, Blechen, Profilen, Armaturen

Name	Zusammensetzung	Verwendung
Neusilber	**Kupfer** (w = 50 ⋯ 65 %), **Nickel** (w = 8 ⋯ 26 %), **Zink** (Rest)	Material für feinmechanische und medizinische Geräte
Rotguss	**Kupfer** (w = 85 %), **Zinn** (w = 10 %), **Zink** (w = 5 %)	Herstellung von Maschinenteilen
Widia	**Wolframcarbid WC** (w = 78 %) **Titancarbid TiC** (w = 14 %) **Cobalt** (w = 8 %)	„Hartmetall", besteht im Wesentlichen aus metallartigen Carbiden und einem „Bindemetall"; zeichnet sich durch besonders große Härte (wie Diamant) und gute Temperaturbeständigkeit aus; für Schneidwerkzeuge und Ziehdüsen

Silicatische Produkte

Name	Zusammensetzung (Hauptbestandteile)	Verwendung
Technisches Glas	Natriumcalciumsilicate	*Normalglas* für Flaschen, Konservengläser, Fensterscheiben *Farbiges Glas*: grün (mit Fe^{2+}), braun (mit Fe^{3+}), blau (mit Co^{2+}), rot (mit Cu) *Borosilicatglas* (mit B_2O_3) für Laborgeräte, feuerfestes Geschirr, Glühlampen *Optische Gläser* für Linsen, Prismen (mit PbO), Lichtwellenleiter (mit GeO_2) *Glaskeramik* für Herdplatten, Gelenkprothesen
Keramik	Alumosilicate	Porzellan (Geschirr), Steinzeug (Keramikrohre), Ziegelsteine
Zement	Calciumsilicate und Calciumaluminate	*Baustoffe:* Zementmörtel (Zement, Sand, Wasser), Beton (Zement, Gesteinsplitt, Wasser), Baumörtel (Zement, Kalk, Sand, Wasser)
Zeolithe	Natriumalumosilicate	Kationenaustauscher, Waschmittelzusätze

7

277

Organische Grundchemikalien

Organische Stoffe, die industriell hergestellt und vorzugsweise für chemisch-technische Verfahren verwendet werden.

Name, Formel	Verwendung
Acetaldehyd CH_3-CHO	Herstellung von Essigsäure, Essigsäureanhydrid, Essigsäureethylester (Lösemittel), Ethanol, Arzneimitteln, Farbstoffen
Ameisensäure $HCOOH$	In der Textil- und Lederindustrie (Beizen, Imprägnieren, Mattieren), Koagulieren von Kautschuk, Ansäuern von Silage, Desinfizieren von Wein- und Bierfässern, Konservierungsstoff
Benzol C_6H_6	Herstellung von Anilin (für Farbstoffe), Styrol (für Kunststoffe und Synthesekautschuk), Phenol (für Phenolharze), Tensiden, Polyamiden, Insektiziden; Lösemittel
Essigsäure CH_3-COOH	Herstellung von Essigsäureanhydrid (für Celluloseacetate und zahlreiche Chemikalien), Essigsäureestern (Lösemittel, Riechstoffe), Metallacetaten (Hilfsmittel in der Textilindustrie und Färberei); Speisewürze und Konservierungsmittel
Ethanol C_2H_5-OH	Alkoholische Getränke; Lösemittel (für Fette, Öle, Harze, in Kosmetika); Brennstoff (Kraftstoffzusatz, Brennspiritus, Hartspiritus); Ausgangsstoff für Diethylether, Chloroform, Farbstoffe und Pharmazeutika; Konservierungs- und Desinfektionsmittel
Ethen $CH_2=CH_2$	Herstellung von Kunststoffen (Polyethylen, Copolymerisate); Zwischenprodukt für Vinylchlorid, Ethylenoxid, Acetaldehyd, Styrol, Ethanol, Ethylenglykol, Acrylnitril
Ethin $CH\equiv CH$	Herstellung von Vinylchlorid, Trichlorethylen, Tetrachlorethylen, Acrylnitril, Acetaldehyd, Vinylestern, Vinylethern; Brennstoff zur Erzeugung hoher Temperaturen (Acetylenschweißen)
Formaldehyd $HCHO$	Herstellung von Kunststoffen (Aminoplaste, Phenoplaste), Farbstoffen und Gerbstoffen; Reduktionsmittel (Silberspiegel), Desinfektionsmittel (zoologische und anatomische Präparate)
Harnstoff $CO(NH_2)_2$	Düngemittel, Futtermittelzusatz (Eiweiß-Supplement); Herstellung von Kunststoffen (Harnstoff-Formaldehyd-Harze), Medikamenten
Methanol CH_3-OH	Herstellung von Formaldehyd, Methylestern (Terephthalat, Methacrylat) und Methylaminen; Ausgangsstoff für Einzellerprotein; Lösemittel, Kraftstoffzusatz
Paraffin (feste Alkane)	Herstellung von Kerzen, Polituren, Linoleum, Wachspapier, Modelliermassen; Salbengrundlage
Toluol $C_6H_5-CH_3$	Herstellung von Trinitrotoluol (Sprengstoff), Diisocyanaten (für Polyurethane), Saccharin (Süßstoff); Lösemittel

7

Name, Formel	Verwendung
Phenol C_6H_5-OH	Herstellung von Kunststoffen (Phenolharze), Chemiefaserstoffen (über ε-Caprolactam, Adipinsäure), Weichmachern, Schädlingsbekämpfungsmitteln, Gerbstoffen, Farbstoffen, Arzneimitteln
Zellstoff (fast reine Cellulose)	Herstellung von Papier, Chemiefasern (Viskose-Fasern, Celluloseacetate), Verbandsmaterial (Watte), Explosivstoffen (Cellulosenitrate) und anderen Cellulosederivaten

Kunststoffe, Elastomere, Chemiefaserstoffe
↗ Kunststoffe S. 243

Name	Zusammensetzung	Verwendung
Aminoplaste (z. B. UF)	Polykondensationsprodukte von Aminen oder Harnstoff und Formaldehyd	Herstellung von Lacken, Leimen, Kitten, Schichtpressstoffen, Pressmassen, Isolierstoffen
Gummi	Synthesekautschuk (BR, Buna), oder Naturkautschuk, mit Schwefel vulkanisiert; Elastomer	Fahrzeugreifen, Regen- und Arbeitsschutzbekleidung, Schläuche, Treibriemen, Kabel, Gebrauchsgegenstände, sanitäre Gummiartikel
Phenoplaste (PF)	Polykondensationsprodukte von Phenol (bzw. seinen Homologen) und Formaldehyd	Herstellung von Gießharzen, Lacken, Leimen, Kitten, Schichtpressstoffen, Formmassen (Formteile und Halbzeug)
Polyvinylchlorid (PVC)	Polymerisationsprodukt von Vinylchlorid	Herstellung von Armaturen, Rohrleitungen, Apparaten für die chemische Industrie, Verpackungsmaterial, Haushaltsgeräten, Platten, Folien, Fußbodenbelag, Schläuchen, Kabel- und Drahtummantelungen
Polyacrylnitril (PAN)	Polymerisationsprodukt von Acrylnitril	Chemiefaserstoff, Herstellung von Kohlenstoff-Fasern
Polyamide (PA)	Polymerisationsprodukt von ε-Caprolactam oder Polykondensationsprodukt von Adipinsäure und Hexamethylendiamin	Chemiefaserstoff (Nylon, Perlon); Herstellung von Werkstoffen und Folien, Gebrauchsgegenständen, Maschinenteilen und -gehäusen
Polyester (z. B. PET)	Polykondensationsprodukt z. B. von Estern der Terephthalsäure und Ethylenglykol	Chemiefaserstoff, Formmassen für technische Artikel

7

Name	Zusammensetzung	Verwendung
Polyethylen (PE)	Polymerisationsprodukt von Ethen (Ethylen)	Herstellung von Haushaltsgeräten, Verpackungsmaterial, Rohren, Schläuchen; Isolierstoff in der Elektroindustrie
Polystyrol (PS)	Polymerisationsprodukt von Styrol	Herstellung von Haushaltsgeräten, Spielwaren, Verpackungsmaterial, Formteilen für die Industrie, Einweg-geschirr; zur Wärmeisolation (Kühl-schränke, Bauwesen)
Polyurethane (PUR)	Polyadditionsprodukte von Polyisocyanaten und Polyhydroxylverbindungen	Herstellung von Hart- und Weich-schaumstoffen (Wärmeisolation, Polstermaterial), Polyurethan-Kautschuk, Kunstleder, Klebstoffen, Lacken

Kunststoffe mit besonderen Eigenschaften

Gruppe	Struktur und Eigenschaften	■
Schaumstoffe	enthalten geschlossene oder offene Zellen, die durch Stickstoff, Kohlen-stoffdioxid oder Fluorchlorkohlen-wasserstoffe erzeugt werden; gutes Wärmedämmvermögen	Schaum-Polyurethan, Schaum-Polystyrol, Schaum-PVC
Faserverstärkte Polymere	enthalten inkorporierte Glas-, Kohlenstoff- und Metallfasern; zug-, biege- und druckfest sowie schlag-zäh wie Stahl	Glasfaserverstärkte Polyester
Polymere mit hoher Dauerwärme-beständigkeit	enthalten gehäuft aromatische Systeme, Siliciumatome oder Fluor-atome; bei 150 ⋯ 260 °C dauerhaft beständig	Polyphenylsiloxane, Polytetrafluorethylen, rein aromatische Poly-amide
Polymere Licht-wellenleiter	enthalten zwei Polymere mit unter-schiedlichem Brechungsindex; her-vorragende optische Eigenschaften; Verwendung in der Optoelektronik	Fasern mit PMMA als Kern und einem fluor-haltigen Polymeren als Mantel
Elektrisch leitfähige Polymere	enthalten geeignete Füllstoffe oder werden durch Dotierung elektrisch leitend	Rußgefüllte Polyurethan-folien, Iod-dotiertes Polyacetylen
Wasserlösliche Polymere	enthalten gehäuft hydrophile Gruppen (meist Hydroxylgruppen)	Polyvinylalkohol

7

Chemiefasern

■

Gruppe	Chemiefaser	Eigenschaften
Halb-synthetische Fasern	Viskosefaser (CV)	nimmt Feuchtigkeit auf; knittert stark; gute Wärmeleitung; Festigkeit nimmt im nassen Zustand ab
	Acetatfaser (CA)	nimmt kaum Feuchtigkeit auf; trocknet schnell, elastisch, knittert kaum, hitzeempfindlich, hält Wärme, geringe Festigkeit
Synthese-fasern	Polyamidfaser (PA)	elastisch, schmiegsam, scheuerfest, pflegeleicht; mottensicher; nimmt Körperschweiß schlecht auf
	Polyesterfaser (PES)	strapazierfähig, elastisch, knitterfest, pflegeleicht; hält Wärme, trocknet schnell; licht- und wetterbeständig
	Polyacrylfaser (PAN)	fester als Wolle, wollähnlich im Griff; hält Wärme; licht- und wetterbeständig

Waschmittelzusätze

Gruppe	Funktion	■
Gerüststoffe	enthärten Wasser, verstärken Waschwirkung der Tenside	Zeolithe, wirken als Ionenaustauscher
Bleichmittel	zerstören färbende Begleitstoffe durch Oxidation	Natriumpercarbonat, Natriumperborat
Optische Aufheller	erhöhen Weißtönung von Textilien durch Umwandlung von ultraviolettem in sichtbares Licht	Derivate des Stilbens $C_6H_5-CH=CH-C_6H_5$
Weichspülmittel	rüsten Synthesefasern antistatisch aus, verleihen Wäsche weichen Griff	kationische Tenside
Vergrauungs-inhibitoren	verhindern Wiederablagerung von Schmutzteilchen aus der Waschlauge auf Textilien	Carboxymethylcellulose
Enzyme	entfernen fett-, eiweiß- und kohlenhydrathaltigen Schmutz durch Hydrolyse	Lipasen, Proteasen, Amylasen
Duftstoffe	überdecken Waschlaugengeruch, verbessern Wäscheduft	natürliche oder synthetische Riechstoffe
Stellmittel	verbessern Rieselfähigkeit und Dosierbarkeit des Waschmittels	Natriumsulfat

7

Heizgase und Synthesegase

Gase, die für chemisch-technische Synthesen oder zur Energieerzeugung genutzt werden.

Name (Verfahren)	Bestandteil	Volumen-anteil in %	Verwendung
Kokereigas (Steinkohle-verkokung)	Wasserstoff Methan Kohlenstoffmonooxid Kohlenwasserstoffe Stickstoff Kohlenstoffdioxid	≈60 ≈25 ≈ 5 ≈ 3 ≈ 2 ≈ 1,5	Stadtgas, Industriegas; Heizwert 23 MJ · m^{-3}
Generatorgas (Braunkohle-Druck-vergasung)	Wasserstoff Methan Kohlenstoffmonooxid Kohlenstoffdioxid Stickstoff	≈50 ≈25 ≈20 ≈ 3 ≈ 2	Industriegas, Stadtgas; Heizwert 19 MJ · m^{-3}
Synthesegas (WINKLER-Verfahren)	Kohlenstoffmonooxid Wasserstoff Kohlenstoffdioxid Methan Stickstoff	≈43 ≈39 ≈16 ≈ 1 ≈ 1	Industriegas (Ammoniak-Synthese, Methan-Synthese, Reduktionsgas); Heizwert 10 MJ · m^{-3}

↗ Herstellung S. 268

7

Kraftstoffe

Brennbare Stoffe, die zum Betrieb von Verbrennungsmotoren verwendbar sind.

Name	Zusammensetzung	Verwendung
Dieselkraftstoff	Gemisch aus Alkanen und ring-förmigen Kohlenwasserstoffen des Siedebereichs 190 ··· 345 °C	Kraftstoff für Diesel-motoren Heizwert 42 MJ · kg^{-1}
Ottokraftstoff (Vergaserkraftstoff)	Gemisch aus Alkanen (Pentan bis Dodecan) und ringförmigen Kohlen-wasserstoffen	Kraftstoff für Otto-motoren Heizwert 48 MJ · kg^{-1}

↗ Herstellung S. 269

Octanzahl OZ

Maß für die Klopffestigkeit von Vergaserkraftstoffen; als Eichstoffe dienen das besonders klopffeste 2,2,4-Trimethyl-pentan (Isooctan) mit der OZ 100 und das stark klopfende Heptan mit der OZ 0. Die Octanzahl eines Kraftstoffes gibt an, welcher Massenanteil Isooctan (in %) im Gemisch mit Heptan die gleiche Klopf-festigkeit ergibt.

■ Normalbenzin OZ 91, Super OZ 95, Super Plus OZ 98

282

Chemische Experimente

Experimente als Mittel zur Erkenntnisgewinnung

Beobachten
Zielgerichtete aktive Tätigkeit, die als Erkenntnismethode zu sinnlichen Wahrnehmungen führt (in der Chemie z. B. über Erscheinungen von Stoffen und chemischen Reaktionen, über technologische Abläufe und Bedingungen ihrer Anwendung); erstreckt sich auf Sehen, Hören, Riechen und andere sinnliche Wahrnehmungen eines Objekts in seiner äußeren Erscheinung. Beobachten ist eine notwendige Ergänzung eines Experiments.

Messen
Spezifische Erkenntnismethode, bei der mithilfe von Messgeräten eine Größe mit einer anderen, als Einheit dienenden Größe gleicher Art verglichen wird; quantitative Form des Beobachtens.
↗ Physikalische Größen S. 129

■ Bestimmen der Masse durch Wägen
Bestimmen des Volumens im Messzylinder, mit Pipette, Bürette u. a.
Bestimmen der Temperatur mit dem Thermometer

Beschreiben
Möglichst erschöpfendes, geordnetes, systematisches und eindeutiges Darstellen von Sachverhalten und charakteristischen Merkmalen durch Worte, Zeichen, Ziffern oder Abbildungen.
↗ Protokoll eines chemischen Experiments S. 286

Experiment
Grundlegendes Mittel der Erkenntnis und der Veränderung der Wirklichkeit; dabei wird durch geistige und manuelle Handlungen und unter Anwendung von Hilfsmitteln ein Vorgang planmäßig ausgelöst, beeinflusst und beendet.

Merkmale eines Experiments
– Die experimentellen Bedingungen werden bewusst geschaffen.
– Die experimentellen Bedingungen können verändert werden.
– Die experimentellen Bedingungen sind kontrollierbar.
– Veränderungen sind beobachtbar und gegebenenfalls auch messbar.
– Das Experiment ist wiederholbar.
– Nebensächliche oder störende Einflüsse können beim Experiment weitgehend ausgeschlossen werden.
– Experimente können auch unter natürlichen Bedingungen ablaufen.

8

Allgemeine Experimentierregeln

Allgemeine Schutzmaßnahmen und Verhaltensregeln im Chemieunterricht

Schülerexperimente erfordern besondere Aufmerksamkeit und Sorgfalt. Vor allem sollten folgende Regeln beachtet werden:

— Fachräume nur bei Anwesenheit des Lehrers betreten!
— Fluchtweg im Brandfall und bei einem Unfall kennen!
— Aufbewahrungsort und Bedienung der Geräte zur Brandbekämpfung (Feuerlöscher, Löschdecke, Löschsand) kennen!
— Offene Gashähne, Gasgeruch, beschädigte Steckdosen oder andere Gefahrenstellen dem Lehrer sofort melden!
— Geräte, Chemikalien, Schaltungen nicht ohne Aufforderung durch den Fachlehrer berühren!
— Elektrische Energie oder Gas nur nach Aufforderung durch den Fachlehrer einschalten!
— Lage und Inhalt des Verbandskastens kennen!
— Versuche, bei denen giftige, gesundheitsschädliche, ätzende oder reizende Gase oder Dämpfe auftreten, exakt nach Anweisung des Lehrers durchführen!
— Pipettieren mit dem Mund ist verboten, Pipettierhilfe benutzen!
— Schutzbrille nach Anweisung des Lehrers tragen!
— In Experimentierräumen nicht essen, trinken, rauchen, schminken oder schnupfen!

Chemikalien

Stoffe und Zubereitungen, die bei chemischen Reaktionen Verwendung finden. Folgende **Reinheitsgrade** sind zu unterscheiden:

reinst, zur Analyse	Verunreinigungen nur in Spuren
reinst	sehr rein, nur unwesentliche Verunreinigungen
rein	kaum Verunreinigungen
technisch	entspricht den Reinheitsanforderungen für technische Zwecke; enthält meist noch viele Verunreinigungen

Aufbewahrung von Chemikalien

— Chemikalien nur in dafür vom Fachhandel angebotenen oder vom Hersteller gelieferten Gefäßen aufbewahren! Nicht in Flaschen oder Gläser füllen, die auch für Lebensmittel verwendet werden (z. B. Limonadenflaschen)!
— Vorratsgefäße, in denen Chemikalien aufbewahrt werden, sind entsprechend den Vorschriften zu kennzeichnen.
  1. Bezeichnung des Stoffes oder der Zubereitung mit ihren Bestandteilen
  2. Gefahrensymbole und dazugehörige Gefahrenbezeichnung
  3. Hinweise auf besondere Gefahren (R-Sätze)
  4. Sicherheitsvorschläge (S-Sätze)
— Chemikalien, die ätzende Dämpfe abgeben, sowie organische Stoffe mit hohem Dampfdruck in geeigneten Gefäßen aufbewahren!
— Ätzende Flüssigkeiten nicht über Augenhöhe aufstellen!

Gefahrstoffe

Stoffe und Stoffgemische, die Lebewesen und Umwelt schädigen können. Solche Eigenschaften sind z. B. giftig, ätzend, reizend, hoch entzündlich, krebserzeugend und umweltgefährlich. Gefahrstoffe werden nach diesen Eigenschaften eingestuft und durch Gefahrenbezeichnungen und Gefahrensymbole gekennzeichnet.

↗ Gefahrstoffe S. 360

R- und S-Sätze

Für Gefahrstoffe gibt es Hinweise auf die besonderen Gefahren: **R-Sätze** (engl.: risk = Risiko, Gefahr), die ausführlicher als die Gefahrensymbole Auskunft über die Art der Gefahr geben, und Sicherheitsratschläge: **S-Sätze** (engl.: safety = Sicherheit), die empfehlen, wie Gesundheitsgefahren beim Umgang mit Gefahrstoffen abgewehrt werden können; werden in zunehmendem Maße für chemische Stoffe festgelegt.

↗ R-Sätze S. 356; S-Sätze S. 357

Vorbereiten eines chemischen Experiments

- Aufgabe und Arbeitsanleitung sorgfältig durchlesen!
- Durchdenken der Aufgabe, bis diese vollständig erkannt ist. Überlegen, welches Ziel mit dem Experiment verfolgt wird!
- Überlegen, in welcher Weise die Aufgabe gelöst werden kann!
- Überlegen, welche Gesetzmäßigkeiten unter den gewählten Bedingungen wirken!
- Überlegen, welche Gefahren bei dem Experiment auftreten können und welche Vorsichtsmaßnahmen getroffen werden müssen!
- Nachlesen, mit welchen Gefahrstoffen experimentiert wird und welche Gefahrstoffe als Reaktionsprodukte entstehen!
- Überlegen der Teilschritte des Experiments!
- Auswählen einer zweckmäßigen Apparatur und Anfertigen einer Skizze!
- Benötigte Geräte und Chemikalien entsprechend vorbereiten, z. B. Versuchsapparatur standsicher aufbauen. Brenner und Chemikalienflaschen nicht an die Tischkante stellen; Glasgeräte gegen Herunterfallen sichern!
- Versuchsapparatur vom Lehrer überprüfen lassen!

Durchführen eines chemischen Experiments

- Während der Durchführung des Experiments entsprechend der Arbeitsanweisung den Ablauf beobachten. Bei Unklarheiten den Lehrer fragen!
- Den Chemikaliengefäßen nur solche Stoffportionen entnehmen, die für die Durchführung des Experiments auch wirklich benötigt werden!
- Chemikaliengefäße sofort wieder verschließen!
- Entzündliche Stoffe nicht in der Nähe zündfähiger Wärmequellen (offene Flammen, in Betrieb befindliche Heizplatten) handhaben!
- Flüssigkeiten nicht etikettenseitig ausgießen!
- Geruchsprobe nur unter Zufächeln vornehmen!
- Haare und Kleidung vor Berührung mit der Brennerflamme schützen!
- Beim Erhitzen von Flüssigkeiten im Reagenzglas ständig schütteln, Füllhöhe beachten; Öffnung nicht auf Personen richten!
- Notieren der Beobachtungen, bei quantitativen Experimenten auch der Messgrößen, in einem Protokoll!

8

285

Nachbereiten chemischer Experimente

– Chemikalien nicht in die Vorratsgefäße zurückgeben, sondern sachgerecht entsorgen!
  ↗ E-Sätze S. 359
– Reaktionsprodukte nach Anweisung des Lehrers sachgerecht entsorgen!
– Benutzte Geräte sorgfältig säubern!
– Prüfen, ob Gas- und Wasserhähne geschlossen und elektrische Geräte ausgeschaltet sind!
– Arbeitsplatz aufräumen und säubern; Hände waschen!
– Auswerten bzw. Deuten des Experiments: Aufstellen der Reaktionsgleichungen; Auswerten der Messgrößen; Schließen von einzelnen Sachverhalten auf allgemeine Zusammenhänge.

Protokoll eines chemischen Experiments

Aufgabe:	Literatur:
Vorüberlegungen: Fachliche Grundlagen des Experiments Hypothese oder Voraussage und experimentell überprüfbare Folgerung Plan der Durchführung Gefahrenquellen, Arbeitsschutzvorschriften	
Vorbereitung: Geräte und Chemikalien Skizze der Geräteanordnung bzw. Apparatur Vorsichtsmaßnahmen	
Durchführung: Ausgeführte Tätigkeiten	**Beobachtung:** Beobachtungsergebnisse, Messgrößen
Auswertung: Vergleich der Beobachtungsergebnisse mit Hypothese oder Voraussage und Folgerung Reaktionsgleichungen Rechnerische Auswertung der Messgrößen Fehlerquellen	

8

Verhalten in Gefahrsituationen

Bei Auftreten gefährlicher Situationen nach Rettungsplan handeln, z. B.:
– Versuchsanordnung sichern, Gas, Strom und gegebenenfalls Wasser abschalten! Kühlwasser muss weiterlaufen!
– Entstehungsbrand mit Eigenmitteln löschen (Feuerlöscher, Löschdecke, Sand); dabei auf eigene Sicherheit achten! Feuerwehr rechtzeitig informieren!

Erste Hilfe bei Schädigungen durch Chemikalien und Verbrennungen

Auf jeden Fall ist für den Geschädigten nach der ersten Hilfe ärztliche Behandlung zu sichern! Dem Arzt sind die Angaben auf dem Etikett des Gefahrstoffbehälters zur Kenntnis zu bringen!

Schädigung	Erste Hilfe
Verätzungen am Körper	Durchtränkte und benetzte Kleidung sofort entfernen! Verätzte Körperstellen mit viel Wasser spülen! Keine Öle, Salben oder Puder auftragen!
Verätzungen am Auge	Ausgiebig (10 ⋯ 15 min) mit Wasser spülen!
Verätzungen des Mundes und der Verdauungsorgane	Mundhöhle wiederholt mit Wasser ausspülen! Sofort viel Wasser in kleinen Schlucken trinken lassen! Keine Milch! Bei Verätzungen durch Säuren: Magnesiumoxid-Aufschlämmung trinken lassen! Bei Verätzungen durch Laugen: Zitronenwasser oder stark verdünntes Essigwasser trinken!
Vergiftungen durch Verschlucken fester oder flüssiger Stoffe	Mehrmals reichlich Wasser trinken und Erbrechen hervorrufen, z. B. durch Trinken warmer konzentrierter Natriumsulfatlösung!
Vergiftungen durch Einatmen	Betroffene Person sofort an die frische Luft bringen! Ruhig lagern, nichts einflößen! Bei Atemstillstand sofort mit der Atemspende beginnen!
Verbrennungen	Mit kaltem Wasser bis zur Schmerzlinderung kühlen! Keine Öle, Salben oder Puder auftragen! Brandblasen nicht öffnen! Angeklebte Kleidungsstücke nicht abreißen!

Giftige Stoffe

Stoffe, die beim Verschlucken, Einatmen oder bei Berührung mit der Haut schwere Gesundheitsschäden hervorrufen oder sogar den Tod bewirken können. Nach der schädlichen Konzentration unterscheidet man *sehr giftige* (sehr geringe Schadstoffmenge), *giftige* (geringe Schadstoffmenge) und *gesundheitsschädliche* Stoffe (größere Schadstoffmenge).

8

Einstufung und Kennzeichnung	■ Stoffe
Sehr giftig Kennzeichen **T+** mit R 26, R 27, R 28, R 39	Brom Cyanwasserstoff und Cyanide Nitrobenzol Phosphor, weiß Quecksilberverbindungen, ausgenommen Quecksilber(II)-sulfid und Quecksilber(I)-chlorid Schwefelwasserstoff Stickstoffdioxid Stickstoffmonooxid Uranverbindungen

287

Einstufung und Kennzeichnung	■ Stoffe
Giftig Kennzeichen **T** mit R 23, R 24, R 25, R 39, R 48	Anilin (Aminobenzol) Benzol Blei(II)-acetat Bromwasser, $w \geq 1\ \%$ Chlor Formaldehydlösung (Methanallösung), $w \geq 25\ \%$ Kohlenstoffdisulfid Kohlenstoffmonooxid Methanol Phenol Quecksilber Schwefeldioxid Schwefelwasserstofflösung, $0,2\ \% \leq w < 1\ \%$ Tetrachlormethan (Tetrachlorkohlenstoff)
Gesundheits-schädlich Kennzeichen **Xn** mit R 20, R 21, R 22, R 40, R 42, R 48	Bariumchlorid Chlorwasser, $w \geq 0,5\ \%$ Eisen(II)-sulfat Formaldehydlösung (Methanallösung), $1\ \% \leq w < 25\ \%$ Hydrochinon Iod Kupfer(I)-oxid Kupfer(II)-sulfat Quecksilber(I)-chlorid Trichlormethan (Chloroform)

8

↗ R-Sätze S. 356; S-Sätze S. 357; Gefahrstoffe S. 360

Schülerexperimente mit sehr giftigen Stoffen oder sehr giftigen Zubereitungen dürfen an allgemein bildenden Schulen nicht durchgeführt werden.

Ätzende und reizende Stoffe

Stoffe, die Haut, Schleimhäute, Augen und Atemwege zerstören oder reizen können.

Einstufung und Kennzeichnung	■ Stoffe
Ätzend Kennzeichen **C** mit R 34, R 35	Ammoniaklösung, $w \geq 10\ \%$ Brom Essigsäure (Ethansäure), $w \geq 25\ \%$ Natriumhydroxid und Natriumhydroxidlösung (Natronlauge), $w \geq 2\ \%$ Salpetersäure, $w \geq 5\ \%$ Salzsäure, $w \geq 25\ \%$ Schwefelsäure, $w \geq 15\ \%$ Silbernitratlösung, $w \geq 10\ \%$ Wasserstoffperoxidlösung, $w \geq 20\ \%$

Einstufung und Kennzeichnung	■ Stoffe
Reizend ✖ Kennzeichen **Xi** mit R 36, R 37, R 38, R 41	Ammoniaklösung, 5 % $\leq w < 10$ % Bromwasser, $w \geq 1$ % Calciumchlorid und -lösung, $w \geq 20$ % Essigsäure (Ethansäure), 10 % $\leq w < 25$ % Kaliumhydroxidlösung (Kalilauge), 0,5 % $\leq w < 2$ % Natriumcarbonat und -lösung, $w \geq 20$ % Natriumhydroxidlösung (Natronlauge), 0,5 % $\leq w < 2$ % Phosphorsäure, 10 % $\leq w < 25$ % Salzsäure, 10 % $\leq w < 25$ % Schwefelsäure, 5 % $\leq w < 15$ % Silbernitratlösung, 5 % $\leq w < 10$ % Wasserstoffperoxidlösung, 5 % $\leq w < 20$ %

Sensibilisierende Stoffe

Stoffe, die durch Einatmen oder durch Hautkontakt eine Sensibilisierung hervorrufen können; werden mit dem Gefahrensymbol „Xn" (mit R 42) oder mit dem Gefahrensymbol „Xi" (mit R 43) gekennzeichnet.

■ Xn mit R 42 Diisocyanatlösungen, 0,5 % $\leq w < 2$ %; Kaliumperoxodisulfat
 Xi mit R 43   Kaliumchromat und -dichromat (auch Lösungen),
          Methacrylsäuremethylester

Stoffe, die bestimmte spezifische Gesundheitsschäden verursachen

Stoffe, die *krebserzeugend (kanzerogen), erbgutverändernd (mutagen)* oder *fortpflanzungsgefährdend* (frucht- und keimdrüsenschädigend, *teratogen*) wirken; es werden jeweils 3 Gefährdungskategorien unterschieden:

Kategorie 1: Stoffe, die für den Menschen bekanntermaßen gefährlich sind.
Kategorie 2: Stoffe, die als gefährlich für den Menschen angesehen werden sollten.
Kategorie 3: Stoffe, die wegen möglicher Gefährdung für den Menschen zu Besorgnis Anlass geben.

Schülerexperimente mit krebserzeugenden, fruchtschädigenden und erbgutverändernden Gefahrstoffen sind grundsätzlich nicht erlaubt; Lehrerexperimente sind mit ausgewählten Gefahrstoffen zulässig; besondere Risiken bestehen für Schülerinnen beim Umgang mit diesen Stoffen.

Krebserzeugende Stoffe

Kennzeichnung: Kategorien 1 und 2 mit Gefahrensymbol „T" (mit R 45, R 49)
        Kategorie 3 mit Gefahrensymbol „Xn" (mit R 40)

■ Kategorie 1: Arsenate, Arsenoxide, Asbest, Benzol, Chrom(VI)-oxid und Chromschwefelsäure, Vinylchlorid
 Kategorie 2: Acrylnitril, Benzo[a]pyren, Butadien, 1,2-Dibromethan
 Kategorie 3: Acetaldehyd, Anilin, Formaldehyd, Nickelpulver, Tetrachlormethan, Trichlormethan

8

289

Erbgutverändernde Stoffe

Kennzeichnung: Kategorien 1 und 2 mit Gefahrensymbol „T" (mit R 46)
Kategorie 3 mit Gefahrensymbol „Xn" (mit R 40)

■ Benzol (Kat. 3), Benzo[a]pyren (Kat. 2), Ethylenoxid (Kat. 2)

Fortpflanzungsgefährdende Stoffe

Kennzeichnung: Kategorien 1 und 2 mit Gefahrensymbol „T" (mit R 60, R 61)
Kategorie 3 mit Gefahrensymbol „Xn" (mit R 62, R 63)

■ Benzo[a]pyren (Kat. 2), Blei(II)-nitrat (Kat. 1), Kohlenstoffdisulfid (Kat. 3);
Kohlenstoffmonooxid (Kat. 2), Trichlormethan (Kat. 2)

Explosionsgefährliche Stoffe

Stoffe, die durch Schlag, Reibung, Feuer oder andere Zündquellen explosionsgefährlich sind.

Schülerexperimente mit explosionsgefährlichen Stoffen oder Zubereitungen dürfen an allgemein bildenden Schulen nicht durchgeführt werden. Das Herstellen explosionsgefährlicher Stoffe, die als Sprengstoffe, Treibstoffe, Zündstoffe oder pyrotechnische Sätze dienen, ist an Schulen grundsätzlich nicht gestattet.

Einstufung und Kennzeichnung	■ Stoffe
Explosionsgefährlich Kennzeichen **E** mit R 2, R 3	Bleiazid Cellulosenitrate Glycerintrinitrat Organische Peroxide Pikrinsäure (2,4,6-Trinitrophenol), trocken 2,4,6-Trinitrotoluol

↗ R-Sätze S. 356; S-Sätze S. 357; Gefahrstoffe S. 360

Explosionsgefährliche Stoffgemische

Stoffgemische, die zur Explosion neigen.

■	Explosionsgefährliche Gasgemische	Chlor mit Wasserstoff (Chlorknallgas) Diethylether (Ether) mit Luft Ethin (Acetylen) mit Luft oder Sauerstoff Ethin (Acetylen) mit Chlor oder Bromgas Kohlenstoffdisulfid (Schwefelkohlenstoff) mit Luft Kohlenstoffmonooxid mit Luft oder Sauerstoff Methan mit Luft oder Sauerstoff Propan mit Luft oder Sauerstoff Schwefelwasserstoff mit Luft oder Sauerstoff Stadtgas mit Luft oder Sauerstoff Wasserstoff mit Luft oder Sauerstoff (Knallgas)

8

Explosionsgefährliche Gemische mit festen Stoffen	Aluminiumpulver mit Metalloxiden (Thermitgemische) Chlorate mit brennbaren Stoffen Natrium oder Kalium mit Wasser Natrium oder Kalium mit Halogenkohlenwasserstoffen Kaliumpermanganat mit brennbaren Stoffen Nitrate mit brennbaren Stoffen

Brandfördernde Stoffe

Stoffe, die Brände verursachen oder fördern können oder die brennbare Stoffe entzünden oder mit ihnen explosive Gemische bilden können.

Einstufung und Kennzeichnung	■ Stoffe
Brandfördernd	Ammoniumnitrat
	Chrom(VI)-oxid
	Kaliumchlorat
	Kaliumnitrat
	Kaliumpermanganat
	Luft, flüssig
	Natriumnitrat
	Ozon
	Perchlorsäure, $w \geq 50\,\%$
	Salpetersäure, $w \geq 70\,\%$
Kennzeichen **O**	Sauerstoff, flüssig
mit R 7, R 8, R 9	Wasserstoffperoxidlösung, $w \geq 60\,\%$

↗ R-Sätze S. 356; S-Sätze S. 357; Gefahrstoffe S. 360

Brennbare Stoffe

Stoffe, die sich an der Luft von selbst oder nach kurzzeitigem Kontakt mit einer Zündquelle entzünden. Man unterscheidet:

Hochentzündliche Stoffe: Flüssigkeiten mit einer Flammtemperatur deutlich unter 0 °C und einer Siedetemperatur unter 35 °C; gasförmige Stoffe und Zubereitungen, die sich bei normaler Temperatur und normalem Druck bei Luftkontakt entzünden.

Leichtentzündliche Stoffe: Flüssigkeiten mit einer Flammtemperatur unter 21 °C, die nicht hochentzündlich sind; feste Stoffe und Zubereitungen, die durch kurzzeitige Einwirkung einer Zündquelle leicht entzündet werden und nach deren Entfernung weiterbrennen oder weiterglimmen können.

Entzündliche Stoffe: Brennbare Stoffe, die nicht zu den beiden obigen Kategorien gehören.

Brennbare Flüssigkeiten gehören zugleich einer **Gefahrklasse** an.

AI: nicht mit Wasser mischbar, Flammtemperatur unter 21 °C
AII: nicht mit Wasser mischbar, Flammtemperatur 21 ⋯ 55 °C
AIII: nicht mit Wasser mischbar, Flammtemperatur 55 ⋯ 100 °C
B: mit Wasser bei 15 °C unbegrenzt mischbar, Flammtemperatur unter 21 °C

8

Einstufung und Kennzeichnung	■ Stoffe	Gefahr-klasse
Hochentzündlich  Kennzeichen **F+** mit R 12	Acetaldehyd (Ethanal) Butan Diethylether Ethen (Ethylen) Ethin (Acetylen) Kohlenstoffmonooxid Methan Propan Schwefelwasserstoff Wasserstoff	B A I
Leichtentzündlich  Kennzeichen **F** mit R 11, R 15, R 17	Aceton Calciumcarbid Ethanol Kohlenstoffdisulfid Magnesiumpulver und -späne Natrium Octan und Isooctan Petrolether Phosphor, rot und weiß Toluol (Methylbenzol)	B B A I A I A I A I
Entzündlich Kennzeichnung durch R 10	1-Butanol Cyclohexanon Petroleum, $\vartheta_v = 180 \cdots 220\ °C$	A II A II A II

↗ R-Sätze, S. 356; S-Sätze S. 357; Gefahrstoffe S. 360

8

Umweltgefährliche Stoffe

Stoffe, die selbst oder als Umwandlungsprodukte geeignet sind, die Beschaffenheit des Naturhaushalts, von Wasser, Boden oder Luft, Klima, Tieren, Pflanzen oder Mikroorganismen derart zu verändern, dass dadurch sofort oder später Gefahren für die Umwelt herbeigeführt werden können.

↗ Chemie und Umwelt S. 325

Einstufung und Kennzeichnung	■ Stoffe
Umweltgefährlich  Kennzeichen **N** mit R 50 bis R 59	Anilin Chloressigsäure 1,2-Dichlorbenzol 2-Nitrotoluol Pentachlorphenol Tetrachlormethan Thioharnstoff 1,1,1-Trichlorethan 2,4,5-Trichlorphenol

Entsorgung von Chemikalien

Gefährliche Stoffe, die bei Experimenten anfallen, müssen ordnungsgemäß entsorgt werden. Dabei sind folgende Regeln zu beachten:

— Gefährliche Abfälle nach Möglichkeit vermeiden.

— Chemikalien, die nicht als Gefahrstoffe eingestuft sind, über den Hausmüll oder in verdünnter Form über das Abwasser entsorgen.

■ Eisenspäne, Holzkohle, Natriumchlorid, Glucose, Sodalösung

— Säuren und Laugen gemeinsam sammeln, neutralisieren und über das Abwasser entsorgen.

■ Salzsäure, Essigsäure, Natronlauge, Ammoniaklösung

— Unvermeidbare gefährliche Abfälle in weniger gefährliche umwandeln.

■ Metallisches Natrium mit Ethanol umsetzen.
Reste von Chlor oder Brom mit Natriumthiosulfatlösung reduzieren.
Chromatabfälle mit Natriumhydrogensulfitlösung reduzieren.

— Nicht umwandelbare gefährliche Abfälle sammeln, getrennt nach:
I: „Anorganische Chemikalienreste"
Kennzeichnung: „C ätzend und T giftig" bzw.
„C ätzend und Xn gesundheitsschädlich"
Schwermetallsalzlösungen (außer Chromaten und Quecksilberverbindungen); mit Kalkwasser oder Natronlauge auf einen pH-Wert 8 einstellen, die gefällten Hydroxide abtrennen, die Flüssigkeit über das Abwasser entsorgen.

■ Nickelsalze, Kupfersalze

II: „Organische Reste – halogenfrei"
Kennzeichnung: „F leichtentzündlich und T giftig" bzw.
„F leichtentzündlich und Xn gesundheitsschädlich"

■ Lösemittelreste, Anilin, Phenol

III: „Organische Reste – halogenhaltig"
Kennzeichnung: „F leichtentzündlich und T giftig" bzw.
„F leichtentzündlich und Xn gesundheitsschädlich"

■ Trichlormethan, Brombenzol

IV: „Quecksilberverbindungen", Kennzeichnung: „T giftig"
V: „Metallisches Quecksilber", Kennzeichnung: „T giftig"
Die Gruppen II, III, IV und die Fällung der Gruppe I als Sondermüll entsorgen, Gruppe V der Wiederverwertung zuführen.

— Gasförmige Gefahrstoffe unter dem Abzug möglichst absorbieren oder verbrennen.

■ Schwefelwasserstoff, Stickstoffdioxid, Methan, Ethin

— Hochentzündliche sowie explosionsgefährliche Abfälle nicht aufbewahren, sondern in kleinen Mengen im Freien abbrennen oder verdunsten lassen.

■ Roter Phosphor, Diethylether, Kohlenstoffdisulfid
↗ E-Sätze S. 359

8

293

Apparaturen und Arbeitstechniken für Experimente

Geräte

Einzelteile aus Glas, Keramik, Metall, Gummi oder Holz, die zur Durchführung einfacher chemischer Experimente benutzt, häufig aber zu Apparaten und Apparaturen kombiniert werden.

Geräte sind geordnet aufzubewahren und nach Gebrauch sorgfältig zu säubern; Glasgeräte sind vor dem Benutzen auf eventuelle Schäden zu untersuchen, beschädigte Geräte (z. B. mit Sprüngen) dürfen keinesfalls benutzt werden.

↗ Apparat S. 296; Apparatur S. 296

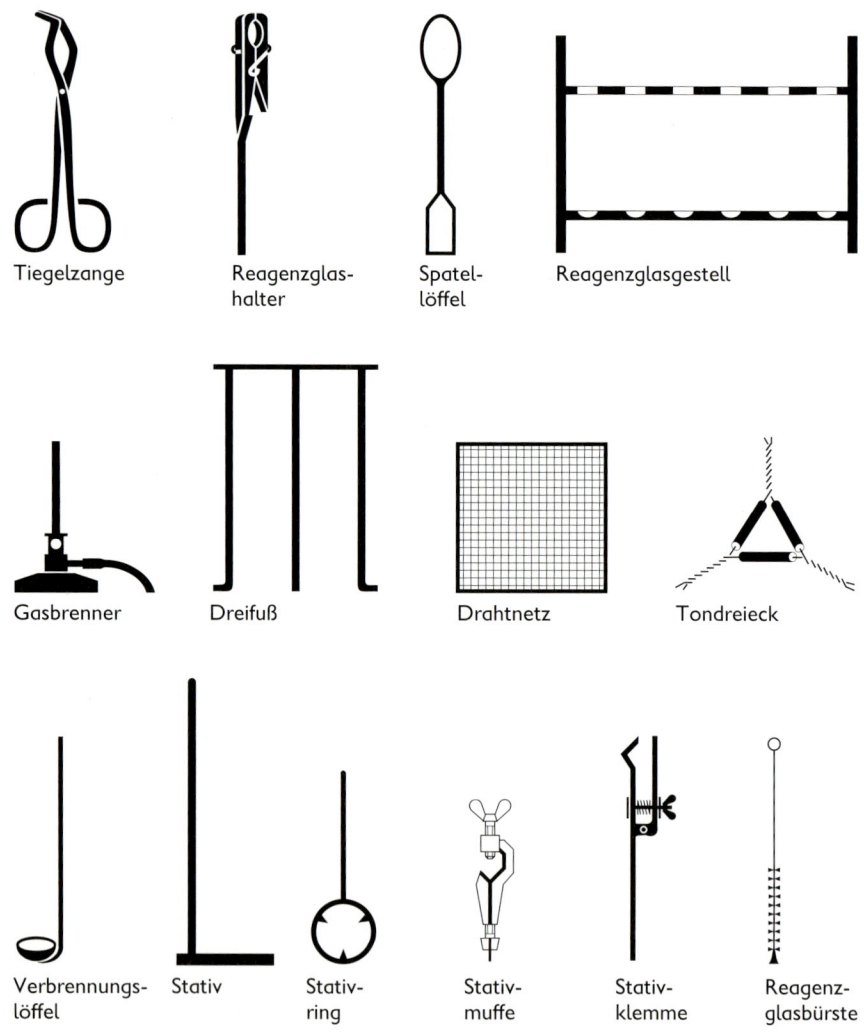

Tiegelzange   Reagenzglas-   Spatel-   Reagenzglasgestell
halter   löffel

Gasbrenner   Dreifuß   Drahtnetz   Tondreieck

Verbrennungs-   Stativ   Stativ-   Stativ-   Stativ-   Reagenz-
löffel   ring   muffe   klemme   glasbürste

8

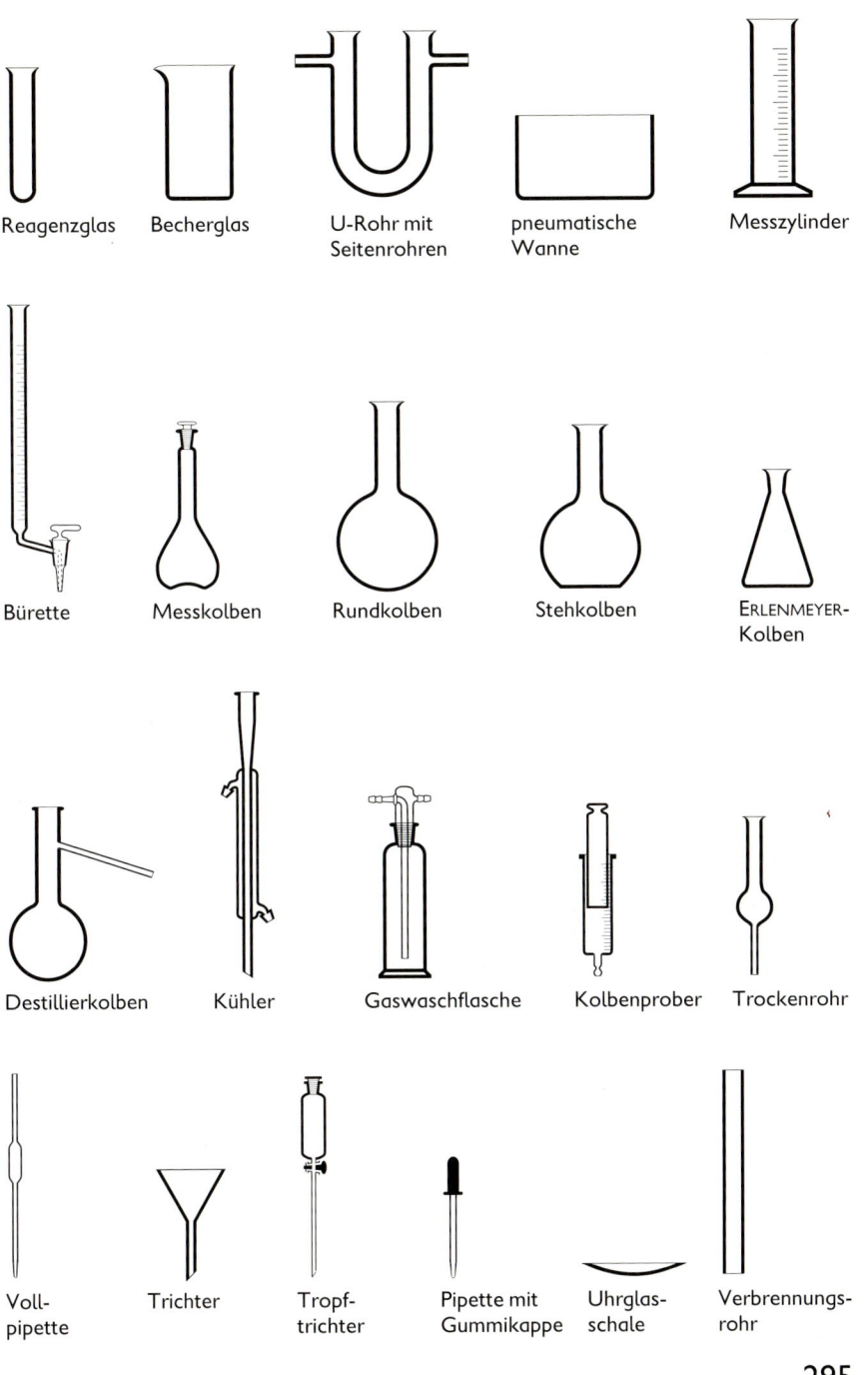

Reagenzglas   Becherglas   U-Rohr mit Seitenrohren   pneumatische Wanne   Messzylinder

Bürette   Messkolben   Rundkolben   Stehkolben   ERLENMEYER-Kolben

Destillierkolben   Kühler   Gaswaschflasche   Kolbenprober   Trockenrohr

Vollpipette   Trichter   Tropftrichter   Pipette mit Gummikappe   Uhrglasschale   Verbrennungsrohr

8

| Kristallisier-schale | Mörser mit Pistill | Abdampf-schale | Porzellan-schiffchen | Porzellantiegel mit Deckel |

| Tüpfelplatte | Spritz-flasche | Weithalsflasche | Pipettenflasche | Thermo-meter |

Apparat
Kombination von zwei oder mehreren Geräten für Experimente, in der im Allgemeinen ein Vorgang abläuft.

■ Der Apparat zum Filtrieren besteht aus Papierfilter, Trichter und Auffanggefäß (Vorgang: Trennen von festem Stoff und Flüssigkeit).
↗ Filtrieren S. 297

Apparatur
Kombination aus Geräten und Apparaten für Experimente, in der mehrere Teilvorgänge ablaufen.

■ Die Destillationsapparatur besteht aus Destillationsapparat, Kühler und Vorlage (Teilvorgänge: Trennen von Flüssigkeiten, Kühlen von Gasen und Auffangen von Flüssigkeiten).
↗ Destillieren S. 298

Arbeitstechniken
Techniken zur Durchführung chemischer Experimente, die sich unter anderem durch den Einsatz unterschiedlicher Massen und Volumen von Chemikalien sowie durch die Verwendung spezifischer Geräte, Apparate und Apparaturen unterscheiden.

Technik	Eingesetzte Massen in mg	Eingesetzte Volumen in ml
Makrotechnik	>100	>5
Halbmikrotechnik	100 ⋯ 10	5 ⋯ 0,5
Mikrotechnik	10 ⋯ 0,1	0,5 ⋯ 0,05
Ultramikrotechnik	<0,1	<0,05

Stofftrennung

Eindampfen einer wässrigen Lösung

Die Abdampfschale wird höchstens bis zur Hälfte mit der Lösung gefüllt. Unter ständigem Umrühren mit einem Glasstab ist bei kleiner Flamme zu erwärmen. Der Brenner wird entfernt, nachdem das Lösemittel bis auf geringe Reste verdampft ist. Die Reste verdampfen schnell in der noch heißen Abdampfschale.

Filtrieren

Ein gefaltetes Filterpapier wird in einen entsprechend großen Trichter eingelegt, an die Trichterwand gedrückt und mit destilliertem Wasser befeuchtet. Die zu filtrierende Flüssigkeit ist an einem Glasstab in das Filter zu gießen. Das Filter wird nur bis 1 cm unterhalb des Filterrandes gefüllt. Nachgegossen wird erst, wenn die Flüssigkeit aus dem Filter abgelaufen ist. Das schräge Ende des Trichterrohrs soll an der Wand des Auffanggefäßes anliegen.

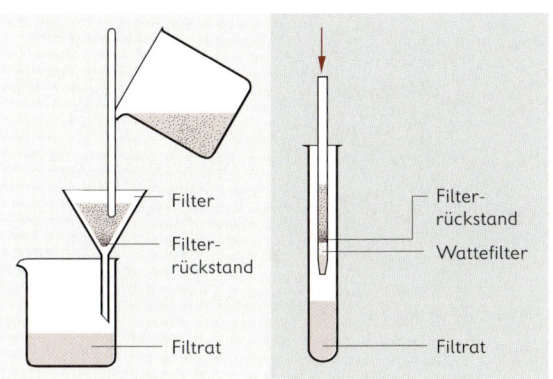

(Rechtes Bild: Apparat für Schülerexperimente)

8

Umkristallisieren

Die Rohsubstanz wird mit einem solchen Volumen eines geeigneten Lösemittels erhitzt, dass sich die Substanz gerade löst. Die heiße Lösung wird filtriert und abgekühlt. Die auskristallisierte Reinsubstanz wird abfiltriert, mit wenig Lösemittel gewaschen und getrocknet. Farbige Verunreinigungen lassen sich mit Aktivkohle entfernen. Brennbare Lösemittel erfordern eine aufwendigere Apparatur!

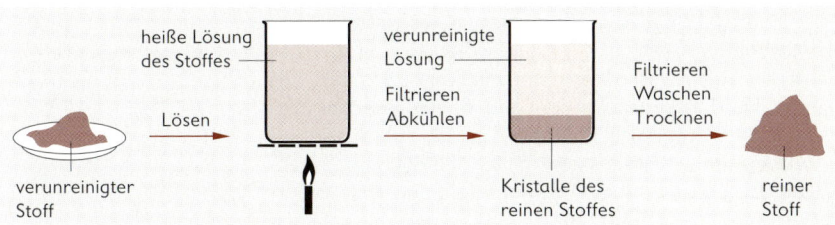

297

Destillieren

Der Destillierkolben darf höchstens bis zur Hälfte gefüllt sein. Bevor die Flüssigkeit im Kolben erhitzt wird, ist der Kühlwasserzufluss zu öffnen. Das Kühlwasser muss im Allgemeinen im Gegenstrom fließen. Die zu erwartende Temperatur im Destillierkolben wird mit einem Laborthermometer (Messbereich beachten!) gemessen, dessen Ende bis kurz unter das Ansatzrohr reichen muss. Der Kolben ist zunächst vorsichtig mit größerer Flamme, beim Sieden jedoch mit kleinerer Flamme zu erwärmen. Siedeverzug wird durch Zugabe von Siedesteinen (vor Beginn des Erwärmens!) vermieden. Bei der fraktionierten Destillation ist bei Überschreiten der jeweiligen Siedebereiche die Vorlage zu wechseln. Brennbare Lösemittel dürfen nicht mit offener Flamme erwärmt werden!

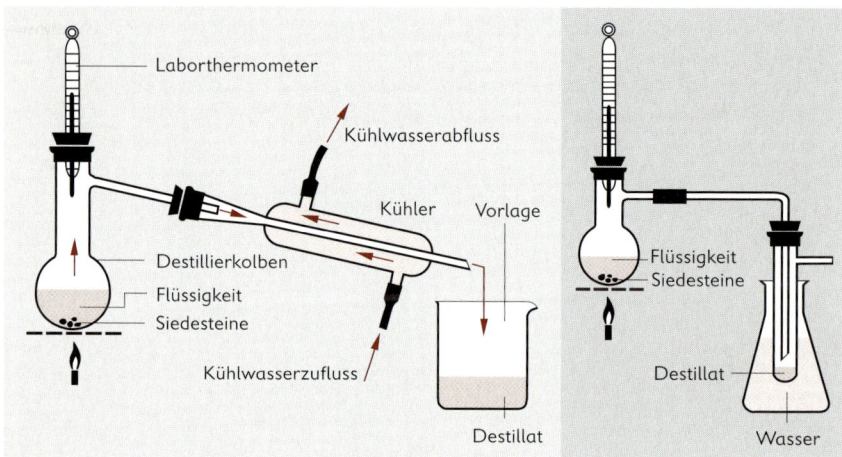

(Rechtes Bild: Apparat für Schülerexperimente)

Säulenchromatografie

In ein senkrecht stehendes Glasrohr wird das Adsorptionsmittel (Aluminiumoxid, Silicagel) gleichmäßig eingefüllt. Die Lösung der zu trennenden Stoffe soll nun durch die Säule laufen; danach wird das gleiche Lösemittel nachgegeben (Durchlaufgeschwindigkeit $3 \cdots 4 \text{ ml} \cdot \text{min}^{-1}$). Die einzelnen Substanzen werden unterschiedlich leicht adsorbiert und trennen sich so in Schichtbereiche auf; farbige Stoffe werden direkt erkannt; farblose z. B. durch Bestrahlen mit UV-Licht sichtbar gemacht.

Um die Stoffe zu trennen, kann die Säule vorsichtig aus dem Rohr herausgestoßen und in die Adsorptionsbereiche zerlegt werden; daraus werden die Stoffe einzeln extrahiert. Sie lassen sich jedoch auch mit einem geeigneten Lösemittel direkt aus der Säule fraktioniert herauswaschen (eluieren).

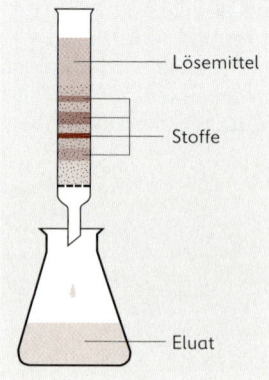

298

Papierchromatografie

Die Entwicklungskammer wird 2 cm hoch mit der mobilen Phase gefüllt und geschlossen gehalten, sodass sich über der Flüssigkeit eine mit Laufmitteldämpfen gesättigte Atmosphäre ausbilden kann. Auf dem Chromatografiepapier (20 cm × 20 cm) wird mit Bleistift 2 cm vom Rand die Startlinie markiert, auf der mit einer Kapillare geringe Mengen des zu trennenden Stoffgemisches aufgetragen werden. Das Chromatografiepapier wird so in die Entwicklungskammer gestellt, dass es in die mobile Phase eintaucht, und diese wird wieder verschlossen. Wenn die mobile Phase 10 ⋯ 15 cm in dem Papier emporgestiegen ist, wird die Laufmittelfront mit Bleistift markiert und das Papier unter dem Abzug getrocknet. Bei farbigen Stoffen (z. B. Tintenfarbstoffe) lassen sich die einzelnen Substanzflecken direkt erkennen, bei farblosen Stoffen werden sie sichtbar gemacht (z. B. Aminosäuren mit Ninhydrin).
Zur Auswertung des Chromatogramms werden die **Retentionsfaktoren (R_F-Werte)** berechnet:

$$R_F = \frac{\text{Entfernung Startlinie/Schwerpunkt des Substanzflecks}}{\text{Entfernung Startlinie/Lösungsmittelfront}}$$

Der Retentionsfaktor ist für jede chemische Verbindung eine unter definierten Bedingungen charakteristische Kenngröße, die zur Identifizierung der Verbindung herangezogen werden kann.
↗ Verteilungsgleichgewichte S. 115

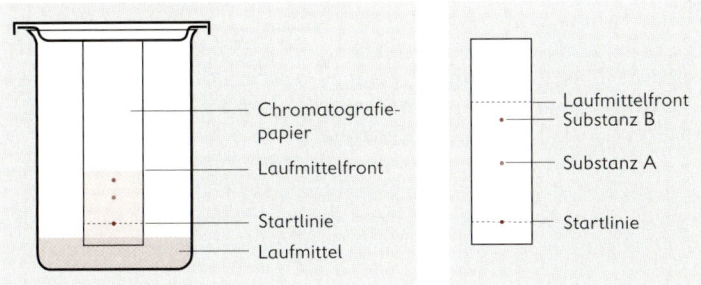

Zur besseren Trennung der Substanzen kann nach Zwischentrocknung das um 90° gedrehte Papier mit einer anderen mobilen Phase erneut chromatografiert werden.

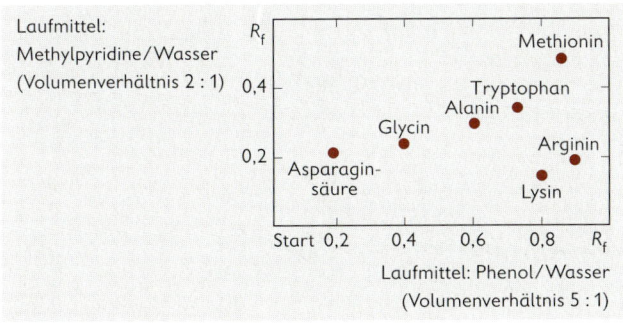

Zweidimensionales Chromatogramm eines Aminosäuregemisches

Gaschromatografie

Voraussetzung für derartige Versuche ist ein vom Lehrer auf das zu trennende Stoffgemisch eingerichteter Gaschromatograf (geeignete Trennsäule, Injektor bei einer Betriebstemperatur, bei der das Stoffgemisch sofort nach dem Einspritzen in den Gaschromatografen vollständig verdampft). Mit einer Mikrospritze wird etwa 1 µl des Stoffgemisches eingespritzt. Die einzelnen Komponenten des Gemisches werden unterschiedlich schnell durch die Säule transportiert und erreichen nacheinander das Säulenende und den Detektor (z. B. Wärmeleitfähigkeitsdetektor). Die Detektorsignale werden mit einem Schreiber registriert.

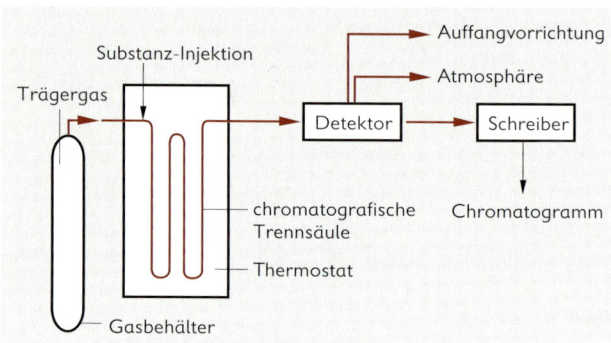

Die Substanzen des Stoffgemisches erscheinen im Gaschromatogramm als Peaks. Durch Vergleich mit Chromatogrammen bekannter Substanzen lassen sich die Peaks bestimmten Verbindungen zuordnen. Die Auswertung erfolgt über den Vergleich der **Retentionszeiten t_{m+s}**, d. h. der Zeit, die zwischen dem Auftreten des so genannten Luftpeaks und dem Auftreten des Maximums des Substanzpeaks gemessen wird. Da die Retentionszeit jedoch stark vom Messsystem abhängt, wird mithilfe einer Standardsubstanz die **relative Retention R_{rel}** berechnet. Aus der Größe der Flächen unter den Peaks lassen sich die Komponenten des Stoffgemischs quantitativ bestimmen.

Retentionszeit: t_{m+s}

Relative Retention: $R_{rel} = \dfrac{t_{m+s}(A)}{t_{m+s}(S)}$

↗ Verteilungsgleichgewichte S. 115

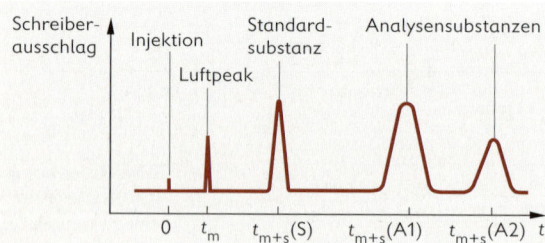

8

Arbeiten mit Gasen

Reinigen und Trocknen von Gasen

Gase werden vor der Verwendung meist gereinigt oder getrocknet. Flüssige Trocken- bzw. Reinigungsmittel sind in Gaswaschflaschen, feste in Trockenrohren einzusetzen. Das Gas wird bei Verwendung von Gaswaschflaschen in das Rohr geführt, das in die Waschflüssigkeit taucht. Überschüssige Gase, die giftig oder anderweitig gefährlich sind, müssen in den Abzug geleitet oder absorbiert werden.

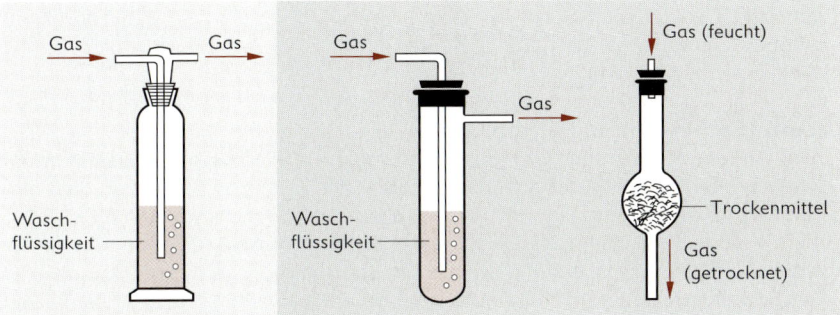

(Rechtes Bild: Apparate für Schülerexperimente)

Gas	Waschflüssigkeit	Trockenmittel	Beseitigung
Chlor	Wasser	konzentrierte Schwefelsäure oder Calciumchlorid	Leiten über Natriumcarbonat
Ethen (Ethylen)	Wasser oder Natriumhydroxidlösung		Verbrennen (Knallgasprobe!)
Ethin (Acetylen)	Natriumhydroxidlösung		Verbrennen (Knallgasprobe!)
Kohlenstoffdioxid	Wasser	konzentrierte Schwefelsäure oder Calciumchlorid	wenn nötig: Leiten über Natriumcarbonat
Sauerstoff	Wasser	konzentrierte Schwefelsäure oder Calciumchlorid	
Schwefeldioxid		konzentrierte Schwefelsäure oder Calciumchlorid	Leiten über Natriumcarbonat
Wasserstoff	Kaliumhydroxidlösung	konzentrierte Schwefelsäure	Verbrennen (Knallgasprobe!)

8

Auffangen von Gasen durch Luftverdrängung

Bei Gasen mit kleinerer Dichte als Luft ($\varrho = 1,29$ g · l^{-1}) muss die Öffnung des Auffanggefäßes nach unten, bei größerer Dichte nach oben gerichtet sein. Das Gas ist genügend lange in das Auffanggefäß zu leiten. Bei giftigen Gasen muss der Abzug benutzt werden.

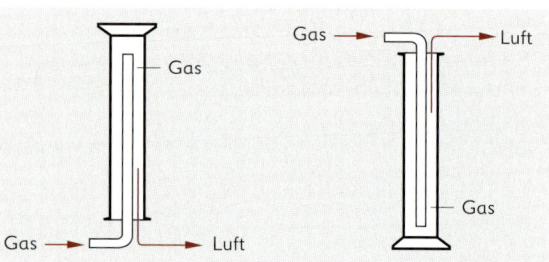

Pneumatisches Auffangen von Gasen

Das Auffanggefäß für das Gas muss vollständig mit Sperrflüssigkeit gefüllt sein. Das Flüssigkeitsvolumen in der pneumatischen Wanne ist so zu bemessen, dass die aus dem Auffanggefäß herausgedrückte Sperrflüssigkeit noch aufgenommen wird. Nachdem das pneumatische Auffangen beendet ist, wird das Ableitungsrohr aus der Sperrflüssigkeit genommen, damit diese nicht in das Reaktionsgefäß zurückdringen kann. Als Sperrflüssigkeiten sind nur Stoffe geeignet, in denen die Löslichkeit der betreffenden Gase gering ist.

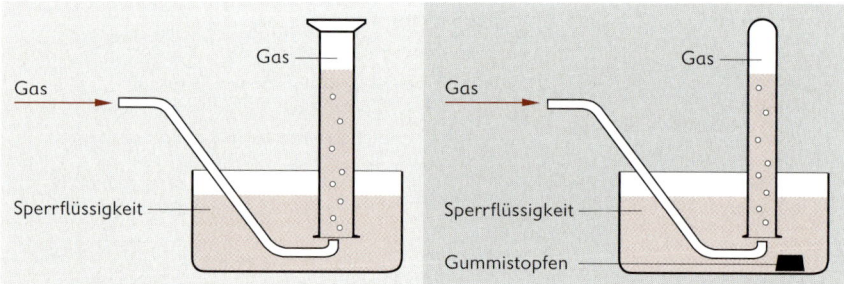

(Rechtes Bild: Apparat für Schülerexperimente)

Aufzufangendes Gas	Dichte ϱ in g · l^{-1}	Sperrflüssigkeit
Ammoniak	0,77	(pneumatisch nicht aufzufangen)
Chlor	3,214	konzentrierte Natriumchloridlösung
Chlorwasserstoff	1,639	(pneumatisch nicht aufzufangen)
Ethen (Ethylen)	1,260	Wasser
Kohlenstoffdioxid	1,977	konzentrierte Natriumchloridlösung
Kohlenstoffmonooxid	1,250	Wasser
Methan	0,72	Wasser
Sauerstoff	1,429	Wasser
Schwefeldioxid	2,926	(pneumatisch nicht aufzufangen)
Stickstoff	1,251	Wasser
Wasserstoff	0,089	Wasser

Durchführen von chemischen Reaktionen

Gasentwicklung durch Erhitzen von Stoffen

Feste Ausgangsstoffe werden im Reagenzglas, flüssige Ausgangsstoffe meist im Rundkolben erhitzt. Bei Flüssigkeiten soll nicht zu stark erhitzt werden, damit sich nicht übermäßig Dampf entwickelt.

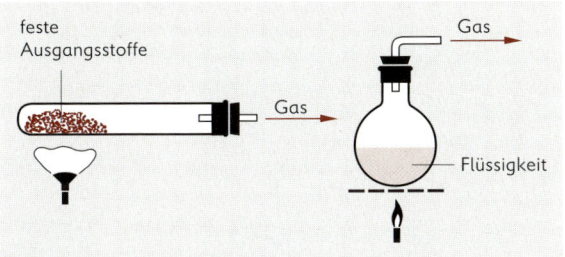

- $MgCO_3 \longrightarrow MgO + CO_2 \uparrow$
  Magnesiumcarbonat — Magnesiumoxid — Kohlenstoffdioxid

  $NH_4NO_2 \longrightarrow N_2 \uparrow + 2 H_2O$
  Ammoniumnitrit — Stickstoff — Wasser

Gasentwicklung durch Reaktion fester und flüssiger Stoffe

Die Flüssigkeit wird langsam auf den festen Stoff getropft. Wenn an die Apparatur Gaswaschflaschen anzuschließen sind, sollte ein Gasentwickler mit Druckausgleich verwendet werden. Dadurch kann Gas nicht durch den Hahn des Tropftrichters austreten.

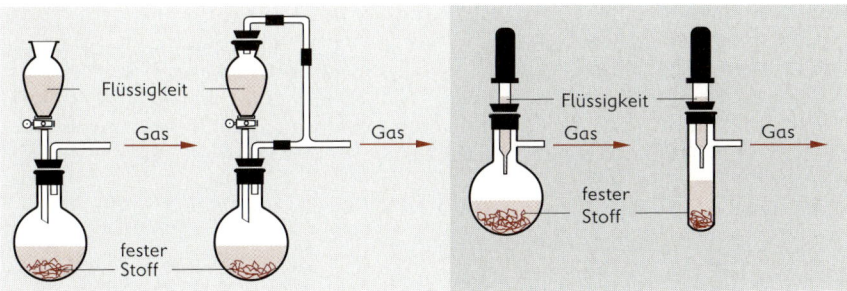

(Rechtes Bild: Apparate für Schülerexperimente)

- $Zn + 2 H_3O^+ + 2 Cl^- \longrightarrow Zn^{2+} + 2 Cl^- + 2 H_2O + H_2 \uparrow$
  Zink — Chlorwasserstoffsäure — Zinkchloridlösung — Wasserstoff

  $CaC_2 + 2 H_2O \longrightarrow Ca(OH)_2 + C_2H_2 \uparrow$
  Calciumcarbid — Wasser — Calciumhydroxid — Ethin (Acetylen)

  $FeS + 2 H_3O^+ + 2 Cl^- \longrightarrow Fe^{2+} + 2 Cl^- + 2 H_2O + H_2S \uparrow$
  Eisen(II)-sulfid — Chlorwasserstoffsäure — Eisen(II)-chloridlösung — Schwefelwasserstoff

8

303

Reaktion gasförmiger Stoffe mit flüssigen Stoffen

Der gasförmige Stoff wird durch ein Glasrohr in die Flüssigkeit eingeleitet. Das Glasrohr soll möglichst tief eintauchen, damit der gasförmige Stoff beim Durchperlen durch die Flüssigkeit reagieren kann. Bei Gasen, die von der Flüssigkeit stark absorbiert werden, insbesondere Ammoniak und Chlorwasserstoff, darf das Rohr dagegen nicht eintauchen.

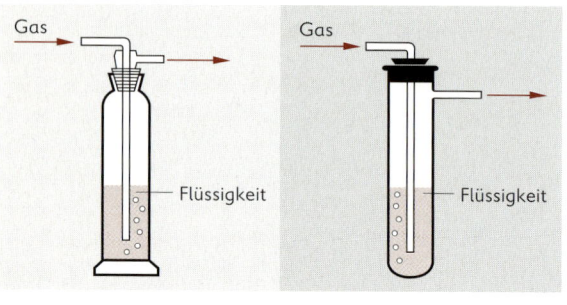

(Rechtes Bild:
Apparat für
Schülerexperimente)

■ CO_2 + $Ca^{2+} + 2\,OH^-$ ⟶ $CaCO_3{\downarrow}$ + H_2O
Kohlenstoff-   Calcium-   Calcium-   Wasser
dioxid   hydroxidlösung   carbonat

SO_2 + $2\,H_2O$ ⇌ $H_3O^+ + HSO_3^-$
Schwefel-   Wasser   Schweflige Säure
dioxid

CO_2 + $2\,H_2O$ ⇌ $H_3O^+ + HCO_3^-$
Kohlenstoff- Wasser   Kohlensäure
dioxid

Reaktion gasförmiger Stoffe mit festen Stoffen

Gasförmige Stoffe werden in einem Verbrennungsrohr über den festen Stoff geleitet. Die festen Stoffe sind in dem Verbrennungsrohr entweder als Häufchen, in einem Porzellanschiffchen oder in einer (oft durch Glaswolle festgehaltenen) Schicht angeordnet. Sie müssen meist erhitzt werden um exotherme Reaktionen einzuleiten oder endotherme Reaktionen zu ermöglichen.

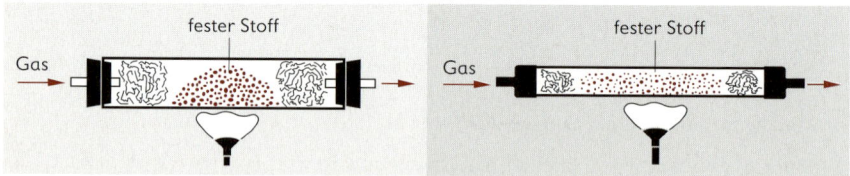

(Rechtes Bild: Apparat für Schülerexperimente)

■ O_2 + S ⟶ SO_2
Sauerstoff   Schwefel   Schwefeldioxid

CO_2 + C ⇌ $2\,CO$
Kohlenstoffdioxid Kohlenstoff   Kohlenstoffmonooxid

Elektrolyse einer Lösung

In die Lösung tauchen zwei Elektroden, die mit einer Spannungsquelle verbunden sind. In den Stromkreis kann ein Strommessgerät oder eine Glühlampe geschaltet werden. Sollen gasförmige Elektrolyseprodukte aufgefangen werden, so ist zweckmäßig ein U-Rohr mit Seitenrohren zu verwenden.

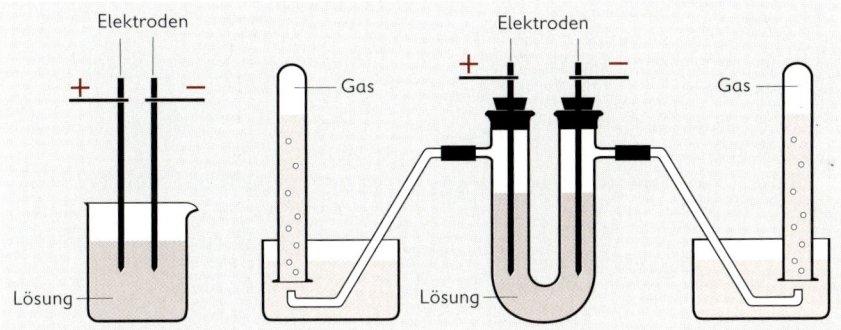

Reaktion in Lösung

Die Ausgangsstoffe werden in einem geeigneten Lösemittel gelöst, wobei auch einer der Ausgangsstoffe selbst als Lösemittel fungieren kann. Salzartige oder polare Stoffe lösen sich gut in Wasser oder niedermolekularen Alkoholen, unpolare oder wenig polare Stoffe in Kohlenwasserstoffen. Während Ionenreaktionen (z. B. Fällungsreaktionen anorganischer Salze) augenblicklich erfolgen, benötigen Reaktionen zwischen organischen Stoffen eine längere Zeit und meist auch erhöhte Temperaturen. Beides wird durch *Erhitzen unter Rückfluss* erreicht, wobei brennbare organische Lösemittel nicht über offener Flamme erhitzt werden dürfen. Nach beendeter Reaktion wird das Substanzgemisch getrennt, z. B. durch Destillation.

■ CH_3-COOH + C_2H_5-OH $\rightleftharpoons$ $CH_3-CO-O-C_2H_5$ + H_2O
Essigsäure   Ethanol   Essigsäureethylester   Wasser

Reaktion zwischen festen Stoffen

Die festen Stoffe werden einzeln pulverisiert, sofern sie nicht schon in Pulverform vorliegen, und gründlich gemischt. Das Gemisch wird in einem feuerfesten Tiegel mit dem Gasbrenner erhitzt oder durch eine Zündmischung zur Reaktion gebracht. Dabei ist unbedingt ein Sicherheitsabstand einzuhalten, da derartige Reaktionen häufig stark exotherm verlaufen. Nach dem Erkalten des Reaktionsgemisches wird der Tiegel zerschlagen und das Reaktionsprodukt isoliert; wenn mehrere Reaktionsprodukte entstehen, trennen sich diese z. T. bereits während der Reaktion im flüssigen Zustand aufgrund ihrer unterschiedlichen Dichte.

■ Fe + S $\longrightarrow$ FeS
Eisen   Schwefel   Eisen(II)-sulfid

Fe_2O_3 + $2\,Al$ $\longrightarrow$ $2\,Fe$ + Al_2O_3
Eisen(III)-   Aluminium   Eisen   Aluminium-
oxid   oxid

8

Herstellung anorganischer Stoffe

Stoffklassen und Reaktionen zur Herstellung	■
Elementsubstanzen Reduktion von Oxiden durch Kohlenstoff	$Fe_2O_3 + 3\,C \longrightarrow 2\,Fe + 3\,CO$
Reduktion von Oxiden durch unedle Metalle	$Fe_2O_3 + 2\,Al \longrightarrow 2\,Fe + Al_2O_3$
Elektrochemische Reduktion von Metall-Ionen	$Cu^{2+}\,(aq) + 2\,e^- \longrightarrow Cu$
Oxidation von Wasserstoffverbindungen	$2\,HBr + Cl_2 \longrightarrow Br_2 + 2\,HCl$ $2\,H_2S + O_2 \longrightarrow 2\,S + 2\,H_2O$
Oxide Oxidation von Elementsubstanzen	$P_4 + 5\,O_2 \longrightarrow P_4O_{10}$ $S + O_2 \longrightarrow SO_2$
Oxidation von Verbindungen mit niedrigerer Oxidationszahl	$CH_4 + 2\,O_2 \longrightarrow CO_2 + 2\,H_2O$ $2\,CuS + 3\,O_2 \longrightarrow 2\,SO_2 + 2\,CuO$ $2\,CO + O_2 \longrightarrow 2\,CO_2$ $2\,SO_2 + O_2 \xrightarrow{\text{Kat.}} 2\,SO_3$
Erhitzen von Hydroxiden	$2\,Al(OH)_3 \longrightarrow Al_2O_3 + 3\,H_2O \uparrow$
Erhitzen von Carbonaten	$CaCO_3 \longrightarrow CaO + CO_2 \uparrow$
Hydroxide Fällung schwer löslicher Hydroxide aus Salzlösungen	$Al^{3+}\,(aq) + 3\,OH^-\,(aq) \longrightarrow Al(OH)_3 \downarrow$
Reaktion von Metalloxiden mit Wasser	$CaO + H_2O \longrightarrow Ca(OH)_2$
Reaktion von unedlen Metallen mit Wasser	$2\,Na + 2\,H_2O \longrightarrow 2\,NaOH + H_2$
Anorganische Säuren Reaktion von Nichtmetalloxiden mit Wasser	$SO_3 + H_2O \longrightarrow H_2SO_4$ $CO_2 + H_2O \longrightarrow H_2CO_3$
Reaktion von Salzen mit schwerer flüchtigen Säuren	$2\,NaCl + H_2SO_4 \longrightarrow 2\,HCl \uparrow + Na_2SO_4$
Reaktion von Elementsubstanzen mit Wasserstoff	$Cl_2 + H_2 \longrightarrow 2\,HCl$
Salze Reaktion von Säuren und Basen (Neutralisation)	$HCl + NaOH \longrightarrow NaCl + H_2O$ $HNO_3 + NaOH \longrightarrow NaNO_3 + H_2O$
Fällung schwer löslicher Salze aus wässrigen Lösungen	$Ag^+\,(aq) + Cl^-\,(aq) \longrightarrow AgCl \downarrow$
Reaktion von unedlen Metallen mit Säuren	$Zn + 2\,HCl \longrightarrow ZnCl_2 + H_2$
Reaktion von Metallen mit Nichtmetallen	$Fe + S \longrightarrow FeS$

8

Analytische Chemie

Chemische Analyse

Analyse
Ermittlung der Zusammensetzung eines Stoffgemisches oder einer Substanz. Man unterscheidet qualitative und quantitative Analyse. Zur Analyse im weiteren Sinne gehört auch die Strukturaufklärung.

Qualitative Analyse
Bestimmen der Bestandteile eines Stoffgemisches oder eines reinen Stoffes. Es werden chemische, spektroskopische und chromatografische Verfahren eingesetzt.
↗ Stoffgemisch S. 12; Reiner Stoff S. 12; Qualitative Analyseverfahren S. 308

Quantitative Analyse
Bestimmen der Stoffmengenverhältnisse der Bestandteile eines Stoffgemisches oder eines reinen Stoffes. Dazu werden chemische, elektrochemische, optische und chromatografische Verfahren eingesetzt.
↗ Quantitative Analyseverfahren S. 314

Strukturaufklärung
Chemische Methoden der Strukturaufklärung. Sie beruhen darauf, dass mithilfe von Reagenzien solche Reaktionsabläufe bewirkt werden, die Rückschlüsse auf das Vorhandensein bestimmter Atomgruppen (funktioneller Gruppen) oder Ionen im untersuchten Stoff gestatten.

Physikalische Methoden der Strukturaufklärung (instrumentelle Analysemethoden). Sie dominieren heute sehr stark gegenüber den chemischen Methoden, vor allem finden spektroskopische und diffraktometrische Analyseverfahren breite Anwendung.
Mit ihrer Hilfe werden bei organischen und anorganischen Molekülsubstanzen nicht nur die Strukturformeln (Molekülgröße, Kohlenstoffskelett, Mehrfachbindungen, funktionelle Gruppen) ermittelt, sondern auch Angaben über den Feinbau der Moleküle (Atomabstände, Bindungswinkel, Elektronendichteverteilung) erhalten.
Bei anorganischen und organischen Festkörpern ermöglichen diese Methoden die Untersuchung von Kristallstrukturen (Kristallklassen, Gitterabstände, Fehlordnungszustände) und Oberflächenphänomenen.
Die instrumentelle Analytik besitzt gegenüber den klassischen chemischen Methoden nicht nur eine im Allgemeinen größere Aussagekraft, sie benötigt auch nur sehr geringe Substanzmengen und erfordert zudem einen wesentlich geringeren Zeitaufwand.
↗ Spektroskopische Analysemethoden S. 318; diffraktometrische Analysemethoden S. 324

9

Qualitative Analyseverfahren (Nachweisreaktionen)

Flammenfärbungen (Vorproben)

Färben der entleuchteten Flamme eines Gasbrenners durch flüchtige Metallsalze, meist Halogenide, die mithilfe eines ausgeglühten Magnesiastäbchens in die Flamme eingebracht wurden.

Element	Lithium	Natrium	Kalium	Calcium	Barium	Kupfer
Flammen-färbung	rot	gelb	violett	ziegel-rot	gelb-grün	grün

Eindeutige Bestimmungen sind nur mithilfe des Spektroskops möglich.
↗ Atomspektrum S. 33

Fällungsreaktionen

Chemische Reaktionen, bei denen meist Ionen eines schwer löslichen Salzes in der Lösung zusammentreten, sodass dieses Salz als Niederschlag ausfällt.

Nachweis für	Reagens	Reaktionsmerkmal
Blei(II)-Ionen	Schwefel-wasserstoff	Fällung: schwarzes Blei(II)-sulfid $Pb^{2+} + S^{2-} \longrightarrow PbS \downarrow$
Bromid-Ionen	Silbernitratlösung, angesäuert mit verdünnter Salpetersäure	Fällung: gelbes Silberbromid $Ag^+ + Br^- \longrightarrow AgBr \downarrow$ löslich in konzentrierter Ammoniak-lösung
Chlorid-Ionen	Silbernitratlösung, angesäuert mit verdünnter Salpetersäure	Fällung: weißes Silberchlorid $Ag^+ + Cl^- \longrightarrow AgCl \downarrow$ löslich in verdünnter Ammoniaklösung
Eisen(III)-Ionen	Kalium-hexacyano-ferrat(II)-Lösung	Fällung: intensiv blaues Eisen(III)-hexacyanoferrat(II) („Berliner Blau") $4\,Fe^{3+} + 3\,[Fe(CN)_6]^{4-} \longrightarrow Fe_4[Fe(CN)_6]_3 \downarrow$
Iodid-Ionen	Silbernitratlösung, angesäuert mit verdünnter Salpetersäure	Fällung: gelbes Silberiodid $Ag^+ + I^- \longrightarrow AgI \downarrow$ schwer löslich in Ammoniaklösung
Kupfer(II)-Ionen	Kalium-hexacyano-ferrat(II)-Lösung	Fällung: braunes Kupfer(II)-hexacyanoferrat(II) $2\,Cu^{2+} + [Fe(CN)_6]^{4-} \longrightarrow Cu_2[Fe(CN)_6] \downarrow$

9

Nachweis für	Reagens	Reaktionsmerkmal
Sulfat-Ionen	Bariumchloridlösung; angesäuert mit verdünnter Chlorwasserstoffsäure	Fällung: weißes Bariumsulfat $Ba^{2+} + SO_4^{2-} \longrightarrow BaSO_4 \downarrow$
Sulfid-Ionen	Blei(II)-acetatlösung oder Blei(II)-nitratlösung	Fällung: schwarzes Blei(II)-sulfid $Pb^{2+} + S^{2-} \longrightarrow PbS \downarrow$

↗ Fällungsreaktion S. 87; Fällungsgleichgewicht S. 105

Farbreaktionen

Chemische Reaktionen, bei denen durch Zusammengießen von Lösungen (bzw. Eintauchen von Indikatorpapieren) eine Farbänderung auftritt; die Farbänderung ist für bestimmte Ionen charakteristisch.

Nachweis für	Reagens	Reaktionsmerkmal
Eisen(III)-Ionen	Ammonium-thiocyanatlösung	blutrote Färbung von Eisen(III)-thiocyanat $Fe^{3+} + 3\,SCN^- \longrightarrow Fe(SCN)_3$
Hydronium-Ionen im Überschuss (saure Lösungen)	Lackmus Methylorange Indikatorpapier	Färbung: rot Färbung: rot Färbung: Feststellung des pH-Wertes durch Vergleich mit Farbskala
Hydroxid-Ionen im Überschuss (alkalische Lösungen)	Lackmus Phenolphthalein Methylrot Indikatorpapier	Färbung: blau Färbung: rot Färbung: gelb Färbung: Feststellung des pH-Wertes durch Vergleich mit Farbskala
Kupfer(II)-Ionen	Ammoniaklösung	bläulicher Niederschlag, der sich bei weiterer Zugabe von Ammoniaklösung mit tiefblauer Farbe löst; Bildung von Tetraamminkupfer(II)-Ionen: $Cu(OH)_2 + 4\,NH_3 \longrightarrow [Cu(NH_3)_4]^{2+} + 2\,OH^-$
Nitrat-Ionen	verdünnte Schwefelsäure, Eisen(II)-sulfat; konzentrierte Schwefelsäure	violette bis braune Färbung von Pentaaquanitrosoeisen(II)-sulfat $[Fe(H_2O)_5NO]SO_4$
Phosphat-Ionen	Ammoniummolybdatlösung; Zinn(II)-chloridlösung	1. Bildung von gelbem Ammonium-dodecamolybdatophosphat (DMP) $(NH_4)_3[P(Mo_3O_{10})_4]$ 2. Reduktion zu „DMP-Blau"

9

309

Nachweis von Gasen

Nachweis für	Reagens	Reaktionsmerkmal
Ammoniak	Chlorwasserstoff	weißer Rauch von Ammoniumchlorid $NH_3(g) + HCl(g) \longrightarrow NH_4Cl(s)$
	feuchtes Indikatorpapier	Blaufärbung
Chlorwasser-stoff	Ammoniak	weißer Rauch von Ammoniumchlorid $HCl(g) + NH_3(g) \longrightarrow NH_4Cl(s)$
	feuchtes Indikatorpapier	Rotfärbung
Kohlenstoff-dioxid	Calciumhydroxidlösung (Kalkwasser)	Fällung: weißes Calciumcarbonat $Ca^{2+} + CO_2 + 2\,OH^- \longrightarrow CaCO_3 \downarrow + H_2O$
	Bariumhydroxidlösung (Barytwasser)	Fällung: weißes Bariumcarbonat $Ba^{2+} + CO_2 + 2\,OH^- \longrightarrow BaCO_3 \downarrow + H_2O$
Sauerstoff	glimmender Span	verbrennt lebhaft
Stickstoff	brennende Kerze	erlischt
Wasserstoff	Luft	Knallgasprobe $2\,H_2 + O_2 \longrightarrow 2\,H_2O$

Reaktionen unter Gasentwicklung

Nachweis für	Reagens	Reaktionsmerkmal
Ammonium-Ionen	Natronlauge	Entwicklung von Ammoniak $NH_4^+ + OH^- \longrightarrow NH_3 \uparrow + H_2O$ Nachweis ↗ oben
Carbonat-Ionen	Chlorwasserstoffsäure	Entwicklung von Kohlenstoffdioxid $CO_3^{2-} + 2\,H^+ \longrightarrow CO_2 \uparrow + H_2O$ Nachweis ↗ oben

Qualitative Elementaranalyse

Qualitativer Nachweis von Elementen in einem Stoff durch
- Nachweisreaktionen für Ionen, die in Stoffen bereits enthalten sind (bei anorgani-schen Stoffen) oder durch geeignete Reaktion gebildet werden (bei anorganischen und organischen Stoffen);
- Reaktionen der Stoffe (meist Oxidationsreaktionen) unter Bildung gasförmiger Reaktionsprodukte, die nachgewiesen werden können (bei anorganischen und organischen Stoffen).

9

Element	Nachweis als	Durchführung	Reaktions-merkmal
Chlor	Chlorid-Ionen	Substanzlösung mit verdünnter Salpetersäure ansäuern, Zugabe von Silbernitratlösung	weißer Niederschlag
	Kupfer(II)-chlorid	Glühenden, mit Substanz behafteten Kupferdraht in entleuchtete Flamme halten (BEILSTEIN-Probe)	grüne Flamme
Kohlen-stoff	Kohlen-stoffdioxid	Substanz und Chlorwasserstoffsäure zusammengeben, entweichendes Gas in Bariumhydroxidlösung einleiten	weißer Niederschlag
	Kohlen-stoffdioxid	Substanz mit Kupfer(II)-oxid überschichten, erhitzen, entweichendes Gas in Barium-hydroxidlösung einleiten	weißer Niederschlag
Stickstoff	Ammoniak	Substanz und konzentrierte Natron-lauge erhitzen, Gas mit feuchtem Indikatorpapier prüfen oder mit Chlor-wasserstoffgas reagieren lassen	stechender Geruch, Blaufärbung, weißer Rauch
Schwefel	Sulfid-Ionen	Substanzlösung und Blei(II)-acetat-lösung zusammengeben	schwarzer Niederschlag
	Schwefel-wasserstoff	Substanz erhitzen, Gas mit feuchtem Blei(II)-acetat-papier prüfen	Geruch nach fauligen Eiern, schwarze Färbung
	Sulfat-Ionen	Substanzlösung mit verdünnter Chlor-wasserstoffsäure ansäuern, Zugabe von Bariumchloridlösung	weißer Niederschlag
	Sulfat-Ionen	Substanz mit Kaliumnitrat erhitzen, Schmelze in destilliertem Wasser lösen, Lösung filtrieren, ansäuern mit verdünnter Chlorwasserstoffsäure, Zugabe von Bariumchloridlösung	weißer Niederschlag
Wasser-stoff	Hydronium-Ionen	Substanzlösung mit Indikatorlösung versetzen	Farbänderung
	Wasser	Substanz mit Kupfer(II)-oxid überschichten, erhitzen, Flüssigkeitstropfen mit Cobalt(II)-chloridpapier prüfen	Farbumschlag von Blau nach Blassrosa

9

311

Identifizierungsreaktionen für organische Stoffe

Nachweis für	Reagens	Reaktionsmerkmal
Mehrfach-bindungen im Molekül	Bromlösung	Entfärbung infolge Addition von Brom
	Kaliumperman-ganatlösung (BAEYERS Reagenz)	Ausflockung: braunes Mangan(IV)-oxidhydrat
Hydroxyl-gruppe im Methanol-molekül	Borsäure	Bildung von Borsäuretrimethylester, der mit durchgehend grüner Flamme verbrennt
Hydroxyl-gruppen in Alkanol-molekülen	Alkansäuren mit 2 bis 5 Kohlenstoffatomen im Molekül	Bildung charakteristisch riechender Ester
	Natrium	Bildung von Wasserstoff (Knallgasprobe)
Aldehyd-gruppen im Molekül	fuchsin-schweflige Säure	Färbung: rotviolett (Bildung einer Additionsverbindung)
Stoffe mit Reduktions-wirkung	FEHLINGsche Lösung (Kupfer(II)-sulfatlösung und alkalische Tartratlösung)	beim Erhitzen zunächst Verfärbung, dann ziegelroter Niederschlag, der Kupfer(I)-oxid enthält
	frisch bereitete ammoniakalische Silbersalzlösung	beim Erwärmen Schwarzfärbung durch Ausscheidung von fein verteiltem Silber; evtl. Silberspiegel an der Gefäßwand
Carboxyl-gruppen in Alkansäure-molekülen	Alkanole mit 1 bis 5 Kohlen-stoffatomen im Molekül	Bildung von charakteristisch riechenden Estern
	unedles Metall	Bildung von Wasserstoff (Knallgasprobe)
Stärke	Iod-Kaliumiodid-Lösung	Färbung: blau
Cellulose	Zinkchlorid-Iod-Lösung	Färbung: blau

9

Nachweis für	Reagens	Reaktionsmerkmal
Proteine	konzentrierte Salpetersäure	Färbung: gelb, bei Zusatz alkalischer Lösungen orange (Xanthoprotein-Reaktion)
Eiweißlösung	Kalilauge, Kupfer(II)-sulfatlösung	Färbung: rotviolett (Biuret-Reaktion)

Identifizierung von Kunststoffen

Zur Identifizierung eines Kunststoffes mit einfachen Verfahren sind wegen ähnlicher Eigenschaften der Kunststoffe mehrere Proben erforderlich.

Probe	Befund	Polyamide	Polyester	Polystyrol	PVC-Hart	PVC-Weich
Dichte im Vergleich zu Wasser	schwimmt		×			
	sinkt	×		×	×	×
Brennprobe	brennt mit nicht rußender Flamme	×	×			
	brennt mit rußender Flamme			×		×
	brennt nicht selbstständig weiter				×	
Geruchsprobe nach Löschen der Flamme	stechender Geruch				×	
	Geruch nach gelöschter Kerze		×			
	Geruch nach verbranntem Horn	×		×		
	süßlicher Geruch					×
Behandeln mit Essigsäure-ethylester	klebt			×		
	klebt nicht	×	×		×	×
BEILSTEIN-Probe ↗ Chlornachweis S. 311	positiv				×	×
	negativ	×	×	×		
Härteprobe durch Ritzen mit Fingernagel	hinterlässt Spuren		×			
	hinterlässt keine Spuren	×		×	×	×

9

313

Quantitative Analyseverfahren

Maßanalyse (Volumetrie)

Teilgebiet der quantitativen Analyse, bei der zu einer Analysenlösung, die den **Titranden** enthält, so lange eine **Maßlösung** mit einer bekannten Konzentration des **Titrators** hinzugegeben wird, bis eine vollständige Reaktion (Äquivalenzpunkt) erfolgt ist. Die Bestimmung heißt **Titration**.
Der **Titrationsgrad** τ ist wie folgt definiert:

$$\tau = \frac{\text{Stoffmenge zugesetzter Titrator}}{\text{Stoffmenge Titrator, die zur vollständigen Reaktion nötig ist}}.$$

Für den **Äquivalenzpunkt** gilt $\tau = 1$ (entspricht 100%iger Titration).
Wichtige Verfahren der Maßanalyse sind:
Neutralisationstitration, Komplexometrie, Argentometrie, Manganometrie (Permanganometrie) und Iodometrie.

Neutralisationstitration (Säure-Base-Titration)

Maßanalytisches Verfahren, bei dem die Konzentration einer Säure- oder Baselösung durch Zugabe einer Maßlösung quantitativ bestimmt werden kann. Die Bestimmung des Äquivalenzpunktes erfolgt durch Indikatoren.
↗ Säure-Base-Theorien S. 107

Säure-Base-Indikatoren. Organische Farbstoffe, die in wässriger Lösung protolysiert werden und deren Säure jeweils eine andere Farbe besitzt als die korrespondierende Base.
↗ Korrespondierendes Säure-Base-Paar S. 85

$$HIn + H_2O \rightleftharpoons H_3O^+ + In^-$$

Indikatorsäure (z. B. rot)   Indikatorbase (z. B. gelb)

9

Umschlagsbereiche für Säure-Base-Indikatoren		
Indikator	pH-Bereich des Farbumschlages	Farbe des Indikators in Abhängigkeit vom pH-Wert
Thymolblau, 1. Stufe	1,2 ⋯ 2,8	rot / gelb / blau
Methylorange	3,0 ⋯ 4,4	rot / gelborange
Bromphenolblau	3,0 ⋯ 4,6	gelb / blau
Methylrot	4,4 ⋯ 6,2	rot / gelb
Lackmus	5,0 ⋯ 8,0	rot / blauviolett
Bromthymolblau	6,0 ⋯ 7,6	gelb / blau
Thymolblau, 2. Stufe	8,0 ⋯ 9,6	rot / gelb / blau
Phenolphthalein	8,4 ⋯ 10,0	farblos / rot
		0 1 2 3 4 5 6 7 8 9 10 11 12 13 pH

Durchführung der Titration. Ein bestimmtes Volumen (etwa 10 ml) der Analysenlösung wird in einem ERLENMEYER-Kolben mit einigen Tropfen einer Indikatorlösung versetzt. Die Maßlösung wird langsam aus einer Bürette in die Flüssigkeit getropft, bis der Farbumschlag des Indikators den Äquivalenzpunkt anzeigt. An der Skala der Bürette ist der Verbrauch an Maßlösung abzulesen.

↗ Berechnung der Konzentration und der Masse bei Titrationen S. 146; S. 147

Neutralisationskurven. Am *Äquivalenzpunkt*, bei dem gleiche Mengen Säure und Base zusammengegeben wurden, erfolgt eine sprunghafte Änderung des pH-Wertes mit Farbumschlag der Indikatoren. ↗ pH-Wert wässriger Lösungen S. 111

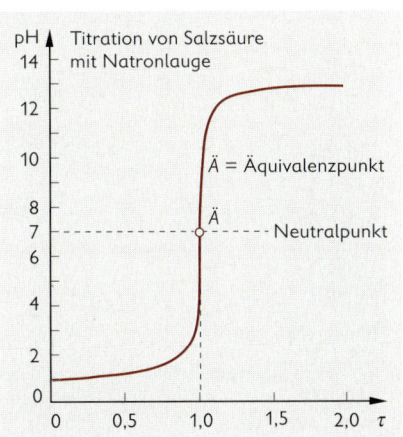
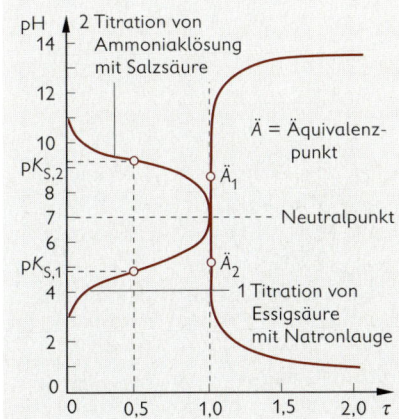

Leitfähigkeitstitration (Konduktometrie)

Bestimmungsmethode für den Äquivalenzpunkt einer Reaktion durch Messen der elektrischen Leitfähigkeit der Lösung. Am Äquivalenzpunkt erreicht die elektrische Leitfähigkeit ihr Minimum. ↗ Elektrolytlösungen S. 117

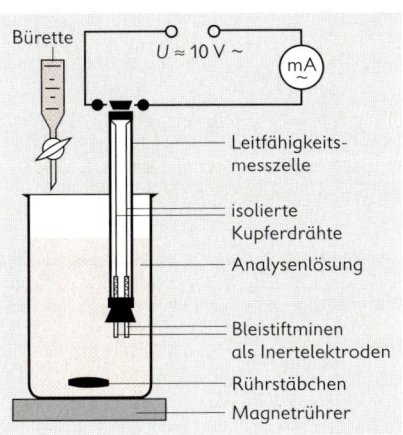

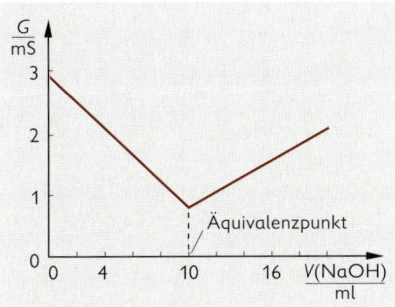

Leitfähigkeitstitrationskurve der Titration von Salzsäure mit Natronlauge

9

315

Potentiometrie

Bestimmungsmethode für den Äquivalenzpunkt einer Reaktion, die die Konzentrationsabhängigkeit der Elektrodenpotentiale ausnutzt. Gemessen werden Zellspannungen an galvanischen Ketten, die aus Messelektrode und Referenzelektrode (Bezugselektrode) bestehen. Am Äquivalenzpunkt erfolgt ein Potentialsprung.

↗ Elektrodenpotential S. 118; NERNSTsche Gleichung S. 120; Potentiometrie S. 123

■ Apparaturen

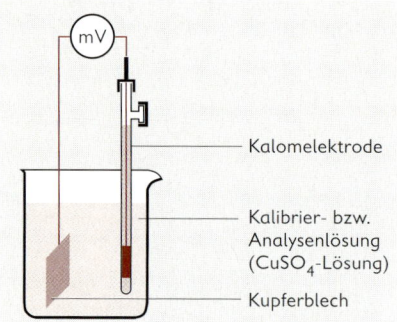

Kalomelektrode

Kalibrier- bzw. Analysenlösung ($CuSO_4$-Lösung)

Kupferblech

Potentiometrische Kupferbestimmung an Metall/Metall-Ionen-Elektrode

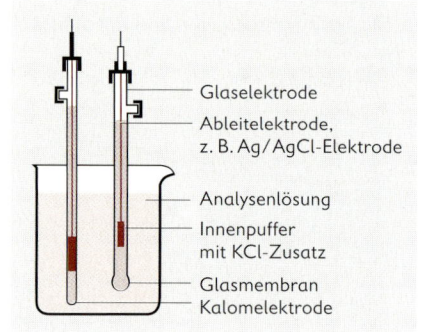

Glaselektrode

Ableitelektrode, z. B. Ag/AgCl-Elektrode

Analysenlösung

Innenpuffer mit KCl-Zusatz

Glasmembran Kalomelektrode

Potentiometrische pH-Messung an Glaselektrode

Redoxtitration

Titration, bei der das Redoxpotential des Titranden ($\tau < 1$) und das des Titrators ($\tau > 1$) verfolgt wird. Der Endpunkt der Reaktion lässt sich bei farbigen Titrationsmitteln (z. B. Permanganat-Ionen, Iod) visuell bestimmen, sonst potentiometrisch mithilfe einer Platin-Indikatorelektrode aus dem Verlauf der Titrationskurve.

↗ Reduktions-Oxidations-Gleichgewicht S. 113; Potentiometrie S. 123

Manganometrie (Permanganometrie)

Permanganat-Ionen in der Maßlösung werden in saurer Lösung zu Mangan(II)-Ionen, in alkalischer Lösung zu Mangan(IV)-oxid reduziert:

$$MnO_4^- + 5\,e^- + 8\,H_3O^+ \longrightarrow Mn^{2+} + 12\,H_2O$$
$$MnO_4^- + 3\,e^- + 4\,H_3O^+ \longrightarrow MnO_2 + 6\,H_2O$$

■ Eisenbestimmung:
$$5\,Fe^{2+} + MnO_4^- + 8\,H_3O^+ \longrightarrow 5\,Fe^{3+} + Mn^{2+} + 12\,H_2O$$

Komplexometrie

Maßanalytisches Verfahren, bei dem die zu bestimmenden Ionen mithilfe von Komplexbildnern in stabile Chelate übergeführt werden. Besonders geeignet ist Ethylendiamintetraessigsäure H_4edta, $(HOOC-CH_2)_2N-CH_2-CH_2-N(CH_2-COOH)_2$, die meist als Dinatriumsalz verwendet wird.

Als Indikatoren dienen komplexbildende Farbstoffe (Eriochromfarbstoffe), deren Metallkomplexe eine andere Farbe als die freien Farbstoffe haben.

↗ Chelat S. 41; Komplexbildungsgleichgewichte S. 113

9

■ Bestimmung von Magnesium-Ionen

Indikatorreaktion: $Mg^{2+} + HIn^{2-} + H_2O \longrightarrow [MgIn]^- + H_3O^+$
$\phantom{Indikatorreaktion: Mg^{2+} + HIn^{2-}}$ blau rot

Titration: $ Mg^{2+} + H_2edta^{2-} + 2\,H_2O \longrightarrow [Mg\,edta]^{2-} + 2\,H_3O^+$
$[MgIn]^- + H_2edta^{2-} + H_2O \longrightarrow [Mg\,edta]^{2-} + HIn^{2-} + H_3O^+$
rot blau

Fällungstitration

Maßanalytisches Verfahren, bei dem die zu bestimmenden Ionen durch die Maßlösung in schwer lösliche Verbindungen übergeführt und damit ausgefällt werden. Am Äquivalenzpunkt ändert sich die Konzentration der beteiligten Ionen sprunghaft; er wird durch das Löslichkeitsprodukt der schwer löslichen Verbindung bestimmt.
↗ Löslichkeitsprodukt S. 105

Argentometrie. Mit Silbernitrat als Maßlösung; nutzt die Schwerlöslichkeit der Silberhalogenide; Endpunktserkennung potentiometrisch oder visuell mithilfe von Fällungs-Farbindikatoren (Chromat-Ionen).

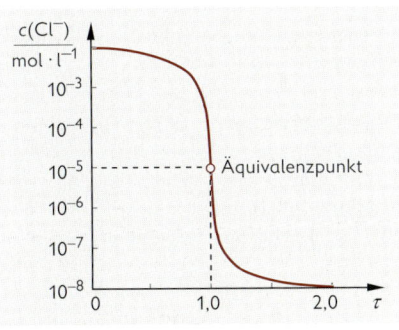

Fällungsreaktion:
$Cl^- + Ag^+ \longrightarrow AgCl \downarrow$
 weiß

Indikatorreaktion:
$CrO_4^{2-} + 2\,Ag^+ \longrightarrow Ag_2CrO_4 \downarrow$
$\phantom{CrO_4^{2-} + 2\,Ag^+ \longrightarrow}$ gelb

Titrationskurve zur argentometrischen Bestimmung von Chlorid-Ionen

Gravimetrie

Das zu bestimmende Ion wird in eine schwer lösliche, wägbare Verbindung konstanter Zusammensetzung übergeführt. Es darf nur die interessierende Verbindung quantitativ ausfallen. Der Niederschlag muss sich abfiltrieren, waschen und aus der *Fällungsform* durch Trocknen, Erhitzen oder Glühen in die *Wägeform* mit definierter stöchiometrischer Zusammensetzung überführen lassen.
↗ Löslichkeitsprodukt S. 105

■ $Ba^{2+} + SO_4^{2-} \longrightarrow BaSO_4 \downarrow$
$Ca^{2+} + C_2O_4^{2-} + H_2O \longrightarrow CaC_2O_4 \cdot H_2O \downarrow \longrightarrow CaCO_3 + CO + H_2O$

Die Abscheidung der zu bestimmenden Ionen kann auch durch Elektrolyse erfolgen *(Elektrogravimetrie)*, insbesondere durch katodische Reduktion an Platinelektroden.

■ $Cu^{2+} + 2\,e^- \longrightarrow Cu \downarrow$

Die Auswaage erfolgt mit der Elektrode, deren Masse vorher bestimmt wurde.
↗ Elektrolytische Prozesse S. 127

9

317

Spektroskopische Analysemethoden

Wechselwirkung zwischen Molekülen und elektromagnetischer Strahlung

Durch Absorption elektromagnetischer Strahlung werden in Molekülen unterschiedliche Molekularprozesse angeregt; entscheidend ist dabei die Energie, d. h. die Wellenlänge der absorbierten Strahlung.

Art der Strahlung	Wellenlänge	Angeregter Elementarprozess
Röntgen-strahlen	50 pm ··· 5 nm	Anregung innerer Elektronen in Atomen und Molekülen
Ultraviolett-Strahlung	5 ··· 400 nm	Anregung äußerer Elektronen in Atomen und Molekülen
Sichtbares Licht	400 ··· 700 nm	Anregung äußerer Elektronen in konjugierten π-Elektronensystemen
Infrarot-Strahlung	700 nm ··· 500 µm	Anregung von Molekülschwingungen
Mikrowellen	500 µm ··· 30 cm	Anregung von Molekülrotationen
Radiowellen	>30 cm	Anregung von Spinübergängen der Atomkerne (kernmagnetische Resonanz)

Die Absorption der Strahlung lässt sich in **Spektrometern** messend verfolgen und registrieren. Dabei wird die einfallende Strahlung in einen Referenzstrahl und einen Messstrahl gleicher Intensität gespalten. Der Messstrahl durchläuft die Probe; erfolgt dabei Absorption, ändert sich die Intensität. Die Intensitätsunterschiede werden im Detektor gemessen und im Schreiber als Signal (Peak) aufgezeichnet.

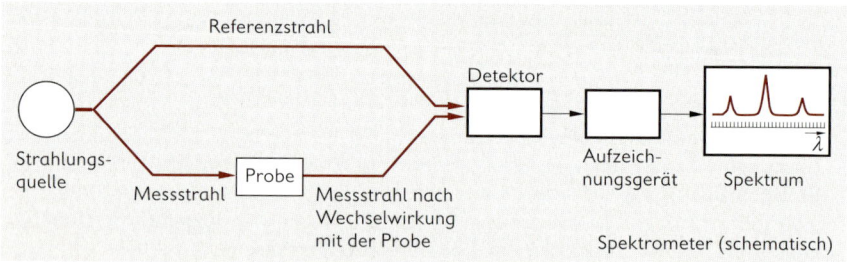

Spektrometer (schematisch)

Von besonderer Bedeutung für die Strukturaufklärung sind:
Spektroskopie im Ultraviolett- und sichtbaren Bereich (UV-VIS), Spektroskopie im Infrarotbereich (IR) und kernmagnetische Resonanzspektroskopie (NMR).

UV-VIS-Spektroskopie

Absorption von elektromagnetischer Strahlung aus dem ultravioletten und sichtbaren (engl.: visible) Teil des Spektrums; regt Elektronenübergänge in den Molekülen von besetzten auf unbesetzte Energieniveaus an. Je größer die Energiedifferenz zwischen den Energieniveaus ist, desto energiereicher, d. h. kurzwelliger, muss die Strahlung sein.

318

Angeregte Bindungsart	Wellenlänge λ der absorbierten Strahlung
σ-Bindungen	5 ⋯ 180 nm (ferner UV-Bereich)
isolierte π-Bindungen	180 ⋯ 400 nm (naher UV-Bereich)
konjugierte π-Bindungen	400 ⋯ 700 nm (sichtbarer Bereich)

Der Teil des Moleküls, der die Lichtabsorption wesentlich bestimmt, wird als **Chromophor** bezeichnet. Von praktischer Bedeutung für die Strukturaufklärung organischer Moleküle ist der Bereich 200 ⋯ 700 nm.
↗ Chromophore S. 251

■ Lichtabsorption in konjugierten Polyenen $CH_3-(CH=CH)_n-CH_3$

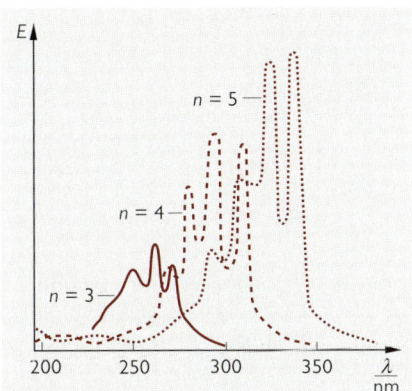

Verbindung	λ_{max} in nm
$CH_3-(CH=CH)_3-CH_3$	275
$CH_3-(CH=CH)_4-CH_3$	310
$CH_3-(CH=CH)_5-CH_3$	342

Quantitative Messungen

Neben der Lage der Absorptionsmaxima ist auch das Ausmaß der Absorption, die **Extinktion**, von analytischer Bedeutung.
Nach dem LAMBERT-BEERschen Gesetz

$$E = \lg \frac{I_0}{I} = \varepsilon \cdot c \cdot d$$

E Extinktion
I_0 Intensität des eingestrahlten Lichts
I Intensität des Lichts nach Durchstrahlung der Probe
ε molarer Extinktionskoeffizient in $cm^2 \cdot mol^{-1}$
c Konzentration in $mol \cdot l^{-1}$
d Schichtdicke der Probe in cm

ist die Extinktion von der Konzentration des absorbierenden Stoffes abhängig.
↗ Wiss Ph, Absorption von Energie

Fotometrie. Nutzt die Konzentrationsabhängigkeit der *Extinktion* bei einer bestimmten Wellenlänge zur optischen Gehaltsbestimmung von Lösungen. Die Messung erfolgt visuell oder mit Fotozellen.

Kolorimetrie. Ermöglicht Konzentrationsbestimmungen im sichtbaren Bereich des Spektrums durch visuellen Vergleich farbiger Lösungen mit solchen bekannten Gehalts.

9

IR-Spektroskopie
Absorption von elektromagnetischer Strahlung aus dem infraroten Spektralbereich; regt Schwingungen innerhalb der Moleküle an.

Molekülschwingungen
Molekularprozesse, bei denen sich Bindungslängen **(Valenzschwingungen)** oder Bindungswinkel **(Deformationsschwingungen)** ändern. Eine optische Schwingungsanregung erfolgt nur dann, wenn sich bei dem Schwingungsvorgang die Symmetrie der Ladungsverteilung ändert, d. h., ein schwingender Dipol entsteht.
↗ Struktur von Molekülen und Ionen S. 52

■ Symmetrische (ν_{symm}) und antisymmetrische (ν_{asymm}) Valenzschwingungen sowie Deformationsschwingungen (δ) des linearen Kohlenstoffdioxid- und des gewinkelten Wassermoleküls.

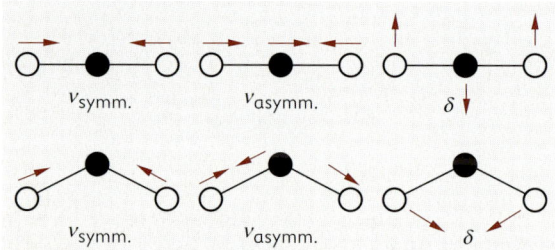

Die Lage der Absorptionsbanden im IR-Spektrum wird in Wellenzahlen $\tilde{\nu}$ (Schwingungen je cm) angegeben.
— Valenzschwingungen $4000 \cdots 2000$ cm^{-1}
— Deformationsschwingungen $2000 \cdots 400$ cm^{-1}

■

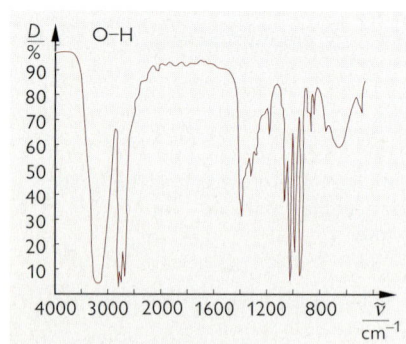

IR-Spektrum des 1-Propanols

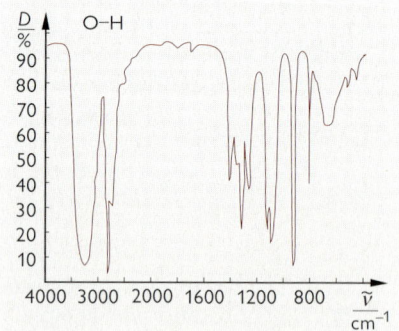

IR-Spektrum des 2-Propanols

Auswertung der IR-Spektren. IR-Spektren ermöglichen den Nachweis funktioneller Gruppen und charakteristischer Bindungen im Molekül, die Identifizierung von Verbindungen und deren Reinheitsprüfung sowie die quantitative Bestimmung von Gasen.

Charakteristische IR-Absorptionsbanden

Schwingungstyp	Verbindungen	Wellenzahl $\tilde{\nu}$ in cm^{-1}
H–C$\diagdown$	Alkane	2960 ··· 2850
H–C$\diagup$	Alkene	3100 ··· 2975
H–C$\equiv$	Alkine	3300
H–O–	Alkohole, Phenole, Carbonsäuren	3670 ··· 3500 (frei) 3600 ··· 2500 (assoziiert)
–C$\equiv$C–	Alkine	2260 ··· 2100
$\diagup$C=C$\diagdown$	Alkene	1690 ··· 1640
$\diagup$C=O	Aldehyde, Ketone, Carbonsäuren und Derivate	1800 ··· 1600

NMR-Spektroskopie

Absorption elektromagnetischer Strahlung aus dem Radiowellenbereich; regt kernmagnetische Resonanz (engl.: nuclear magnetic resonance, NMR) von Atomkernen mit einem von null verschiedenen magnetischen Moment an.

Magnetisches Moment von Atomkernen

Atomkerne mit ungerader Protonen- und/oder gerader Neutronenanzahl und Atomkerne mit gerader Protonen- und ungerader Neutronenanzahl besitzen ein von null verschiedenes magnetisches Moment. Dieses kann in einem äußeren Magnetfeld verschiedene Orientierungen (parallel und antiparallel zu den Feldlinien des angelegten Magnetfeldes) einnehmen, die sich in ihrem Energieinhalt unterscheiden.
↗ Atomkern S. 30

- $^{1}_{1}$H , $^{13}_{6}$C , $^{19}_{9}$F

Atomkerne mit gerader Protonen- und gerader Neutronenanzahl besitzen diese Eigenschaft nicht.

- $^{12}_{6}$C , $^{16}_{8}$O

Kernmagnetische Resonanz

Die Energiedifferenzen zwischen den beiden Orientierungen des magnetischen Moments von Atomkernen in einem äußeren Magnetfeld liegen im Energiebereich der Radiowellen; bei der Absorption dieser Strahlung erfolgt ein Umklappen der energieärmeren Orientierung in die energiereichere, es tritt *magnetische Resonanz* ein. Es entsteht ein *Resonanzsignal*, das aufgezeichnet wird.

Für die Strukturaufklärung organischer Moleküle ist vor allem die **protonenmagnetische Resonanzspektroskopie** (^{1}H-NMR-Spektroskopie) von Bedeutung, da diese Moleküle neben den NMR-aktiven Wasserstoffatomen im Wesentlichen nur NMR-inaktive Atome, wie $^{12}_{6}$C und $^{16}_{8}$O, enthalten.

9

321

Chemische Verschiebung

Die Lage der Protonenresonanz-Signale wird durch benachbarte Atome und Bindungen beeinflusst und ermöglicht dadurch Aussagen über die nähere Umgebung des jeweiligen Protons. Unterschiedlich gebundene Protonen eines Moleküls ergeben somit unterschiedliche Resonanzsignale. Bei der Auswertung der Signale vergleicht man diese mit dem Protonensignal des Tetramethylsilans [$Si(CH_3)_4$, TMS], das als Nullpunkt der Skala definiert ist. Es hat sich als vorteilhaft erwiesen, anstelle der *Resonanzfrequenz ν* selbst die so genannte *chemische Verschiebung δ* zu benutzen, eine dimensionslose Größe, die in parts per million (ppm) angegeben wird.

$$\delta = \frac{\nu(\text{Atom}) - \nu(\text{TMS}) \,[\text{Hz}]}{\nu(\text{Radiowelle}) \,[\text{MHz}]}$$

■ Chemische Verschiebungen von charakteristischen ^{1}H-NMR-Signalen

Protonentyp	δ in ppm	Protonentyp	δ in ppm
$Si(CH_3)_4$	0,0	$Cl-CH_3$	3,0
$R-CH_3$	0,6 ⋯ 1,7	$R-CH_2-OH$	3,0 ⋯ 4,0
CH_3-COOH	2,1	$R_2C=CH-R$	4,5 ⋯ 6,0
$Ar-CH_3$	2,0 ⋯ 3,0	$Ar-H$	7,0 ⋯ 7,5
$R-C\equiv C-H$	2,0 ⋯ 3,0	$R-CHO$	9,0 ⋯ 10,5

■

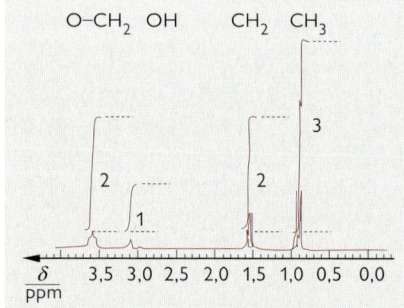

NMR-Spektrum von 1-Propanol

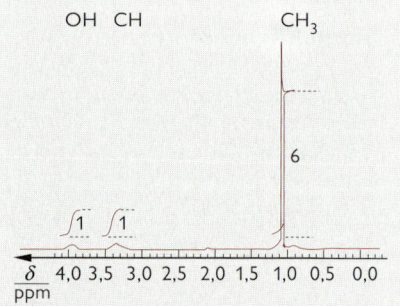

NMR-Spektrum von 2-Propanol

Auswertung der NMR-Spektren

Die Lage des Resonanzsignals lässt Aussagen über die elektronische Umgebung des Protons zu, d. h. über den organischen Rest oder die funktionelle Gruppe, der es angehört.

Die Fläche unter dem Resonanzsignal ist der Anzahl der entsprechenden äquivalenten Protonen direkt proportional; sie wird durch Integration bestimmt.

Massenspektrometrie

Bei diesem Analysenverfahren wird die organische Verbindung im Hochvakuum verdampft und durch Elektronenbeschuss in Bruchstücke zerschlagen. Als Spaltprodukte treten Kationen, freie Radikale und kleine Neutralmoleküle auf. Die verschiedenen in der Ionenquelle erzeugten Kationen werden im Analysator nach dem Verhältnis von Molmasse zu Ladung (m/z-Wert) getrennt und dem Analysator zugeführt. Es entsteht ein Spektrum der getrennten Molekülfragmente (Massenspektrum). Da die Ionen meist die Ladung 1 aufweisen, ist der m/z-Wert im Allgemeinen der Masse des Ions gleichzusetzen.

↗ Carbokationen S. 39; Radikale S. 41

Molekül-Ionen und Fragment-Ionen

Durch Elektronenbeschuss wird aus dem Molekül primär das Molekül-Ion erzeugt, dessen Massenzahl der molaren Masse der Verbindung entspricht.

$$[A - B] + e^- \longrightarrow [A - B]^{+\cdot} + 2\,e^-$$

Die Energie des Elektronenstrahls ist ausreichend, um das Molekül-Ion weiter in Bruchstücke zu spalten:

$$[A - B]^{+\cdot} \longrightarrow A^+ + B^\cdot \quad \text{oder} \quad A^\cdot + B^+ \quad \text{oder} \quad A^{+\cdot} + B \quad \text{oder} \quad A + B^{+\cdot}.$$

Die so entstehenden Fragment-Ionen bilden mit dem Molekül-Ion das Massenspektrum der Verbindung. Die Intensität der Signale (Peaks) spiegelt die relative Häufigkeit der betreffenden Ionen wider. Der höchste Peak im Massenspektrum wird als Basispeak bezeichnet.

- Bildung des Basispeaks bei 1-Propanol ($m = 31$ u)

$$[CH_3{-}CH_2{-}CH_2{-}OH]^{+\cdot} \longrightarrow [CH_3{-}CH_2]^\cdot + [CH_2{=}OH]^+$$

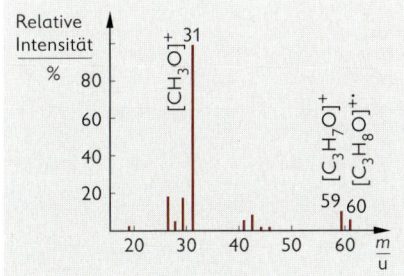

Massenspektrum von 1-Propanol

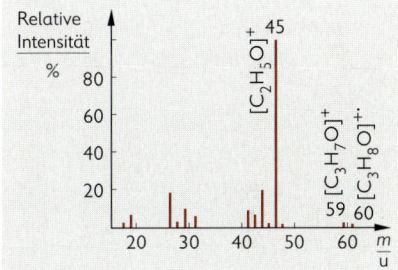

Massenspektrum von 2-Propanol

Besonders charakteristische Fragment-Ionen werden als Schlüsselbruchstücke bezeichnet, da sie wertvolle Hinweise auf die Struktur des Moleküls geben.

- Ausgewählte Fragment-Ionen

Masse	Fragment	Ursprung	Masse	Fragment	Ursprung
18 u	H_2O^+	Alkohole	44 u	COO^+	Carbonsäuren
28 u	CO^+	Phenole, Chinone	65 u	$C_5H_5^+$	Arene
31 u	$CH_2{=}OH^+$	Alkohole	76 u	$C_6H_4^+$	Arene
36 u	HCl^+	Chlorverbindungen	91 u	$C_7H_7^+$	Alkylarene

9

323

Diffraktometrische Analysemethoden

Wechselwirkung zwischen Festkörpern und Strahlung

Diffraktometrische oder Beugungsmethoden sind hervorragend zur Untersuchung der Struktur von Festkörpern geeignet. Sie ermöglichen auch Strukturaufklärungen bei makromolekularen Stoffen (z. B. DNA) oder Metall-Legierungen.

Art der Beugung	Ziel der Methode
Röntgenstrahlbeugung	Gitterbestimmung von Kristallen, Bestimmung der Elektronendichte
Elektronenstrahlbeugung	vorrangig Untersuchung von Oberflächenerscheinungen

Röntgenstrahlbeugung zur Gitterbestimmung

Werden Kristalle mit Röntgenstrahlen einer bestimmten Wellenlänge bestrahlt, so entsteht auf einem Röntgenfilm ein Beugungsbild (Diffraktogramm). Liegt die Wellenlänge der Strahlung in der Größenordnung der Netzebenenabstände des Kristalls, so zeigen die an verschiedenen Netzebenen gebeugten Strahlen einen Gangunterschied, der zur Verstärkung oder Auslöschung durch *Interferenz* führt. Durch Drehung der Kristalle werden für jede Netzebene entsprechende Beugungsbilder erhalten.
↗ Kristallsysteme S. 59; Wiss Ph, Interferenz

Beim **LAUE-Verfahren** werden Einkristalle, beim **DEBYE-SCHERRER-Verfahren** polykristalline Materialien untersucht; die regellose Verteilung vieler kleiner Kristalle führt zur gleichzeitigen Beugung an allen Netzebenen.

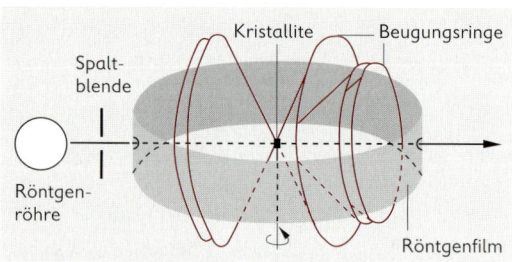

Messanordnung beim
DEBYE-SCHERRER-Verfahren

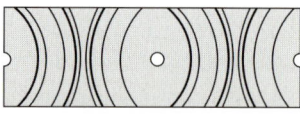

DEBYE-SCHERRER-Diffraktogramm
von Goldpulver (kubisches Gitter)

Röntgenstrahlbeugung zur Bestimmung der Elektronendichte

Da die Beugung der Röntgenstrahlen auf der Wechselwirkung mit den Elektronen des Kristalls beruht, lässt die *Intensität* der Beugungslinien und -punkte Schlüsse auf die Elektronendichteverteilung im Gitter zu. Die Elektronendichte zwischen den Gitterbausteinen ist im Ionengitter (z. B. Natriumchlorid) nahezu null und erreicht im Atomgitter (z. B. Diamant) den Wert eines Elektronenpaares.
Die Methode ermöglicht die Bestimmung des Bindungstyps, von Atomabständen und Bindungswinkeln und damit die Strukturaufklärung auch großer Moleküle (z. B. Vitamin B_{12}).

Chemie und Umwelt

Globale Aspekte

Umwelt- oder Ökochemie
Teilgebiet der Chemie; Untersuchungsgegenstand ist die Wirkung von Stoffen in der Umwelt: Herkunft und Eintrag von Stoffen, Verteilung von Stoffen in Luft, Wasser, Boden oder Ökosystemen, Stoffkreisläufe und Stoffabbau.

Umweltbelastung
Beeinflussung oder Veränderung der natürlichen Umwelt, z. B. durch Emissionen.

Belastungsarten (Auswahl)	
Emission	■
Abfall	Hausmüll, Produktionsabfälle, Klärschlämme, industrielle Nebenprodukte
Abgase	Rauchgase, Gichtgase, Kraftfahrzeugabgase, Abluft aus technischen Anlagen
Abwasser	Häusliches Abwasser, gewerbliches und industrielles Abwasser
Umweltchemikalien	Stoffe mit hoher Persistenz, z. B. Pestizide, Schwermetalle
Staub, Rauch	Ruß, Flugasche

Umweltschutz
Maßnahmen zum Schutz der Umwelt; haben vorsorgende (präventive), zurückdrängende (repressive) und wiederherstellende (reparative) Funktionen.
Aktivitäten im Bereich des Umweltschutzes: Naturschutz und Landschaftspflege, Gewässerschutz, Luftreinhaltung (d. h. Schutz vor Immissionen), Bodenschutz, Abfallentsorgung und Strahlenschutz.
↗ Umweltbereiche Luft S. 328, Wasser S. 331, Boden S. 335, Abfall S. 338

10

Phasen bei Umweltschutzaufgaben	■
Beobachtung und Erklärungsversuche	Schädigung der Ozonschicht über der Antarktis, anthropogener Treibhauseffekt
Bewertung	Festlegung von Grenzwerten, Bestimmung der Umweltverträglichkeit
Realisierung von Maßnahmen	Einstellung bzw. Beschränkung der Produktion von Asbest, DDT, PCB, FCKW

Kreislauf des Kohlenstoffdioxids in der Natur
Natürliche Prozesse (Jährlicher Austausch von Kohlenstoffdioxid)

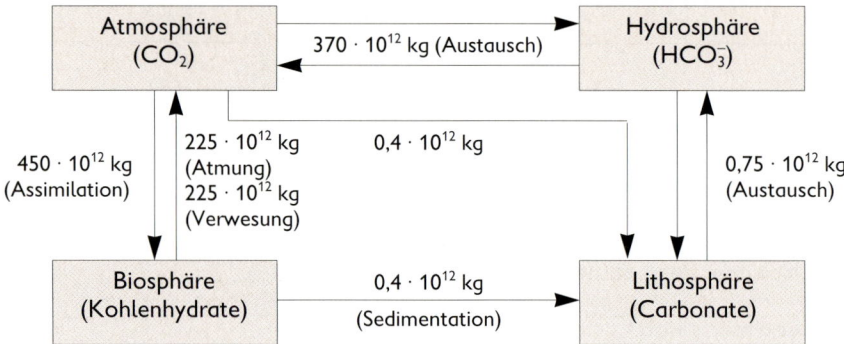

Auswirkungen menschlicher Tätigkeiten. Durch Verbrennung fossiler Brennstoffe (Kohle, Erdöl, Erdgas) gelangen jährlich zusätzlich $18,5 \cdot 10^{12}$ kg Kohlenstoffdioxid in die Atmosphäre; die Rodung tropischer Regenwälder verringert die Assimilation von Kohlenstoffdioxid um jährlich $7,4 \cdot 10^{12}$ kg. Dadurch steigt der Kohlenstoffdioxidgehalt der Atmosphäre an.
↗ Treibhauseffekt S. 327

Kreislauf des Stickstoffs in der Natur
Natürliche Prozesse. 99 % des auf der Erde vorhandenen Stickstoffs sind in der Atmosphäre enthalten; jährlich werden durch Bakterien $100 \cdots 200 \cdot 10^9$ kg Stickstoff in Form von Ammoniumsalzen oder Nitraten gebunden, von den Pflanzen aufgenommen und in Proteine umgewandelt. Pflanzlicher und tierischer Stoffwechsel sowie die Verwesung abgestorbener Organismen bilden Ammonium-Ionen zurück. Denitrifizierende Bakterien führen einen Teil der Nitrate über Nitrite und Distickstoffmonooxid in die Elementsubstanz über.

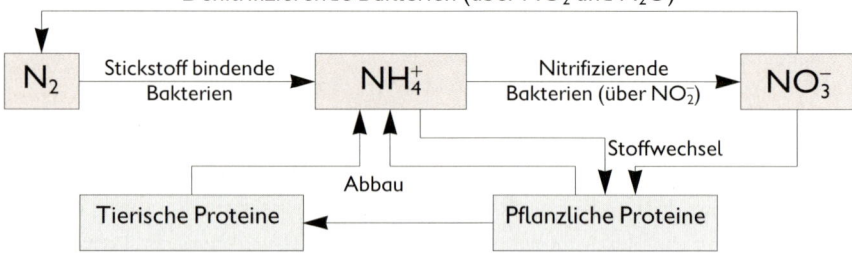

10

Auswirkungen menschlicher Tätigkeiten. Durch die technische Ammoniaksynthese werden jährlich $80 \cdot 10^9$ kg Stickstoff gebunden, durch Verbrennungsprozesse weitere $25 \cdot 10^9$ kg (als Stickstoffoxide). Intensive Düngung führt zur Erhöhung des Nitratgehalts in Boden und Gewässern.

Treibhauseffekt

Vorgang in der Atmosphäre, bei dem das einfallende sichtbare Licht durchgelassen, die längerwellige Rückstrahlung im Infrarot-Bereich aber stärker absorbiert wird; Wirkung gleicht der des Glasdachs eines Gewächshauses.

Der **natürliche Treibhauseffekt**, der die Durchschnittstemperatur an der Erdoberfläche auf +15 °C hält, wird durch Wasserdampf (zu 62 %), Kohlenstoffdioxid (22 %), Ozon (7 %), Distickstoffmonooxid (4 %) und Methan (2 %) erzeugt.

Durch den **anthropogenen Treibhauseffekt** (durch menschliche Tätigkeiten verursachter Treibhauseffekt) wird mittelfristig ein Temperaturanstieg von 2 ··· 5 K vorausgesagt, der zu 50 % durch Kohlenstoffdioxid, zu 19 % durch Methan und zu 17 % durch die FCKW bewirkt wird.

Der **integrale Treibhauseffekt** berücksichtigt zusätzlich die Verweilzeit der genannten Gase in der Atmosphäre.

Gefährdung der Ozonschicht

Das Ozon in der Stratosphäre (in 20 ··· 26 km Höhe) absorbiert einen großen Teil der solaren UV-Strahlung, wodurch die Entwicklung höheren Lebens auf der Erde erst ermöglicht wird. Seit den 70er Jahren wird eine Verringerung der Ozonkonzentration insbesondere im September über der Antarktis beobachtet, für die maßgeblich die FCKW verantwortlich gemacht werden.

↗ Ozon S. 186

Fluorchlorkohlenwasserstoffe (FCKW)

Fluorchlorkohlenwasserstoffe (exakter Chlorfluorkohlenwasserstoffe), vor allem R 11 (CCl_3F) und R 12 (CCl_2F_2), werden in den letzten Jahren zwar weniger, aber noch immer im großen Maße produziert und in Kälteanlagen, als Treib- und Schäummittel sowie als Lösemittel eingesetzt (Weltproduktion 1990: etwa 500 000 t).

FCKW sind in Erdnähe persistent, gehen aber in der Stratosphäre, wo sie 80 % des Chlorgehalts ausmachen, radikalische Reaktionen ein; die so gebildeten Chloratome führen zur Spaltung von Ozon:

$$CCl_3F \xrightarrow{\text{UV-Strahlung}} \cdot CCl_2F + Cl\cdot$$
$$Cl\cdot + O_3 \longrightarrow \cdot ClO + O_2$$
$$\cdot ClO + O_3 \longrightarrow 2\,O_2 + Cl\cdot$$

10

Es wurde vorgeschlagen, diese so genannten „harten" FCKW durch teilhalogenierte Kohlenwasserstoffe, so genannte „weiche" FCKW (H-FCKW) zu ersetzen; sie enthalten noch Wasserstoffatome im Molekül und werden bereits in den unteren Luftschichten hydrolytisch und oxidativ abgebaut, z. B. Chlordifluormethan $CHClF_2$ (R 22). Durchgesetzt haben sich chlorfreie Fluorkohlenwasserstoffe (FKW), die eine geringe Toxizität und ein niedrigeres Treibhausgas-Potential besitzen als die H-FCKW, z. B. 1,1,1,2-Tetrafluorethan $CF_3{-}CH_2F$ (R 134a). In Deutschland sind seit 1995 Anwendung und Produktion „harter" FCKW verboten, „weiche" FCKW sind bis 2015 noch zugelassen. In vielen Fällen können Kohlenwasserstoffgemische (Propan/Butan) anstelle der FCKW oder FKW die technologischen Anforderungen erfüllen.

↗ Eigenschaften S. 210

Umweltbereich Luft

Luftverunreinigungen

Gasförmige oder in der Luft schwebende Stoffe, die die natürliche Luftzusammensetzung verändern; entstammen natürlichen und anthropogenen Quellen. Global überwiegen die natürlichen Verunreinigungen, in industriellen und städtischen Ballungsgebieten schaffen die anthropogenen Luftverunreinigungen die Umweltprobleme.

Spurenstoffe in der Luft	Volumen-anteil	Hauptquellen
Kohlenstoffdioxid CO_2	0,034%	Atmung, biologischer Abbau; Verbrennung fossiler Brennstoffe, Brandrodung, Kraftfahrzeuge
Methan CH_4	1,6 ppm	Reisfelder, Tierhaltung; Erdgas, Mülldeponien
Distickstoffmonooxid N_2O	0,3 ppm	Boden, Ozean
Kohlenstoffmonooxid CO	0,2 ppm	Oxidation von Kohlenwasserstoffen in der Atmosphäre; Verbrennung von Biomasse und fossilen Brennstoffen
Ozon O_3	30 ··· 50 ppb	Kraftfahrzeuge, fossile Brennstoffe, Industrie
Höhermolekulare Kohlenwasserstoffe C_xH_y	10 ··· 100 ppb	Wälder; Kraftfahrzeuge; Lösemittel
Stickstoffoxide NO_x (NO und NO_2)	0,01 ··· 5 ppb	Blitze; Verbrennung von Biomasse und fossilen Brennstoffen; Stickstoffdüngung
Schwefeldioxid SO_2	0,1 ··· 2 ppb	Vulkane; Verbrennung fossiler Brennstoffe
Fluorchlorkohlenwasserstoff CCl_2F_2	230 ··· 300 ppt	Kühlmedien, Treibmittel für Schaumstoffe, Lösemittel

Schadstoff-Emission

Abgabe von Schadstoffen in die Luft.

- Abgabe von Kohlenstoffmonooxid bei der unvollständigen Verbrennung.

Schadstoff-Immission

Einwirkung von Verunreinigungen in Luft, Wasser oder Boden auf Lebewesen.

Immissionsgrenzwerte IW einiger Schadstoffe in $mg \cdot m^{-3}$		
Schadstoff	Langzeitwerte (IW 1) in $mg \cdot m^{-3}$	Kurzzeitwerte (IW 2) in $mg \cdot m^{-3}$
Chlor	0,10	0,30
Kohlenstoffmonooxid	10	30
Schwefeldioxid	0,14	0,40
Stickstoffdioxid	0,08	0,20

Saurer Regen

Atmosphärischer Niederschlag mit einem pH-Wert <5,6; entsteht durch Säuren, die sich aus Schwefeldioxid bzw. Stickstoffoxiden bilden; führt zu Schäden an steinernen Bauwerken, zur Korrosion von Metallen, zur Störung des ökologischen Gleichgewichts, zur Versauerung von Böden und Gewässern sowie zu Baumschäden.

Smog

Starke Anreicherung von Luftverunreinigungen in Ballungsgebieten; tritt besonders bei Inversionswetterlagen auf; kann gesundheitsgefährdende Ausmaße annehmen.
Saurer Smog (Wintersmog, London-Typ). Wird durch hohe Konzentrationen von Schwefeldioxid und Rußteilchen hervorgerufen.
Fotosmog (Sommersmog, Los-Angeles-Typ). Entsteht durch hohe Konzentration von Stickstoffoxiden, Kohlenstoffmonooxid und Kohlenwasserstoffen. Durch Sonneneinstrahlung entsteht Ozon, und daraus bilden sich mit Kohlenwasserstoffen Aldehyde und Carbonsäuren, Salpetersäure und andere Fotooxidantien.

Luftbelastung in Innenräumen

Quellen für Innenraumluft-Verunreinigungen sind u. a. Baustoffe, Möbel, Anstrich- und Reinigungsmittel sowie Tabakrauch; die Verwendung als schädlich erkannter Stoffe ist heute weitgehend verboten.

Schadstoffe in Innenräumen		
Schadstoff	Quelle	Wirkung
Formaldehyd	Spanplatten, Zigarettenrauch	Allergien, Hautschäden, potentiell krebserzeugend
Polychlorierte Biphenyle (PCB)	Fugendichtungsmassen in Betonfertigteilbauten	giftig, krebserzeugend, hohe Persistenz
Pentachlorphenol (PCP)	Holzschutzmittel	giftig, relativ flüchtig, hohe Persistenz
Asbestfasern	Asbestzement	Asbestose, krebserzeugend

MAK-Werte

Maximale Arbeitsplatz-Konzentration eines Schadstoffs in der Luft, die nach dem gegenwärtigen Kenntnisstand die Gesundheit des Beschäftigten auch bei täglich achtstündiger Exposition nicht beeinträchtigt und ihn nicht unangemessen belästigt.

10

Stoff	MAK-Wert in mg $\cdot$ m^{-3}	Stoff	MAK-Wert in mg $\cdot$ m^{-3}
Ammoniak	35	Kohlenstoffmonooxid	33
Brom	0,7	Methanol	260
Chlor	1,5	Ozon	0,2
Chlorwasserstoff	7	Schwefeldioxid	5
Essigsäure (Ethansäure)	25	Schwefelwasserstoff	15
Ethanol	1900	Stickstoffdioxid	9
Formaldehyd (Methanal)	0,6	Trichlormethan	50

Verfahren zur Luftreinhaltung

Rauchgasentschwefelung. Absorption des Schwefeldioxids durch Kalkwasser (Gewinnung von Calciumsulfat) oder alkalische Natriumsulfitlösung (Gewinnung von Schwefeldioxid als Wertstoff).

↗ Schwefelsäureherstellung S. 264

Rauchgasentstickung. Reduktion der Stickstoffoxide mit Ammoniak zu Stickstoff:

$$4\,NO + 4\,NH_3 + O_2 \xrightarrow{Kat.} 4\,N_2 + 6\,H_2O$$

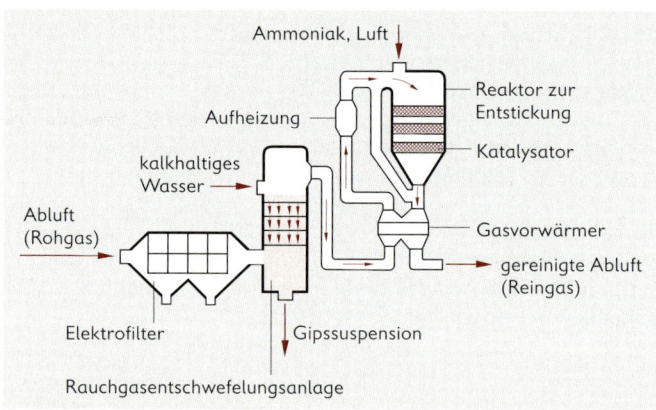

Rauchgasentschwefelungsanlage

Dreiwegkatalysator. Katalytische Nachverbrennung der Abgase von Viertakt-Ottomotoren; Oxidation von unverbrannten Kohlenwasserstoffen und von Kohlenstoffmonooxid zu Kohlenstoffdioxid und Wasser; Reduktion von Stickstoffoxiden (durch Kohlenstoffmonooxid) zu Stickstoff.

$$2\,CO + O_2 \xrightarrow{Kat.} 2\,CO_2$$

$$C_8H_{18} + 12{,}5\,O_2 \xrightarrow{Kat.} 8\,CO_2 + 9\,H_2O$$

$$2\,NO + 2\,CO \xrightarrow{Kat.} N_2 + 2\,CO_2$$

10

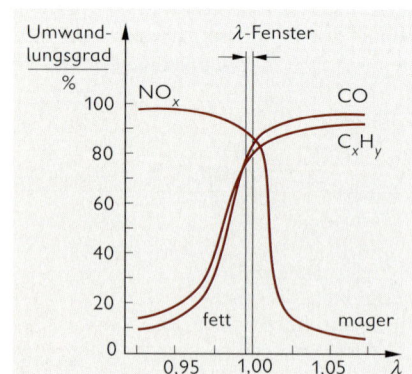

Der Wirkungsgrad des Katalysators ist optimal, wenn das Kraftstoff-Luft-Verhältnis im Motor dem stöchiometrischen Wert entspricht (λ-Fenster).

$$\text{Luftzahl } \lambda = \frac{\text{zugeführte Luftmenge}}{\text{Luftbedarf}}$$

Umweltbereich Wasser

Wasserressourcen

Von den $1,4 \cdot 10^{18}$ t Wasser auf der Erde liegen $1,35 \cdot 10^{18}$ t als Salzwasser in den Meeren vor; nur 3,5 % der Wasservorräte sind als Süßwasser direkt nutzbar, davon sind $3 \cdot 10^{16}$ t im Eis der Polkappen und Gletscher festgelegt, $1 \cdot 10^{16}$ t als Grundwasser und nur $1,25 \cdot 10^{14}$ t als Oberflächenwasser vorhanden.

↗ Eigenschaften S. 173; Verwendung S. 255

Trinkwasseraufbereitung

Der Bundesbürger verbraucht täglich etwa 145 l Trinkwasser, den weitaus größten Teil für Reinigungszwecke, nur 3 l zum Trinken und Kochen. Die Gewinnung erfolgt vor allem aus Grundwasser, aus so genanntem angereicherten Grundwasser (versickertes Oberflächenwasser) oder aus Oberflächenwasser (Talsperren).

Trinkwasserreinigung. Erfolgt über die Stufen **Grobreinigung** (Abtrennen grobdisperser Systeme, Fällung von Schwermetall-Ionen und Härtebildnern, Gasaustausch mit Sauerstoff), **Feinreinigung** (Filtration von Schwebstoffen), **Adsorption** (Entfernen von Mikroverunreinigungen, Geruchs- und Geschmacksstoffen) und **Desinfektion** (Oxidation von Mikroorganismen).

Trinkwasserinhaltsstoffe. Chemisch reines Wasser ist als Trinkwasser ungeeignet. Für Inhaltsstoffe sind gesetzlich Höchstgrenzen festgelegt.

Inhaltsstoff	Grenzwert in mg $\cdot$ l^{-1}	Berechnet als
Bleiverbindungen	0,04	Pb
Quecksilberverbindungen	0,001	Hg
Nitrate	50	NO_3^-
Tetrachlormethan	0,003	CCl_4
Pestizide	0,0005	Gesamtmasse

Wasserhärte

Gehalt des Wassers an Calcium- und Magnesiumsalzen (Chloride, Sulfate, Hydrogencarbonate); quantitative Angaben heute in mmol $\cdot$ l^{-1} Erdalkalimetall-Ionen, früher in Deutschen Härtegraden (°d, 1 °d $\cong \beta(CaO) = 10$ mg $\cdot$ l$^{-1} \cong c(Ca^{2+}) = 0,178$ mmol $\cdot$ l^{-1}). **Carbonathärte:** Teil der Wasserhärte, der sich beim Kochen in Form von Calciumcarbonat und Magnesiumhydroxidcarbonat abscheidet.

10

Härteklassen des Wassers		
Härtebereich	Härte in mmol $\cdot$ l^{-1}	Härtegrad in °d
1 (weich)	<1,25	<7
2 (mittelhart)	1,25 ··· 2,49	7 ··· 14
3 (hart)	2,50 ··· 3,74	15 ··· 21
4 (sehr hart)	>3,74	>21

Die Bestimmung der Wasserhärte erfolgt durch komplexometrische Titration.

↗ Komplexometrie S. 316

Wassergefährdungsklassen (WGK)

Einstufung von Stoffen nach wassergefährdender Eigenschaft; erfolgt aufgrund ihrer Toxizität gegenüber Säugern, Fischen und Bakterien sowie ihres Abbauverhaltens.

Wasser-gefährdungsklasse	Merkmal	■ Stoff
WGK 0	im Allgemeinen nicht wassergefährdend	Aceton, Butan, Calciumchlorid, Ethanol, Wasserstoffperoxid
WGK 1	schwach wasser-gefährdend	Benzine, Calciumhydroxid, Eisen-verbindungen, Essigsäure, Methanol, Salpetersäure, Salzsäure, Schwefelsäure
WGK 2	wassergefährdend	Ammoniak, Chlor, Kupferverbindungen, Schwefelwasserstoff
WGK 3	stark wassergefährdend	Benzol, Bleiverbindungen, Cadmium- u. Quecksilberverbindungen, Tetrachlormethan, Trichlormethan

Abwasser

Häusliches Abwasser. Aus Spül- und Waschvorgängen, sanitären Anlagen; in Deutschland etwa 150 l je Tag und Person; enthält organische Schmutzstoffe.
Gewerbliches und industrielles Abwasser. Aus Zellstoff-, Zucker-, Seifenfabri-ken, Gerbereien und landwirtschaftlichen Betrieben mit vorwiegend organischen, aus Bergbau und Kaliindustrie mit vorwiegend anorganischen Belastungen.

Schadstoffe im Abwasser

Meist zahlreiche, nicht einzeln erfassbare Substanzen; Angabe der Konzentration durch Summenparameter.

■ Summenparameter	Erläuterung
CSB	Chemischer Sauerstoffbedarf; gibt Menge oxidierbarer Inhalts-stoffe an; wird mit Kaliumdichromat bestimmt (in $mg \cdot l^{-1} O_2$).
BSB_5	Biochemischer Sauerstoffbedarf in 5 Tagen; Maß für die bei der aeroben mikrobiellen Oxidation verwertbare organische Substanz (in $mg \cdot l^{-1} O_2$).
AOX	Summe der Massenkonzentrationen der an Aktivkohle absor-bierbaren organischen Halogenverbindungen; wird argento-metrisch bestimmt (in $mg \cdot l^{-1} X^-$).
Schwermetalle	Summe der Konzentrationen an Hg, Cd, Ni, Cr, Pb, Cu
Fischgiftigkeit	Wird bestimmt durch diejenige Verdünnung, bei der das Abwasser im Fischtest (mit der Goldorfe) nicht mehr giftig ist.

10

Abwasserbelastung

Phosphatbelastung. Kommt vor allem aus Haushalten (Exkremente, Wasch- und Reinigungsmittel) und Landwirtschaftsbetrieben (Phosphordünger, Nutztierhaltung); führt zur Eutrophierung der Gewässer.

Nitratbelastung. Wird insbesondere durch die Landwirtschaft verursacht (Tierhaltung, Gülle, Mineraldünger) sowie durch sauren Regen und Kraftfahrzeugabgase; führt zur Eutrophierung von Oberflächengewässern; ist trinkwassergefährdend (Grenzwert für Nitrat-Ionen 50 mg $\cdot$ l^{-1}).

Salzbelastung. Wird vor allem durch den Salzbergbau verursacht (Chloride, Sulfate).

Tensidbelastung. Früher hohe Tensid-Belastung der Gewässer, heute durch biologisch abbaubare Substanzklassen deutlich verringert:

■ Ersatz von Isoalkylbenzolsulfonaten durch n-Alkylbenzolsulfonate
Ersatz von Alkylphenolethoxylaten durch Fettalkoholethoxylate
↗ Tenside S. 249

Abwasserbehandlung in Kläranlagen

Abwasser durchläuft in Kläranlagen folgende Stufen:

Mechanische Reinigung. Entfernung fester, aufschwimmender und (evtl. nach Neutralisation) absetzbarer Stoffe.

Biologische Reinigung. Aerober mikrobieller Abbau organischer Stoffe zu Kohlenstoffdioxid, Nitraten und Sulfaten;
gegebenenfalls Verringerung der Stickstoffbelastung durch anaerobe *Denitrifikation* (Reduktion der Nitrat-Ionen zu Stickstoff).

Chemische Reinigung. Nachklärung, z. B. als Phosphatausfällung durch Eisen(III)-chlorid, Aluminiumsulfat oder Calciumhydroxid; Schwermetalleliminierung durch Hydroxid- oder Carbonatfällung.

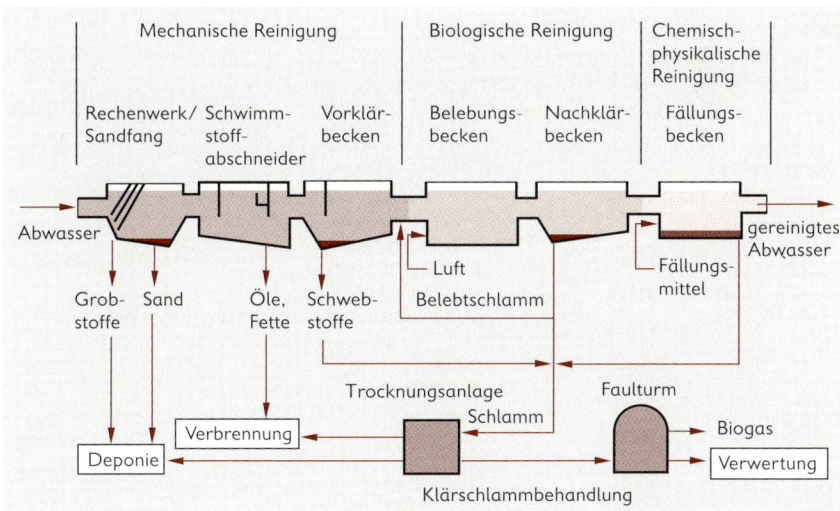

10

333

Schadstoffgruppe (Summenparameter)	Kläranlage	
	Zulauf (mg · l^{-1})	Ablauf (mg · l^{-1})
CSB	300 ··· 1000	20 ··· 80
BSB$_5$	150 ··· 500	5 ··· 20
Organischer Stickstoff	10 ··· 20	2 ··· 6
Ammonium-Stickstoff	20 ··· 40	10 ··· 20
Nitrat-Stickstoff	0,1 ··· 2	5 ··· 15, mit Denitrifikation < 5
Gesamt-Phosphor	10 ··· 15	bei Fällung < 0,5
Schwermetalle	1	0,3

Klärschlamm

Primärschlamm: Entsteht durch Sedimentation bei der mechanischen Reinigung.
Sekundärschlamm (Belebtschlamm): Entsteht in der biologischen Klärstufe.
Tertiärschlamm: Entsteht durch Flockung in der chemischen Reinigungsstufe.
Klärschlamm-Faulung. Kontrollierter anaerober Abbau zu Biogas (vor allem Methan) und Faulschlamm. Bei Einhaltung der Grenzwerte (Schwermetalle) ist Verwendung in der Landwirtschaft möglich, Großteil des Klärschlamms wird jedoch deponiert oder verbrannt.

Eutrophierung von Gewässern

Nährstoffanreicherung in Gewässern; Massenproduktion pflanzlicher Biomasse.
Der aerobe Abbau der anfallenden Biomasse durch Bakterien führt zunehmend zu Sauerstoffmangel, sodass schließlich anaerobe Fäulnisprozesse überwiegen, bei denen Methan, Schwefelwasserstoff und Ammoniak gebildet werden. Diese Stoffe führen in Verbindung mit dem akuten Sauerstoffmangel zum Absterben der auf Sauerstoff angewiesenen Lebewesen. Gegenmaßnahmen: Verringerung des Eintrags von Phosphor- und Stickstoffverbindungen durch Abwasserreinigung.

Gewässergüte der Fließgewässer

Die Bewertung erfolgt mithilfe von Indikator-Organismen (*Saprobien*, z. B. Zuckmücken), die in organisch verschmutzten Gewässern leben.
↗ Vordere Innenseite des Umschlags

10

Güteklasse		Merkmale
I	**Unbelastet bis sehr gering belastet**	Keimzahl $< 10^2 \cdot$ ml^{-1}, gesunder Lebensraum Wasser
II	**Mäßig belastet**	Keimzahl $< 10^4 \cdot$ ml^{-1}, große Artenvielfalt und -dichte, Fische vorhanden
III	**Stark verschmutzt**	Keimzahl $< 10^5 \cdot$ ml^{-1}, starke Algenbesiedelung, kaum Fische
IV	**Übermäßig verschmutzt**	Keimzahl $> 10^6 \cdot$ ml^{-1}, vorrangig Bakterienbesiedlung, Fäulnisprozesse vorherrschend, Fische fehlen

334

Umweltbereich Boden

Bodenbelastungen

Die Belastung des Bodens erfolgt vor allem durch Luftschadstoffe, giftige Schwermetalle, persistente organische Stoffe, Überdüngung und Altlasten an Industrie- und Militärstandorten sowie Tankstellen (Säuren, Mineralöle).

↗ Saurer Regen S. 329; Düngemittel S. 335

Bodenversauerung

Saurer Regen erniedrigt den pH-Wert des Bodens; beschleunigt Verwitterung der Carbonate und Auswaschung der Nährstoffe; toxische Aluminium-Ionen werden freigesetzt und giftige Schwermetalle remobilisiert; führt zur Belastung des Grundwassers und trägt zum Waldsterben bei.

Gegenmaßnahme: Waldkalkung (in der Erprobung).

Agrochemikalien

Chemikalien, die in Landwirtschaft und Gartenbau eingesetzt werden.

Gruppe	Wirkung
Düngemittel	fördern Wachstum, erhöhen Ertrag von Nutzpflanzen
Herbizide	bekämpfen Unkräuter
Fungizide	bekämpfen Pilze
Insektizide	bekämpfen Schadinsekten
Akarizide	bekämpfen Spinnmilben
Molluskizide	bekämpfen Schnecken
Nematizide	bekämpfen Fadenwürmer (Nematoden)

Düngemittel

Stickstoffdünger. Enthalten Stickstoff in Form von Ammonium-Ionen, Nitrat-Ionen, Harnstoff oder Calciumcyanamid; Massenanteil wird in % N (Reinstickstoff) angegeben.

Düngemittel	Bestandteile	$w(N)$ in %
Ammonsulfat	$(NH_4)_2SO_4$	21
Kalkammonsalpeter	$NH_4NO_3 + CaCO_3$	27
Harnstoff	$OC(NH_2)_2$	46
Kalkstickstoff	$CaCN_2$	20

Phosphordünger. Enthalten insbesondere Calciumdihydrogenphosphat, Massenanteil wird in % P_2O_5 angegeben.

Düngemittel	Bestandteile	$w(P_2O_5)$ in %
Superphosphat	$Ca(H_2PO_4)_2 + CaSO_4$	16 ⋯ 22
Doppelsuperphosphat	$Ca(H_2PO_4)_2 + CaSO_4$	35
Triplesuperphosphat	$Ca(H_2PO_4)_2 + CaSO_4$	>46

10

Kalidünger. Enthalten lösliche Kaliumsalze (Kaliumchlorid, Kaliumsulfat); Massenanteil wird in % K_2O angegeben (auch wenn die Verbindung keinen Sauerstoff enthält).

Düngemittel	Bestandteile	$w(K_2O)$ in %
Kaliumchlorid	KCl	63
Kaliumsulfat	K_2SO_4	50
Kalimagnesia	$K_2SO_4 + MgSO_4$	>25

Mischdünger. Enthalten mehrere wirksame Komponenten, vorwiegend Stickstoff, Phosphor und Kalium.

Düngemittel	$w(N)$ in %	$w(P_2O_5)$ in %	$w(K_2O)$ in %
NP-Dünger	10 ⋯ 26	14 ⋯ 46	–
PK-Dünger	–	9 ⋯ 22	11 ⋯ 27
NPK-Dünger (Volldünger)	5 ⋯ 24	8 ⋯ 15	8 ⋯ 21

Herbizide

Mittel zur Bekämpfung von Unkräutern, die mit den Nutzpflanzen um Wasser, Licht, Nährstoffe und Lebensraum konkurrieren; meist organische Stoffe.

■ Phenole, Kohlensäurederivate, heterocyclische Verbindungen, organische Phosphorverbindungen

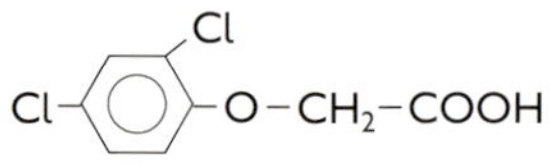

2.4-Dichlorphenoxyessigsäure

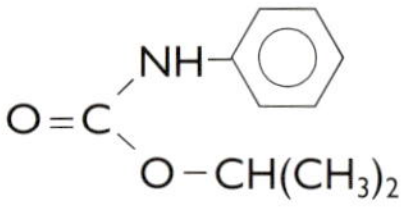

Propham

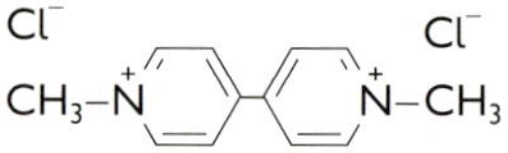

Paraquat

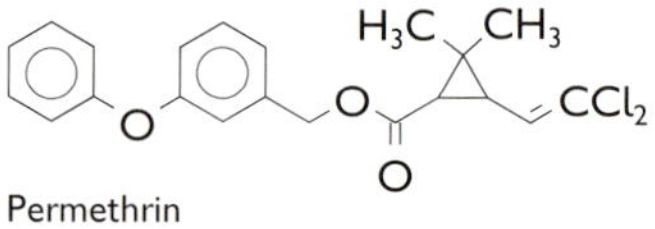

Permethrin

Fungizide

Mittel, die Pilze und deren Sporen abtöten: Blatt-Fungizide, Boden-Fungizide, Beizmittel (zur Saatgutbehandlung); anorganische und organische Stoffe.

■ Kupferverbindungen (Kupferkalkbrühe), kolloidaler Schwefel, organische Schwefelverbindungen, insbesondere Kohlensäurederivate

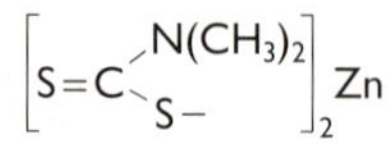

Ziram

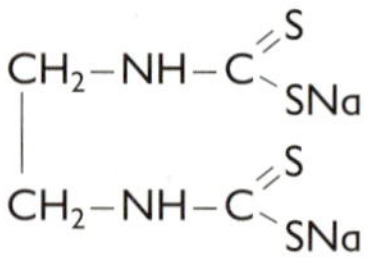

Nabam

336

Insektizide

Mittel zur Bekämpfung von Hygieneschädlingen (Fliegen, Schaben), Vorratsschädlingen (Kornkäfer), Forstschädlingen (Borkenkäfer).
Wirken als Atem-, Fraß- oder Kontaktgift; systemische Insektizide wirken über die Pflanzensäfte auf Insekten ein.

■ Blausäure HCN, Phosphin PH_3
Chlorkohlenwasserstoffe, Phosphorsäureester, Kohlensäurederivate

| Lindan | Parathionmethyl | Carbaryl |

Kontamination durch persistente Biozide

Stoffe, die nur langsam chemisch, fotochemisch oder mikrobiell abgebaut werden; können sich im Boden anreichern; dazu gehören insbesondere organische Chlorverbindungen.

■ Polychlorierte Biphenyle
Polychlorierte Dibenzodioxine („Dioxine") und Dibenzofurane

Kontamination durch giftige Schwermetalle

	Element	Quelle	Chronische Giftwirkung auf den Menschen
■	Blei	Antiklopfmittel Tetra-ethylblei, Farben, Akkumulatoren	Kopfschmerz, Anämie, Schädigung des Nervensystems, Muskelschwäche
	Cadmium	Farben, Korrosions-schutzmittel, Akkumulatoren, Abluft von Zinkhütten	Anämie, Verlust des Geruchssinns, Knochenmarkschädigung, Osteoporose
	Quecksilber	industrielle Abfälle, Katalysatoren, Pestizide	Bildung von Dimethylquecksilber $(CH_3)_2Hg$ und Methylquecksilber-Ionen CH_3Hg^+; Schädigung des Zentralnervensystems, Gedächtnisschwäche

Sanierung belasteter Böden

Nach dem Ort der Sanierung werden unterschieden:
In-site-Verfahren. Ohne Bodenaushub „an Ort und Stelle", z. B. Bodenspülung mit biologischem Abbau (bei Altölen).
On-site-Verfahren. Nach Bodenaushub in speziellen Anlagen, z. B. Waschen mit geeigneten Lösemitteln, Erhitzen unter Luftabschluss oder Verbrennung (bei organischen Polychlorverbindungen).

10

Umweltbereich Abfall

Abfälle

Bewegliche Stoffe, die bei Synthese- und Produktionsprozessen oder durch Konsumptionsbedürfnisse z. T. in großen Mengen anfallen und nicht oder nicht mehr benötigt werden; feste Abfälle werden auch als Müll bezeichnet. Man unterscheidet Hausmüll, Gewerbe-, landwirtschaftliche und Industrieabfälle sowie „normale" und Sonderabfälle.

Grundsätze der Abfallentsorgung

Die Abfallentsorgung muss geordnet erfolgen, dabei gelten folgende Prioritäten: 1. Vermeiden, 2. Vermindern, 3. Verwerten, 4. Ablagern.

Arten der Abfallverwertung

Nach Sammlung, Sortierung und Vorbehandlung (Zerkleinerung) kann Abfall nach folgenden Prinzipien verwertet werden:

Art der Verwertung	■
Stoffliche Verwertung	Papierrecycling, Glasrecycling, Kunststoff-recycling, Metallrecycling

Biologische Verwertung
    aerober mikrobieller Abbau
    anaerober mikrobieller Abbau
	Kompostierung
	Biogaserzeugung

Thermische Verwertung	Vergasung, Pyrolyse, Verbrennung zur Energie-nutzung

Rückstände aus allen Verwertungsverfahren sowie nicht verwertete Abfälle werden deponiert.

Recycling

Verwendung von Abfall oder Nebenprodukten zur Herstellung neuer Produkte (stoffliches Recycling); erfordert umfangreiche Aufwendungen für Sammlung, Zerkleinerung (Schreddern), Sortierung, Reinigung, Lagerhaltung und Transport, ist aber ökologisch vorteilhaft. Recyclierte Materialien enthalten andere Verunreinigungen als die Primärrohstoffe, die Verwendbarkeit und Nutzungsdauer einschränken können.

Recycling von Kunststoffabfällen. Kunststoffe werden häufig zur Herstellung kurzlebiger Güter eingesetzt und fallen daher in großen Mengen als Abfall an. Eine wertstoffliche Wiedernutzung setzt im Allgemeinen eine sorgfältige Sortierung und sichere Erkennung voraus; beim Recycling erfolgt generell eine Wertminderung der Kunststoffe, was die Bereiche ihrer Anwendung deutlich einschränkt; Forschungsarbeiten sollen weitere Anwendungsbereiche erschließen.

■ Verwendung der Produktionsabfälle von Thermoplasten
Rücknahme von Verpackungen und Einwegflaschen

10

Chemisches Recycling von Kunststoffabfällen. *Rohstoffliche* Verwertung von sortierten Kunststoffabfällen durch Abbau zu niedermolekularen Produkten, die wirtschaftlich genutzt werden.

- Pyrolyse zu aromatenreichen Ölen
  Hydrierung zu Dieselkraftstoffen
  Vergasung (partielle Oxidation) zu Synthesegas
  Solvolytische Spaltung von Polykondensaten und Polyaddukten

Recycling von Altpapier. Erfolgt bereits in großem Umfang. Da in recycliertem Papier die Länge der Cellulosefasern verringert ist, wird es vor allem für Erzeugnisse mit kurzer Nutzungsdauer eingesetzt; so besteht der Celluloseanteil der Pappen und Packpapiere zu 80 %, des Zeitungspapiers zu 60 % und des Hygienepapiers zu 40 % aus recycliertem Material.

Kompostierung

Biologischer Abbau und Umwandlung von organischem Hausmüll, Pflanzenmaterial und Klärschlämmen durch Bakterien und Pilze; erfolgt am schnellsten unter aeroben Bedingungen, wobei Erhitzung bis 70 °C eintritt. Kompost ist als Düngemittel geeignet, besonders bei Zusatz von Baumrinde bei der Kompostierung; zu beachten ist die mögliche Kontaminierung durch Rückstände von persistenten Bioziden oder Schwermetallen.

Biogaserzeugung

Anaerobe bakterielle Zersetzung organischer Abfälle, wie Stalldung, Gülle, Gras, Stroh oder Schlachtabfälle, sowie von Klärschlamm; es entsteht Biogas, das vor allem aus Methan (50 ⋯ 70 %) und Kohlenstoffdioxid (27 ⋯ 43 %) zusammengesetzt ist; als Heizgas geeignet.

Abfallverbrennung

Verfahren der Abfallentsorgung, insbesondere für Hausmüll, aber auch für Sondermüll und Klärschlämme; Hauptziel, den Abfall möglichst vollständig in nicht-umweltbelastende Stoffe umzuwandeln; Nutzung der Reaktionswärme ist nur Nebenzweck. Die Tendenz zur Verbrennung von Hausmüll ist steigend, mit der Vergrößerung der Anlagen wurden die Emissions-Grenzwerte verschärft. Für die Sondermüll-Verbrennung sind erhöhte Temperaturen und wirksame Rauchgas-Reinigungsverfahren (einschließlich einer Nachverbrennungsanlage mit einer Mindesttemperatur von 1200 °C) vorgeschrieben.

10

Emissionsgrenzwerte für Müllverbrennungsanlagen	
Stoff	Grenzwert je m³ Rauchgas
Schwefeldioxid SO_2	100 mg
Stickstoffoxide NO_x	500 mg
Kohlenstoffmonooxid CO	50 mg
Chlorwasserstoff HCl	50 mg
Polychlorierte Dibenzodioxine	0,1 ng

339

Abfalldeponierung

Geordnete, dauerhafte Ablagerung von nicht verwerteten Abfällen oder Rückstän-
den der Müllverbrennung; darf nicht zur Verseuchung des Grundwassers führen; bei
hohem organischen Anteil bildet sich **Deponie-Gas** (hauptsächlich Methan), das
genutzt werden kann.

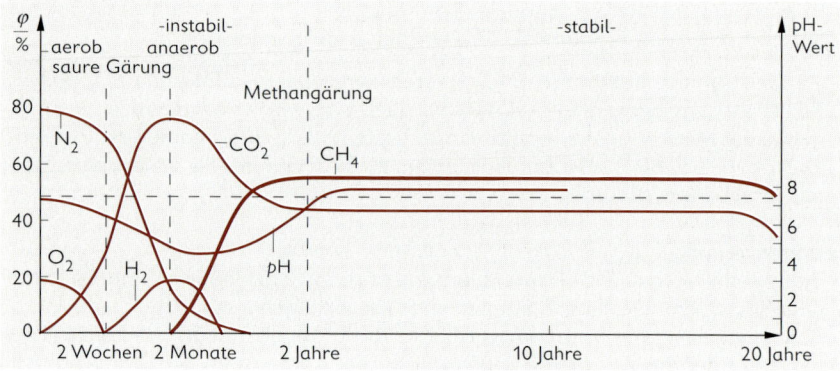

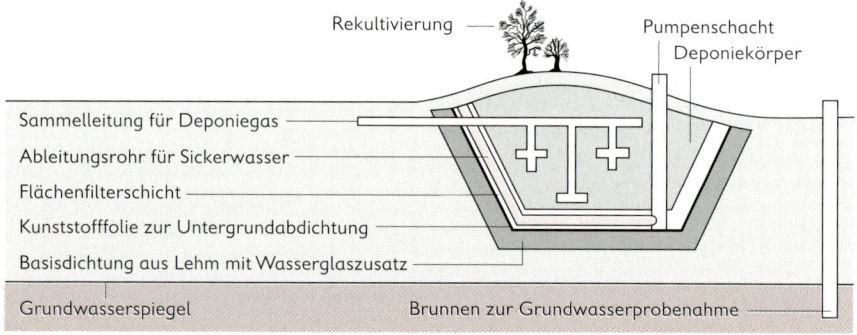

Entsorgung industrieller Nebenprodukte

Die Entsorgung der in der Industrie z. T. in großen Mengen anfallenden Nebenprodukte erfordert oft spezielle Lösungen.

■ Untertagedeponie von Bergbaunebenprodukten (Gangart)
Verbrennung des Lignins bei der Zellstoff-Gewinnung

Entsorgung radioaktiver Abfälle

Nicht verwendbare radioaktive Stoffe, die bei der Aufarbeitung oder nach der Nut-
zung von Radionukliden anfallen, besonders beim Betrieb von Kernreaktoren; ihre
Entsorgung ist ein Hauptproblem der Kerntechnik.
Hoch-radioaktive Abfälle werden zur Wiederverwendung chemisch aufgearbeitet,
mittel- oder leicht-radioaktive Abfälle konzentriert, mit einer Trägermatrix (Bitumen,
Zement) verfestigt und in sicheren Behältern z. B. in Salzstöcken endgelagert.

340

Lebensmittel und Ernährung

Nahrungsmittel

Nahrungsmittel (Lebensmittel) sind pflanzliche oder tierische Produkte, die für die Aufrechterhaltung der Lebensvorgänge des menschlichen Organismus (Produktion körpereigener Substanzen und der notwendigen Energie) benötigt werden; müssen enthalten: Nährstoffe (Kohlenhydrate, Fette, Proteine), Ballaststoffe, Vitamine, Mineralstoffe und Spurenelemente sowie Wasser.

Hinzu kommen zahlreiche Lebensmittelzusätze.

Ein Teil der Nahrungsbestandteile ist für den Menschen essenziell. Nahrungsmittelproduktion und -zusammensetzung sowie die Ernährungsgewohnheiten sind besonders in jüngerer Zeit starken Veränderungen unterworfen.

Kohlenhydrate als Nahrungsmittel

Die Kohlenhydrate sind wesentliche Energielieferanten für den menschlichen Organismus ($17 \ kJ \cdot g^{-1}$), täglicher Bedarf 300 ⋯ 330 g. Verdauliche Kohlenhydrate sind vor allem das Polysaccharid Stärke (in Getreide, Hülsenfrüchten, Kartoffeln), das Disaccharid Saccharose (in Zuckerrohr und Zuckerrübe) sowie die Monosaccharide Glucose und Fructose (in Früchten).

↗ Glucose, Fructose, Saccharose S. 233; Stärke S. 234

Gewinnung von Kohlenhydraten. Saccharose wird aus Zuckerrüben durch Extraktion mit Wasser, aus Zuckerrohr durch Auspressen gewonnen. Stärke wird auf nassem Wege aus Maismehl, Kartoffeln oder Reismehl isoliert.

Modifizierung von Kohlenhydraten. Hydrolyse von Saccharose ergibt ein Gemisch von Glucose und Fructose (Invertzucker, in Kunsthonig). Hydrolyse von Stärke ergibt je nach Hydrolysegrad Dextrine (entstehen auch beim Backprozess), Stärkesirup (50 % Dextrine und 40 % Glucose, für Marmeladen) oder Stärkezucker (Glucose).

Fette als Nahrungsmittel

Fette bilden die wichtigsten Energielieferanten für den menschlichen Organismus ($39 \ kJ \cdot g^{-1}$), täglicher Bedarf 50 ⋯ 80 g.

Pflanzliche Fette (Öle). Samenfette aus Raps, Mohn, Sonnenblumen, Sojabohnen und Kokosnüssen; Fruchtfleisch von Olive und Ölpalme.

Tierische Fette. Fettgewebe von Schwein, Rind; Fischöle; Milchfette von Rind, Ziege und Schaf.

Gewinnung von Fetten. Pflanzenöle werden durch Auspressen oder Extrahieren mit Hexan gewonnen, tierische Fette durch Ausschmelzen (Schweineschmalz, Rindertalg), Milchfette durch Zentrifugieren (Butter).

Zusammensetzung von Fetten. Feste Fette enthalten als Bausteine vorrangig gesättigte, Öle dagegen einen größeren Anteil ungesättigter Fettsäuren.

Essenzielle Fettsäuren. Mehrfach ungesättigte Fettsäuren, insbesondere Linol-, Linolen- und Arachidonsäure; sind zum Aufbau lebenswichtiger Lipoide für den menschlichen Organismus unentbehrlich.

↗ Wichtige Fettsäuren S. 229

10

Fett	Gesättigte Fettsäuren Massenanteil in %				Ungesättigte Fettsäuren Massenanteil in %				
Anzahl[1]	<16	16	18	>18	<18	18/1	18/2	18/3	>18
Sonnen-blumenöl	···	5	2	4	···	24	63	···	···
Olivenöl	···	12	2	···	1	75	10	···	···
Kokosfett	75	9	2	···	···	9	1	···	···
Butter	20	28	11	2	5	26	2	4	2
Schmalz	1	28	11	···	3	46	9	1	···
Rindertalg	3	27	21	···	4	40	4	···	···
Walöl	7	12	1	···	18	30	2	···	30
Heringsöl	7	14	2	···	11	← 24 →			40

[1] Anzahl der Kohlenstoffatome / Anzahl der C = C-Doppelbindungen

Modifizieren von Fetten. Pflanzenöle sind häufig durch Geruch und Farbe nicht direkt als Nahrungsmittel geeignet; Umwandlung durch katalytische (meist partielle) Hydrierung der ungesättigten Fettsäuren in feste Fette (Margarine).

Ranzigwerden von Fetten. Autoxidation von Fetten durch Luftsauerstoff; führt zu Aldehyden, freien Carbonsäuren und Ketonen mittlerer Kettenlänge, die unange-nehmen Geschmack und Geruch bewirken.

Proteine als Nahrungsmittel

Pflanzliches Eiweiß. Getreide (Massenanteil Protein 10 ··· 12 %), Sojabohnen ($w = 36$ %), Erbsen ($w = 35$ %), Kartoffeln ($w = 2$ %).

Tierisches Eiweiß. Fleisch ($w = 19$ %), Fisch ($w = 18$ %), Eiklar ($w = 12$ %), Milch ($w = 1$ %).

Essenzielle Aminosäuren. Von den 20 Aminosäurebausteinen der Proteine sind 8 (bzw. 10) für den Menschen essenziell; sie können vom Organismus nicht syntheti-siert werden und müssen mit der Nahrung zugeführt werden: Valin, Leucin, Isoleucin, Lysin, Phenylalanin, Tryptophan, Methionin, Threonin, in der Wachstumsphase auch Arginin und Histidin.
↗ Aminosäuren S. 237

Biologische Wertigkeit von Proteinen. In der Eiweißnahrung muss ein ausge-wogenes Verhältnis der essenziellen Aminosäuren vorliegen; daraus resultiert die biologische Wertigkeit der Proteine. Als Bezugsprotein dient Eiklar (Wertigkeit 100).

■ Rindfleisch 104, Fisch 95, Kartoffelprotein 79, Erbsenprotein 55, Weizenprotein 40

Supplementierung. Erhöhung der Wertigkeit von Proteinen durch Zusatz synthe-tisch erzeugter essenzieller Aminosäuren.

■ Zusatz von Lysin und Methionin zu pflanzlichen Proteinen

10

Texturierung. Pflanzlichen Proteinen wird ein Gefüge aufgezwungen, das sinnesphysiologisch dem von tierischen Proteinen entspricht.

- Fleischähnliche Produkte aus Sojaprotein

Einzellerprotein. Biotechnologisch (durch Algen, Bakterien, Hefen, Pilze) aus Methanol, Kohlenhydraten oder n-Alkanen erzeugte Biomasse; hoher Proteinanteil, sehr große Wachstumsrate. Nachteile: Ungleichgewicht der Aminosäuren, sehr hoher Nukleinsäureanteil, daher für menschliche Ernährung oft noch ungeeignet.

- Erzeugung von Futterhefe aus Methanol oder n-Alkanen

Ballaststoffe

Für den Menschen unverdauliche Nahrungsbestandteile, vor allem Cellulose; regen die Darmtätigkeit an und binden schädliche Stoffe im Verdauungstrakt.

Vitamine

Organische Substanzen, die zur Aufrechterhaltung von Gesundheit und Leistungsfähigkeit des menschlichen Organismus notwendig sind und mit der Nahrung zugeführt werden müssen (essenziell).

Vitamin	Täglicher Bedarf	Mangelerscheinung	Vorkommen
A: Retinol	0,8 ··· 0,9 mg	Nachtblindheit	Leber, Fischöle, Milch
B$_1$: Thiamin	1,3 mg	Beri-Beri	Hefe, Getreidekeime
B$_2$: Riboflavin	1,8 mg	Dermatitis	Hefe, Hülsenfrüchte
B$_6$: Pyridoxin	2 mg	unbekannt	Leber, Gemüse
B$_{12}$: Cobalamin	5 µg	perniziöse Anämie	Eigelb, Milch
C: Ascorbinsäure	75 mg	Skorbut	Citrusfrüchte, Paprikaschoten
D: Calciferole	2,5 ··· 10 µg	Rachitis	Lebertran
E: Tocopherole	8 ··· 12 mg	Muskelschwäche	Weizenkeimöl
K: Phyllochinon, Menachinon	30 ··· 140 µg	verzögerte Blutgerinnung	grüne Pflanzen

Mineralstoffe

Chemische Elemente, die in größerer Menge als Baustoffe (insbesondere für das Skelett) für den Organismus unentbehrlich sind; essenziell für den Menschen sind: Calcium, Magnesium, Natrium, Kalium, Phosphor und Chlor (Makroelemente).

Chemisches Element	Funktion
Calcium	als Hydroxylapatit in der Knochensubstanz
Natrium und Kalium	bei der Nervenleitung und Muskelerregung
Phosphor	als Hydroxylapatit in der Knochensubstanz, als Phosphorsäureester in den Nukleinsäuren
Chlor	als Chlorwasserstoff in der Magensäure

10

343

Spurenelemente

Chemische Elemente, die in geringen Mengen im Organismus lebenswichtige Funktionen erfüllen; 12 sind für den Menschen essenziell: Fe, Cu, Zn, Mn, Co, Mo, Cr, Li, F, I, Se, Si.

Chemisches Element	Funktion	Mangelerscheinung
Eisen	im Hämoglobin (Sauerstofftransport)	Anämie
Zink	in zahlreichen Enzymen	Wachstums- und Reifestörungen
Fluor	in der Zahnsubstanz	Karies
Iod	im Schilddrüsenhormon Tyroxin	Kropf

Nahrungsmittelzusätze

Lebensmittelfarbstoffe. Geben Lebensmitteln ein verkaufsförderndes farbiges und appetitanregendes Aussehen, täuschen u. U. bessere Qualität vor; in Süßwaren, Eis, Limonaden, auch in Margarine, Käse und Fischerzeugnissen verwendet.

- Chinolingelb E 104
- Cochenille (rot) E 120
- Azorubin (rot) E 122
- Indigotin (blau) E 132
- Chlorophylle (grün) E 140
- Zuckerkulör (braun) E 150
- Brillantschwarz BN E 151
- Carotin (gelb) E 160a
- Lycopin (orange) E 160d
- Beetenrot E 162
- Calciumcarbonat (weiß) E 170
- Eisenoxid (braun, schwarz) E 172

Konservierungsstoffe. Erhöhen die Haltbarkeit von Lebensmitteln; verzögern deren mikrobiellen Verderb, wirken bakterizid und fungizid; Verwendung besonders bei Fischprodukten, Backwaren, Margarine, Salaten, Fruchtsaftgetränken, Bananen, Citrusfrüchten.

- Benzoesäure und Benzoate E 210 ··· E 213
- p-Hydroxy-benzoesäurederivate E 214 ··· E 219
- Schwefeldioxid und Sulfite E 220 ··· E 227
- Ameisensäure und Formiate E 236 ··· E 238

Antioxidantien. Verzögern chemischen Verderb von Lebensmitteln, indem sie Oxidation durch Luftsauerstoff verhindern; Verwendung u. a. in Margarine, Ölen, Backwaren, Knabberartikeln, Marzipan.

- L-Ascorbinsäure und Derivate E 300 ··· E 304
- Tocopherole E 306 ··· E 309
- Gallussäureester E 310 ··· E 312

Aromastoffe. Geben den Nahrungsmitteln Geruch und Geschmack, unterdrücken Geschmacksfehler und lassen sie immer gleich schmecken; werden praktisch in allen verarbeiteten Lebensmitteln verwendet. Man unterscheidet natürliche (aus Naturstoffen isolierte), naturidentische (synthetisch erzeugte, aber auch in der Natur vorkommende) und künstliche (synthetisch erzeugte, in der Natur nicht vorkommende) Aromastoffe.

10

Anhang

Wichtige Forschungen und Entdeckungen auf dem Gebiet der Chemie

1662: Entdeckung des Zusammenhangs zwischen Luftvolumen und Änderung des Druckes durch den britischen Chemiker ROBERT BOYLE (1627 bis 1691); 1679 durch den französischen Chemiker EDME MARIOTTE (1620 bis 1684) exakt formuliert.
↗ BOYLE-MARIOTTEsches Gesetz S. 74

1748: Entdeckung des Gesetzes von der Erhaltung der Masse durch den russischen Wissenschaftler MICHAIL WASSILEWITSCH LOMONOSSOW (1711 bis 1765).
↗ Gesetz von der Erhaltung der Masse S. 73

1772: Entdeckung des Sauerstoffs durch den deutschen Chemiker CARL WILHELM SCHEELE (1742 bis 1786) und 1774 durch den britischen Chemiker JOSEPH PRIESTLEY (1733 bis 1804).

1777: Erklärung des Verbrennungsvorgangs durch den französischen Chemiker ANTOINE-LAURENT LAVOISIER (1743 bis 1794) als Reaktion mit Sauerstoff.
↗ Oxidation S. 85

1789: Endgültige Formulierung des Gesetzes von der Erhaltung der Masse durch den französischen Chemiker ANTOINE-LAURENT LAVOISIER (1743 bis 1794).
↗ Gesetz von der Erhaltung der Masse S. 73

1798: Feststellung der Übereinstimmung der elektrochemischen Spannungsreihe der Metalle (VOLTA 1793) mit der Oxidationsreihe der Metalle durch den deutschen Chemiker JOHANN WILHELM RITTER (1776 bis 1810).
↗ Elektrochemische Spannungsreihe S. 121

1803: Aufstellung einer Atomhypothese durch den britischen Naturforscher JOHN DALTON (1766 bis 1844), wonach jedes Element aus gleichen Teilchen, den Atomen, aufgebaut ist.

1810: Formulierung des Gesetzes der konstanten Proportionen durch den französischen Chemiker JOSEPH-LOUIS PROUST (1754 bis 1826).
↗ Gesetz der konstanten Proportionen S. 73

1811: Entdeckung des Zusammenhangs zwischen dem Volumen aller Gase bei gleicher Temperatur und gleichem Druck und der Anzahl der in ihnen enthaltenen Teilchen durch den italienischen Physiker AMADEO AVOGADRO (1778 bis 1856).
↗ Molares Volumen S. 135

11

1815: Vorschlag zur Einführung der heute üblichen chemischen Zeichensprache durch den schwedischen Chemiker JÖNS JACOB BERZELIUS (1779 bis 1848).
↗ Chemische Zeichensprache S. 18

1825: Begründung des systematischen Laborunterrichts durch den deutschen Chemiker JUSTUS VON LIEBIG (1803 bis 1873) in Gießen.

1828: Synthetische Herstellung der organischen Verbindung Harnstoff aus einer anorganischen Verbindung durch den deutschen Chemiker FRIEDRICH WÖHLER (1800 bis 1882).

1829: Versuch einer Ordnung der chemischen Elemente in Triaden durch den deutschen Chemiker JOHANN WOLFGANG DÖBEREINER (1780 bis 1849).

1834: Entdeckung der quantitativen Zusammenhänge zwischen dem Stoffumsatz und der Elektrizitätsmenge durch den britischen Naturforscher MICHAEL FARADAY (1791 bis 1867) und Formulierung der nach ihm benannten Gesetze. Einführung der Begriffe Elektrolyse, Katode, Anode, Kation, Anion.
↗ FARADAYsche Gesetze S. 128

1835: Einführung des Begriffs Katalyse durch den schwedischen Chemiker JÖNS JACOB BERZELIUS (1779 bis 1848).
↗ Katalyse S. 83

1839: Entdeckung der Grundlagen des fotografischen Prozesses mit Silberhalogeniden durch den französischen Maler LOUIS-JACQUES-MANDÉ DAGUERRE (1787 bis 1851) und den britischen Physiker und Chemiker WILHELM HENRY FOX TALBOT (1800 bis 1877).

um 1840: Grundlegende Erkenntnisse auf dem Gebiet der Pflanzenernährung und Bodenkunde durch den deutschen Chemiker JUSTUS VON LIEBIG (1803 bis 1873).
↗ Düngemittel S. 335

1840: Entdeckung des Gesetzes der konstanten Wärmesummen durch den Chemiker GERMAIN HENRI (HERMANN HEINRICH) HESS (1802 bis 1850, geb. in Genf, Prof. in St. Petersburg), wonach die Enthalpieänderung nur vom Ausgangs- und Endzustand abhängt.
↗ Satz von HESS S. 98

1848: Einführung des Begriffs homologe Reihe durch den französischen Chemiker CHARLES-FRÉDÉRIC (KARL FRIEDRICH) GERHARDT (1816 bis 1856).
↗ Homologe Reihe S. 199

1850: Formulierung des 2. Hauptsatzes der Thermodynamik durch den deutschen Physiker RUDOLF JULIUS EMANUEL CLAUSIUS (1822 bis 1888) und 1851 durch den britischen Physiker WILLIAM THOMSON (1824 bis 1907, seit 1892 LORD KELVIN).
↗ 2. Hauptsatz der Thermodynamik S. 96

11

346

1858: Einführung der Spektralanalyse durch den deutschen Chemiker ROBERT WILHELM BUNSEN (1811 bis 1899) und den deutschen Physiker GUSTAV ROBERT KIRCHHOFF (1824 bis 1887).

1858 bis 1861: Entwicklung der Grundlagen der Strukturlehre durch den deutschen Chemiker AUGUST KEKULÉ (1829 bis 1896) und den britischen Chemiker ARCHIBALD COUPER (1831 bis 1892); Einführung der Begriffe Struktur und Strukturformel durch den russischen Chemiker ALEXANDER MICHAILOWITSCH BUTLEROW (1828 bis 1886).
  ↗ Strukturformel S. 21; Struktur von Molekülen S. 52

1865: Einführung des Begriffes Entropie durch den deutschen Physiker RUDOLF JULIUS EMANUEL CLAUSIUS (1822 bis 1888).
  ↗ Entropie S. 95

1865: Aufstellung einer Strukturformel des Benzols durch den deutschen Chemiker AUGUST KEKULÉ (1829 bis 1896).

1867: Entdeckung des Massenwirkungsgesetzes durch den norwegischen Mathematiker CATO MAXIMILIAN GULDBERG (1836 bis 1902) und den norwegischen Chemiker PETER WAAGE (1833 bis 1900).
  ↗ Massenwirkungsgesetz S. 81

1869: Entdeckung des Gesetzes der Periodizität und Systematisierung der chemischen Elemente im Periodensystem auf der Grundlage ihrer relativen Atommassen durch den russischen Chemiker DMITRI IWANOWITSCH MENDELEJEW (1834 bis 1907) und den deutschen Chemiker LOTHAR MEYER (1830 bis 1895).
  ↗ Gesetz der Periodizität S. 66

1876 bis 1878: Entwicklung der Grundlagen für die thermodynamische Behandlung des chemischen Gleichgewichts durch den US-amerikanischen Physiker JOSIAH WILLARD GIBBS (1839 bis 1903); Einführung des Begriffs der freien Enthalpie.
  ↗ Freie Enthalpie S. 96

1883: Entdeckung der elektrischen Leitfähigkeit wässriger Lösungen von Säuren und Basen durch den schwedischen Chemiker SVANTE AUGUST ARRHENIUS (1859 bis 1927, Nobelpreis 1903).

1883: Entwicklung der Grundlagen der Lehre von der Reaktionsgeschwindigkeit durch den niederländischen Chemiker JACOBUS HENDRICUS VAN'T HOFF (1852 bis 1911, Nobelpreis 1901).
  ↗ Reaktionsgeschwindigkeit S. 79

1884 bis 1887: Formulierung der Abhängigkeit des chemischen Gleichgewichts von den Reaktionsbedingungen durch den französischen Physiker und Chemiker HENRI-LOUIS LE CHATELIER (1850 bis 1936) in dem nach ihm benannten Prinzip; 1887 von dem deutschen Physiker KARL FERDINAND BRAUN (1850 bis 1918) theoretisch begründet.
  ↗ Prinzip von LE CHATELIER und BRAUN S. 82

11

347

1887: Aufstellung einer Theorie über die Vorgänge bei der Dissoziation in wässrigen Lösungen durch den schwedischen Chemiker Svante August Arrhenius (1859 bis 1927, Nobelpreis 1903); Definition der Begriffe Säure, Base, Salz.
↗ Säure S. 15; Base S. 15

1889: Erklärung der Vorgänge in galvanischen Zellen und der dabei auftretenden Spannungen durch den deutschen Physiker Walther Hermann Nernst (1864 bis 1941, Nobelpreis für Physik 1920).
↗ Nernstsche Gleichung S. 120

1894 bis 1898: Entdeckung der Edelgase durch den britischen Chemiker William Ramsay (1852 bis 1916) und den britischen Physiker John William Rayleigh (1842 bis 1919, gemeinsam Nobelpreis 1904).
↗ Edelgase S. 191

1896: Entdeckung der natürlichen Radioaktivität des Urans durch den französischen Physiker Henri Becquerel (1852 bis 1908, Nobelpreis für Physik 1903).

1898: Entdeckung der Elemente Radium und Polonium aufgrund ihrer radioaktiven Strahlung durch das polnisch-französische Physikerehepaar Marie (1867 bis 1934, Nobelpreis für Physik 1903 und für Chemie 1911) und Pierre Curie (1859 bis 1906, Nobelpreis für Physik 1903).
↗ Radioaktivität S. 30

um 1900: Entwicklung der Grundlagen der Schwefelsäureherstellung durch die deutschen Chemiker Clemens Winkler (1838 bis 1904) und Rudolf Knietsch (1854 bis 1906).
↗ Schwefelsäure-Kontaktverfahren S. 264

um 1900: Begründung der Komplexchemie durch den schweizerischen Chemiker Alfred Werner (1866 bis 1919).
↗ Komplexverbindung S. 11

um 1900: Theoretische Klärung des Wesens der Katalyse, z. B. (1902) der katalytischen Oxidation von Ammoniak zu Salpetersäure, durch den deutschen Physikochemiker Wilhelm Ostwald (1853 bis 1932, Nobelpreis 1909).
↗ Katalyse S. 83; Ostwald-Verfahren S. 265

11

1903 bis 1907: Synthetische Darstellung von Peptiden aus 2-Aminosäuren durch den deutschen Chemiker Emil Hermann Fischer (1852 bis 1919, Nobelpreis 1902); Nachweis der 2-Aminosäuren als Bausteine der Proteine.
↗ 2-Aminosäuren S. 237

1907: Technische Nutzung der Polykondensation von Phenol und Formaldehyd zur Herstellung von Phenoplasten durch den belgischen Chemiker Leo Hendrik Baekeland (1863 bis 1944).
↗ Herstellung von Phenoplasten S. 273

1909: Einführung des Begriffs pH-Wert durch den dänischen Chemiker Sören Peter Laurits Sörensen (1868 bis 1939).
↗ pH-Wert wässriger Lösungen S. 111

um 1910: Ausarbeitung der Grundlagen der Ammoniaksynthese durch die deutschen Chemiker Fritz Haber (1868 bis 1934, Nobelpreis 1931) und Carl Bosch (1874 bis 1940, Nobelpreis 1931).
↗ Ammoniaksynthese S. 265

1911: Entwicklung des Planetenmodells vom Atom durch den britischen Physiker Ernest Rutherford (1871 bis 1937, Nobelpreis 1908).

1913: Technische Polymerisation von Vinylchlorid zu Polyvinylchlorid durch den deutschen Chemiker Fritz Klatte (1880 bis 1934).
↗ Herstellung von Polyvinylchlorid S. 272

1913: Entwicklung des Bahnenmodells vom Atom durch den dänischen Physiker Niels Bohr (1885 bis 1962, Nobelpreis 1922); Vervollkommnung des Atommodells durch den britischen Physiker Ernest Rutherford (1871 bis 1937, Nobelpreis 1908).
↗ Atommodelle S. 27

1916: Ausarbeitung von Beiträgen zur Theorie der Ionenbeziehung und der Atombindung durch den deutschen Physikochemiker Walter Kossel (1888 bis 1956) und den US-amerikanischen Physikochemiker Gilbert Newton Lewis (1875 bis 1946).
↗ Atombindung S. 42; Ionenbindung S. 47

1920 bis 1930: Wichtige Forschungen über den Atombau, die zu unserem heutigen wellenmechanischen Atommodell führten, durch den französischen Physiker Louis-Victor de Broglie (1892 bis 1987, Nobelpreis für Physik 1929), den österreichischen Physiker Erwin Schrödinger (1887 bis 1961, Nobelpreis für Physik 1933), die deutschen Physiker Max Born (1882 bis 1970, Nobelpreis für Physik 1933) und Werner Heisenberg (1901 bis 1976, Nobelpreis für Physik 1932) sowie den britischen Physiker Paul Adrien Maurice Dirac (1982 bis 1984, Nobelpreis für Physik 1933).
↗ Wellenmechanisches Atommodell S. 28

1922: Aufklärung der Struktur von Kautschuk und anderen natürlichen und synthetischen Werkstoffen als makromolekulare Stoffe durch den deutschen Chemiker Hermann Staudinger (1881 bis 1965, Nobelpreis 1953).

11

1923: Neue Definitionen für die Begriffe Säure und Base durch den dänischen Chemiker Johann Nicolaus Brönsted (1879 bis 1947) und durch den US-amerikanischen Physikochemiker Gilbert Newton Lewis (1875 bis 1946).
↗ Säure S. 15; Base S. 15

1932: Entdeckung des Neutrons durch den britischen Physiker James Chadwick (1891 bis 1974, Nobelpreis für Physik 1935).
↗ Neutron S. 29

349

1934: Entdeckung der künstlichen Radioaktivität durch das französische Physikerehepaar IRÈNE (1897 bis 1956) und FRÉDÉRIC JOLIOT-CURIE (1900 bis 1958, gemeinsam Nobelpreis 1935).
↗ Kernreaktionen S. 31

1938: Entdeckung der Kernspaltung des Urans durch die deutschen Chemiker OTTO HAHN (1879 bis 1968, Nobelpreis 1944) und FRIEDRICH WILHELM STRASSMANN (1902 bis 1980).
↗ Kernspaltung S. 31

1939: Erklärung der chemischen Bindung mithilfe der Elektronegativitätstabelle durch den US-amerikanischen Chemiker LINUS CARL PAULING (1901 bis 1994, Nobelpreis 1954).
↗ Elektronegativitätswert S. 47

1939 bis 1940: Technische Herstellung der Chemiefaserstoffe Nylon und Perlon durch den US-amerikanischen Chemiker WALLACE HUME CAROTHERS (1896 bis 1937) und den deutschen Chemiker PAUL SCHLACK (1897 bis 1987).
↗ Polyamide S. 247

ab 1940: Darstellung von Transuran-Elementen mithilfe von Kernreaktionen durch die US-amerikanischen Wissenschaftler GLENN THEODORE SEABORG (geb. 1912) und EDWIN MATTISON MCMILLAN (1907 bis 1991, gemeinsam Nobelpreis 1951).

1942: Anfahren des 1. Atomreaktors durch den italienischen Physiker ENRICO FERMI (1901 bis 1954, ab 1938 in den USA, 1938 Nobelpreis für Physik).

1953: Aufklärung der Sekundärstruktur von Desoxyribonukleinsäuren durch den US-amerikanischen Biologen JAMES DEWEY WATSON (geb. 1928) und den britischen Molekularbiologen FRANCIS HARRY COMPTON CRICK (geb. 1916, gemeinsam Nobelpreis für Medizin 1962).
↗ Struktur der Nukleinsäuren S. 242

1957: Aufklärung der Primärstruktur des Insulins durch den britischen Biochemiker FREDERICK SANGER (geb. 1918, Nobelpreis 1958 und 1980).
↗ Struktur von Proteinen S. 238

11

1960: Totalsynthese des Blattfarbstoffs Chlorophyll durch den US-amerikanischen Chemiker ROBERT BURNS WOODWARD (1917 bis 1979, Nobelpreis 1965).

ab 1961: Entschlüsselung des genetischen Codes bei der Protein-Biosynthese, insbesondere durch die US-amerikanischen Biochemiker MARSHALL WARREN NIRENBERG (geb. 1927), HAR GOBIND KHORANA (geb. 1922) und ROBERT WILLIAM HOLLEY (geb. 1922, 1968 gemeinsam Nobelpreis für Medizin).

1965: Erste Aufklärung der Primärstruktur von Nukleinsäuren durch den US-amerikanischen Biochemiker ROBERT WILLIAM HOLLEY (geb. 1922) und Mitarbeiter.

Nobelpreise für Chemie

1901	J. H. van't Hoff (NL)
1902	E. Fischer (D)
1903	S. A. Arrhenius (S)
1904	Sir W. Ramsay (GB)
1905	A. von Baeyer (D)
1906	H. Moissan (F)
1907	E. Buchner (D)
1908	Sir E. Rutherford (GB)
1909	W. Ostwald (D)
1910	O. Wallach (D)
1911	M. Sklodowska-Curie (F)
1912	V. Grignard und P. Sabatier (F)
1913	A. Werner (CH)
1914	T. W. Richards (USA)
1915	R. Willstätter (D)
1918	F. Haber (D)
1920	W. Nernst (D)
1921	F. Soddy (GB)
1922	F. W. Aston (GB)
1923	F. Pregl (A)
1925	R. Zsigmondy (D)
1926	T. Svedberg (S)
1927	H. Wieland (D)
1928	A. Windaus (D)
1929	A. Harden (GB) und H. von Euler-Chelpin (S)
1930	H. Fischer (D)
1931	C. Bosch und F. Bergius (D)
1932	I. Langmuir (USA)
1934	H. C. Urey (USA)
1935	F. Joliot und I. Joliot-Curie (F)
1936	P. J. W. Debye (NL)
1937	W. N. Haworth (GB) und P. Karrer (CH)
1938	R. Kuhn (D)
1939	L. Ružička (CH) und A. F. J. Butenandt (D)
1943	G. von Hevesy (H)
1944	O. Hahn (D)
1945	A. I. Virtanen (FIN)
1946	J. B. Sumner, J. H. Northrop und W. M. Stanley (USA)
1947	Sir R. Robinson (GB)
1948	A. W. K. Tiselius (S)
1949	W. F. Giauque (USA)
1950	O. Diels und K. Alder (D)
1951	E. M. McMillan und G. T. Seaborg (USA)
1952	A. J. P. Martin und R. L. M. Synge (GB)
1953	H. Staudinger (D)
1954	L. C. Pauling (USA)
1955	V. du Vigneaud (USA)
1956	N. N. Semjonow (SU) und Sir C. N. Hinshelwood (GB)
1957	Sir A. R. Todd (GB)
1958	F. Sanger (GB)
1959	J. Heyrovský (CS)
1960	W. F. Libby (USA)
1961	M. Calvin (USA)
1962	J. C. Kendrew und M. F. Perutz (GB)
1963	K. Ziegler (D) und G. Natta (I)
1964	D. Crowfoot-Hodgkin (GB)
1965	R. B. Woodward (USA)
1966	R. S. Mulliken (USA)
1967	M. Eigen (D), R. G. W. Norrish und G. Porter (GB)
1968	L. Onsager (USA)
1969	D. H. R. Barton (GB) und O. Hassel (N)
1970	L. F. Leloir (RA)
1971	G. Herzberg (CDN)
1972	C. B. Anfinsen, S. Moore und W. H. Stein (USA)
1973	E. O. Fischer (D) und G. Wilkinson (GB)
1974	P. J. Flory (USA)
1975	J. W. Cornforth (GB) und V. Prelog (CH)
1976	W. N. Lipscomb (USA)
1977	I. Prigogine (B)
1978	P. Mitchell (GB)
1979	G. Wittig (D) und H. C. Brown (USA)
1980	F. Sanger (GB), W. Gilbert und P. Berg (USA)
1981	K. Fukui (J) und R. Hoffmann (USA)
1982	A. Klug (GB)
1983	H. Taube (USA)
1984	R. B. Merrifield (USA)
1985	H. A. Hauptman und J. E. Karle (USA)
1986	D. R. Herschbach, Y. T. Lee (USA) und J. C. Polanyi (CDN)
1987	C. J. Pedersen, D. J. Cram (USA) und J.-M. Lehn (F)
1988	J. Deisenhofer, R. Huber und H. Michel (D)
1989	S. Altman (CDN) und T. R. Cech (USA)
1990	E. J. Corey (USA)
1991	R. R. Ernst (CH)
1992	R. A. Marcus (USA)
1993	K. B. Mullis (USA) und M. Smith (CDN)
1994	G. A. Olah (USA)
1995	P. Crutzen (NL), M. Molina (MEX) und F. S. Rowland (USA)
1996	R. F. Curl, R. E. Smalley (USA) und Sir H. W. Kroto (GB)
1997	P. D. Boyer (USA), J. E. Walker (GB) und J. C. Skou (DK)

11

Übersicht über die chemischen Elemente

Element, Elementsymbol	Ordnungs- zahl	Relative Atommasse[1]	Natürliche Isotope, nach Häufigkeit (in %) geordnet [wichtige künstliche Isotope]
Actinium Ac	89	[227,0]	227, 228
Aluminium Al	13	27,0	27 (100), [26]
Americium Am	95	[243,1]	[241, 243]
Antimon Sb	51	121,8	121 (57,2), 123 (42,8)
Argon Ar	18	39,9	40 (99,6), 36 (0,34), 38 (0,06)
Arsen As	33	74,9	75 (100)
Astat At	85	[210,0]	215, 216, 218, [209, 210, 211]
Barium Ba	56	137,3	138 (71,7), 137 (11,3), 136 (7,8), 135 (6,6)
Berkelium Bk	97	[247,1]	[243, 249]
Beryllium Be	4	9,0	9 (100)
Bismut Bi	83	209,0	209 (100)
Blei Pb	82	207,2	208 (52,3), 206 (23,6), 207 (22,6), 204 (1,5)
Bohrium Bh	107	[264,1]	[261, 262, 264]
Bor B	5	10,8	11 (80,2), 10(19,8)
Brom Br	35	79,9	79 (50,5), 81 (49,5)
Cadmium Cd	48	112,4	114 (28,9), 112 (24,7), 111 (12,8), 110 (12,4)
Caesium Cs	55	132,9	133 (100)
Calcium Ca	20	40,1	40 (96,9), 44 (2,1), 42 (0,6), 48 (0,2)
Californium Cf	98	[251,1]	[245, 252]
Cer Ce	58	140,1	140 (88,5), 142 (11,1), 138 (0,2), 136 (0,2)
Chlor Cl	17	35,4	35 (75,5), 37 (24,5)
Chrom Cr	24	52,0	52 (83,8), 53 (9,6), 50 (4,3), 54 (2,3)
Cobalt Co	27	58,9	59 (100)
Curium Cm	96	[247,1]	[242, 244, 247]
Darmstadtium Ds	110	[271]	[269, 271]
Dubnium Db	105	[262,1]	[256, 257, 258, 260, 261, 262]
Dysprosium Dy	66	162,5	164 (28,2), 162 (25,2), 163 (25,0), 161 (18,9)
Einsteinium Es	99	[252,1]	[252, 253]
Eisen Fe	26	55,8	56 (91,7), 54 (5,8), 57 (2,2), 58 (0,3)
Erbium Er	68	167,3	166 (33,4), 168 (27,1), 167 (22,9), 170 (14,9)
Europium Eu	63	152,0	153 (52,2), 151 (47,8)
Fermium Fm	100	[257,1]	[250, 255, 257]
Fluor F	9	19,0	19 (100)
Francium Fr	87	[223,0]	223 (100), [227]
Gadolinium Gd	64	157,2	158 (24,8), 160 (21,8), 156 (20,6), 157 (15,7)
Gallium Ga	31	69,7	69 (60,1), 71 (39,9)
Germanium Ge	32	72,6	74 (36,5), 72 (27,4), 70 (20,5), 73 (7,8)
Gold Au	79	197,0	197 (100)
Hafnium Hf	72	178,5	180 (35,2), 178 (27,1), 177 (18,6), 179 (13,7)
Hassium Hs	108	[267]	[264, 265, 267]
Helium He	2	4,0	4 (99,9999), 3 (0,0001)
Holmium Ho	67	164,9	165 (100)
Indium In	49	114,8	115 (95,7), 113 (4,3)
Iod I	53	126,9	127 (100)
Iridium Ir	77	192,2	193 (62,7), 191 (37,3)
Kalium K	19	39,1	39 (93,3), 41 (6,7)
Kohlenstoff C	6	12,0	12 (98,9), 13 (1,1)
Krypton Kr	36	83,8	84 (57,0), 86 (17,3), 82 (11,6), 83 (11,5)
Kupfer Cu	29	63,5	63 (69,2), 65 (30,8)
Lanthan La	57	138,9	139 (99,9), 138 (0,1)
Lawrencium Lw	103	[262,1]	[257, 262]
Lithium Li	3	6,9	7 (92,5), 6 (7,5)
Lutetium Lu	71	175,0	175 (97,4), 176 (2,6)
Magnesium Mg	12	24,3	24 (78,7), 26 (11,2), 25 (10,1)
Mangan Mn	25	54,9	55 (100)
Meitnerium Mt	109	[268]	[266, 268]
Mendelevium Md	101	[256,1]	[256, 258]
Molybdän Mo	42	95,9	98 (24,1), 96 (16,7), 95 (15,9), 92 (14,8)
Natrium Na	11	23,0	23 (100)
Neodym Nd	60	144,2	142 (27,1), 144 (23,8), 146 (17,2), 143 (12,2)

Element, Elementsymbol	Ordnungs- zahl	Relative Atommasse[1]	Natürliche Isotope, nach Häufigkeit (in %) geordnet [wichtige künstliche Isotope]
Neon Ne	10	20,2	20 (90,5), 22 (9,2), 21 (0,3)
Neptunium Np	93	[237,0]	237 (100), [239]
Nickel Ni	28	58,7	58 (68,3), 60 (26,1), 62 (3,6), 61 (1,1)
Niob Nb	41	92,9	93 (100)
Nobelium No	102	[259,1]	[254, 259]
Osmium Os	76	190,2	192 (41,0), 190 (26,4), 189 (16,1), 188 (13,3)
Palladium Pd	46	106,4	106 (27,3), 108 (26,5), 105 (22,3), 110 (11,7)
Phosphor P	15	31,0	31 (100)
Platin Pt	78	195,1	195 (33,8), 194 (32,9), 196 (25,3), 198 (7,2)
Plutonium Pu	94	[244,1]	239 (100), [244]
Polonium Po	84	[209,0]	209, 210, 211, 212, 214, 215, 216, 218
Praseodym Pr	59	140,9	141 (100)
Promethium Pm	61	[144,9]	147 (100), [145]
Protactinium Pa	91	[231,0]	231, 234
Quecksilber Hg	80	200,6	202 (29,8), 200 (23,1), 199 (16,9), 201 (13,2)
Radium Ra	88	[226,0]	223, 224, 226, 228
Radon Rn	86	[222,0]	218, 219, 220, 222
Rhenium Re	75	186,2	187 (62,6), 185 (37,4)
Rhodium Rh	45	102,9	103 (100)
Rubidium Rb	37	85,5	85 (72,2), 87 (27,8)
Ruthenium Ru	44	101,1	102 (31,6), 104 (18,7), 101 (17,0), 99 (12,7)
Rutherfordium Rf	104	[261,1]	[255, 257, 259, 260, 261]
Samarium Sm	62	150,4	152 (26,4), 154 (22,7), 147 (15,0), 149 (13,8)
Sauerstoff O	8	16,0	16 (99,8), 18 (0,2), 17 (0,04)
Scandium Sc	21	45,0	45 (100)
Schwefel S	16	32,1	32 (95,0), 34 (4,2), 33 (0,8), 36 (0,02)
Seaborgium Sg	106	[263,1]	[259, 261, 263]
Selen Se	34	79,0	80 (49,7), 78 (23,6), 82 (9,2), 76 (9,0)
Silber Ag	47	107,9	107 (51,8), 109 (48,2)
Silicium Si	14	28,1	28 (92,2), 29 (4,7), 30 (3,1)
Stickstoff N	7	14,0	14 (99,6), 15 (0,4)
Strontium Sr	38	87,6	88 (82,6), 86 (9,9), 87 (7,0), 84 (0,6)
Tantal Ta	73	181,0	181 (99,99), 180 (0,01)
Technetium Tc	43	[97,9]	[99, 98]
Tellur Te	52	127,6	130 (33,8), 128 (31,7), 126 (19,0), 125 (7,1)
Terbium Tb	65	158,9	159 (100)
Thallium Tl	81	204,4	205 (70,5), 204 (29,5)
Thorium Th	90	[232,0]	227, 228, 230, 231, 234
Thulium Tm	69	168,9	169 (100)
Titan Ti	22	47,9	48 (73,8), 46 (8,0), 47 (7,3), 49 (5,5)
Ununbium Uub[2]	112	[277]	[277]
Unununium Uuu[2]	111	[272]	[272]
Uran U	92	238,0	238 (99,3), 234 (0,7), 235 (0,005)
Vanadium V	23	50,9	51 (99,8), 50 (0,2)
Wasserstoff H	1	1,0	1 (99,985), 2 (0,015), 3 (Spuren)
Wolfram W	74	183,8	184 (30,6), 186 (28,6), 182 (26,3), 183 (14,3)
Xenon Xe	54	131,3	132 (26,9), 129 (26,4), 131 (21,2), 134 (10,4)
Ytterbium Yb	70	173,0	174 (31,8), 172 (21,9), 173 (16,3), 171 (14,3)
Yttrium Y	39	88,9	89 (100)
Zink Zn	30	65,4	64 (48,6), 66 (27,9), 68 (18,8), 67 (4,1)
Zinn Sn	50	118,7	120 (32,6), 118 (24,2), 116 (14,5), 119 (8,6)
Zirconium Zr	40	91,2	90 (51,4), 94 (17,3), 92 (17,2), 91 (11,3)

1 Werte sind auf eine Dezimalstelle gerundet. Bei radioaktiven Elementen ist das Isotop mit der größten Halbwertszeit in eckigen Klammern angegeben.
2 Vorläufiges IUPAC-Symbol

11

Elektronenkonfiguration der Atome im Grundzustand

Periode	Kernladungszahl	Name	Symbol	1s	2s 2p	3s 3p 3d	4s 4p 4d 4f	5s 5p 5d 5f	6s 6p 6d	7s
1	1	Wasserstoff	H	1						
	2	Helium	He	2						
2	3	Lithium	Li	2	1					
	4	Beryllium	Be	2	2					
	5	Bor	B	2	2 1					
	6	Kohlenstoff	C	2	2 2					
	7	Stickstoff	N	2	2 3					
	8	Sauerstoff	O	2	2 4					
	9	Fluor	F	2	2 5					
	10	Neon	Ne	2	2 6					
3	11	Natrium	Na	2	2 6	1				
	12	Magnesium	Mg	2	2 6	2				
	13	Aluminium	Al	2	2 6	2 1				
	14	Silicium	Si	2	2 6	2 2				
	15	Phosphor	P	2	2 6	2 3				
	16	Schwefel	S	2	2 6	2 4				
	17	Chlor	Cl	2	2 6	2 5				
	18	Argon	Ar	2	2 6	2 6				
4	19	Kalium	K	2	2 6	2 6	1			
	20	Calcium	Ca	2	2 6	2 6	2			
	21	Scandium	Sc	2	2 6	2 6 1	2			
	22	Titan	Ti	2	2 6	2 6 2	2			
	23	Vanadium	V	2	2 6	2 6 3	2			
	24	Chrom	Cr	2	2 6	2 6 4	2			
	25	Mangan	Mn	2	2 6	2 6 5	2			
	26	Eisen	Fe	2	2 6	2 6 6	2			
	27	Cobalt	Co	2	2 6	2 6 7	2			
	28	Nickel	Ni	2	2 6	2 6 8	2			
	29	Kupfer	Cu	2	2 6	2 6 10	1			
	30	Zink	Zn	2	2 6	2 6 10	2			
	31	Gallium	Ga	2	2 6	2 6 10	2 1			
	32	Germanium	Ge	2	2 6	2 6 10	2 2			
	33	Arsen	As	2	2 6	2 6 10	2 3			
	34	Selen	Se	2	2 6	2 6 10	2 4			
	35	Brom	Br	2	2 6	2 6 10	2 5			
	36	Krypton	Kr	2	2 6	2 6 10	2 6			
5	37	Rubidium	Rb	2	2 6	2 6 10	2 6	1		
	38	Strontium	Sr	2	2 6	2 6 10	2 6	2		
	39	Yttrium	Y	2	2 6	2 6 10	2 6 1	2		
	40	Zirconium	Zr	2	2 6	2 6 10	2 6 2	2		
	41	Niob	Nb	2	2 6	2 6 10	2 6 4	1		
	42	Molybdän	Mo	2	2 6	2 6 10	2 6 5	1		
	43	Technetium	Tc	2	2 6	2 6 10	2 6 5	2		
	44	Ruthenium	Ru	2	2 6	2 6 10	2 6 7	1		
	45	Rhodium	Rh	2	2 6	2 6 10	2 6 8	1		
	46	Palladium	Pd	2	2 6	2 6 10	2 6 10			
	47	Silber	Ag	2	2 6	2 6 10	2 6 10	1		
	48	Cadmium	Cd	2	2 6	2 6 10	2 6 10	2		
	49	Indium	In	2	2 6	2 6 10	2 6 10	2 1		
	50	Zinn	Sn	2	2 6	2 6 10	2 6 10	2 2		
	51	Antimon	Sb	2	2 6	2 6 10	2 6 10	2 3		
	52	Tellur	Te	2	2 6	2 6 10	2 6 10	2 4		
	53	Iod	I	2	2 6	2 6 10	2 6 10	2 5		
	54	Xenon	Xe	2	2 6	2 6 10	2 6 10	2 6		

11

Peri-ode	Kern-ladungs-zahl	Name	Sym-bol	1s	2s 2p	3s 3p 3d	4s 4p 4d 4f	5s 5p 5d 5f	6s 6p 6d	7s
6	55	Caesium	Cs	2	2 6	2 6 10	2 6 10	2 6	1	
	56	Barium	Ba	2	2 6	2 6 10	2 6 10	2 6	2	
	57	Lanthan	La	2	2 6	2 6 10	2 6 10	2 6 1	2	
	58	Cer	Ce	2	2 6	2 6 10	2 6 10 2	2 6	2	
	59	Praseodym	Pr	2	2 6	2 6 10	2 6 10 3	2 6	2	
	60	Neodym	Nd	2	2 6	2 6 10	2 6 10 4	2 6	2	
	61	Promethium	Pm	2	2 6	2 6 10	2 6 10 5	2 6	2	
	62	Samarium	Sm	2	2 6	2 6 10	2 6 10 6	2 6	2	
	63	Europium	Eu	2	2 6	2 6 10	2 6 10 7	2 6	2	
	64	Gadolinium	Gd	2	2 6	2 6 10	2 6 10 7	2 6 1	2	
	65	Terbium	Tb	2	2 6	2 6 10	2 6 10 9	2 6	2	
	66	Dysprosium	Dy	2	2 6	2 6 10	2 6 10 10	2 6	2	
	67	Holmium	Ho	2	2 6	2 6 10	2 6 10 11	2 6	2	
	68	Erbium	Er	2	2 6	2 6 10	2 6 10 12	2 6	2	
	69	Thulium	Tm	2	2 6	2 6 10	2 6 10 13	2 6	2	
	70	Ytterbium	Yb	2	2 6	2 6 10	2 6 10 14	2 6	2	
	71	Lutetium	Lu	2	2 6	2 6 10	2 6 10 14	2 6 1	2	
	72	Hafnium	Hf	2	2 6	2 6 10	2 6 10 14	2 6 2	2	
	73	Tantal	Ta	2	2 6	2 6 10	2 6 10 14	2 6 3	2	
	74	Wolfram	W	2	2 6	2 6 10	2 6 10 14	2 6 4	2	
	75	Rhenium	Re	2	2 6	2 6 10	2 6 10 14	2 6 5	2	
	76	Osmium	Os	2	2 6	2 6 10	2 6 10 14	2 6 6	2	
	77	Iridium	Ir	2	2 6	2 6 10	2 6 10 14	2 6 7	2	
	78	Platin	Pt	2	2 6	2 6 10	2 6 10 14	2 6 9	1	
	79	Gold	Au	2	2 6	2 6 10	2 6 10 14	2 6 10	1	
	80	Quecksilber	Hg	2	2 6	2 6 10	2 6 10 14	2 6 10	2	
	81	Thallium	Tl	2	2 6	2 6 10	2 6 10 14	2 6 10	2 1	
	82	Blei	Pb	2	2 6	2 6 10	2 6 10 14	2 6 10	2 2	
	83	Bismut	Bi	2	2 6	2 6 10	2 6 10 14	2 6 10	2 3	
	84	Polonium	Po	2	2 6	2 6 10	2 6 10 14	2 6 10	2 4	
	85	Astat	At	2	2 6	2 6 10	2 6 10 14	2 6 10	2 5	
	86	Radon	Rn	2	2 6	2 6 10	2 6 10 14	2 6 10	2 6	
7	87	Francium	Fr	2	2 6	2 6 10	2 6 10 14	2 6 10	2 6	1
	88	Radium	Ra	2	2 6	2 6 10	2 6 10 14	2 6 10	2 6	2
	89	Actinium	Ac	2	2 6	2 6 10	2 6 10 14	2 6 10	2 6 1	2
	90	Thorium	Th	2	2 6	2 6 10	2 6 10 14	2 6 10	2 6 2	2
	91	Protactinium	Pa	2	2 6	2 6 10	2 6 10 14	2 6 10 (2)	2 6 3(1)	2*
	92	Uran	U	2	2 6	2 6 10	2 6 10 14	2 6 10 (3)	2 6 4(1)	2*
	93	Neptunium	Np	2	2 6	2 6 10	2 6 10 14	2 6 10 4	2 6 1	2
	94	Plutonium	Pu	2	2 6	2 6 10	2 6 10 14	2 6 10 6(5)	2 6 (1)	2*
	95	Americium	Am	2	2 6	2 6 10	2 6 10 14	2 6 10 7	2 6	2
	96	Curium	Cm	2	2 6	2 6 10	2 6 10 14	2 6 10 7	2 6 1	2
	97	Berkelium	Bk	2	2 6	2 6 10	2 6 10 14	2 6 10 9(8)	2 6 (1)	2*
	98	Californium	Cf	2	2 6	2 6 10	2 6 10 14	2 6 10 10(9)	2 6 (1)	2*
	99	Einsteinium	Es	2	2 6	2 6 10	2 6 10 14	2 6 10 11(10)	2 6 (1)	2*
	100	Fermium	Fm	2	2 6	2 6 10	2 6 10 14	2 6 10 12(11)	2 6 (1)	2*
	101	Mendelevium	Md	2	2 6	2 6 10	2 6 10 14	2 6 10 13(12)	2 6 (1)	2*
	102	Nobelium	No	2	2 6	2 6 10	2 6 10 14	2 6 10 14	2 6	2
	103	Lawrencium	Lr	2	2 6	2 6 10	2 6 10 14	2 6 10 14	2 6 1	2

* Die Konfiguration eines oder mehrerer Elektronen ist unsicher.

11

355

Gefahrenhinweise (R-Sätze)

R 1 In trockenem Zustand explosionsgefährlich
R 2 Durch Schlag, Reibung, Feuer oder andere Zündquellen explosionsgefährlich
R 3 Durch Schlag, Reibung, Feuer oder andere Zündquellen besonders explosionsgefährlich
R 4 Bildet hochempfindliche explosionsgefährliche Metallverbindungen
R 5 Beim Erwärmen explosionsfähig
R 6 Mit und ohne Luft explosionsfähig
R 7 Kann Brand verursachen
R 8 Feuergefahr bei Berührung mit brennbaren Stoffen
R 9 Explosionsgefahr bei Mischung mit brennbaren Stoffen
R 10 Entzündlich
R 11 Leichtentzündlich
R 12 Hochentzündlich
R 14 Reagiert heftig mit Wasser
R 15 Reagiert mit Wasser unter Bildung hochentzündlicher Gase
R 16 Explosionsgefährlich in Mischung mit brandfördernden Stoffen
R 17 Selbstentzündlich an der Luft
R 18 Bei Gebrauch Bildung explosionsfähiger/leichtentzündlicher Dampf-Luftgemische möglich
R 19 Kann explosionsfähige Peroxide bilden
R 20 Gesundheitsschädlich beim Einatmen
R 21 Gesundheitsschädlich bei Berührung mit der Haut
R 22 Gesundheitsschädlich beim Verschlucken
R 23 Giftig beim Einatmen
R 24 Giftig bei Berührung mit der Haut
R 25 Giftig beim Verschlucken
R 26 Sehr giftig beim Einatmen
R 27 Sehr giftig bei Berührung mit der Haut
R 28 Sehr giftig beim Verschlucken
R 29 Entwickelt bei Berührung mit Wasser giftige Gase
R 30 Kann bei Gebrauch leicht entzündlich werden
R 31 Entwickelt bei Berührung mit Säure giftige Gase
R 32 Entwickelt bei Berührung mit Säure sehr giftige Gase
R 33 Gefahr kumulativer Wirkungen
R 34 Verursacht Verätzungen
R 35 Verursacht schwere Verätzungen
R 36 Reizt die Augen
R 37 Reizt die Atmungsorgane
R 38 Reizt die Haut
R 39 Ernste Gefahr irreversiblen Schadens
R 40 Verdacht auf krebserzeugende Wirkung
R 41 Gefahr ernster Augenschäden
R 42 Sensibilisierung durch Einatmen möglich
R 43 Sensibilisierung durch Hautkontakt möglich
R 44 Explosionsgefahr bei Erhitzen unter Einschluss
R 45 Kann Krebs erzeugen
R 46 Kann vererbbare Schäden verursachen
R 48 Gefahr ernster Gesundheitsschäden bei längerer Exposition
R 49 Kann Krebs erzeugen beim Einatmen
R 50 Sehr giftig für Wasserorganismen
R 51 Giftig für Wasserorganismen
R 52 Schädlich für Wasserorganismen

11

R 53 Kann in Gewässern längerfristig schädliche Wirkungen haben
R 54 Giftig für Pflanzen
R 55 Giftig für Tiere
R 56 Giftig für Bodenorganismen
R 57 Giftig für Bienen
R 58 Kann längerfristig schädliche Wirkungen auf die Umwelt haben
R 59 Gefährlich für die Ozonschicht
R 60 Kann die Fortpflanzungsfähigkeit beeinträchtigen
R 61 Kann das Kind im Mutterleib schädigen
R 62 Kann möglicherweise die Fortpflanzungsfähigkeit beeinträchtigen
R 63 Kann das Kind im Mutterleib möglicherweise schädigen
R 64 Kann Säuglinge über die Muttermilch schädigen
R 65 Gesundheitsschädlich: kann beim Verschlucken Lungenschäden verursachen
R 66 Wiederholter Kontakt kann zu spröder oder rissiger Haut führen
R 67 Dämpfe können Schläfrigkeit und Benommenheit verursachen
R 68 Irreversibler Schaden möglich

Kombination von R-Sätzen (Auswahl)

R 20/22 Gesundheitsschädlich beim Einatmen und Verschlucken
R 20/21/22 Gesundheitsschädlich beim Einatmen, Verschlucken und Berührung mit der Haut
R 23/25 Giftig beim Einatmen und Verschlucken
R 23/24/25 Giftig beim Einatmen, Verschlucken und Berührung mit der Haut
R 26/28 Sehr giftig beim Einatmen und Verschlucken
R 26/27/28 Sehr giftig beim Einatmen, Verschlucken und Berührung mit der Haut
R 36/38 Reizt die Augen und die Haut
R 36/37/38 Reizt die Augen, Atmungsorgane und die Haut
R 42/43 Sensibilisierung durch Einatmen und Hautkontakt möglich
R 48/23/24/25 Giftig: Gefahr ernster Gesundheitsschäden bei längerer Exposition durch Einatmen, Berührung mit der Haut und durch Verschlucken
R 52/53 Schädlich für Wasserorganismen, kann in Gewässern längerfristig schädliche Wirkungen haben

Sicherheitsratschläge (S-Sätze)

S 1 Unter Verschluss aufbewahren
S 2 Darf nicht in die Hände von Kindern gelangen
S 3 Kühl aufbewahren
S 4 Von Wohnplätzen fernhalten
S 5 Unter ... aufbewahren (geeignete Flüssigkeit vom Hersteller anzugeben)
S 6 Unter ... aufbewahren (inertes Gas vom Hersteller anzugeben)
S 7 Behälter dicht geschlossen halten
S 8 Behälter trocken halten
S 9 Behälter an einem gut gelüfteten Ort aufbewahren
S 12 Behälter nicht gasdicht verschließen
S 13 Von Nahrungsmitteln, Getränken und Futtermitteln fernhalten
S 14 Von ... fernhalten (inkompatible Substanzen sind vom Hersteller anzugeben)
S 15 Vor Hitze schützen
S 16 Von Zündquellen fernhalten – Nicht rauchen
S 17 Von brennbaren Stoffen fernhalten
S 18 Behälter mit Vorsicht öffnen und handhaben
S 20 Bei der Arbeit nicht essen und trinken

11

S 21   Bei der Arbeit nicht rauchen
S 22   Staub nicht einatmen
S 23   Gas/Rauch/Dampf/Aerosol nicht einatmen (geeignete Bezeichnung(en) vom Hersteller anzugeben)
S 24   Berührung mit der Haut vermeiden
S 25   Berührung mit den Augen vermeiden
S 26   Bei Berührung mit den Augen sofort gründlich mit Wasser abspülen und Arzt konsultieren
S 27   Beschmutzte, getränkte Kleidung sofort ausziehen
S 28   Bei Berührung mit der Haut sofort abwaschen mit viel ... (vom Hersteller anzugeben)
S 29   Nicht in die Kanalisation gelangen lassen
S 30   Niemals Wasser hinzugießen
S 33   Maßnahmen gegen elektrostatische Aufladungen treffen
S 35   Abfälle und Behälter müssen in gesicherter Weise beseitigt werden
S 36   Bei der Arbeit geeignete Schutzkleidung tragen
S 37   Geeignete Schutzhandschuhe tragen
S 38   Bei unzureichender Belüftung Atemschutzgerät anlegen
S 39   Schutzbrille/Gesichtsschutz tragen
S 40   Fußboden und verunreinigte Gegenstände mit ... reinigen (Material vom Hersteller anzugeben)
S 41   Explosions- und Brandgase nicht einatmen
S 42   Bei Räuchern/Versprühen geeignetes Atemschutzgerät anlegen u. (geeignete Bezeichnung(en) vom Hersteller anzugeben)
S 43   Zum Löschen ... (vom Hersteller anzugeben) verwenden (wenn Wasser die Gefahr erhöht, anfügen: „Kein Wasser verwenden")
S 45   Bei Unfall oder Unwohlsein sofort Arzt hinzuziehen (wenn möglich dieses Etikett vorzeigen)
S 46   Bei Verschlucken sofort ärztlichen Rat einholen und Verpackung oder Etikett vorzeigen
S 47   Nicht bei Temperaturen über ... °C aufbewahren (vom Hersteller anzugeben)
S 48   Feucht halten mit ... (geeignetes Mittel vom Hersteller anzugeben)
S 49   Nur im Originalbehälter auf bewahren
S 50   Nicht mischen mit ... (vom Hersteller anzugeben)
S 51   Nur in gut gelüfteten Bereichen verwenden
S 52   Nicht großflächig für Wohn- und Aufenthaltsräume zu verwenden
S 53   Exposition vermeiden – vor Gebrauch besondere Anweisungen einholen
S 56   Dieses Produkt und seinen Behälter der Problemabfallentsorgung zuführen
S 57   Zur Vermeidung einer Kontamination der Umwelt geeigneten Behälter verwenden
S 59   Information zur Wiederverwendung/Wiederverwertung beim Hersteller/Lieferanten erfragen
S 60   Dieses Produkt und sein Behälter sind als gefährlicher Abfall zu entsorgen
S 61   Freisetzung in die Umwelt vermeiden. Besondere Anweisungen einholen/Sicherheitsdatenblatt zu Rate ziehen
S 62   Bei Verschlucken kein Erbrechen herbeiführen. Sofort ärztlichen Rat einholen und Verpackung oder dieses Etikett vorzeigen
S 63   Bei Unfall durch Einatmen: Verunfallten an die frische Luft bringen und ruhigstellen
S 64   Bei Verschlucken Mund mit Wasser ausspülen (nur wenn Verunfallter bei Bewusstsein ist)

Kombination von S-Sätzen (Auswahl)

S 1/2   Unter Verschluss und für Kinder unzugänglich aufbewahren
S 7/9   Behälter dicht geschlossen an einem gut gelüfteten Ort aufbewahren
S 20/21   Bei der Arbeit nicht essen, trinken oder rauchen
S 24/25   Berührung mit den Augen und der Haut vermeiden
S 36/37/39 Bei der Arbeit geeignete Schutzkleidung, Schutzhandschuhe und Schutzbrille/Gesichtsschutz tragen

Entsorgungsratschläge (E-Sätze)

Entsorgungsratschlag	Anzuwenden auf
E 1 Verdünnen, in den Ausguss geben.	Kleinste Mengen reizender, gesundheitsschädlicher oder brandfördernder Stoffe (sofern wasserlöslich und Wassergefährdungsklasse 0 oder 1)
E 2 Neutralisieren, in den Ausguss geben.	Saure und alkalische Stoffe
E 3 In den Hausmüll geben, Stäube gegebenenfalls in Polyethylenbeuteln.	Feste Stoffe, soweit nicht andere Ratschläge gegeben werden
E 4 Als Sulfid fällen, den Niederschlag zu E 8.	Schwermetallsalzlösungen
E 5 Mit Calcium-Ionen fällen, dann E 1 oder E 3.	Lösliche Fluoride und Oxalate
E 6 Nicht in den Hausmüll geben.	Brandfördernde oder explosionsgefährliche Stoffe
E 7 Im Abzug entsorgen; wenn möglich verbrennen.	Absorbierbare oder brennbare gasförmige Stoffe
E 8 Der Sondermüllbeseitigung zuführen.	Laborabfälle im Sinne der TA Abfall
E 9 Unter größter Vorsicht in kleinsten Mengen reagieren lassen (z. B. offen im Freien verbrennen).	Explosionsgefährliche Stoffe und Gemische
E 10 In gekennzeichneten Glasbehältern sammeln: *Organische Abfälle – halogenhaltig* *Organische Abfälle – halogenfrei, dann E 8.*	Organische Verbindungen: – halogenhaltig – halogenfrei
E 11 Als Hydroxid fällen (pH $\approx$ 8), den Niederschlag zu E8.	Schwermetallsalzlösungen
E 12 Nicht in die Kanalisation gelangen lassen (S-Satz S 29).	Brennbare, nicht wasserlösliche Stoffe; sehr giftige Stoffe
E 13 Aus der Lösung mit unedlerem Metall (z. B. Eisen) als Metall abscheiden, dann E 3 oder E 14.	Z. B. Chrom- oder Kupfersalzlösungen
E 14 Recycling-geeignet (Redestillation oder durch Recycling-Unternehmen).	Z. B. Aceton, Quecksilber
E 15 Mit Wasser vorsichtig umsetzen, evtl. frei werdende Gase verbrennen oder absorbieren oder stark verdünnt ableiten.	Carbide, Phosphide, Metallhydride
E 16 Nach speziellen Ratschlägen beseitigen.	Z. B. Brom und Chlor

11

Liste der Gefahrstoffe

[1] + = SE erlaubt; 0 = SE nicht untersagt, jedoch wird Ersatzstoffprüfung empfohlen; * = SE nur in der gymnasialen Oberstufe gestattet; −w = SE für Schülerinnen nicht erlaubt; − = SE nicht erlaubt; −! = Stoff ist in der Schule generell nicht mehr zulässig.

Gefahrstoffe	Kenn-buch-stabe	R-Sätze	S-Sätze	E-Sätze	Schüler-experi-mente[1]
Acetaldehyd, $w \geq 10\%$	F+, Xn	12-36/37-40	(2)-16-33-36/37	9-10-12-16	*
Aceton	F	11	(2)-9-16-23-33	1-10-14	+
Acrylnitril	F, T	45-11-23/24/25-38	53-45	12-16	−
Aluminium, phlegmatisiert		10-15	(2)-7/8-43	3	+
Aluminiumchlorid, $w \geq 10\%$	C	34	(1/2)-7/8-28-45	2	+
Ameisensäure, $w \geq 90\%$	C	35	(1/2)-23-26-45	1-10	+
$10\% \leq w < 90\%$	C	34	(1/2)-23-26-45	1-10	+
$2\% \leq w < 10\%$	Xi	36/37/38	(1/2)-23-26	1-10	+
Ammoniak, $\varphi \geq 5\%$	T	10-23	(1/2)-7/9-16-38-45	2-7	0
$5\% \leq \varphi < 0,5\%$	Xn	20	(1/2)-7/9-38-45	2	0
Ammoniaklösung, $w \geq 10\%$	C	34-37	(1/2)-7-26-45	2	+
$5\% \leq w < 10\%$	Xi	36/37/38	2-26	2	+
Ammoniumchlorid, $w \geq 20\%$	Xn	22-36	(2-)22	1	+
Ammoniumnitrat	O	8-9	15-16-41	1	+
Ammoniumthiocyanat, $w \geq 25\%$	Xn	20/21/22-32	(2)-13	1	+
Anilin, $w \geq 1\%$	T, N	20/21/22-40-48/23/24/25-50	(1/2)-28-36/37-45-61	10	0
$0,2\% \leq w < 1\%$	Xn	48/20/21/22	5-61-28-45	10	0
Arsen, $w \geq 25\%$	T	23/25	(1/2)-20/21-28-45	8	0
$3\% \leq w < 25\%$	Xn	20/22	(1/2)-20/21-45	8	0
Arsen(III)-oxid	T+	45-28-34	53-45	8-12	−!
Bariumcarbonat	Xn	22	(2)-24/25	1-3	+
Bariumchlorid, $w \geq 25\%$	Xn	20/22	28	1	+
Bariumhydroxid	C	20/22-34	26-36/37/38-45	1-3	+
Benzaldehyd, $w \geq 25\%$	Xn	22	(2)-24	10	+
Benzoesäure, $w \geq 25\%$	Xn	22-36	24	10-12	+
Benzol	F, T	45-11-48/23/24/25	53-45	10-12	−
Blei	T	61-20/22-33	53-37-45	8	0
Blei(II)-acetat	T	61-62-33-48/22	53-45	8-14	−
Blei(II)-nitrat	O, T	61-62-8-20/22-33	53-45	4-8-14	−w
Blei(II)-oxid	T	61-62-20/22-33	53-45 —	4-8-14	−w
Blei(II, IV)-oxid	T	61-62-20/22-33	53-45	4-8-14	−w
Brom, $w \geq 5\%$	T+, C	26-35	(1/2)-7/9-26-45	16	−
$1\% \leq w < 5\%$	T, Xi	23-24	7/9-26	16	0
Bromethan, $w \geq 25\%$	Xn	20/21/22	(2)-28	10	−
Bromwasserstoff	C	35-37	(1/2)-7/9-26-45	2	+
Bromwasserstoffsäure, $w \geq 40\%$	C	34-37	(1/2)-7/9-26-45	2	+
$10\% \leq w < 40\%$	Xi	36/37/38	(2)-26	2	+
1,3-Butadien	F+, T	45-12	53-45	7	−!
Butan	F+	12	(2)-9-16	7	+
1-Butanol, $w \geq 25\%$	Xn	10-20	(2)-16	10	+
Buttersäure, $w \geq 10\%$	C	34	(1/2)-26-36-45	10	+
$5\% \leq w < 10\%$	Xi	36/37/38	(2)-26	10	+
Calcium	F	15	(2)-8-24/25-43	15	+
Calciumcarbid	F	15	(2)-8-43	15-16	+
Calciumchlorid, $w \geq 20\%$	Xi	36	(2)-22-24	1	+
Calciumhydroxid	C	34	26-36/37/39-45	2	+
Calciumoxid	C	34	26-36	2	+
ε-Caprolactam	Xn	20/22-36/37/38	(2)	10	+
Chlor, $\varphi \geq 5\%$	T	23-36/37/38	(1/2)-7/9-45	16	0
$0,5\% \leq \varphi < 5\%$	Xn	20	(1/2)-7/9-45	16	+
Chlormethan	F+, Xn	12-40-48/20	(2)-9-16-33	7-12	−
Chlorwasser, $w(\text{Cl}_2) \geq 0,5\%$	Xn	20	7/9-45	16	0
Chlorwasserstoff	C	35-37	(1/2)-7/9-26-45	2	0

11

360

Gefahrstoffe	Kenn-buch-stabe	R-Sätze	S-Sätze	E-Sätze	Schüler-experi-mente[1]
Cobalt(II)-chlorid	T	49-22-43	53-24-37	11-12	0
Cobalt(II)-nitrat	T	49-22-43	53-24-37	11-12	0
Cyclohexan	F	11	(2)-9-16-33	10-12	+
Cyclohexen, $w \geq 25\%$	F, Xn	11-22	9-16-23-33	10-16	+
1,2-Dibromethan	T	45-23/24/25-36/37/38	53-45	10-12	–
Dichlormethan	Xn	40	(2)-23-24/25-36/37	10-12	0
Diethylether	F+	12-19	(2)-9-16-29-33	9-10-12	*
Distickstofftetraoxid	T+	26-37	(1/2)-7/9-26-45	7	–
Eisen(II)-chlorid, $w \geq 25\%$	Xn	22-38-41	26-39	2	+
Eisen(III)-chlorid, $w \geq 25\%$	Xn	22-38-41	26-39	2	+
Eisen(II)-sulfat, $w \geq 25\%$	Xn	22	24/25	1	+
Essigsäure, $w \geq 90\%$	C	10-35	(1/2)-23-26-45	2-10	+
$25\% \leq w < 90\%$	C	34	(1/2)-23-26-45	2-10	+
$10\% \leq w < 25\%$	Xi	36/37/38	23-26	2-10	+
Essigsäureethylester	F	11	(2)-16-23-29-33	10-12	+
Ethanol	F	11	(2)-7-16	1-10	+
Ethen (Ethylen)	F+	12	(2)-9-16-33	7	+
Ethin (Acetylen)	F+	5-6-12	(2)-9-16-33	7	+
Ethylenglykol, $w \geq 25\%$	Xn	22	(2)	1-10	+
Ethylenoxid	F+, T	45-46-12-23-36/37/38	53-45	10	–
FEHLINGsche Lösung II, $w \geq 5\%$	C	35	(2)-26-27-37/39	2	+
$1\% \leq w < 5\%$	Xi	36/37/38	26-37/39	2	+
Fluor	T+, C	7-26-35	(1/2)-7/9-36-45	7	–
Fluorwasserstoff	T+, C	26/27/28-35	(1/2)-7/9-26-36/37/39-45	16	–
Formaldehyd, $w \geq 25\%$	T	23/24/25-34-40-43	(1/2)-26-36/37-45-51	10-12-16	0
$5\% \leq w < 25\%$	Xn	20/21/22-36/37/38-40-43	(1/2)-26-36/37-51	1-10	0
$1\% \leq w < 5\%$	Xn	40-43	23-37	1	0
Heptan	F	11	(2)-9-16-23-29-33	10-12	+
Hexan, $w \geq 5\%$	F, Xn	11-48/20	(2)-9-16-24/25-29-51	10-12	+
1-Hexen	F	11	9-16-23-29-33	10-12	+
Hydrochinon	Xn	20/22	(2)-24/25-39	10	+
Iod, $w \geq 25\%$	Xn	20/21	(2)-23-25	1-16	+
Iodwasserstoff	C	35-37	(1/2)-7/9-26-45	2	+
Iodwasserstoffsäure, $w \geq 25\%$	C	34	(1/2)-26-45	2	+
$10\% \leq w < 25\%$	Xi	36/37/38	(1/2)-26-45	2	+
Kalilauge, $w(KOH) \geq 5\%$	C	35	(1/2)-26-37/39-45	2	+
$2\% \leq w < 5\%$	C	34	(1/2)-26-37/39-45	2	+
$0,5\% \leq w < 2\%$	Xi	36/38	26	2	+
Kalium	F, C	14/15-34	(1/2)-5-8-43-45	6-12-16	–
Kaliumcarbonat, $w \geq 25\%$	Xn	22-36	22-26	1	+
Kaliumchlorat	O, Xn	9-20/22	(2)-13-16-27	1-6	0
Kaliumchromat, $w \geq 0,5\%$	Xi	36/37/38-43	(2)-22-28	12-16	0
Kaliumdichromat, $w \geq 0,5\%$	Xi	36/37/38-43	(2)-22-28	12-16	0
Kaliumhydrogensulfat	C	34-37	(1/2)-26-36/37/39-45	2	+
Kaliumhydroxid (Ätzkali)	C	35	(1/2)-26-37/39-45	2	+
Kaliumnitrat	O	8	16-41	1	+
Kaliumperchlorat	O, Xn	9-22	(2)-13-22-27	1	0
Kaliumpermanganat	O, Xn	8-22	(2)	1-6	0
Kaliumthiocyanat, $w \geq 25\%$	Xn	20/21/22-32	2-13	1	+
Kohlenstoffdisulfid, $w \geq 1\%$	F, T	11-36/38-48/23-62-63	16-33-36/37-45	9-10-12	0
$0,2\% \leq w < 1\%$	Xn	48/20	37-45	10	0
Kohlenstoffmonooxid, $\varphi \geq 5\%$	F+, T	61-12-48/23	53-45	7	*
$0,5\% \leq \varphi < 5\%$	Xn	20	53-45	7	*
Kresole, $w \geq 5\%$	T	24/25-34	(1/2)-36/37/39-45	10-12	0
$1\% \leq w < 5\%$	Xn	21/22-36/37	(1/2)-20-45	10-12	0
Kupfer(I)-oxid	Xn	22	(2)-22	8-16	+
Kupfer(II)-sulfat, $w \geq 25\%$	Xn	22-36/38	(2)-22	11	+
Magnesiumpulver, phlegmatisiert	F	11-15	(2)-7/8-43	3	+
Mangan(II)-chlorid, $w \geq 25\%$	Xn	48/22	22-24/25-53	11	+
Mangan(II)-sulfat, $w \geq 20\%$	Xn	48/20/22	(2)-22	11	+
Mangan(IV)-oxid	Xn	20/22	(2)-25	3	+

11

Gefahrstoffe	Kenn-buch-stabe	R-Sätze	S-Sätze	E-Sätze	Schüler-experi-mente[1]
Methan	F+	12	(2)-9-16-33	7	+
Methanol, $w \geq 25\%$	F, T	11-23/25	(1/2)-7-16-24-45	1-10	0
$3\% \leq w < 25\%$	Xn	20/22	(2)-7-45	1-10	0
Methylenblau, $w \geq 25\%$	Xn	22		1-10	+
2-Methyl-1-propanol, $w \geq 25\%$	Xn	10-20	16	10	+
Natrium	F, C	14/15-34	(1/2)-5-8-43-45	6-12-16	0
Natriumcarbonat, $w \geq 20\%$	Xi	36	(2)-22-26	1	+
Natriumhydroxid (Ätznatron)	C	35	(1/2)-26-37/39-45	2	+
Natriumnitrat	O	8	16-41	1	+
Natriumnitrit, $w \geq 5\%$	O, T	8-25	(1/2)-45	1-16	0
$1\% \leq w < 5\%$	Xn	22	45	1	0
Natriumsulfid, $w \geq 10\%$	C	31-34	(1/2)-26-45	1	0
$5\% \leq w < 10\%$	Xi	31-36/37/38	45	1	0
Natriumsulfit, $w \geq 20\%$	Xi	31		1	+
Natronlauge, $w(NaOH) \geq 5\%$	C	35	(1/2)-26-37/39-45	2	+
$2\% \leq w < 5\%$	C	34	(1/2)-26-37/39-45	1	+
$0,5\% \leq w < 2\%$	Xi	36/38	(1/2)-26-37/39-45	1	+
Nickel, Staub	Xn	40-43	(2)-22-36	14	0
Nickel(II)-nitrat, $w \geq 25\%$	Xn	8-22-43	24-37	11-12	0
Nickel(II)-sulfat, $w \geq 10\%$	Xn	22-40-42/43	(2)-22-36/37	11-12	0
Nicotin, $w \geq 1\%$	T+	25-27	(1/2)-36/37-45	10-16	−
$0,1\% \leq w < 1\%$	Xn	22	45	10	−
Ninhydrin, $w \geq 25\%$	Xn	22-36/37/38	22	10-12	+
Nitrobenzol, $w \geq 7\%$	T+	26/27/28-33	(1/2)-28-36/37-45	10-12	−
Octan	F	11	(2)-9-16-29-33	10-12	+
Oxalsäure, $w \geq 5\%$	Xn	21/22	(2)-24/25	5	+
Ozon	O, T	34-36/37/38		7	0
Pentan	F	11	(2)-9-16-29-33	10-12	+
2-Pentanol, $w \geq 25\%$	Xn	10-20	24/25	10-14	+
Petrolether	F	11	9-16-29-33	10-12	+
Petroleumbenzin	F	11	9-16-29-33	10-12	+
Phenol, $w \geq 5\%$	T	24/25-34	(1/2)-28-45	10-12	0
$1\% \leq w < 5\%$	Xn	21/22-36/38	(1/2)-28-45	10-12	0
Phosphor, rot	F	11-16	(2)-7-43	6-9	+
Phosphor, weiß	F, T+, C	17-26/28-35	(1/2)-5-26-28-45	6-16	−
Phosphor(V)-oxid	C	35	(1/2)-22-26-45	2	+
Phosphorsäure, $w \geq 25\%$	C	34	(1/2)-26-45	2	+
$10\% \leq w < 25\%$	Xi	36/38	25	1	+
1-Propanol	F	11	(2)-7-16	10	+
2-Propanol	F	11	(2)-7-16	10	+
Pyridin, $w \geq 5\%$	F, Xn	11-20/21/22	(2)-26-28	16-10-12	0
Quecksilber	T	23-33	(1/2)-7-45	6-12-14-16	−
Quecksilber(II)-oxid	T+	26/27/28-33	(1/2)-13-28-45	6-12-16	−
Resorcin	Xn, N	22-36/38-50	(2)-26-61	10	+
Salpetersäure, $w \geq 70\%$	O, C	8-35	(1/2)-23-26-36-45	2	0
$20\% \leq w < 70\%$	C	35	(1/2)-23-26-27	2	+
$5\% \leq w < 20\%$	C	34	(1/2)-23-26-27	2	+
Salzsäure, $w(HCl) \geq 25\%$	C	34-37	(1/2)-26-45	2	+
$10\% \leq w < 25\%$	Xi	36/37/38	(2)-26	2	+
Schwefeldioxid, $\varphi \geq 5\%$	T	23-36/37	(1/2)-7/9-45	7	0
$0,5\% \leq \varphi < 5\%$	Xn	20	23-45	7	0
Schwefelsäure, $w \geq 15\%$	C	35	(1/2)-26-30-45	2	+
$5\% \leq w < 15\%$	Xi	36/38	(2)-26	2	+
Schwefelwasserstoff, $\varphi \geq 1\%$	F+, T+	12-26	(1/2)-7/9-16-45	2-7	−
$0,2\% \leq \varphi < 1\%$	T	23	(1/2)-7/9-16-45	2	0
Schwefelwasserstofflösung, $w \approx 0,4\%$	Xn	20	(1/2)-7/9-16-45	2	+
Schweflige Säure, $w(SO_2) \approx 5\%$	Xi	36/37	24-26	2	+
Selen	T	23/25-33	(1/2)-20/21-28-45	8	0
Silbernitrat, $w \geq 10\%$	C	34	(1/2)-26-45	12-13-14	+
$5\% \leq w < 10\%$	Xi	36/38	(1/2)-26-45	12-13-14	+
Stickstoffdioxid, $\varphi \geq 1\%$	T+	26-37	(1/2)-7/9-26-45	7	−
$0,2\% \leq \varphi < 1\%$	T	23	7/9-45	7	−

11

Gefahrstoffe	Kenn-buch-stabe	R-Sätze	S-Sätze	E-Sätze	Schüler-experi-mente[1]
Stickstoffmonooxid, $\varphi \geq 1\%$	T+	26/27	45	7	–
$0,2\% \leq \varphi < 1\%$	T	23/24	45	7	–
Styrol, $w \geq 12,5\%$	Xn	10-20-36/38	(2)-23	10-12	0
Tetrachlormethan	T, N	23/24/25-40-48/23-59	(1/2)-23-36/37-45-59-61	10-12	–!
Toluol, $w \geq 12,5\%$	F, Xn	11-20	(2)-16-25-29-33	10-12	0
Trichlormethan, $w \geq 10\%$	Xn	22-38-40-48/20/22	(2)-36/37	10-12	–w
2,4,5-Trichlorphenol	Xn, N	22-36/38-50/53	(2)-26-28-60-61	10-12	–!
2,4,6-Trinitrotoluol	E, T	2-23/24/25-33	(1/2)-35-45	9	–!
Vinylchlorid	F+, T	45-12	53-45		–!
Wasserstoff	F+	12	(2)-9-16-33	7	+
Wasserstoffperoxidlösung, $w \geq 60\%$	O, C	8-34	(1/2)-3-28-36/39-45	1-16	0
$20\% \leq w < 60\%$	C	34	28-39	1	+
$5\% \leq w < 20\%$	Xi	36/38	28-39	1	+
Zinkpulver, phlegmatisiert		10-15	(2)-7/8-43	3	+
Zinkchlorid, $w \geq 10\%$	C	34	(1/2)-7/8-28-45	1-11	+
Zinksulfat, $w \geq 20\%$	Xi	36	(2)-24	1-11	+
Zinn(II)-chlorid, $w \geq 25\%$	Xn	22-36/37/38	26	1-11	+

Gesetze, die für den Umgang mit Chemikalien von Bedeutung sind

Chemikaliengesetz (ChemG, Novellierung 1994)
Bundesgesetz zum Schutz vor gefährlichen Stoffen; dazu:

Gefahrstoffverordnung (GefStoffV, Novellierung 1993). Regelt Umgang mit gefährlichen Stoffen; Anhänge zur Einstufung und Kennzeichnung sowie zum Umgang mit gefährlichen Stoffen und Zubereitungen; Tabellen eingestufter gefährlicher Stoffe und Zubereitungen (mit akut letalen Wirkungen; mit irreversiblen nicht-letalen Wirkungen; mit schwerwiegenden Wirkungen; mit ätzenden Wirkungen; mit reizenden und sensibilisierenden Wirkungen; mit krebserzeugenden Wirkungen; mit erbgutverändernden Wirkungen; mit fortpflanzungsgefährdenden Wirkungen).

Chemikalien-Verbotsverordnung (ChemVerbotsV, Novellierung 1993). Enthält Herstellungs- und Anwendungsverbote bzw. -einschränkungen für gefährliche Chemikalien (Arsenverbindungen, Asbest, Benzol, DDT, Formaldehyd, Pentachlorphenol, polychlorierte Biphenyle, Dibenzodioxine und Dibenzufurane, Quecksilberverbindungen, Vinylchlorid u. a.).

Technische Regeln für Gefahrstoffe (TRGS), insbesondere:

TRGS 100: Auslöseschwelle für gefährliche Stoffe (Novellierung 1990)

TRGS 200: Einstufung und Kennzeichnung von Stoffen und Zubereitungen (Novellierung 1988)

TRGS 450: Umgang mit Gefahrstoffen im Schulbereich (Novellierung 1992)

TRGS 500: Schutzmaßnahmen beim Umgang mit krebserzeugenden Gefahrstoffen (Novellierung 1993)

TRGS 900: Grenzwerte in der Luft – MAK- und TRK-Werte (Novellierung 1994)

Empfehlung für Richtlinien zur Sicherheit im naturwissenschaftlichen Unterricht (Beschluss der Kultusministerkonferenz vom 9. 9. 1994)
Sicherheitsregelungen u. a. für den Chemieunterricht mit fachbezogenen Hinweisen und umfangreichem Tabellenmaterial.

11

Kreislaufwirtschafts- und Abfallgesetz (KW/AbfG, Novellierung 1994)
Bundesgesetz über die Vermeidung und Entsorgung von Abfall; enthält u. a. Verpflichtung zur Abfallminderung und -verwertung; dazu:
Technische Anleitung für die Verwertung von Abfall (TA Abfall, Novellierung 1991). Vorschriften zur Entsorgung von Abfällen (Lagerung, chemische, physikalische, biologische, thermische Behandlung); Regelungen für Sondermüll; Katalog besonders überwachungsbedürftiger Abfälle; Anforderungen an Verbrennungsanlagen und Deponien.

Bundesimmissionsschutzgesetz (BImSchG, Novellierung 1990)
Bundesgesetz zur Luftreinigung und Lärmbekämpfung, dazu:
Technische Anleitung zur Reinhaltung der Luft (TA Luft, Novellierung 1986). Beschreibt technische Anlagen zur Reinhaltung der Luft; enthält Immissionsgrenzwerte.
Immissionsschutzverordnungen (BImSchV). Regeln z. B. den Schwefelgehalt von leichtem Heizöl und Dieselkraftstoff, die Verwendung von Polychlorbiphenylen und Vinylchlorid, die Emission leichtflüchtiger Halogenkohlenwasserstoffe, die Immission von Schadstoffen, die Anforderungen an Abfallverbrennungsanlagen.

Wasch- und Reinigungsmittelgesetz (WRMG, Novellierung 1987)
Bundesgesetz über die Umweltverträglichkeit von Wasch- und Reinigungsmitteln; verlangt u. a. biologische Abbaubarkeit der Inhaltsstoffe und Minimierung des Mengeneintrags; dazu:
Tensidverordnung (Novellierung 1986). Fordert mindestens 90%ige Abbaubarkeit für anionische und die meisten nichtionischen Tenside.
Phosphathöchstmengenverordnung (1980). Legt Phosphatobergrenzen fest; seit 1990 werden in Deutschland keine phosphathaltigen Waschmittel mehr produziert.

Lebensmittelgesetz (LMBG, Novellierung 1991)
Bundesgesetz über den Verkehr mit Lebensmitteln, Tabakerzeugnissen, kosmetischen Mitteln und sonstigen Bedarfsgegenständen; dient dem Schutz des Verbrauchers vor Gesundheitsschäden; definiert Zusatzstoffe; dazu:
Trinkwasserverordnung (TWV, Novellierung 1991). Regelt Anforderungen an Qualität und Aufbereitung von Trinkwasser; enthält Grenzwerte von Schadstoffen nach Schadstoffklassen sowie zugelassene Zusatzstoffe.

11

Pflanzenschutzgesetz (PflSchG, Novellierung 1990)
Bundesgesetz über Zulassung und Aufwandsmengen von Bioziden; enthält Anwendungsverbote (z. B. für DDT, quecksilberorganische und zinnorganische Verbindungen); dazu:
Pflanzenschutz-Höchstmengenverordnung (Novellierung 1992). Bestimmt zulässige Höchstmengen von Pestiziden in Lebensmitteln.

Atomgesetz (AtG, Novellierung 1989)
Bundesgesetz über die friedliche Anwendung der Kernenergie und den Schutz gegen ihre Gefahren.

Register

371

379

383

Quellennachweis der Abbildungen

Behrendt, Hans-Joachim (Bild) und Müller, Ingo (Text): vordere Umschlagseite (Klassifizierung der Fließgewässer nach dem Saprobiensystem, aus: Chemie, Lehrbuch für die Sekundarstufe II, Physikalische Chemie, Chemie und Umwelt; Volk und Wissen Verlag Berlin); Helga Lade Foto-agentur GmbH, Berlin: Einbandfoto (Oberfläche von Schwefelkristallen, aufgenommen mit polarisiertem Licht); Länderarbeitsgemeinschaft Wasser (LAWA) unter Vorsitz des Senators für Stadtentwicklung, Umweltschutz und Technologie Berlin und des Ministers für Umwelt, Naturschutz und Raumordnung Brandenburg: vordere Umschlagseite (Gewässergütekarte der Bundesrepublik Deutschland 1995); Volk und Wissen Verlag Berlin, Redaktion Chemie: hintere Umschlagseite (Periodensystem der Elemente)